O ORÁCULO DA NOITE

SIDARTA RIBEIRO

O oráculo da noite
A história e a ciência do sonho

12ª reimpressão

Copyright © 2019 by Sidarta Ribeiro

*Grafia atualizada segundo o Acordo Ortográfico da Língua Portuguesa de 1990,
que entrou em vigor no Brasil em 2009.*

Capa
Celso Longo

Imagem de capa
Maria Helena Vieira da Silva, *Composition*, 1951, óleo sobre tela, 33,4 × 41,3 cm, coleção particular.
Imagem © Christie's Images/ Bridgeman Images. © SILVA, MARIA HELENA VIEIRA DA/ AUTVIS, Brasil, 2019.

Caderno de fotos
Sarah Bonet

Preparação
Joaquim Toledo Jr.

Índice remissivo
Luciano Marchiori

Revisão
Ana Maria Barbosa
Clara Diament

Dados Internacionais de Catalogação na Publicação (CIP)
(Câmara Brasileira do Livro, SP, Brasil)

Ribeiro, Sidarta
  O oráculo da noite : A história e a ciência do sonho / Sidarta
Ribeiro. — 1ª ed. — São Paulo: Companhia das Letras, 2019.

  Bibliografia.
  ISBN 978-85-359-3217-1

  1. Inconsciente 2. Neurociências 3. Sonhos 4. Sonhos – Interpretação 5. Sono – Aspectos fisiológicos I. Título.
19-25991   CDD-154.63

Índice para catálogo sistemático:
1. Sonhos : História e ciência   154.63

Maria Paula C. Riyuzo – Bibliotecária – CRB-8/7639

Todos os direitos desta edição reservados à
EDITORA SCHWARCZ S.A.
Rua Bandeira Paulista, 702, cj. 32
04532-002 — São Paulo — SP
Telefone: (11) 3707-3500
www.companhiadasletras.com.br
www.blogdacompanhia.com.br
facebook.com/companhiadasletras
instagram.com/companhiadasletras
twitter.com/cialetras

Para Vera
Por Natália, Ernesto e Sergio
Em Nome de Nossos Ancestrais
E da 7ª Geração Depois de Nós:
Sonho, Memória e Destino

Apenas nos pusimos en dos pies
Comenzamos a migrar por la sabana
Siguiendo la manada de bisontes,
Más allá del horizonte,
A nuevas tierras, lejanas.
Los niños a la espalda y expectantes,
Los ojos en alerta, todo oídos,
Olfateando aquel desconcertante paisaje nuevo, desconocido
Somos una especie en viaje,
No tenemos pertenencias, sino equipaje.
Vamos con el pólen en el viento,
Estamos vivos porque estamos en movimiento.
Nunca estamos quietos, somos trashumantes
Somos padres, hijos, nietos y bisnietos de inmigrantes.
Es más mío lo que sueño que lo que toco.
Yo no soy de aquí, pero tú tampoco…

Jorge Drexler, "Movimiento"

Mas os sonhadores vão para a frente, soltando seus papagaios, morrendo nos seus incêndios, como as crianças e os loucos. E cantando aqueles hinos que falam de asas, de raios fúlgidos — linguagem de seus antepassados, estranha linguagem humana, nestes andaimes dos construtores de Babel.

Cecília Meireles, "Liberdade"

Ler é sonhar pela mão de outrem.

Fernando Pessoa, *Livro do desassossego*

Sumário

1. Por que sonhamos? 11
2. O sonho ancestral 37
3. Dos deuses vivos à psicanálise 66
4. Sonhos únicos e típicos 83
5. Primeiras imagens 104
6. A evolução do sonhar 119
7. A bioquímica onírica 135
8. Loucura é sonho que se sonha só 152
9. Dormir e lembrar 166
10. A reverberação de memórias 181
11. Genes e memes 206
12. Dormir para criar 224
13. Sono REM não é sonho 254
14. Desejos, emoções e pesadelos 273
15. O oráculo probabilístico 294
16. Saudade e cultura 325
17. Sonhar tem futuro? 336
18. Sonho e destino 351

Epílogo 381

Agradecimentos 383

Notas 391

Créditos das imagens 431

Índice remissivo 433

1. Por que sonhamos?

Quando tinha cinco anos de idade, o menino passou por um período perturbador em que tinha toda noite o mesmo pesadelo. No sonho ele vivia sem parentes por perto, sozinho numa cidade triste sob um céu chuvoso. Boa parte do sonho transcorria num lamaçal de vielas que circundavam construções lúgubres. A cidade, cercada por arame farpado e iluminada por relâmpagos insistentes, mais parecia um campo de concentração. O menino e as outras crianças da cidade invariavelmente chegavam a uma casa assustadora habitada por bruxas canibais. Uma das crianças — nunca o menino — entrava na construção de três andares e todos ficavam observando suas várias janelas escuras, esperando até que uma delas repentinamente se iluminasse, revelando o perfil da criança e das bruxas. Ouvia-se um grito horripilante, e assim acabava o sonho, que se repetia em detalhes a cada noite.

O menino desenvolveu pânico de dormir e comunicou à mãe a decisão de nunca mais adormecer, para evitar o pesadelo. Ficava imóvel na cama, sozinho no quarto, lutando sofregamente contra o sono, decidido a manter a vigília. Mas afinal acabava se rendendo e após algumas horas começava tudo de novo. O medo de ser a criança escolhida para entrar na casa era tão grande que não lhe permitia evitar a repetição do enredo, caindo na mesma armadilha onírica. A zelosa mãe o ensinou como pensar em jardins floridos ao adormecer, e isso acalmava o início do sono. Mas depois da cortina escura da meia-noite, o pesadelo regressava inexorável, como se nunca mais fosse deixar a madrugada.

Pouco tempo depois ele iniciou sessões de psicoterapia com um excelente especialista. Desse período restam apenas memórias dos jogos de tabuleiro guardados numa atraente caixa de madeira no consultório. Em algum momento o psicólogo sugeriu, hábil, que o sonho fosse de alguma forma controlado. E então o pesadelo das bruxas foi substituído por um outro sonho.

Era também um enredo desagradável, embora não mais de horror, e sim de um suspense hitchcockiano com surpreendente edição de imagens. O thriller cinzento era vivido em terceira pessoa: o menino não via o sonho por seus olhos, mas pelo lado de fora, como se assistisse a um filme sobre si mesmo. O sonho, que transcorria num aeroporto e sempre terminava do mesmo modo, se repetia toda noite. Havia um companheiro adulto de cabelos escuros, que ajudava o menino a procurar por um criminoso demente. O menino não conseguia achá-lo e afinal deixava o recinto com seu amigo. Mas então, para sua grande ansiedade, um movimento da "câmera" revelava o procurado, de cabeça para baixo, pendurado no teto do saguão como uma aranha enorme numa fresta entre as paredes... O mais perturbador era não tê-lo percebido antes, embora ele estivesse presente o tempo todo.

Após mais psicoterapia lúdica e mais conversas sobre o controle dos sonhos, o menino desenvolveu um terceiro enredo onírico, não mais um pesadelo, mas sim um sonho de aventura — repleto de perigos, porém acompanhado de muito menos medo e ansiedade. Tratava-se de uma caça ao tigre na selva indiana, e o menino aparecia claramente como herói, um Mogli com roupas de colonizador britânico, observado externamente na terceira pessoa. O mesmo amigo adulto de cabelos escuros o acompanhava no início do sonho através da mata fechada, até que avistavam falésias e um mar bravio. Do lado direito do campo visual havia uma ilha elevada, pequena e rodeada de despenhadeiros, e ao fundo o sol se pondo em cores fortes sob um céu gris. O fim da tarde se aproximava e quase não era mais possível ver a face do amigo. O menino percebia um tronco ligando o continente à ilha, presumia que o tigre estivesse escondido ali e propunha encurralá-lo. O amigo concordava, mas explicava que dali em diante o menino teria que seguir sozinho. O menino avançava de carabina na mão e começava a travessia do tronco, equilibrando-se vários metros acima de um mar verde agitado e coberto de espuma branca. As nuvens se abriam, o sol poente aparecia e o horizonte tingia-se de laranja, vermelho e púrpura. O menino pisava no solo da ilha e encarava o matagal com a carabina em riste, imaginando estar apontando para o tigre por trás das folhas. E então, subitamente, se dava conta de que o tigre estava às suas costas, sobre o tronco. O encurralado era ele.

Antes mesmo da chegada do medo, o menino tomava a atitude repentina de se lançar ao mar. Caía lá de cima, e quando batia na água o sonho assumia de repente a primeira pessoa, com a vividez aumentada pelo encontro brusco do corpo quente com a água fria. Percebia que estava sonhando e via com seus próprios olhos o mar escuro ao redor. Por um instante era tudo chumbo e então começava a nadar para rodear a ilha, mas tinha medo, e o medo o fazia dar-se conta de um enorme tubarão a seu lado. O susto e o suspense desaceleravam o tempo — e então tudo se acalmava. Entre mar e céu cada vez mais escuros, o menino continuava a nadar tranquilamente ao lado do gigantesco tubarão, e nadava e nadava pela noite, e nada de mau acontecia até o dia seguinte.... Pouco tempo depois de começar a ter o sonho do tigre e do tubarão, esses enredos oníricos deixaram o menino para nunca mais regressar. Os pesadelos sumiram, o medo de dormir passou, e a paz da noite voltou à casa.

CLARO ENIGMA

Como dar sentido a tantos símbolos, a tamanha riqueza de detalhes? Como explicar a repetição tão fidedigna de enredo? O que dizer do surgimento e do desaparecimento tão repentinos dessa série onírica? Como lidar com pesadelos recorrentes que geram até medo de adormecer? Dar respostas a essas perguntas exige compreender as origens e funções do sonho.

Experimentamos durante a vigília — de dia ou de noite, mas de olhos bem abertos — uma sucessão de imagens, sons, gostos, cheiros e toques. Despertos, vivemos sobretudo fora da mente, pois nossos atos e percepções estão ligados ao mundo além de nós. E então, com maior ou menor periodicidade — de noite ou de dia, mas de olhos bem fechados —, entramos naquele estado de inconsciência em que a tela da realidade se apaga. Desse sono tão familiar e reparador pouco nos lembramos, e por isso é comum pensar que se trata de uma ausência completa de pensamentos. O sono se apresenta como uma não vida, uma "pequena morte" cotidiana, embora isso não seja verdade. Hipnos, o deus grego do sono, é irmão gêmeo de Tânatos, o deus da morte, ambos filhos da deusa Nix, a Noite. Transitório e em geral prazeroso, Hipnos é profundamente necessário à saúde mental e física de qualquer pessoa.

Algo muito diferente acontece durante o curioso estado de viver para dentro a que chamamos sonho. Ali reina Morfeu, que dá forma aos sonhos. Irmão de Hipnos segundo o poeta grego Hesíodo, ou filho de Hipnos segundo o poeta romano Ovídio, Morfeu leva aos reis as mensagens dos deuses e lidera uma multidão de irmãos, os Oneiros. Esses espíritos de asas escuras emergem a cada noite através de dois portões, um feito de chifre e outro de marfim, como morcegos em revoada. Quando cruzam o portão de chifre — que, quando adelgaçado, é transparente como o véu que recobre a verdade —, geram sonhos proféticos de origem divina. Quando passam pelo portão de marfim — sempre opaco mesmo quando reduzido a espessura mínima —, provocam sonhos enganadores ou desprovidos de sentido.

Se os antigos se deixavam guiar pelos sonhos, a intimidade dos contemporâneos com eles é bem menor. Quase todos sabem o que o sonho é, mas poucos se lembram dele ao despertar de manhã. O sonho em geral nos aparece como um filme de duração variável, muitas vezes de início indefinido, mas quase sempre levado até um desfecho conclusivo. Numa definição preliminar, o sonho é um simulacro da realidade feito de fragmentos de memórias. Dele participamos normalmente como protagonistas, o que não significa que tenhamos controle sobre a sucessão de eventos que perfazem o enredo onírico. Por atuarmos nele sem conhecer seu roteiro e direção, muitas vezes experimentamos surpresa e até mesmo euforia durante o sonho. Da mesma forma, é comum que o sonho encene situações de grande frustração ou decepção.

Apesar de refletir as preocupações do sonhador, o curso do sonho é quase sempre imprevisível. A lógica dos eventos é fluida e errática em comparação com a realidade. A sucessão de imagens se caracteriza por descontinuidades e cortes abruptos que não experimentamos na vida desperta. Nos sonhos um personagem ou lugar pode se transformar em outro com incrível naturalidade, revelando o poder de transmutação das representações mentais. O encadeamento entrecortado dos símbolos determina um tempo caracterizado por lapsos, fragmentações, condensações e deslocamentos, gerando camadas de significado múltiplas e até mesmo díspares. O arco de possibilidades do sonho é vastíssimo, beirando o insólito, o inverossímil e o caótico.

A interpretação de um sonho pressupõe a compreensão profunda do contexto real e emocional do próprio sonhador, e pode ser extremamente transformadora. Por que aquele menino sonhou recorrentemente com bruxas, criminosos, tigres e tubarões? Seria suficiente informar que evocavam o encontro pavoroso da Branca de Neve de Walt Disney com a velha bruxa maligna, ou o tubarão de Steven Spielberg, ambos frequentes nas telas da época? O que significam os elementos e os enredos desses pesadelos tão nítidos e cheios de emoção? Será que significam alguma coisa? Existe lógica por trás do sonho? O sonho é fato explicável da experiência humana ou arcano mistério insondável? Sonhar é acaso ou necessidade?

Meses antes do aparecimento do primeiro pesadelo, num domingo ao pôr do sol, o pai do menino morreu fulminado por um ataque cardíaco. A mãe inicialmente reagiu com serenidade, mas alguns meses depois, viúva com dois filhos para criar, trabalhando diariamente e cursando a universidade nos intervalos, caiu em violenta depressão. O irmão mais novo levou meses para perguntar onde estava o pai.

Foi nesse contexto de sofrimento familiar que surgiu o terrível e recorrente pesadelo das bruxas. Ele ilustrava com riqueza de detalhes o sentimento de orfandade, bem como a solidão do medo da morte, subitamente descoberta como algo real. Era uma situação irreversível e crônica, e o menino não via luz no fim do túnel. O sonho repetitivo expressava esse beco sem saída, que parecia concreto e inescapável naquele momento.

A intervenção profissional foi positiva. Pouco depois do início da psicoterapia o sonho das bruxas deu lugar ao sonho do detetive e do criminoso. O horror deu lugar ao suspense, a inexorabilidade do sacrifício às bruxas deu lugar a uma missão, e o menino passou a ter um amigo adulto de cabelos escuros — como seu pai e o próprio terapeuta. O cenário do sonho não era mais o campo de concentração da orfandade, mas um aeroporto, de onde se parte para bem longe.

Logo apareceu o terceiro sonho, a caçada do tigre e o nado com o tubarão: a aventura substituiu o suspense, a separação da figura paterna foi aceita como necessária, e a lucidez ao final do sonho deixava claro que o tubarão não iria devorar o menino. A compreensão de que a viagem é solitária ficou registrada na lembrança em laranja, vermelho e púrpura. O crepúsculo no sonho tinha as cores do momento da queda do meu pai, num domingo tão antigo quanto inesquecível.

RUÍDO, ENREDO E DESEJO

Ainda que explicada por um evento relevante da vigília, a série de sonhos do menino que fui tem uma dimensão de fantasia e metáfora que a coloca além da memória traumática. Se a reativação de memórias está na raiz das funções cognitivas do sono e dos sonhos, ela não basta para explicar a complexidade simbólica que caracteriza a narrativa onírica. Não é comum sonhar com a repetição exata das experiências da vigília. Ao contrário, a maioria dos sonhos é caracterizada pela intrusão de elementos ilógicos e associações imprevistas. Sonhos são narrativas subjetivas, muitas vezes fragmentadas e compostas de elementos — seres, coisas e lugares — interagindo com uma autorrepresentação do sonhador, que em geral apenas observa o desdobramento de um enredo. Os sonhos variam em intensidade, indo desde impressões confusas e débeis até intricadas epopeias de imagens vívidas e reviravoltas surpreendentes. Às vezes podem ser plenamente agradáveis ou desagradáveis, mas em geral são caracterizados por uma mistura de emoções. Podem ainda antecipar acontecimentos do futuro imediato, em especial quando o sonhador ou sonhadora experimenta extrema ansiedade e expectativa, como nos sonhos de estudantes nas vésperas de exames difíceis, muitas vezes repletos de detalhes de contexto e conteúdo.

Embora seja impossível mapear todos os enredos oníricos, não resta dúvida de que os sonhos possuem elementos típicos. Entre os roteiros clássicos, encontramos os sonhos caracterizados pela incompletude: o sonho moderadamente desagradável em que nos descobrimos nus, despreparados para um teste, irremediavelmente atrasados para um compromisso, perdendo dentes, separados de uma pessoa importante no meio de uma jornada, buscando sem conseguir reencontrar. Quanto aos personagens, sonha-se frequentemente com os familiares, amigos mais próximos e pessoas com quem nos relacionamos no dia a dia, embora sonhar com estranhos também seja possível e até frequente em certos momentos da vida.

Qualquer sonhador minimamente introspectivo com certeza se lembra de três tipos básicos de sonhos: o pesadelo, o sonho gozoso e o sonho da perseguição (geralmente infrutífera) de algum objetivo. O primeiro corresponde a situações desagradáveis que não temos poder de controlar ou evitar. A iminência da agressão e o medo dão a tônica do sonho mau, que se sustenta pelo adiamento do desfecho temido. Quase ninguém experimenta a própria morte em sonhos, porque em geral despertamos antes que ela ocorra, talvez por causa da nossa grande dificuldade de ativar, ainda que em sonhos, representações cerebrais incompatíveis com a crença na própria vida.

O sonho gozoso é o contrário do pesadelo, apresentando situações prazerosas desprovidas de qualquer nuance de conflito. Esse tipo de sonho frequentemente alimenta desejos que seriam impossíveis na vigília, satisfazendo o sonhador de forma plena e irreal. Mas os dois extremos de gozo e terror não descrevem a maioria dos sonhos que temos. Para sonhar com emoções tão fortes é preciso vivê-las na vigília. A matéria do sonho são as memórias, ninguém sonha sem ter vivido. Nas palavras de Jonathan Winson (1923-2008), um dos pioneiros no estudo neurobiológico dos sonhos, "os sonhos simplesmente refletem aquilo que acontece ao sonhador agora".

REAPRENDENDO A SONHAR

Descrever os sonhos imediatamente ao despertar é uma prática simples que enriquece enormemente a vida onírica: em poucos dias quem jamais os recordara começa a preencher páginas e mais páginas de seu diário de sonhos, ou sonhário, recomendado desde a Idade Antiga para estimular a rememoração onírica. O sábio Macróbio postulou no século v que a pesquisa onírica depende primordialmente do registro fidedigno do sonho relatado. No século xx, os psiquiatras Sigmund Freud (1856-1939) e Carl Jung (1875-1961) fizeram da interpretação desses registros uma nova ciência sobre a mente humana: a psicologia profunda.

Mas não é preciso frequentar o divã psicanalítico para relatar e interpretar sonhos. Basta um pouco de autossugestão antes de dormir, com a disciplina de permanecer imóvel na cama ao despertar, para que a prolífica caixa de Pandora se abra. A autossugestão pode consistir em repetir, um minuto imediatamente antes de dormir: "Vou sonhar, lembrar e relatar". Ao despertar, papel e lápis à mão, o sonhador de início fará um esforço para lembrar o que sonhou. A princípio a tarefa parece impossível, mas rapidamente uma imagem ou cena, mesmo que esmaecida, virá à tona. A ela o sonhador deve se agarrar, mobilizando a atenção para aumentar a reverberação da lembrança do sonho. É essa primeira memória, mesmo que frágil e fragmentada, que servirá como peça inicial do quebra-cabeça, a ponta do novelo a desenrolar. Será através de sua reativação que as memórias associadas começarão a se revelar.

Se no primeiro dia esse exercício produz apenas algumas frases desconexas, após uma semana é frequente encher páginas inteiras do sonhário, com vários sonhos independentes coletados depois de um único despertar. A verdade é que sonhamos durante quase toda a noite, e mesmo na vigília — embora chamemos isso de imaginação.

O sonho é essencial porque nos permite mergulhar profundamente nos subterrâneos da consciência. Experimentamos no transcorrer desse estado uma colcha de retalhos emocionais. Pequenos desafios, modestas derrotas e vitórias cotidianas geram um panorama onírico que reverbera as coisas mais importantes da vida, mas tende a não fazer sentido globalmente. Quando a existência flui mansa é difícil interpretar a algaravia simbólica da noite.

Por outro lado, não se pode negar nem às pessoas ricas o direito ou a sina de serem atormentadas por pesadelos recorrentes, de íntimo significado. Mas para quem sobrevive à margem do bem-estar, para quem verdadeiramente teme dia e noite pela própria vida, para bilhões que não sabem se amanhã terão o que comer, vestir ou onde dormir, sonhar é quase sempre lancinante. Na vida do sobrevivente de guerra, do presidiário ou do mendigo, o sonho é um tobogã de afetos em tons gritantes de vida e morte, prazer e dor nos extremos desejantes.[1]

O químico e escritor italiano Primo Levi (1919-87), sobrevivente do extermínio nazista em Auschwitz, relatou um pesadelo recorrente após seu penoso regresso a Turim:

É um sonho dentro de outro sonho, plural nos particulares, único na substância. Estou à mesa com a família, ou com amigos, ou no trabalho, ou no campo verdejante: um ambiente, afinal, plácido e livre, aparentemente desprovido de tensão e sofrimento; mas, mesmo assim, sinto uma angústia sutil e profunda, a sensação definida de uma ameaça que domina. E, de fato, continuando o sonho, pouco a pouco ou brutalmente, todas as vezes de forma diferente, tudo desmorona e se desfaz ao meu redor, o cenário, as paredes, as pessoas, e a angústia se torna mais intensa e mais precisa. Tudo agora tornou-se caos: estou só no centro de um nada turvo e cinzento. E, de repente, sei o que isso significa, e sei também que sempre soube disso: estou de novo no Lager [*Konzentrationslager*, campo de concentração nazista], e nada era verdadeiro fora do Lager. De resto, eram férias breves, o engano dos sentidos, um sonho: a família, a natureza em flor, a casa. Agora esse sonho interno, o sonho de paz, terminou, e no sonho externo, que prossegue gélido, ouço ressoar uma voz, bastante conhecida; uma única palavra, não imperiosa, aliás breve e obediente. É o comando do amanhecer em Auschwitz, uma palavra estrangeira, temida e esperada: levantem, "Wstavach" [levantem].[2]

Com o número 174517 tatuado no punho, Primo Levi morreu em 1987 após cair no vão do prédio onde morava. A polícia tratou o caso como suicídio.

RESISTINDO À INSÔNIA DO MUNDO

A palavra sonho, do latim *somnium*, significa muitas coisas diferentes, todas vivenciadas durante a vigília, e não durante o sono. Realizei "o sonho da minha vida", "meu sonho de consumo" são frases usadas cotidianamente pelas pessoas para dizer que pretendem ou conseguiram alcançar algo. Todo mundo tem um sonho, no sentido de plano futuro. Todo mundo deseja algo que não tem. Por que será que o sonho, fenômeno normalmente noturno que tanto pode evocar o prazer quanto o medo, é justamente a palavra usada para designar tudo aquilo que se quer ter?

O repertório publicitário contemporâneo não tem dúvidas de que o sonho é a força motriz de nossos comportamentos, a motivação íntima de nossa ação exterior. Desejo é o sinônimo mais preciso da palavra "sonho". Numa rádio brasileira, o anúncio da Igreja Universal do Reino de Deus deixa isso claro: "Aqui é o lugar da materialização dos sonhos pela fé". A força do vínculo entre sonho e felicidade é impressionante. Num anúncio de cartão de crédito em Santiago do Chile, a promessa milagrosa: "Realizamos todos os seus sonhos". Na área de desembarque de um aeroporto nos Estados Unidos, uma foto enorme de um casal belo e sorridente, velejando num mar caribenho em dia ensolarado sob a frase enigmática: "Aonde seus sonhos o levarão?", embaixo o logotipo da empresa de cartão de crédito. Deduz-se do anúncio que os sonhos são como veleiros, capazes de levar-nos a lugares idílicos, perfeitos, altamente... desejáveis. As equações "sonho é igual a desejo que é igual a dinheiro" têm como variável oculta a liberdade de ir, ser e principalmente ter, liberdade que até os mais miseráveis podem experimentar no mundo de regras frouxas do sonho noturno, mas que no sonho diurno é privilégio apenas dos detentores de um mágico cartão plástico.

A rotina do trabalho diário e a falta de tempo para dormir e sonhar, que acometem a maioria dos trabalhadores, são cruciais para o mal-estar da civilização contemporânea. É gritante o contraste entre a relevância motivacional do sonho e sua banalização no mundo industrial globalizado. No século XXI, a busca pelo sono perdido envolve rastreadores de sono, colchões high-tech, máquinas de estimulação sonora, pijamas com biossensores, robôs para ajudar a dormir e uma cornucópia de remédios. A indústria da saúde do sono, um setor que cresce aceleradamente, tem valor estimado entre 30 bilhões e 40 bilhões de dólares.[3] Mesmo assim a insônia impera. Se o tempo é sempre escasso, se despertamos diariamente com o toque insistente do despertador, ainda sonolentos e já atrasados para cumprir compromissos que se renovam ao infinito, se tão poucos se lembram que sonham pela simples falta de oportunidade de contemplar a vida interior, quando a insônia grassa e o bocejo se impõe, chega-se a duvidar da sobrevivência do sonho.

E, no entanto, sonha-se. Sonha-se muito e a granel, sonha-se sofregamente apesar das luzes e dos ruídos da cidade, da incessante faina da vida e da tristeza das perspectivas. Dirá a formiga cética que quem sonha assim tão livre é o artista, cigarra de fábula que vive de brisa. No início do século XVII, William Shakespeare escreveu que "Somos da mesma matéria/ Da qual são feitos os sonhos".[4] Uma geração depois, na peça teatral *A vida é sonho*, o espanhol Pedro Calderón de la Barca dramatizou a liberdade de construir o próprio destino.[5] O sonho é a imaginação sem freio nem controle, solta para temer, criar, perder e achar.

No discurso "I Have a Dream" o reverendo Martin Luther King colocou no centro do debate político norte-americano a necessidade de justiça e integração racial. Num país construído por escravos africanos, seus descendentes eram obrigados a construir o "sonho americano", mas proibidos de fruí-lo. Líder da luta pacífica mas obstinada pelos direitos civis nos Estados Unidos, agraciado com o prêmio Nobel da paz em 1964, o dr. King foi assassinado a tiros quatro anos depois. Morreu King, mas não o sonho, que vicejou e progressivamente abriu espaço para a diminuição da desigualdade racial no país.

Em tempos de presidente Donald Trump, quase 700 mil pessoas aprovadas no programa de legalização de imigrantes da era Obama por terem chegado aos Estados Unidos antes de completar dezesseis anos lutam desesperadamente para permanecer no país onde passaram a infância e a adolescência. A maioria dessas pessoas nasceu no México, em El Salvador, na Guatemala ou em Honduras. Vivem no limbo e são chamadas de *dreamers*, sonhadores.

Força tão poderosa requer explicação. O que é afinal o sonho? Para que serve? Dar resposta a essas perguntas exigirá primeiro entender como se originou e evoluiu em estado mental. Para nossos ancestrais hominídeos, a constatação de que o mundo onírico não é real deve ter sido um mistério renovado a cada manhã. Mas o advento da linguagem, da religião e da arte com certeza deu novos sentidos aos símbolos enigmáticos do sonho. Curiosamente, esses sentidos foram muito semelhantes em diferentes culturas ancestrais. Essa é uma pista importante em nossa busca por decifrar os sonhos.

As evidências históricas mais antigas sobre a ocorrência de sonhos remontam ao próprio início da civilização. Todas as grandes culturas da Antiguidade apresentam referências ao fenômeno onírico, marcadas em cascos de tartaruga, tabletes de barro, paredes de templos ou papiros. Uma das funções mais frequentemente atribuídas ao sonho é a de oráculo capaz de desvendar o futuro, determinar presságios, ler a sorte e adivinhar o desígnio dos deuses. Os sonhos eram levados muito a sério na Grécia antiga, situando-se no cerne da medicina e da política. O mesmo ocorreu em civilizações mais antigas, como no Egito e na Mesopotâmia.

Escrito há mais de 3 mil anos, o *Épico de Tukulti-Ninurta*[6] narra conquistas do rei assírio possivelmente identificado como Nimrod, bisneto do Noé bíblico,[7] em sua guerra contra o rei babilônio Kashtiliash IV. O texto cuneiforme relata que os deuses de diversas cidades sob controle da Babilônia, tomados de ira contra as transgressões de Kashtiliash IV, decidiram puni-lo com o abandono de seus templos. Mesmo o deus patrono da Babilônia, Marduk, teria justificado o ataque assírio ao abandonar seu santuário no enorme zigurate que inspirou o mito da torre de Babel. Cercado pelo exército invasor, Kashtiliash IV buscou mas não obteve presságios positivos. Por fim, se desesperou: "Quaisquer que sejam meus sonhos, são terríveis". Isso significava que a Babilônia cairia.

Tukulti-Ninurta e Kashtiliash IV foram personagens históricos e a guerra de fato aconteceu. Em 1225 a.C., a Babilônia foi derrotada e saqueada, seus muros destruídos, seu rei capturado e humilhado. Para completar a razia, Tukulti--Ninurta mandou retirar do templo de Marduk sua principal estátua de culto, sequestrando o próprio deus e levando-o a um êxodo que duraria muitos anos. Esse tipo de rapto era relativamente comum, pois acreditava-se na existência concreta da divindade corporificada na estátua. Como peça exemplar de propaganda assíria, o *Épico de Tukulti-Ninurta* ilustra o modo como os sonhos foram utilizados para dar credibilidade aos governantes. Por isso mesmo, apresenta com nitidez o problema da elaboração secundária, isto é, o fato de que nunca temos acesso ao sonho propriamente dito, a experiência primária que efetivamente ocorreu na mente de quem sonhou, mas sempre e apenas a uma elaboração subjetiva do que teria sido a experiência segundo quem afirma ter sonhado. No conflito entre Tukulti-Ninurta e Kashtiliash IV, o sonho atribuído ao perdedor convenientemente legitimava a conquista do vencedor.

Relatos de sonhos, reais ou não, também ocuparam um lugar central na gestão do Estado egípcio. Um exemplo bem conhecido é a Estela dos Sonhos, um bloco retangular de granito com quase quatro metros de altura, posicionado entre as patas dianteiras da Grande Esfinge de Gizé. Essa estela, gravada com hieróglifos e datada de aproximadamente 1400 a.C., narra que certa feita o jovem príncipe Tutmés adormeceu à sombra da portentosa estátua, que estava então parcialmente soterrada pelas areias do deserto. Tutmés sonhou que a Esfinge lhe prometia o trono se ele conseguisse protegê-la. Segundo as inscrições, o jovem ordenou a construção de um muro em volta da Esfinge e sagrou--se o faraó Tutmés IV. Em 2010 foram descobertos vestígios do muro, tal como descrito na Estela dos Sonhos.

O ORÁCULO DA NOITE

A obtenção em sonho de autorização divina para justificar atos na realidade perpassa todo o nosso passado histórico. O caráter divinatório do sonho está presente nos principais textos remanescentes da Idade do Bronze (entre 5 mil e 3 mil anos atrás), como o *Livro dos mortos* egípcio e a *Epopeia de Gilgamesh* suméria.[8] Além disso, está fartamente presente na *Ilíada*, na *Odisseia*, na

Bíblia e no Corão. Reza a tradição que Maya, mãe do mais conhecido de todos os Budas, engravidou dele após sonhar que um elefante branco com seis presas de marfim descia dos céus e a penetrava.[9] Símbolo do supremo favor dos deuses, o elefante branco anunciava a natureza especial da criança. Da mesma forma, reza a lenda que a concepção do filósofo chinês Confúcio ocorreu após sua mãe sonhar com um deus guerreiro e ser por ele fecundada.[10] Ao final da Antiguidade, Artemidoro[11] (século II) e Macróbio[12] (século V) propagaram a noção de que os sonhos pertencem a diferentes categorias conforme seu conteúdo, causa e função.

Artemidoro nasceu na colônia grega de Éfeso, hoje Turquia, mas vivia em Roma quando se tornou conhecido como sábio, médico e intérprete onírico. Com base em extensas leituras e consultas orais possibilitadas por viagens pela Ásia Menor, Grécia e Itália, a partir dos saberes de povos dispersos pelas ilhas do mar Egeu e nas vilas escarpadas do monte Parnaso, Artemidoro escreveu um tratado clássico sobre sonhos chamado *Oneirokritika*. Nesse livro de cinco tomos que sobreviveu até os dias de hoje,[13] Artemidoro compilou sonhos exemplares e teorizou fartamente sobre suas causas. Afirmou que o intérprete precisa conhecer o histórico do sonhador, como sua ocupação, saúde, posição social, hábitos e idade, e que deve descobrir como o sujeito se sente em relação a cada componente do sonho. A plausibilidade do conteúdo do sonho deve ser considerada, o que só pode ser feito com referência ao sonhador.

Artemidoro afirmou ainda que os sonhos podem descrever situações atuais (*enhypnia*) ou futuras (*oneiroi*), mas para isso é preciso que sejam corretamente interpretados:

> A distinção entre uma visão e um sonho não é pequena [...]. Um sonho difere de uma visão porque indica o que está por vir, enquanto [a visão] indica o que é [...]. Alguns sonhos, além disso, são teoremáticos [diretos], enquanto outros são alegóricos. Os sonhos teoremáticos correspondem exatamente à sua própria imagem-sonho. Por exemplo, um homem que estava no mar sonhou que sofria um naufrágio, e isso realmente se tornou realidade do modo como foi apresentado durante o sono. Pois quando o sono o deixou, o navio afundou e se perdeu, e o homem, com alguns outros, escapou por pouco de afogamento [...]. Os sonhos alegóricos, por outro lado, são aqueles que significam uma coisa por meio de outra; isto é, através deles, a alma está obscuramente transmitindo algo por meios físicos.[14]

Quase 2 mil anos antes de Freud, Artemidoro assinalou a importância da multiplicidade de sentidos dos sonhos:

> Um doente do estômago sonhou que, precisando de uma receita de Asclépio, entrou no templo do deus. E o deus, tendo estendido a sua própria mão direita, ofereceu os dedos para ele comer. Foi curado comendo cinco tâmaras: pois também os bons frutos da tamareira são chamados dedos.[15]

Ambrósio Teodósio Macróbio foi um filósofo e gramático do período marcado pela queda do Império Romano e resistência do Império Bizantino. Seu nascimento e trajetória são nebulosos, mas sua obra teve impacto duradouro. Mais do que compilador de sonhos e teorias oníricas, como Artemidoro, Macróbio foi um erudito. Sua reflexão sobre os sonhos utilizou como objeto uma obra de ficção, o *Sonho de Cipião*, escrito três séculos antes pelo cônsul romano Cícero. Em seu *Comentário ao sonho de Cipião*, Macróbio propôs uma classificação dos sonhos amplamente aceita no pensamento teológico medieval.[16] Para Macróbio, *visum* (*phantasma* em grego) seriam aparições oníricas, também consideradas "sem significado profético", que ocorrem na transição entre vigília e sono, quando o sonhador imagina "espectros" à sua volta. *Insomnium* (*enhypnion* em grego) seria o pesadelo, considerado "sem significado profético" e reflexo de problemas emocionais ou físicos. *Visio* (*horama* em grego) seria o sonho profético que se torna realidade, *oraculum* (*chrematismos* em grego) seria o sonho oracular em que uma pessoa venerada revela o futuro e oferece conselhos, enquanto *somnium* (*oneiros* em grego) seria o sonho enigmático com símbolos estranhos, que necessitam da intervenção de um intérprete para serem compreendidos.

As primeiras duas categorias elencadas por Macróbio compreendem sonhos influenciados apenas pelo presente ou passado, sem qualquer relevância para o futuro. As três últimas categorias abrangem a clarividência de eventos futuros (*visio*), profecias (*oraculum*) e o sonho simbólico (*somnium*), que requer interpretação. Curiosamente, a atribuição de caráter preditivo ao sonho é um traço recorrente em inúmeras culturas contemporâneas ditas primitivas na América, África, Ásia e Oceania.[17] Tão díspares entre si, essas sociedades parecem conservar uma crença ancestral comum na capacidade premonitória do sonho, tido como chave do destino para quem souber interpretá-lo, fonte de predições, instrumento de divinação, portal de acesso ao que ainda não foi, porém será — e também espaço de perigo espiritual. Várias culturas indígenas norte-americanas ainda fabricam o coletor de sonhos conhecido como *asabikeshiinh* (aranha, na língua ojibwe), que consiste em uma rede amarrada num aro de salgueiro, decorada com penas, sementes e outros objetos mágicos. Muitas vezes o artefato é pendurado acima de uma criança dormindo como proteção capaz de capturar, tal qual teia de aranha, qualquer força maligna que possa causar pesadelos.

As culturas ameríndias preservam alguns dos exemplos mais bem documentados de sonhos proféticos capazes de guiar povos inteiros. Um caso exemplar foi a visão premonitória de um chefe comanche em 1840.[18] Até aquele momento, Corcova de Búfalo era um vigoroso mas modesto chefe do ramo penateka dos comanches, a belicosa nação indígena que deteve o avanço espanhol no século XVIII. Seu povo dominou por séculos a comancheria, território equivalente a grande parte das pradarias do Sul dos Estados Unidos, abrangendo porções do Texas, Novo México, Oklahoma, Colorado e Kansas. Por sua localização geográfica no extremo sul desse território, os penatekas foram entre os comanches os mais expostos ao convívio com os brancos, causadores diretos do desaparecimento dos búfalos nas pradarias do Sul e das grandes epidemias de varíola e cólera. Não é surpreendente que Corcova de Búfalo, assim como vários outros indígenas de sua época, evitasse contato com tudo o que proviesse dos brancos, como roupas e utensílios domésticos.[19]

As tensões cresceram com a chacina de vários chefes penatekas em missão de paz na cidade de San Antonio, em março de 1840. Pouco tempo depois do massacre, Corcova de Búfalo teve uma sangrenta revelação noturna, um sonho vívido de grande poder místico no qual os índios atacavam os texanos e os empurravam contra o mar. Nas semanas seguintes, a visão de Corcova de Búfalo se espalhou pela comancheria como fogo na pradaria. Ao longo do verão o chefe recrutou apoiadores até juntar quatrocentos guerreiros, além de seiscentas mulheres e crianças para dar suporte logístico ao ataque. No início de agosto esse exército desceu das pradarias em direção ao sul, e três dias depois invadiu o território da recém-criada República do Texas, povoado por colonos brancos. No dia 6 de agosto os comanches atacaram de surpresa a cidade de Victoria, a 160 quilômetros de San Antonio e a apenas quarenta quilômetros do mar. Pilharam armazéns, queimaram casas, roubaram milhares de cavalos e mataram uma dúzia de pessoas.

Apesar da vitória, a profecia onírica ainda não estava cumprida. Para fazê-lo, Corcova de Búfalo guiou seus bravos na marcha em direção à costa, até que no dia 8 de agosto os comanches cercaram a cidade costeira de Linnville, à época o segundo maior porto do Texas. Quando as centenas de cavaleiros armados e paramentados para a guerra se aproximaram em impressionante formação de meia-lua, os habitantes da próspera cidade se desesperaram. Após escaramuças e a morte de três cidadãos, a população de Linnville se lançou ao mar usando as embarcações ancoradas no porto. Quase sem poder acreditar no que viam, os apavorados fugitivos assistiram à completa destruição de sua cidade, tal qual no sonho de Corcova de Búfalo. Foi o maior ataque indígena a uma cidade de população branca no território dos Estados Unidos. Linnville nunca se recuperou e permanece até hoje uma cidade fantasma.

DO MISTICISMO À PSICOBIOLOGIA

Por que tantos povos diferentes vislumbraram e ainda vislumbram nos sonhos a função de oráculo? De onde vem essa ideia aparentemente absurda, que desafia a própria razão? Haverá alguma explicação lógica para isso, ou trata-se apenas de uma vasta coleção de crendices e coincidências sem sentido? Será possível explicar cientificamente a noção de que a atividade onírica antecipa acontecimentos futuros? As respostas a essas perguntas não são triviais e só podem ser alcançadas pela consideração de uma grande quantidade de fatos articulados entre si. Na origem desse esforço de síntese encontramos a obra de Sigmund Freud, fundador da psicanálise.

Freud nasceu na Morávia, hoje República Tcheca. Criança brilhante, aos 25 anos era um médico recém-formado, inseguro mas tenaz. No final do século XIX a neuroanatomia era dominada pelos bastos bigodes do neuropatologista austro-alemão Theodor Meynert e do patologista italiano Camillo Golgi, duas forças conservadoras de muita autoridade. Sintonizado com a vanguarda de seu tempo, Freud inicialmente trilhou caminho semelhante ao do espanhol Santiago Ramón y Cajal, que viria a receber o prêmio Nobel de medicina e fisiologia em 1906 por suas grandes contribuições para a compreensão do sistema nervoso, como a descoberta do neurônio (Figura 1).

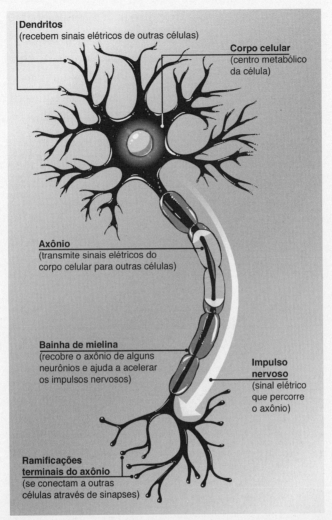

1. Principais partes da célula neuronal: dendritos, corpo celular e axônio. Sinais elétricos vindos de outros neurônios entram na célula pelos dendritos, são integrados no corpo celular, transmitidos pelos axônios e finalmente passados adiante para outros neurônios através dos terminais axonais. O cérebro humano tem aproximadamente 86 bilhões de neurônios, cada um com uma média de 10 mil contatos com outros neurônios (sinapses).[20]

Teorizando em seu inacabado *Projeto para uma psicologia científica*, escrito em 1895,[21] Freud vislumbrou o tecido cerebral como rede de células individuais perpassadas pela movimentação de "atividade", que hoje chamamos por diversos sinônimos: impulso elétrico, potencial de ação do neurônio ou disparo neuronal, este último um jargão científico para as despolarizações súbitas e transitórias da membrana celular (Figura 1). Freud chegou a propor que a repetição frequente da passagem da atividade pelos mesmos caminhos levaria à sua facilitação, produzindo memórias. Esse mecanismo de potencialização de longa duração, semelhante à diminuição da resistência à passagem de água num córrego depois de uma enxurrada, só foi demonstrado empiricamente nos anos 1970, como veremos adiante.[22]

A despeito de tamanha capacidade de pensar o sistema nervoso, Freud não se tornou conhecido como um dos fundadores da neurociência, mas como o criador de uma nova psicologia. Dez anos antes de escrever o *Projeto*, como aprendiz do neurologista Jean-Martin Charcot (1825-93) no Hospital Salpêtrière em Paris, Freud testemunhou a cura transitória da histeria pela hipnose. Aprofundou-se no estudo dos distúrbios de produção de voz conhecidos como afasias, abandonou a hipnose e finalmente desenvolveu um método terapêutico baseado no relato onírico e na livre associação de ideias. Chegou ao conceito de inconsciente quando, a partir da morte do pai, passou a ter sonhos excessivamente vívidos e simbólicos que lhe revelaram memórias e ideias insuspeitadas antes do evento. O desenvolvimento dessas ideias causou uma verdadeira revolução.

Segundo o cientista cognitivo norte-americano Marvin Minsky (1927--2016), pioneiro da recriação de processos mentais em computadores, Freud foi o primeiro bom teórico da inteligência artificial, ao conceber o aparelho mental como uma máquina composta por diferentes partes, em vez de um sistema monolítico capaz de gerar a totalidade dos fenômenos psíquicos.[23] Quando Minsky propôs que a inteligência artificial seria uma coleção de sistemas paralelos interdependentes, expressou uma profunda influência da psicanálise. Para Freud, a mente humana compreende três aparelhos distintos — id, ego e superego — em relação íntima, mas muitas vezes antagônica.[24] O id ("isso" em latim) seria originalmente inconsciente e produziria impulsos primitivos relacionados à satisfação de necessidades viscerais, configurando a parte da mente regrada pelo princípio de prazer. Esse conceito encontra correspondência nos circuitos neurais que nos permitem desejar e sobretudo buscar a satisfação dos desejos.[25] Para Freud o id é irracional, presente desde o nascimento, habita o momento atual e desafia a realidade com a força da necessidade: não se deixa de ter sede apenas porque a água acabou.

O ego (eu, em latim) corresponde ao processo consciente que organiza a interface do id com o mundo exterior, através de funções perceptuais, cognitivas e executivas regradas pelo princípio de realidade, ou seja, limitadas pelos fatos. Diante das limitações, o ego tenta transformá-las através da ação planejada, capaz de moldar o futuro conforme a experiência pregressa. Na medida em que o ego compreende limites corporais, autoimagens e um banco de memórias autobiográficas, sua localização no cérebro incluiria hipocampo, córtex parietotemporal e pré-frontal medial.[26]

O córtex pré-frontal também participa diretamente do terceiro aparelho psíquico da teoria freudiana: o superego. Além de governar o corpo segundo o princípio de realidade, uma influência externa, o ego precisa negociar o choque dos impulsos do id com a moral exercitada pelo superego, que corresponde à introjeção das normas culturais transmitidas aos filhos pelos pais ou cuidadores diretos. É do superego que provêm a censura, o freio, o constrangimento, a crítica e o combate às pulsões do id. Tais funções encontram correspondência na atividade de diversas áreas do córtex pré-frontal, necessário para a tomada de decisões, a ponderação de opções e a inibição de comportamentos indesejados.[27]

Para aliviar os conflitos entre superego e id, o ego utiliza diversos processos defensivos que diminuem o sofrimento psíquico, através da repressão, supressão, negação, compensação, deslocamento, racionalização e mesmo sublimação dos desejos. Se o id é infantil, o superego é um pai interno que se manifesta nos hábitos implícitos, na memória de episódios exemplares e nas regras explícitas, declaráveis através de palavras.

Por ser cumulativo e combinatorial, o banco de memórias autobiográficas torna-se incrivelmente vasto com o tempo, mas apenas uma ínfima fração dessas memórias ocupa a consciência a cada instante. Continuamente requisitadas pelo ego e pelo superego, as memórias montam conglomerados de formações psíquicas transitoriamente animados, a cada instante, pela atividade de um grupo seleto de neurônios. Entretanto, seria na quietude da maioria da população neuronal que residiria, de forma latente e duradoura, a totalidade dos pensamentos possíveis, fruto não apenas de todas as memórias adquiridas ao longo da vida, mas também de todas as suas recombinações possíveis. Foi esse oceano de representações mentais que Freud batizou de inconsciente, identificando o sonho como via régia para acessá-lo.

O método da psicanálise se fundou na atitude receptiva de escutar atentamente o paciente convidado a falar de si com liberdade, rememorar sonhos e associar ideias. A proposta era mapear as memórias latentes do paciente para descobrir pistas sobre a origem de seus traumas, aos quais se associavam sintomas neuróticos de todo tipo. Freud defendeu que esses traumas tipicamente possuem teor sexual e dizem respeito a memórias aversivas adquiridas na infância, seja por situações efetivamente abusivas, seja pela reverberação de sentimentos contraditórios entre pais e filhos. No conflito entre id e superego, sintomas patológicos seriam gerados. Em análise, o ego tomaria consciência do trauma e assim se abriria a possibilidade de superá-lo, apaziguá-lo, domá-lo.

Reclinadas sobre o confortável divã do famoso consultório à rua Berggasse, número 19, em Viena, as pacientes do dr. Freud talvez não percebessem que estavam inaugurando um novo jeito de tratar problemas mentais na Europa. A prática de voltar-se para si e apenas falar livremente, a narração em voz alta da própria vida, exercida com naturalidade em tantas culturas mas violentamente reprimida no patriarcal Império Austro-Húngaro do século XIX, tomariam o mundo de assalto no século XX. A reabertura dessa janela da alma foi um grande acontecimento científico e social.

As pacientes de Freud também ignoravam que o dileto analista, a seus olhos tão evidentemente ungido pela autoridade da ciência, em pouco tempo seria por ela vilipendiado e condenado ao ostracismo. Desde o início Freud enfrentou oposição no meio médico. A noção de que sintomas mentais e corporais podem advir de meros pensamentos, e não necessariamente de lesões cerebrais, não era nada palatável entre os neurologistas, embora não fosse tão chocante quanto a observação de que a sexualidade está presente até mesmo em crianças pequenas. Criticado com ou sem razão por falhas pessoais e profissionais, atacado por jornalistas, acadêmicos e moralistas de todo tipo e finalmente perseguido pelo nazismo como perigoso intelectual judeu,[28] Freud exilou-se em Londres em 1938 e morreu poucos dias depois do início da Segunda Guerra Mundial.

No pós-guerra, a psicanálise se disseminou por países do continente americano e chegou a ter relevância na escola médica dos Estados Unidos, mas com o tempo perdeu terreno para a psicofarmacologia. A dificuldade de aplicar o método psicanalítico a todo e qualquer paciente, o advento de fármacos capazes de suspender o surto psicótico aparentemente sem qualquer necessidade de escuta do paciente, a tendência dos seguidores da psicanálise ao isolamento e à fragmentação, além de boa dose de intolerância e perseguição ideológica, acabaram por expurgar do establishment científico a contribuição freudiana. O influente filósofo austríaco Karl Popper (1902-94), que considerava científicas apenas proposições potencialmente refutáveis, deu seu veredito impiedoso nos anos 1960: "A psicanálise é simplesmente não testável, irrefutável".[29] Para Popper a psicanálise era uma proposição metafísica, desprovida de conteúdo empírico e portanto completamente arbitrária. Para a ciência do século xx, Freud foi na melhor das hipóteses um poeta — e na pior delas uma fraude. Tão relevante para a neuropsicologia[30] quanto Marx para o mercado de ações ou Darwin para os neocriacionistas.

Não obstante sua derrota científica, as ideias de Freud tiveram avassaladora vitória cultural. Através da clínica psicanalítica, das ciências humanas e das artes, a teoria psicanalítica sobre a mente humana impregnou profundamente a cultura ocidental, que passou a incorporar no linguajar coloquial termos como inconsciente, ego, repressão e complexo de Édipo. O palavreado junguiano não teve tanto sucesso, mas mesmo assim ninguém se surpreenderia ao escutar a expressão "inconsciente coletivo" numa conversa qualquer. Uma pesquisa sobre a função dos sonhos com estudantes indianos, norte-americanos e sul-coreanos mostrou que a maioria se identificou com a proposição de que os sonhos revelam verdades ocultas, fazendo aflorar emoções reprimidas. A escolha da concepção psicanalítica dos sonhos ocorreu nos três países em todas as especialidades acadêmicas testadas, deixando para trás outras teorias em princípio mais alinhadas à neurociência.[31]

Isso não significa que os participantes da pesquisa eram todos estudantes de psicologia ou leitores ávidos da obra de Freud. A difusão superlativa dessas ideias ocorreu apesar — e talvez até mesmo por causa — da ignorância a seu respeito. A banalização e massificação das ideias de Freud o transformaram em ícone pop, com fácil penetração em círculos leigos mas de legado até hoje ferrenhamente disputado por campos antagônicos de especialistas. Desacreditadas pela ciência do século xx, as ideias freudianas foram aceitas quase inteiramente fora de seus próprios termos. Se todos são freudianos, então ninguém é freudiano.

Entretanto, a partir do final do século xx e na contramão do establishment médico, proposições freudianas começaram a ser testadas cientificamente. Um dos exemplos mais impactantes foi a demonstração de que a supressão consciente de memórias indesejadas, pioneiramente descrita por Freud, é um fato cerebral quantificável. Experimentos de imageamento por ressonância magnética funcional publicados na prestigiosa revista *Science* por dois grupos independentes de pesquisa, liderados pelos neurocientistas norte-americanos John D. Gabrieli e Marie Therese Banich, mostraram que a supressão intencional de memórias indesejadas corresponde à desativação de duas regiões cerebrais dedicadas ao processamento de memórias e emoções, respectivamente o hipocampo e a amígdala.[32] Curiosamente, essa desativação é proporcional à ativação de áreas do córtex pré-frontal envolvidas com a intencionalidade. Revelou-se assim um mecanismo neurobiológico capaz de explicar de que forma uma memória de início consciente desaparece reversivelmente na amplidão do inconsciente — não exatamente no esquecimento, mas num soterramento.

Ainda que noções semelhantes ao inconsciente possam ser identificadas em diversos predecessores, foi com Freud e seu discípulo e rival Carl Jung que o conceito de inconsciente passou a ocupar um lugar central na psicologia. Já em 1948 o zoólogo austríaco Konrad Lorenz, fundador da etologia e prêmio Nobel de medicina e fisiologia, alertava sobre a necessidade de levar a sério a psicologia profunda:

> Um outro ramo muito mais significativo de investigação psicológica originário da psiquiatria permanece notavelmente isolado e desconectado, embora mereça mais que qualquer outro campo da psicologia ser chamado de científico [...] por mais que rejeitemos o edifício teórico construído por Sigmund Freud e Carl Jung, [...] não pode haver dúvida de que ambos foram observadores talentosos que assinalaram pela primeira vez certos fatos irrevogáveis e inalienáveis do comportamento coletivo humano.[33]

A VIA RÉGIA DO INCONSCIENTE

A contribuição psicanalítica se apoia fundamentalmente nos sonhos e representa um ponto de inflexão crucial para sua interpretação. Ao propor que a interpretação onírica deve ser baseada na investigação da experiência subjetiva do sonhador, Freud identificou as memórias dos eventos da vigília como o esqueleto de sustentação do sonho. Essas memórias, ou restos diurnos na teoria freudiana, são o eixo em torno do qual as emoções do sonhador se aglutinam para gerar imagens mentais de grande poder simbólico. A análise minuciosa dos relatos oníricos, contraposta ao contexto da vigília, permitiu a Freud desenvolver um novo tratamento baseado na tomada de consciência, pelo paciente, de suas motivações mais íntimas. Freud apontou o sonho como canal privilegiado para a investigação da psique humana, por ser menos submetido à censura moral que regula os pensamentos da vigília. Ali aparecem conflitos da infância e do presente, algumas vezes resolvidos pela simples realização do desejo no ambiente fantástico da mente, sem necessidade de compatibilidade com o mundo realmente existente, acessível durante a vigília.

No limite dessa dissonância entre sonho e realidade, Freud postulou uma conexão entre sonho e psicose, opinião compartilhada pelos psiquiatras Eugen Bleuler e Emil Kraepelin, pioneiros no estudo da esquizofrenia. Em decorrência de uma intensa e extensa análise dos relatos de sonho de vários pacientes e principalmente de si próprio, Freud propôs que a atividade onírica reflete os desejos e temores do sonhador. Criou uma terapia baseada no autorrelato subjetivo, na associação livre, na interpretação de sonhos e fantasias, bem como na identificação consciente de memórias, desejos e associações simbólicas reprimidos.

Ignorada pela neurociência ao longo de quase todo o século passado, foi apenas em 1989, com a primeira identificação dos correlatos eletrofisiológicos dos restos diurnos, que a teoria freudiana começou a retornar ao debate científico sobre a mente e o cérebro. Muito antes de Freud, acreditava-se que os sonhos diziam respeito ao futuro. Depois dele, o sonho passou a ser visto como reflexo impreciso mas significativo do passado. Decorridos quase oitenta anos desde sua morte, acumulam-se evidências de que ambas as concepções são corretas. Passo a passo, através de uma jornada sinuosa, toma corpo uma teoria geral do sono e dos sonhos que compatibiliza passado e futuro para explicar a função onírica como ferramenta crucial de sobrevivência no presente.

Tal teoria é a espinha dorsal deste livro. Para apresentá-la será preciso considerar os experimentos pioneiros que identificaram as principais fases do sono, chamadas sono de ondas lentas e sono de movimento rápido dos olhos (sono REM, de *"rapid eye movement"*). Será preciso desvendar a maquinaria cerebral que liga e desliga funções mentais sem que tenhamos a menor consciência disso. Durante o sono de ondas lentas, que domina a primeira metade da noite, pouca atividade elétrica é gerada no interior do próprio cérebro, que por isso reverbera memórias sem vividez. Trata-se de um estado em que pensamentos normais coexistem com a ausência de imagens sensoriais. Em contraste com esse sono desprovido de luz e formas, o sono REM é marcado por grande ativação cerebral, que reverbera memórias com muita intensidade. Essa reverberação é o próprio material de que são feitos os sonhos.

Mas há vantagem em sonhar? Será a extravagância dos sonhos apenas um acidente evolutivo, ou, ao contrário, existem razões profundas para isso? Freud apontou para a existência, na narrativa onírica, de sentidos ocultos ligados à experiência subjetiva do sonhador. Na contramão, o biólogo inglês Francis Crick, prêmio Nobel codescobridor da dupla-hélice do DNA, propôs em 1983 com o matemático escocês Graeme Mitchison que os sonhos são bizarros, hiperassociativos e aparentemente desprovidos de sentido porque derivam da ativação aleatória de neurônios no córtex cerebral. O fosso que separou por um século os mecanismos neurais do sono de um relato abrangente da subjetividade onírica fomentou esse modelo explicativo antifreudiano, dissociado de observações fundamentais disponíveis para qualquer sonhador capaz de um mínimo de introspecção. Para Crick, os sonhos são apenas fragmentos de memória montados ao acaso. Sonhar resultaria no simples apagamento de memórias irrelevantes, liberando espaço de codificação para armazenar novas memórias. Em outras palavras, os sonhos serviriam não para lembrar, mas para esquecer, pois a ativação aleatória do córtex promoveria a erosão implacável das memórias recém-adquiridas, gerando um aprendizado reverso (ou desaprendizado) essencial para que o sistema não sature sua capacidade de formar memórias.[34] Um corolário da teoria é que o conteúdo dos sonhos seria intrinsecamente sem sentido, absolvendo os sonhadores de qualquer nexo com seus próprios sonhos. Essa conclusão nega a importância dos sonhos para a compreensão da consciência humana.

Embora engenhoso, o conceito de Crick não resiste ao fato de que é possível ter sonhos recorrentes ao longo de várias noites. Pesadelos repetitivos são um dos sintomas mais comuns em pessoas que desenvolvem traumas depois de vivenciarem situações aversivas.[35] Dado o número colossal de neurônios e de conexões sinápticas no córtex cerebral, é impossível explicar a ocorrência de sonhos repetitivos — e portanto de padrões de ativação neural quase idênticos — por meio da ativação cortical aleatória. Em outras palavras, seria impossível ter sonhos repetitivos se a sua gênese fosse completamente fortuita. O esquecimento é um aspecto importante do sono, mas não passa nem perto de explicar o fenômeno onírico em sua totalidade.

CICATRIZES VALIOSAS

É curioso que a palavra em alemão para sonho — *Traum* — se pareça tanto com trauma, que, em grego, com etimologia bem distinta, quer dizer ferida. Memórias são cicatrizes, e sua ativação durante o sono possui causa e significado. Para iluminarmos a fundo as funções e razões do sonho será preciso trilhar o longo caminho que vai da biologia molecular, da neurofisiologia e da medicina até a psicologia, a antropologia e a literatura, sem perder de vista que a evolução da espécie, em sua fase mais recente, é toda a nossa história.

Uma teoria satisfatória do sono e dos sonhos deve primeiro considerar todos os fenômenos relevantes, e não apenas parte deles. Em segundo lugar, deve distinguir as várias funções dos diferentes estados de sono e sonho. Em terceiro, deve produzir uma narrativa plausível de como tais estados favoreceram a aptidão para procriar genes e cultura através do tempo, evoluindo para um conjunto de funções cumulativas e superpostas em camadas que só podem ser compreendidas na ordem cronológica apropriada. A articulação de todas essas ferramentas conceituais permite decifrar sonhos com nitidez. O porto de chegada, ao fim do percurso, deixará entrever um novo estado de consciência humana, o sonho lúcido em que o sonhador é não apenas um personagem principal ou secundário, ator semivoluntário do filme interno de todas as noites, mas também o roteirista, produtor e diretor de um *blockbuster* espetacular mas absolutamente privado.

Entretanto, antes de abordar sonhos tão especiais é preciso resgatar o sonho ao alcance de todos, aquele que temos todas as noites mas ao qual prestamos pouca atenção: o sonho que nossos antepassados cultivaram como oráculo e que hoje é solenemente ignorado pela maioria das pessoas. Jung considerava que a função prospectiva do sonho é a antecipação no inconsciente de conquistas conscientes futuras, algo como um exercício preliminar ou esboço, ou um plano antecipado [...]. A ocorrência de sonhos prospectivos não pode ser negada. Seria errado chamá-los de proféticos, porque no fundo eles não são mais proféticos do que um diagnóstico médico ou uma previsão do tempo. São meramente uma combinação antecipada de probabilidades que podem coincidir com o comportamento real das coisas, mas não precisam necessariamente concordar em todos os detalhes.[36]

Trata-se portanto de compreender profundamente, em termos de seus mecanismos fundamentais, de que forma *o sonho prepara o sonhador para o dia seguinte.*[37] Como isso acontece é o assunto deste livro, uma breve história da mente humana pelo fio condutor do sonho. Para fazer o percurso será preciso considerar narrativas do mundo todo, mesmo sabendo que é impossível representar as narrativas de todo o mundo. Incompletude, deslocamentos, condensações, multiplicidade de personagens, retornos inesperados, detalhes sem aparente explicação ou mesmo a falta de detalhes relevantes serão nossos companheiros de jornada. Para tecer a trama de histórias e conjecturas sem perder-se no caminho, será necessário combinar a provisória suspensão da descrença com o compromisso de duvidar no fim. Sobretudo, é crucial não tentar entender antes da hora, mas sim deixar-se levar pela correnteza até poder ver em perspectiva o conjunto da evidência levantada, necessariamente incompleta mas ainda assim elucidadora.

Uma última precaução antes de partirmos: o reiterado, entusiasmado, necessário convite à introspecção. Espero que este livro encoraje os leitores a ficar alguns minutos a mais na cama ao despertar, a fim de lembrar e registrar suas viagens ao interior profundo da mente. O mergulho nas múltiplas dimensões do sonho, arte quase completamente esquecida no mundo contemporâneo, pode e deve reativar o hábito ancestral de sonhar e narrar.

2. O sonho ancestral

Em contraste com a ampla maioria dos outros animais, temos enorme capacidade de simular futuros possíveis com base nas memórias do passado. Podemos realizar atividades motoras bastante complexas e precisas enquanto a mente devaneia sem limites nem amarras em imagens e situações de todo tipo, em qualquer escala de tempo e espaço — exatamente como nos sonhos, mas com muito menos intensidade. Terá nossa capacidade de sonhar acordado se originado da intrusão do sonho na vigília?

Dar resposta a essa pergunta requer indagar como eram os sonhos de nossos ancestrais durante a Idade da Pedra. Requer também compreender de que forma esses sonhos se transformaram à medida que as civilizações se desenvolveram e de que forma sua relação com a vigília foi sendo modificada. Requer, enfim, reconstituir como fizemos a transição entre a consciência estrita do tempo presente e a consciência ampla do passado e do futuro.

Sonhar há de ter sido profundamente perturbador na maior parte do 1,168 bilhão de noites que nos separam de nossas tataravós mais antigas, como a pequena Lucy, fóssil de uma *Australopithecus afarensis* que viveu há 3,2 milhões de anos no que hoje é a Etiópia. Quão misteriosa e mágica não terá sido a noite na Idade da Pedra? Longuíssima noite estrelada de êxtases oníricos através de glaciações e degelos, imemorial renascimento matinal da pergunta: será isso real?

Uma espec lação racional sobre os sonhos de nossos ancestrais precisa pressupor um boa dose de continuidade entre a mente deles e a nossa. Afinal, o *Homo sap iens* é anatomicamente o mesmo há pelo menos 315 mil anos.[1] Além dis u, há indícios de sobreposição cultural[2] com as principais subespécies hu nanas com as quais se hibridizou geneticamente, *Homo neanderthalensis* n Europa e na Ásia ocidental, e *Homo sapiens denisova* na Sibéria.[3] Assumar s portanto que nossos antepassados hominídeos mais remotos, assim como ós, sonhavam quando dormiam.

SONHOS DE PEDRA E OSSO

Tente imaginar como eram os sonhos pré-históricos. A julgar pela obsessão de nossos antepassados com pedras, é provável que tenham sonhado exaustivamente com a produção de lascas cortantes, sonhos motores e repetitivos sobre uma atividade tipicamente realizada nos próprios locais de acampamento, perto das entradas das cavernas. Objetos de pedra e osso progressivamente mais refinados atestam o aparecimento de uma catraca cultural, conceito proposto pelo psicólogo norte-americano Michael Tomasello para descrever o avanço quase contínuo de novas tecnologias e conceitos, sem grandes retrocessos a partir de certo momento na evolução da espécie humana. Fazendo analogia entre corpo e computador, podemos dizer que nos últimos 300 mil anos o hardware biológico da humanidade mudou muito pouco, mas o software cultural evoluiu aceleradamente. É como se o acúmulo de ideias adaptativas fosse uma catraca, uma engrenagem que só gira para um lado. O que nos tirou das cavernas foi a cultura. Em momentos e locais específicos, inovações muitas vezes apareceram, foram abandonadas e redescobertas, mas a partir de certo momento a rápida disseminação das ideias adaptativas fez com que a produção de ferramentas se expandisse para novas técnicas, materiais e usos.

O sonho pré-histórico foi sobretudo feito de pedra, mas o panorama não estaria completo se não fôssemos até as profundezas mais recônditas das cavernas em busca da incrível arte mural do Paleolítico superior, aproximadamente entre 50 mil e 10 mil anos atrás. Não havendo registro seguro de sonho antes do advento da escrita, é legítimo especular que os ícones rupestres criados por nossos antepassados representam seres tão presentes na vida deles que decerto ocorriam também em sua vida onírica. Tal qual as paredes das cavernas, a mente das pessoas devia ser povoada pela enorme variedade da fauna que constituía seu mundo: bisão, auroque, mamute, cavalo, leão, urso, cervo, rinoceronte, íbex e diversos tipos de pássaro.

Não por acaso, há registros de feras totêmicas do Canadá à Tanzânia, da Nova Guiné à Índia, dos Pirineus à Mongólia, em culturas tão distintas quanto ojibwa, masai, birhor, celta ou dukha. Algumas das mais antigas representações de nossa espécie são zoomórficas, isto é, misturas do ser humano com outros animais, frequentemente com chifres de cervo ou cabeça de bisão, como nas famosas figuras encontradas na caverna Les Trois Frères nos Pirineus franceses, datadas de 14 mil anos atrás (Figuras 2a, 2b e 2c). Tais imagens foram interpretadas por estudiosos como possível evidência de xamanismo no Paleolítico superior, com o uso de máscaras, peles e galhadas, ou então de crença na transformação em outros animais, comum até hoje em diversas culturas de caçadores-coletores, ou ainda como indício do culto ao Senhor das Feras ou Deus de Chifres, uma entidade arcaica protetora da boa caça, possivelmente entre as mais antigas divindades da espécie humana, precursora de vários mitos semelhantes que persistem em populações caçadoras em torno do Ártico.

Não é de espantar tamanha proximidade com os animais selvagens. Há 17 mil anos, quando as cavernas de Lascaux na França e Altamira na Espanha eram finamente decoradas com pinturas rupestres que as fariam famosas, os desafios da vida humana ainda se pareciam muito com os enfrentados por qualquer outra espécie animal, resumindo-se a três imperativos fundamentais: comer, não ser comido e procriar. Os animais eram essenciais para obter nutrição, ossos, dentes e peles, mas também representavam o perigo constante da morte. Através dos milênios, além dos sonhos de pedra, devem ter prevalecido os sonhos da presa e do predador, feitos de fome, perseguição, fúria, pânico e sangue.

Múltiplos sítios arqueológicos distribuídos entre a Europa ocidental e a Ásia oriental revelam a surpreendente continuidade simbólica e cultural entre distintas populações paleolíticas da Eurásia. A descoberta no interior de cavernas de nichos repletos de ossadas de ursos, em agrupamentos aparentemente

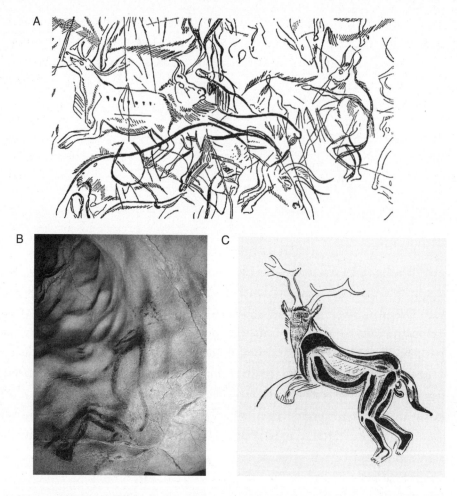

2. Representações zoomórficas encontradas na caverna Les Trois Frères nos Pirineus franceses, datadas de 14 mil anos atrás. (A) Desenho da figura zoomórfica conhecida como Pequeno Feiticeiro, que sobressai à direita do desenho com cabeça de bisão e pernas humanas, talvez tocando uma flauta.[4] (B) Foto da figura zoomórfica conhecida como Grande Feiticeiro.[5] (C) Desenho do Grande Feiticeiro feito pelo abade Henri Breuil (1877-1961). Os traçados sobre ranhuras riscadas na pedra revelaram chifres de veado, olhos de coruja, patas de urso, rabo de cavalo ou lobo, pernas humanas e pênis ereto.[6]

intencionais de ossos longos e crânios, foi interpretada por alguns estudiosos como oferendas de cérebro e tutano ricos em nutrientes, levando à sugestão de que o Senhor das Feras teria recebido sacrifícios de animais selvagens por milhares de anos. Depósitos rituais de ossadas de rena também foram encontrados na Sibéria e na Alemanha,[7] enquanto ossadas de mamute foram utilizadas tanto para construir moradias como para fins rituais na Ucrânia e Rússia central.[8] Ossadas de urso pintadas de ocre, encontradas na Bélgica e datadas de 26 mil anos atrás, reforçam a noção de uma protorreligiosidade animal, para além do simples valor utilitário das carcaças.[9]

A inumação de ossos e galhadas de animais para que possam reencarnar é um antigo ritual de caça, que persiste em povos árticos[10] e ecoa em culturas tão distantes quanto a nórdica (os bodes de Thor, devorados à noite para reencarnar de manhã) e a semita (o vale dos ossos em Ezequiel, 37, na Bíblia). Ainda que seja necessário reconhecer como opaca a quase totalidade dos achados arqueológicos, que tipicamente fornecem poucas pistas sobre a riqueza de comportamentos que os geraram, a intencionalidade mágico-religiosa dos caçadores do último período interglacial é difícil de negar. Também não faz sentido supor que essa intencionalidade fosse desacoplada do entusiasmo dos caçadores e portanto do favorecimento da caçada. Foi preciso ter muita coragem para enfrentar e progressivamente dizimar a megafauna do Pleistoceno. Boa parte das cenas retratadas em cavernas por nossos ancestrais representa o extenso bestiário de animais predados pelos grupos cada vez mais numerosos e organizados de humanos, armados de lanças pontiagudas e talvez da certeza mística de cumprir, na vigília, um destino anunciado em sonhos.

FOGO, SÍMBOLO E ARQUÉTIPO

Datam provavelmente do Paleolítico certos mitos cosmogônicos extremamente gerais, como o Criador que desce ao fundo das águas primordiais para trazer a matéria e criar o mundo, o voo mágico de ascensão ao céu, a origem do ser humano e dos animais e o arco-íris sobre o centro do mundo. No Paleolítico superior surgem os primeiros símbolos de fertilidade, como falos, vulvas e as fartas "vênus pré-históricas". Presente no cotidiano humano desde pelo menos 350 mil anos atrás,[11] o fogo certamente foi outro elemento importante nos enredos oníricos da Idade da Pedra.[12] Por ser empregado no cozimento dos alimentos e no aquecimento dos corpos, o fogo tornou-se o centro da reunião grupal, dando origem ao que pode ter sido a primeira roda de conversa. Era também o fogo que afastava os predadores e protegia o sono, criando mais segurança e tempo para sonhar.

A aparente generalidade cultural de certos símbolos encontrados nos sonhos, como a associação entre fogo e transformação, pareceu a Jung a expressão de um código universal de símbolos instintivos da espécie. Ainda não foi encontrada evidência biológica de tal herança arquetípica, mas na última década houve avanços notáveis na compreensão dos mecanismos moleculares capazes de promover a transmissão intergeracional de comportamentos aprendidos. Por outro lado, símbolos compartilhados por culturas diferentes se ligam frequentemente a eventos de grande relevância que quase todo ser humano experimenta ao longo da vida. Em lugar de um programa comportamental inato, talvez muitos dos sonhos comuns a diferentes culturas reflitam apenas a semelhança fundamental dos enredos humanos em todo o planeta. A mãe, o pai, o sábio ancião, a criação e o dilúvio são enredos e personagens onipresentes em nossa história. É o modo de viver que pauta o sonho — e os marcos mais importantes são os mesmos em toda parte: nascimento, puberdade, sexualidade, procriação, conflito, doença e morte. Essa verdade profunda da vida nada tem de especialmente humana. Sua validade se aplica não apenas a todos os primatas, mas a qualquer animal.

Exclusivamente humanos foram os relatos verbais dos sonhos, bem como as narrativas dos eventos da vigília, cada vez mais complexas e interessantes, à medida que aumentavam em nossa espécie a diversidade de palavras, a complexidade do discurso e a capacidade de memorizar, relembrar e recontar. É quase certo que os sonhos tiveram um lugar de destaque na crescente capacidade de narrar a existência humana, por representarem uma fonte, renovada a cada noite, de imagens, ideias, anseios e temores. Se o sonho reflete o que está acontecendo na vida do sonhador, os homens e mulheres das cavernas deviam sonhar com sua rotina de coleta de frutas e raízes, fabricação de armas e utensílios, planejamento e execução de caçadas, alianças e conflitos com outros humanos dentro e fora do clã, acasalamento, cuidado parental e morte.

O sonho foi o cinema de nossos ancestrais, bem mais fascinante porque potencialmente real. Nos primórdios da consciência humana, em inúmeros momentos imprecisos dos últimos milhões de anos, o homem pré-histórico decerto despertou admirado com o mundo de simulacros ilimitado do sonho. Quantos de nossos ancestrais não terão se enfurecido ao descobrir que o perigoso mamute, gloriosamente caçado na aventura onírica, se esfumava na aurora, dissolvido à luz do dia? Quantos de nossos antepassados pré-históricos não terão feito paz, amor e guerra impelidos por vivências que provavelmente lhes pareciam tão reais quanto as experiências da vigília? A descoberta de que o sonho ilude deve ter sido feita inúmeras vezes no início da civilização, mas tudo indica que desde cedo essa descoberta veio acoplada à certeza de que o sonho, se não é real, pode influenciar o curso da realidade.

De um jeito ou de outro, o alvoroço causado pelos sonhos deve ter sido cotidiano. As decisões importantes da vida desperta passaram a depender, ao menos em parte, dos bons ou maus auspícios revelados nas imagens noturnas. Sonhadores cujos sonhos muitas vezes correspondiam a fatos posteriores devem ter começado a ser valorizados pelo grupo. Como é comum em tantas culturas, talvez nossos ancestrais das cavernas já distinguissem os sonhos corriqueiros dos "sonhos grandes", de teor aconselhador ou premonitório, que podem influenciar de modo decisivo o curso da vida do sonhador e de seu povo. A navegação bem-sucedida desse novo universo acabou por se tornar uma especialização social. Era o embrião do xamanismo, tataravô da religião, da medicina e da filosofia.

Em algum momento do Paleolítico superior surgiu pela primeira vez a noção de um duplo, como "alma" ou "espírito", provavelmente por intermédio dos sonhos e êxtases místicos dos xamãs. Nas palavras do filósofo alemão Friedrich Nietzsche (1844-1900),

> Nas épocas de cultura tosca e primordial o homem acreditava conhecer no sonho um segundo mundo real; eis a origem de toda metafísica. Sem o sonho, não teríamos achado motivo para uma divisão do mundo. Também a decomposição em corpo e alma se relaciona à antiquíssima concepção do sonho, e igualmente a suposição de um simulacro corporal da alma, portanto a origem de toda crença nos espíritos e também, provavelmente, da crença nos deuses.[13]

Para o fundador da sociologia, o francês Émile Durkheim (1858-1917), estudioso da religiosidade de aborígines australianos, a ideia de alma foi sugerida a nossos ancestrais pelo sonho:

> [...] se, durante o sono, se vê conversando com um de seus companheiros que ele sabe estar distante, conclui que também este último é composto de dois seres: um que dorme a uma certa distância, e outro que veio manifestar-se por meio do

sonho. Dessas experiências repetidas desprende-se pouco a pouco a ideia de que existe em cada um de nós um duplo, um outro, que, em determinadas condições, tem o poder de deixar o organismo onde reside e sair a peregrinar ao longe.[14]

Em torno das fogueiras e no interior das cavernas, os xamãs inflamaram a si mesmos, descobriram caminhos, foram mais leves do que o ar, viram no escuro, decifraram sonhos e curaram enfermidades. Dentre todos os relatos oníricos interpretados por eles, os mais perturbadores hão de ter sido os sonhos com os parentes mortos. Como não experimentar alvoroço após o reencontro com entes amados já desaparecidos?

SAUDADE DOS ANCESTRAIS

Embora a preservação de crânios e mandíbulas de *Homo erectus* seja documentada em Chu-ku-tien na China há pelo menos 300 mil anos, não há consenso sobre a existência de sepulturas intencionais de *Homo sapiens* antes de 100 mil anos atrás.[15] Em Sungir, duzentos quilômetros a leste de Moscou, um sítio arqueológico atribuído a caçadores de mamutes contém as sepulturas extremamente sofisticadas de um homem maduro e dois adolescentes. Os corpos foram enterrados com lanças, roupas de couro, botas, chapéus e colares de dentes de raposa, além de diversos objetos feitos de marfim de mamute, incluindo braceletes, estátuas e milhares de pequenas contas. As tumbas, conspicuamente cobertas de ocre vermelho, foram datadas por diferentes métodos em torno de 30 mil anos atrás. A pintura de ossos com o abrasivo óxido de ferro que simboliza sangue e vida difundiu-se pelo planeta desde então, sugerindo a crença na vida após a morte. Alimentos e objetos passaram a ser depositados dentro dos túmulos, como crânios com olhos postiços sobre ossos e galhadas de animais, conchas, adornos e até mesmo bastões de comando, provavelmente usados como símbolo de autoridade social ou mágica. Sepultamentos começaram a ser orientados para o nascente do sol, talvez indicando uma expectativa de renascimento. A prática persiste entre caçadores e coletores. No Amapá, extremo Norte do Brasil, urnas funerárias da cultura aristé foram encontradas no interior de um círculo de menires orientados segundo a trajetória do Sol no solstício de dezembro[16] — uma incrível Stonehenge amazônica.

Enterros rituais marcam o rompimento definitivo da cultura humana com o funcionamento mental de outros animais. O mesmo vale para as pinturas rupestres, que nenhum outro animal faz. É possível que a primeira espécie a produzir pinturas rupestres tenha sido o *Homo neanderthalensis,* nosso primo desaparecido há meros 37 mil anos: as mais antigas pinturas rupestres encontradas até hoje, em cavernas na Espanha, datam de pelo menos 64,8 mil anos atrás, uns 20 mil anos antes da chegada do *Homo sapiens* ao lado europeu do Mediterrâneo, em migrações originadas na África.[17]

Também é importante considerar que as impressionantes pinturas murais do Paleolítico superior são tipicamente encontradas nas profundezas das cavernas, longe das entradas habitadas. A localização desafiadora, em lugares de difícil acesso, indica o uso ocasional e bastante intencional desses espaços, o que sugere uma importante função ritual da arte pré-histórica realizada no ventre da terra. Em conjunto, tais elementos da cultura humana se mantiveram bastante semelhantes entre 30 mil e 9 mil anos atrás, provavelmente configurando uma "religião das cavernas" em que a crença na vida após a morte se confundia com a crença no sonho como portal entre vivos e mortos. Em diferentes culturas, xamãs se especializaram em técnicas para atravessar esse portal e viajar no tempo e no espaço, vendo o que a maior parte das pessoas não consegue ver. Esse caminho de sabedoria normalmente requer uma iniciação onírica que simbolize morte e renascimento. Através de privações e provações físicas, xamãs buscam obter visões numinosas e aumentar seu saber na forma de canções, nomes "verdadeiros", guardiões totêmicos e revelações genealógicas.[18] Em diferentes culturas é o sonhador — xamã ou não — quem dialoga com o mundo dos espíritos.[19]

O SONHO DO FIM DA FOME

Ainda durante a última era glacial, talvez há 25 mil anos, uma grande mudança aconteceu: iniciou-se a progressiva seleção artificial de novas espécies.[20] O amansamento de feras deflagrou um câmbio radical na relação do ser humano com a natureza, configurando uma novidade cultural que alterou para sempre nosso lugar no planeta — e também nosso relacionamento com o mundo dos espíritos. Primeiro nos valemos da sociabilidade do lobo para transformá-lo em cão, produto da seleção das variedades genéticas mais aptas ao apoio da caçada e proteção do lar.[21] Depois domesticamos herbívoros e onívoros diversos — porcos, galinhas, ovelhas, cabras, cavalos, bois — para obter carne, leite, ovos, lã e trabalho.[22] Essa domesticação ocorreu em paralelo com a seleção de variedades de cães para pastoreio e tração. A entrada das feras no lar coincidiu com o início do fim da última glaciação, que já durava mais de 90 mil anos. Com o degelo de vastas superfícies, houve um desenvolvimento acelerado da flora e da fauna, criando um verdadeiro paraíso de animais e plantas comestíveis para os coletores e caçadores humanos. Ao final do Paleolítico, nossos ancestrais se alimentavam de tudo que se mexe, do lobo à gazela, dos peixes aos moluscos. Castanhas e frutas complementavam a dieta.

A descoberta das gramíneas e grãos comestíveis no Crescente Fértil, entre 23 mil e 11 mil anos atrás, selou a mudança de nosso destino. Passamos a selecionar artificialmente novas espécies de vegetais, bem como dos fungos e bactérias utilizadas na fermentação. Nos milênios seguintes foram descobertos métodos para promover ativamente o crescimento e a frutificação das plantas. Em conjunto, essas práticas propiciaram a passagem da vida gregária dos caçadores e coletores para a vida mais ou menos sedentária dos pastores e agricultores. A transição da sociedade de caçadores nômades para a sociedade agrária, referenciada num espaço geográfico fixo ou semifixo, implicou um alongamento telescópico da temporalidade humana. Durante todo o Paleolítico nossos ancestrais precisaram aprender a estimar com acurácia as fases da lua e as estações, a fim de prever a passagem das manadas em suas migrações sazonais. No Neolítico, entretanto, aproximadamente entre 12 mil e 6 mil anos atrás, foi preciso executar uma série muito mais complexa de ações bem ordenadas, cuja promessa revolucionária era fazer as sementes germinarem, as plantas crescerem e o alimento frutificar até não haver mais fome. Entretanto, os procedimentos para a produção do próprio alimento requeriam um controle muito mais preciso do transcorrer do tempo, e o trabalho envolvido na lavoura era tão grande quanto sua promessa — com resultado incerto.

Plantar e colher com eficácia, sem perder todo o esforço de meses por causa de problemas inesperados, exigiram um grande refinamento da capacidade de prever mudanças ambientais e de acumular conhecimentos entre gerações, acelerando a catraca cultural. Se sonhos inspiradores de bravura e táticas grupais foram importantes na época das grandes caçadas de mamute, durante a invenção da agricultura eles devem ter cedido lugar a sonhos epifânicos de contemplação panorâmica das regularidades naturais, com o reconhecimento cada vez mais preciso dos períodos de chuva e seca, cheias e vazantes, frio e calor. Também devem ter surgido os sonhos sobre as imbricadas interdependências sociais que se formaram para arar, adubar, semear, regar e colher. Foi a era dos sonhos majestosos de renovação periódica das alianças, a cada dia com os outros cultivadores habitantes da aldeia, a cada colheita com as divindades da fertilidade.

Grãos duram décadas quando bem estocados. Com seu cultivo se desenvolveram o silo e a moradia fixa em aldeia habitada continuamente por gerações. A alta produtividade da agricultura levou a uma explosão populacional, multiplicando os clãs de poucas dezenas de pessoas em cidades com centenas e até milhares de pessoas. Surgiram complexas instalações agrárias, com a invenção do arado, da cerâmica e dos teares. A seleção artificial de sementes e matrizes reprodutoras acelerou a domesticação e deu origem a inúmeras variedades novas. O ambiente natural deu lugar a um espaço cada vez mais artificial, planejado e construído: jardins, hortas, pomares, edifícios e estradas feitos por criaturas que agora eram criadoras do mundo.

Essa passagem trouxe importantes novidades simbólicas, com aumento da complexidade e inevitáveis repercussões oníricas. As esculturas, estatuetas e pinturas do Neolítico atestam figuras femininas em abundância, além de pilões fálicos, touros e outros animais domésticos — e muitas estruturas circulares. Nas sociedades agrárias, o culto dos mortos se expandiu em estreita relação com o culto da fertilidade, pois a morte passou a ser entendida como uma promessa circular de nova vida, tal qual a semente que é enterrada no útero fértil do solo e depois de "morrer" renasce para frutificar e morrer novamente ao ser comida pelas pessoas.

Se a noção de tempo circular é inspirada pela agricultura e pelos ciclos cósmicos, o espaço — antes tão vasto quanto a necessidade de migrar — passou a ter como referenciais geográficos fixos as cidades e seus campos cultivados, dando início a uma representação do Centro do Mundo. Surgem as primeiras evidências arqueológicas dos princípios antagônicos fundamentais da vida simbólica: nós versus eles, mulher versus homem, mãe versus pai, verão versus inverno, vida versus morte, dia versus noite.

A ASCENSÃO DOS MORTOS

Na transição do Paleolítico ao Neolítico disseminou-se geograficamente o culto dos mortos, como observado nas sepulturas da cultura natufiana no Levante, em que os cadáveres eram cobertos de ocre e inumados em posição fetal. Também se tornou muito frequente o sepultamento de crânios, que já ocorria desde o Paleolítico. Os primeiros templos datam do início do Neolítico, como as fascinantes construções de pedra de Göbekli Tepe na Turquia, principal indicação de que a religião pode ter precedido a agricultura. Esse sítio arqueológico no vasto planalto da Anatólia, datado de 11 mil anos atrás, contém impressionantes megálitos de seis metros de altura e vinte toneladas, gravados com ícones de aranhas, escorpiões, serpentes e leões. Com a ressalva de que apenas uma pequena parte do sítio arqueológico se encontra escavada, a ausência de sinais de habitação e a predominância de ícones de predadores sugerem que Göbekli Tepe tinha uma função religiosa não ligada à vida cotidiana. Na formulação célebre do arqueólogo alemão Klaus Schmidt, "primeiro veio o templo, depois a cidade".[23]

Nos sítios arqueológicos de Hacilar e Catal Huyuk, também na Anatólia, enterros de 9 mil anos atrás continham joias, armas, utensílios domésticos, tecidos, além de estatuetas de argila e pedra. Nas paredes pintadas, representações de mulher, cabeça de touro, seios, chifres e seres demoníacos, meio homem, meio bicho. Na mesma época, na cidade de Jericó, hoje em Israel, corpos eram enterrados sob o chão das casas, mas os crânios eram depois retirados, cobertos de gesso, decorados com conchas na forma de olhos postiços e pintados para imitar cabelos e bigodes, numa clara tentativa de emular a vida depois da morte. Em diversas outras escavações na Palestina, datadas de aproximadamente 4,5 mil anos atrás, estatuetas femininas foram encontradas com ossos humanos, o que sugere a mistura do culto dos mortos com o da fertilidade.

Nessa época, se disseminaram os sacrifícios de animais domésticos, bem como os símbolos fundamentais do sol, da serpente e das curvas ondulantes da água. O excedente alimentar propiciado pela agricultura permitiu um aprofundamento das especializações sociais, com membros do grupo cada vez mais dedicados a funções específicas: lavrar, pastorear, caçar, pescar, cozinhar, cuidar dos bebês, ensinar as crianças, contabilizar, guerrear, rezar ou governar. Essa divisão de tarefas se apoiou em duas novas técnicas intrinsecamente transformadoras, com impacto em todas as esferas do viver: a olaria e a metalurgia. Em diferentes culturas surgiu uma nova e misteriosa divindade, um Senhor do Fogo patrono dos mineiros e ferreiros mas também dos mágicos. Desde essa época até nossos dias, a fabricação de objetos de metal esteve no centro das atividades econômicas, militares e tecnológicas. Num sonho bíblico de Nabucodonosor II, imperador da Babilônia (605-562 a.C.), ouro, prata, bronze e ferro aparecem como nomenclatura das diferentes eras históricas. Essa classificação metálica da história se propagou ainda na Antiguidade até a Índia e a Europa, e sobrevive com variações até nossos dias.

O novo modo de viver trouxe novos elementos simbólicos. As minas subterrâneas, além de fonte de minerais moldáveis, eram também uma representação do mundo dos mortos. Templos e tumbas monumentais se espalharam por toda parte, inicialmente colinas e depois, num entusiasmo cada vez maior, verdadeiras montanhas artificiais cujo propósito era eminentemente funerário, tanto no Egito quanto no México ou no Peru.

PIRÂMIDES E NECRÓPOLES

No Egito, os cuidados com os mortos se iniciaram e generalizaram na construção de mastabas, "casas da eternidade" que precederam as pirâmides e eram construídas para pessoas que não pertenciam à família real. Nelas ficou documentada a grande estratificação do luxo após a morte, já que serviam a um amplo espectro social, desde os mais altos funcionários até servos bastante subalternos. As mastabas mais ricas continham quartos completamente equipados para a vida após a morte, incluindo mesas com um banquete funerário, jogos, ferramentas, armas, vasos, jarros, baús decorados repletos de roupas e perucas, banheiros com utensílios de toalete, cosméticos e bacias para lavar o rosto, além de miniaturas, dioramas e murais pintados representando tudo isso. Em algumas mastabas foram encontradas cabeças de pedra que teriam servido de substitutas da múmia como substrato material para a habitação do espírito em caso de saque da tumba.

Em Ur, perto do enorme zigurate de tijolos e betume da altura de um prédio de cinco andares, escavações revelaram um cemitério datado de 4,5 mil anos atrás contendo cerca de 2 mil tumbas. Entre elas, dezesseis tumbas atribuídas à realeza se destacam pela presença de provisões abundantes, carroças com bois, jogos de recreação, instrumentos musicais e cosméticos. O tesouro inclui esculturas e anéis de ouro, prata, lápis-lazúli, conchas e betume, decorados com touros, leões, gazelas e bodes realizando atos tipicamente humanos, além de seres híbridos metade feras, metade humanos, tais como os assustadores homens-escorpião. Um grande poço preservou evidências de sacrifícios humanos em larga escala, com restos de 73 pessoas, incluindo homens armados e mulheres com adornos riquíssimos. O sepultamento coletivo sugere a necessidade de que um séquito de soldados e servos, supostamente necessários na vida após a morte, acòmpanhasse mortos de elevada importância social.

Durante o Neolítico e a Idade do Bronze, o culto aos mortos vicejou pelo mundo, à medida que aumentavam os contatos culturais entre grupos geograficamente distantes. Ao sul do Egito, pirâmides funerárias se espalharam Nilo acima até a Núbia, hoje Sudão. Ao norte, na ilha de Malta, cerca de 7 mil esqueletos foram depositados em um complexo subterrâneo de câmaras interligadas, cavadas na rocha há 6 mil anos. Trata-se do Hipogeu de Hal Saflieni, uma necrópole construída por uma cultura neolítica mediterrânea caracterizada por enormes megálitos tumulares, presentes em Creta e Troia e semelhantes aos dólmens e menires da Europa setentrional. Eram moradas de almas que podiam sair para viajar à noite, vagando a esmo. O fausto de um túmulo datado do século v a.C., encontrado no interior de um monte funerário perto da cidade francesa de Lavau, dá testemunho da enorme importância dos mortos ao final da Idade do Bronze celta. Além de conter uma carruagem de duas rodas, joias, vestes principescas e os resquícios de um banquete regado a vinho, o enterro inclui objetos de origem mediterrânea, como um caldeirão etrusco e um jarro grego representando o deus Dioniso.

Na América não foi diferente. Entre aproximadamente 8 mil e 1,4 mil anos antes de Cristo, espalharam-se montes funerários da foz do rio Amazonas à foz do rio da Prata. São estruturas de até trinta metros de altura, feitas de conchas (*sambaquis*) ou terra (*cerritos*).[24] No sítio arqueológico Jabuticabeira ii, no estado de Santa Catarina, há um sambaqui enorme que chega a dez metros de altura, quatrocentos de comprimento e 250 metros de largura. Estima-se que nele foram enterrados mais de 43 mil corpos ao longo de um milênio de ocupação contínua.[25] Montes funerários foram predominantes do Canadá ao Tennessee, enquanto na península de Yucatán, no México, pessoas eram sacrificadas e lançadas em cavernas chamadas *cenotes*. Essas belíssimas e assustadoras redes de cavernas semi-inundadas, criadas pela infiltração de água no calcário enfraquecido pelo impacto do asteroide que extinguiu os dinossauros, representavam Xibalbá, o inframundo governado pelos deuses da morte. O livro maia *Popol Vuh* relata a viagem que os heróis gêmeos Xbalanké e Hunahpu fazem ao Xibalbá, onde derrotaram os deuses e de onde retornaram triunfantes para dar origem ao Sol e à Lua. Na versão traduzida não por um europeu mas por um maia, Xbalanké e Hunahpu são duplos, dois aspectos do mesmo herói, ou possivelmente o herói e sua alma.[26]

POLEIRO DAS ALMAS

A prevalência do conceito de alma transcende barreiras culturais. Na Jamaica dos séculos XVII e XVIII, a altíssima mortalidade de escravos e brancos era acompanhada de uma grande preocupação com rituais fúnebres.[27] Na África ocidental e nas regiões da América tocadas pela diáspora negra, sobretudo Brasil, Cuba e Haiti, foi vigorosa a preocupação com as almas dos mortos. A ocorrência de crenças semelhantes é notável no lucumi cubano, no vodu haitiano e no candomblé da Bahia. Na umbanda brasileira, marcada pelo sincretismo religioso — catalisado desde seus primórdios pela profunda inquietação do cristianismo com o destino das almas —, acredita-se que o sonho seja o portal para comunicação com entidades divinas e almas de pessoas já falecidas.[28]

Relatos de missionários cristãos percorrendo a África central no século XVII testemunham a crença umbundo na transmigração das almas, que seriam imortais e poderiam inclusive passar às esposas ou filhos dos mortos.[29] Como acreditava-se que a vida é afetada, regulada, favorecida e muitas vezes dificultada pelos mortos, sonhar com pessoas falecidas requeria fazer rituais de veneração, oferendas de comida nos túmulos ou casas dos mortos, templos geralmente distantes das moradias, bem como sacrifícios de animais de criação e de pessoas. Os aniversários dos falecidos eram marcados por cerimônias semelhantes, exéquias complexas que duravam vários dias.[30] Os túmulos frequentemente eram encimados por pequenas pirâmides equipadas com janelas para permitir que a alma visse os arredores.

A despeito de muitas variações regionais, havia na África ocidental uma crença generalizada em dois tipos diferentes de entidades sobrenaturais. O primeiro tipo compreendia as divindades universais ou territoriais, seres poderosos e distantes, ligados a toda uma cultura e não a uma família em particular, residentes em acidentes geográficos de destaque, como montanhas, rios e lagos. O segundo tipo de entidade correspondia às almas de parentes de uma família específica, residentes em seus túmulos e por vezes em objetos, como altares, relicários e amuletos.

Já no final do século XIX a etnógrafa inglesa Mary Kingsley (1862-1900) reportou que entre os fangs da África Central acreditava-se que cada pessoa tivesse quatro almas diferentes: a que existirá depois da morte, a sombra do corpo, a que habita um animal selvagem e a que se aventura fora do corpo todas as noites, viajando pelos sonhos e encontrando outros espíritos.[31] O retorno ao despertar era considerado fundamental para a saúde da pessoa, e grande mal poderia advir do uso de objetos mágicos equipados com anzóis, capazes de fisgar almas inadvertidas quando estas viajavam fora de seus corpos. Tais situações demandavam o auxílio de feiticeiros para libertar a alma dos sonhos capturada e insuflá-la novamente no enfermo.

Entre os fangs, o culto das estátuas de madeira *byeri* era tradicionalmente dedicado aos ancestrais que elas representavam. Para que pudessem proteger os vivos, as estátuas eram depositadas em relicários contendo crânios e dedos de ancestrais, vasilhas com ervas medicinais e oferendas de sangue e carne. Orações e sacrifícios de animais permitiam a cada família consultar seus antepassados sobre os assuntos mais relevantes para a comunidade, como caçadas, guerras e deslocamentos. Via de regra, as respostas dos ancestrais chegavam por meio de sonhos e visões induzidos por plantas psicodélicas. O culto *byeri* entrou em decadência no século XX e deu lugar a outro culto dos ancestrais, o *bwiti*.[32] Essa religião mescla crenças africanas do Sul do Gabão com cristianismo, numa mistura sincrética que inclui o recebimento de mensagens espirituais após o consumo da potente raiz psicodélica *iboga*.

Com maior ou menor grau de intencionalidade, em todos os continentes se praticou a preservação dos mortos através da retirada dos órgãos internos, secagem corporal e embalsamamento.[33] A impressionante fixação da cultura humana com os mortos encontra um eco distante no comportamento de luto dos chimpanzés, observado em cativeiro[34] mas também em animais livres na floresta africana.[35] Logo após a morte ocorre grande comoção em todo o grupo, e os parentes mais próximos permanecem amuados por horas. Há casos bem documentados em que a mãe de um filhote que morreu passa a carregar sua carcaça seca consigo a toda parte como se estivesse vivo, comportamento que pode durar semanas após a morte.

É nítida a persistência da ligação com o passado. Impossível não enxergar paralelo na mumificação de ancestrais, praticada por pessoas tão diferentes quanto os sacerdotes da necrópole de Mênfis ou os engenhosos ibaloi das Filipinas, que usavam o calor do fogo para acelerar a secagem do cadáver. Há abundante evidência de culto e divinização dos mortos durante a Antiguidade, tanto na Mesopotâmia quanto no vale do Nilo e na África subsaariana. Fenômeno muito semelhante ocorreu depois na Mesoamérica, nas civilizações maia e asteca. Os incas tratavam seus soberanos mumificados como se estivessem socialmente vivos, valorizando-os como repositórios da autoridade e do conhecimento do passado. Em datas festivas ou diante de visitantes estrangeiros, as múmias eram exumadas, transportadas, "alimentadas" e depois "ouvidas".[36]

Mais de mil anos antes dos incas, na parte norte dos Andes peruanos, os moches mumificavam pessoas proeminentes e faziam sacrifícios de acompanhantes depositados no interior ou perto das ricas tumbas. Cinco mil anos antes dos moches e 2 mil anos antes dos egípcios, os chinchorros aprenderam a mumificar seus mortos no deserto do Atacama. A tentativa de manter vivos os cadáveres dos mortos, extremamente generalizada na espécie humana, expressa a concretude de nosso raciocínio símio.

Além da disseminação do culto aos mortos, a transição agrícola deu origem a vários mitos importantes, como o do dilúvio, que aparece tanto nas tradições sumérias e hebraicas quanto no *Popol Vuh* maia.[37] Se chuva torrencial e relâmpagos podiam assustar os homens das cavernas e inspirar o culto do deus do Trovão, uma tempestade seguida de inundação podia arrasar toda uma colheita e também os canais de irrigação e silos, destruindo o trabalho de meses ou até anos, potencialmente extinguindo cidades inteiras. O tema aparece em um dos textos mais antigos da humanidade, as *Instruções de Shuruppak*, produzido por escribas sumérios numa cidade perto do rio Eufrates, atualmente no Iraque. Escrito 4,5 mil anos atrás em caracteres cuneiformes em tábuas de argila, o texto relata os conselhos e recomendações do rei Shuruppak, último soberano da cidade-estado de mesmo nome, a seu filho Ziusudra. Trata-se do Noé sumério, a meio caminho entre o mito bíblico e o personagem histórico, pois a cidade de Shuruppak de fato existiu e foi destruída por uma inundação há cerca de 5 mil anos. Não surpreende que o sonho apareça nas *Instruções de Shuruppak* em associação com uma divindade: Ziusudra sonha com Enki, deus da sabedoria, que avisa sobre o dilúvio e instrui sobre a construção da arca para salvar a família de Ziusudra e um casal de cada espécie animal.

A arte de perenizar as histórias, diálogos e normas através de signos gravados em tabletes de argila ou em blocos de pedra parece ter surgido repentinamente na Suméria e no Egito. A invenção da escrita acelerou ainda mais o processo de acumulação de conhecimento, mudando o curso da evolução da consciência humana. A partir desse momento, a multiplicação de novos signos tornou-se irrefreável, impulsionando a catraca cultural com tanta força que em menos de 5 mil anos chegamos aos computadores e à internet.

A ORIGEM DOS DEUSES

O avanço da técnica não impediu que a associação entre sonhos, divinação e necromancia nos acompanhasse até muito recentemente nessa progressão histórica. Grande parte dos textos do Egito antigo que chegaram até nós são instruções não de como viver, mas de como morrer. O *Livro dos mortos* ou, na tradução literal, *Livro para emergir adiante na luz*, é basicamente uma coletânea de papiros com orações, encantações mágicas e orientações práticas sobre como trafegar com segurança pelo hiato entre a vida finita e a existência eterna, outorgada apenas aos justos. Misto de guia e passaporte, o *Livro dos mortos* revela com nitidez a noção de culpa, pois o falecido precisa apresentar diante de Osíris uma confissão negativa, um nada consta de culpas e malfeitos. Osíris é um deus assassinado que renasce em seu filho Hórus. Esse renascimento tem correspondência direta com a sucessão dinástica dos faraós. Quando o espírito do falecido regente se trasladava ao céu, passando de deus vivo a deus morto, legava ao príncipe herdeiro o comando supremo do Egito.

A julgar pela farta evidência histórica, os deuses comandaram os atos humanos por milênios, e sua influência persiste até os dias de hoje na mente e nos comportamentos de bilhões de pessoas. A não ser que tapemos nossos ouvidos e olhos, a crença nos deuses é um fato berrante que demanda explicação. Conforme argumentado pelo psicólogo norte-americano Julian Jaynes (1920-77), da Universidade de Princeton, há abundantes registros de visões e comandos verbais comunicados diretamente pelos deuses aos governantes desde o início da história até cerca de 3 mil anos atrás, época que compreende a formação, o desenvolvimento e o colapso de muitas cidades-estados, inclusive a Troia homérica. Se levarmos a sério essa evidência, é preciso explicar por que nossos ancestrais escutavam vozes e enxergavam imagens alucinatórias.

Para explicar a onipresença de divindades durante os primeiros dois milênios da história, e certamente desde antes disso, Jaynes propôs que os primeiros deuses se originaram das representações mentais dos ancestrais falecidos, que persistiam reverberando na mente de seus familiares, na vigília, mas sobretudo durante o sono. Uma inscrição egípcia de 4 mil anos proclama "instruções que sua majestade o rei Amenemhet I deu ao seu filho quando lhe falou num sonho-revelação". A ideia de Jaynes tem inspiração freudiana: "O pai primitivo da horda não era ainda imortal, como ele depois se tornaria por deificação".[38] Quando morria o chefe do bando — ou o pai da horda primitiva, na terminologia proposta por Darwin e adotada por Freud —, inevitavelmente ocorriam sonhos em que o falecido, tão central na vida social quando vivo, aparecia para os sonhadores, apesar de morto. Ao sonhar com o chefe do bando, os outros membros do grupo, assombrados, tendiam a considerá-lo vivo num mundo paralelo. A crença na vida após a morte tinha a sua confirmação mais eloquente quando o morto dava comandos, avisos ou conselhos úteis.

DELÍRIOS VIKINGS

Dezenas de milhares de anos após o Paleolítico e quase 4 mil anos depois dos antigos egípcios, a fatalista cultura nórdica se desenvolveu em torno do conceito de destino divino que pode ser visualizado em sonhos, tanto como premonição fidedigna quanto embaralhado em *draumskrok*, ilusão onírica absurda e desprovida de sentido.[39] Na *Edda poética*, importante coleção de poemas nórdicos compilados antes do século XI, o poema "A canção de Skirnir" explicita a concepção nórdica de futuro preestabelecido: "Meu destino foi feito e toda a minha vida foi determinada". As sagas nórdicas contêm centenas de sonhos simbólicos, muitos deles proféticos.[40] Um dos mais famosos é atribuído à rainha Ragnhild, figura histórica do século IX casada com o rei Halfdan, o Negro, de um reino no Sul da Noruega. Ela teria sonhado que estava em seu jardim quando um espinho se agarrou a seu manto. Ragnhild removeu o espinho com a mão, mas este cresceu até tornar-se uma enorme árvore cujas raízes se enfiaram na terra profundamente, enquanto os ramos se elevaram tão alto que a rainha mal podia ver através da espessa folhagem (Figura 3). A parte de baixo da árvore era vermelha, enquanto o tronco era verde e os ramos, brancos. Os galhos da majestosa copa se espalhavam sem limites, cobrindo toda a Noruega e além.[41]

3. O sonho da rainha Ragnhild (*1899*), *de Erik Werenskiold*.

Anos depois Ragnhild teria interpretado a árvore como premonição simbólica da futura importância de sua descendência na história da Escandinávia, pois seu filho Harald "Belo Cabelo" se tornaria o primeiro rei da Noruega, em 872. O vermelho simbolizava o sangue derramado na conquista do poder, o verde representava a pujança do reino vindouro, e os ramos brancos representavam os descendentes de Ragnhild, que por muitas gerações governariam a Noruega. Esse relato se insere na tradição dos sonhos relatados por mães e pais de grandes líderes,[42] via de regra anunciações sobre sua futura grandeza, como nas narrativas da vida de Buda, Confúcio e Jesus.

CONSULTANDO ESPÍRITOS

A manutenção das memórias dos mortos como representações de seres vivos, sábios e cheios de autoridade resultou num grande acúmulo de conhecimento em pouco tempo, formando um banco de memórias não diretamente acessível ao indivíduo, mas nele operante por processos mentais inéditos, inexistentes em outros animais: os diálogos inspiradores, admoestatórios ou terapêuticos com espíritos ancestrais recebidos em sonhos ou êxtases de imaginação ativa. O culto dos mortos segue tão vivo hoje nos ritos egunguns da ilha de Itaparica quanto há 2 mil anos na Roma de Espártaco. No Tibete, a prática onírica está enraizada numa longa história de trabalho espiritual através dos sonhos, presente tanto nas crenças populares pré-budistas quanto na religião bon e no próprio budismo. Quando um tibetano enfrenta dificuldades atribuídas a entidades malignas, os sonhos são frequentemente utilizados para contatar espíritos protetores e consultar oráculos.

O culto dos mortos e dos deuses foi a pedra fundamental da religião, fazendo da comunicação com tais seres a principal função do sonho. Os sonhos desempenharam papel central nas narrativas mitológicas das primeiras grandes civilizações — Suméria, Egito, Babilônia, Assíria, Pérsia, China e Índia. Os primeiros manuais de interpretação de sonhos apareceram no Império Assírio há 3 mil anos, com a produção de coletâneas de sonhos premonitórios como o *Ziqiqu*, que estabeleceu correspondências entre fatos oníricos e suas hipotéticas implicações na realidade. Através das eras prosperaram áugures cuja prática divinatória era fundada nos sonhos. Era generalizada a crença na inspiração divina ou demoníaca de sonhos bons e maus, bem como na possibilidade da incubação onírica. Do dicionário chinês do duque de Zhou[43] às tradições islâmicas,[44] dos textos cuneiformes da Mesopotâmia[45] aos Upanixades da filosofia védica às margens do Ganges,[46] espalhou-se pelo planeta a crença na capacidade onírica de prever o futuro. A ideia subjacente a essa capacidade foi a noção de destino predeterminado, que deu combustível à oneiromancia através dos tempos.

Na *Epopeia de Gilgamesh*, por exemplo, escrita há cerca de 4 mil anos, o mítico rei da cidade suméria Uruk fica sabendo através de um sonho da existência de seu rival Enkidu. Lutam, tornam-se amigos e juntos realizam grandes atos heroicos. Então, tomados de arrogância, desafiam a deusa da fertilidade Inanna, cultuada como Ishtar pelos acádios, babilônios e assírios. Pouco depois, Enkidu sonha que está condenado pelos deuses, adoece e morre. Gilgamesh se desespera e fica obcecado pelo medo, até que decide viajar ao reino dos mortos para conquistar a imortalidade. Quando cruza as águas da morte, encontra Ziusudra (o Noé sumério), que lhe diz: "Vamos, tenta ficar sem dormir seis dias e sete noites!". Mas Gilgamesh dorme sem parar e fracassa em sua iniciação para a imortalidade.[47]

Na tradição helenística os sonhos divinatórios se encontram imbricados nas narrativas mais antigas. Na *Ilíada* de Homero, o sonho desempenha um papel fundamental na trama que causa a destruição de Troia pelos gregos.[48] Após o parto do terceiro filho de Príamo, rei de Troia, a rainha Hécuba sonhou que a criança seria uma tocha que incendiaria a cidade. Tratava-se de Páris, que muito depois iria raptar Helena e dar origem ao conflito. A *Eneida* de Virgílio relata que, já no final da guerra, quando os guerreiros de Ulisses escondidos no cavalo de madeira abrem as portas da cidade para a invasão do exército grego, o falecido Heitor apareceu no sonho de Eneias para avisá-lo do desastre em curso. Fugindo de Troia rumo à Itália e à fundação da linhagem romana, Eneias olhou para sua cidade em chamas e testemunhou a realização da premonição onírica de Hécuba.

Mas nem todos os sonhos homéricos eram predições do futuro. Às vezes as aparições resultavam apenas em decepção. Durante o cerco de Troia, Zeus enviou ao rei Agamêmnon, comandante militar dos gregos, um sonho enganador que prometia grande vitória contra os troianos em caso de ataque imediato. Agamêmnon realizou o ataque e sofreu uma derrota terrível. Oráculo divino, oráculo enganador...

IMPÉRIOS SONHADOS

Se os sonhos desempenharam papel central nas trajetórias de personagens mitológicos, também participaram integralmente da história de governantes de carne e osso. A narrativa da ascensão ao poder de Sargão da Acádia (*c.* 2334-2279 a.C.), unificador da Mesopotâmia e primeiro imperador da história da humanidade, tem como ponto de inflexão um sonho perturbador que Sargão teve com Ur-Zababa, rei de Kish a quem ele servia como copeiro. No sonho, a deusa Inanna afogava Ur-Zababa num rio de sangue. Apavorado ao descobrir o conteúdo do sonho, Ur-Zababa mandou matar Sargão, mas este acabou por prevalecer.[49]

Os acádios eram um povo semita que sucedeu os sumérios e se apropriou de sua civilização, girando a catraca cultural dos caracteres cuneiformes e das divindades mesopotâmicas. A filha de Sargão, En-Hedu-Ana,* foi sacerdotisa suprema do templo mais importante do império, dedicado a Nanna, deus da Lua, na cidade de Ur. En-Hedu-Ana escreveu hinos, preces e poemas que conferem a ela a primeira autoria da literatura, isto é, o reconhecimento da obra como criação de uma pessoa específica. No poema "Inanna, Senhora do Maior Coração", escrito em primeira pessoa, En-Hedu-Ana relatou um sonho feérico no qual foi alçada através de um portão celestial e proferiu: "Inanna, o planeta Vênus, a deusa do amor, terá um destino grandioso em todo o Universo".[50]

O estreito contato dos babilônios com os hebreus e outros povos a oeste disseminou a obra de En-Hedu-Ana a ponto de influenciar os salmos da Bíblia e os hinos homéricos. Essa continuidade cultural se relaciona com a grande importância atribuída aos sonhos nas narrativas da Torá, da Bíblia e do Corão. O fluxo cultural entre leste e oeste envolveu guerras e migrações em ambos os sentidos. No passado mitológico mesopotâmico, o patriarca Abraão teria nascido em Ur e depois migrado para regiões que hoje se localizam na Turquia e em Israel. No século VI a.C. o rei Nabucodonosor II tomou Jerusalém e deportou para a Babilônia milhares de judeus. Nessa antiga metrópole, a aproximadamente mil quilômetros de distância, os judeus amargaram quase sessenta anos de cativeiro até que Ciro, o Grande, fundador do Império Persa, tomou a cidade e os libertou. Quando regressaram ao Levante, os judeus disseminaram a rica cultura babilônica com as palavras de En-Hedu-Ana.

---

* *En*: sacerdotisa; *Hedu*: ornamento; *Ana*: celestial.

Desde o início do registro escrito, sonhos de membros da elite governante foram preservados com propósitos políticos e religiosos. O uso de sonhos para a comunicação entre deuses e reis persistiu através dos tempos, deixando um legado cultural palpável. Esse uso está bem documentado nos maiores cilindros sumérios de argila já encontrados, gravados pelo rei Gudea da Suméria (c. 2144-2124 a.C.) com inscrições cuneiformes que representam o mais longo texto sumério conhecido e também um dos mais antigos registros escritos da humanidade.[51] Vazados no centro para poder ser rodados enquanto lidos, os cilindros de meio metro de altura relatam um sonho impressionante do rei Gudea, em que primeiro aparecia um homem da altura do céu com cabeça de deus, asas de pássaro e uma onda enorme na parte inferior do corpo. O gigante era flanqueado por leões e parecia querer dizer algo, mas Gudea não compreendia. Seguiu sonhando que despertava pela manhã e via uma mulher com um estilete brilhante consultando representações do céu estrelado num tablete de argila. Surgia então um guerreiro com um tablete de lápis-lazúli onde desenhava os planos de uma edificação. O guerreiro lhe entregou uma fôrma de tijolos e uma cesta nova enquanto um jumento de raça levantava poeira com os cascos.

Quando de fato despertou no dia seguinte, Gudea sentiu-se confuso sobre o significado do sonho. Resolveu então consultar Nanshe, a deusa suméria da profecia e da interpretação onírica. Fez uma série de rituais a caminho do templo dessa deusa e lá chegando relatou seu sonho. Recebeu a explicação de que o gigante representava o deus Ninurta comandando a construção de um templo em honra do deus Eninnu. A mulher representava a deusa Nidaba, que recomendava alinhar o templo astronomicamente pelas estrelas sagradas. O guerreiro era o deus arquiteto Nindub, com instruções específicas para a planta do edifício. O jumento era o próprio Gudea, impaciente para erigir a obra arquitetônica assim revelada. Os detalhes das fundações e materiais da construção foram esclarecidos em sonhos subsequentes, incubados através de rituais propiciatórios. O templo foi efetivamente construído na cidade de Girsu, e sob suas ruínas, que ainda existem no Iraque, foram encontrados os cilindros de Gudea.[52]

A construção de grandes edificações foi assunto divino através dos tempos. Mais de quinze séculos depois do rei Gudea, cilindros de argila gravados com caracteres cuneiformes narram um sonho do rei Nabônides (556-539 a.C.), em que Marduk apareceu para orientar o rei na reconstrução do importante templo de Sin, o deus da Lua. A reconstrução de fato ocorreu, e as ruínas se encontram na cidade de Harã, no Sul da Turquia, que na Bíblia corresponde à cidade para a qual migrou o patriarca Abraão após deixar Ur.

Embora nem todos os profetas hebreus reconhecessem o potencial divinatório dos sonhos, relatos oníricos com a presença do deus hebreu Javé ocupam papel central nas histórias de Jacó e Salomão.[53] Os livros sagrados do judaísmo, do cristianismo e do islamismo afirmam também que um hebreu chamado José se tornou vizir do Egito por ter interpretado corretamente dois perturbadores sonhos do faraó.

No primeiro sonho, o faraó estava à margem do rio Nilo quando apareceram sete vacas gordas seguidas por sete vacas magras, que depois comeram as vacas gordas. No segundo sonho, o faraó viu brotarem sete espigas gordas de trigo, seguidas por sete espigas pequenas e ressequidas que engoliram as espigas maiores. José interpretou os sonhos como idênticos em sua mensagem: sete anos de abundância seguidos por sete anos de escassez. Seu conselho para o faraó foi a construção de silos para estocar grãos. Acredita-se que a história se relacione com uma seca devastadora ocorrida no vale do Nilo há cerca de 4 mil anos e com as providências do Estado egípcio para mitigá-la.

Muitos séculos depois outro faraó teve um sonho perturbador, que foi interpretado por seus sábios como uma profecia sombria: um recém-nascido cresceria e um dia libertaria os hebreus mantidos em cativeiro para tomar o trono. Em reação ao sonho, o faraó mandou afogar no Nilo todos os hebreus recém-nascidos do sexo masculino, mas um bebê colocado num cesto e deixado no rio foi encontrado pela filha do faraó e adotado com o nome de Moisés. Ao se tornar adulto, ele cumpriu parte da profecia onírica, liderando o êxodo de seu povo do Egito rumo a Canaã.

Os sonhos também tiveram papel destacado na história da Pérsia, onde os magos zoroastristas eram considerados exímios intérpretes oníricos. Segundo o historiador grego Heródoto (*c.* 484-425 a.C.),[54] o rei dos medas Astíages teria sonhado que sua filha Mandana urinava tanto que inundava toda a Ásia. Os magos interpretaram o sonho como um mau presságio de que o filho de Mandana suplantaria Astíages, razão pela qual o rei a casou com um persa de status social mediano. Quando Mandana deu à luz uma criança saudável chamada Ciro, Astíages teve um segundo sonho em que uma gigantesca videira emergia do ventre da filha até cobrir toda a Ásia. O sonho foi interpretado pelos magos como nova previsão de que o neto se rebelaria contra o avô. Astíages ordenou que Ciro fosse executado, mas a criança sobreviveu, cresceu, destronou o rei e construiu o maior império que o mundo já tinha visto até então.

Trinta anos depois, prestes a morrer nas estepes da Ásia central em batalha contra os masságetas, Ciro teria sonhado que Dario, o filho de um governador persa, abria enormes asas até sombrear a Ásia e a Europa. Ciro assustou-se com o presságio e mandou prender Dario, mas pouco depois foi decapitado pelos inimigos e o jovem acabou ascendendo ao trono, levando o Império Persa a seu ápice. Nas décadas seguintes, Dario e seu filho Xerxes, neto de Ciro por parte de mãe, protagonizariam as legendárias invasões persas da Grécia, com enormes consequências para o sincretismo cultural entre Oriente e Ocidente. Assim como o arrogante Agamêmnon de Homero teria recebido dos deuses um falso sonho precognitivo, Heródoto relatou que Xerxes teria sido compelido à conquista fracassada dos povos helênicos por sonhos recorrentes de dominação do mundo. Xerxes relatou seus sonhos ao ministro da Guerra Artabano, que respondeu com ceticismo por não acreditar que os sonhos pudessem ser oráculos: eram apenas imagens mentais. Xerxes pediu então que Artabano dormisse em sua cama para verificar se também receberia o mesmo sonho. Na manhã seguinte, emergindo de uma assombrosa recorrência onírica, Artabano teria se convertido aos desastrosos planos bélicos do imperador. Após anos de preparativos, por fim os persas invadiram a Grécia e queimaram Atenas, mas foram rechaçados.

Um século e meio depois da derrota de Xerxes, o rei macedônico Alexandre III inverteu o sentido da invasão e conquistou em curto período de tempo a Síria, o Egito, a Assíria, a Babilônia e o próprio Império Persa, chegando até a Índia. A frenética trajetória de Alexandre Magno foi permeada por diversos sonhos premonitórios de grande simbolismo. Durante o sangrento cerco de Tiro, estratégico porto fenício situado no que hoje é o Líbano, Alexandre teria tido sonhos com Héracles que antecipavam o esforço hercúleo para tomar a cidade. Após sete meses de violentos embates, Alexandre teria tido um segundo sonho em que tentava repetidamente capturar um sátiro que escapava de suas investidas. Afinal, dançando sobre seu escudo, o sátiro era capturado. O vidente predileto de Alexandre interpretou que "sátiro" — *satyros* em grego — poderia ser quebrado em *sa* e *Tyros*, significando "Tiro é sua". Alexandre redobrou seus ataques e tomou a cidade.[55]

SONHOS DE CURA

Na Antiguidade, a repercussão social dos sonhos também estava intimamente ligada a seu uso terapêutico. Muitas vezes a recuperação da saúde de uma pessoa enferma era atribuída diretamente aos sonhos, como no *Poema do justo sofredor*, narrativa acádia das desventuras do protagonista Tabu-utul-Bel, acometido por inúmeras deformidades e doenças. Quando esse Jó babilônico está por morrer, uma série de sonhos lhe revela que o deus Marduk irá salvá-lo. Num transe ele contempla a batalha de Marduk contra os demônios e assim é finalmente curado.

Não é exagero dizer que as principais civilizações do Mediterrâneo durante o período clássico foram desenvolvidas sob a influência dos sonhos.[56] Na Grécia e depois em Roma foram erigidos portentosos templos dedicados a Asclépio, deus da medicina, para onde acorriam peregrinos em busca de diagnóstico, tratamento e orientação divina. Cada enfermo era submetido a um ritual de incubação de sonhos (*egkoimesis* em grego, *incubatio* em latim), sendo instruído a adormecer dentro do templo, a fim de propiciar a obtenção de uma visão divinatória.[57] Ao despertar, o enfermo relatava seu sonho a um sacerdote do templo, que escutava atentamente em busca de sinais capazes de indicar o tratamento correto da doença. Algumas vezes, em situações especiais, o tratamento podia ser determinado em sonho por Asclépio, filho de Apolo, deus da verdade, da cura e da profecia. A profusão em seus templos de ex-votos de terracota ou argila representando partes do corpo humano atesta a frequente atribuição de cura ao deus.[58] Ritos muito parecidos persistiram por séculos no Egito clássico em torno do deus Serápis. Práticas semelhantes ocorreram durante a Idade Média no Império Bizantino e — com modificações relevantes — também no islã.

ROMA ALUCINADA

Em Roma, a influência dos sonhos na vida social atingiu níveis inéditos. Dada a crença generalizada na comunicação onírica com os deuses, relatos de sonhos passaram a ser usados livremente para legitimar ou deslegitimar atores políticos. O biógrafo romano Suetônio fez inúmeras referências aos sonhos para indicar a origem divina do primeiro imperador romano, Otávio Augusto. Sua mãe Ácia, destacada patrícia, teria ido ao templo de Apolo à noite e lá adormecido em sua liteira. Recebeu a visita onírica de Apolo na forma de serpente e dele engravidou. Durante a gestação, Ácia teria sonhado que suas entranhas "alcançavam as estrelas e se espalhavam por toda a terra e mar", enquanto seu marido teria sonhado que o sol nascia do ventre da esposa.[59] Senadores romanos teriam sonhado com o nascimento de um rei que salvaria a República no ano em que Augusto nasceu, e Júlio Cesar teria tido um sonho que o convenceu a fazer de seu filho adotivo Augusto seu herdeiro político. Anos depois, na Batalha de Filipos, que levou à eliminação dos principais assassinos de Júlio César e abriu caminho para a ascensão de Augusto, ele teria se livrado de uma emboscada em sua própria tenda ao ser avisado pela premonição onírica de um amigo. Não surpreende, portanto, que Augusto tenha sido extremamente suscetível aos sonhos. Inspirado por um, teria tido o hábito de pedir esmolas como mendigo uma vez por ano e teria até mesmo criado uma lei determinando que qualquer pessoa que tivesse um sonho premonitório deveria compartilhá-lo em praça pública.

Talvez o caso mais dramático de utilização de relatos oníricos para imbricar a fatalidade histórica com a deificação de governantes romanos diga respeito ao primeiro dos Césares e a sua esposa, Calpúrnia. Dias antes de ser assassinado, Júlio César recebeu um mau presságio proferido por um adivinho, avisando de um perigo letal no feriado religioso de 15 de março. A profecia se espalhou por Roma de boca em boca até chegar ao Senado, onde havia descontentamento crescente com as ambições do político. Os senadores alarmavam-se sobretudo com o progressivo culto à personalidade de Júlio César, materializado em estátuas e efígies, celebrado em festivais excessivamente extravagantes e deificado por uma seita religiosa. Afinal sua própria família afirmava descender do troiano Eneias, filho de Vênus, e espalhava-se o rumor de que suas espetaculares vitórias militares indicavam o favor dos deuses. A agressiva ascensão política e religiosa de Júlio César levou o Senado a conspirar para matá-lo.

Na noite de 14 de março de 44 a.C, César sonhou que era transportado feericamente através das nuvens, elevado aos céus e recebido por Júpiter com um caloroso aperto de mãos. Não parecia um sonho mau; ao contrário, era magnífico. A seu lado na cama, entretanto, Calpúrnia teve um pesadelo horrível. Sonhou que a frente de sua casa desabava, que Júlio era esfaqueado e que ela pranteava seu corpo ensanguentado.[60] Na manhã seguinte insistiu para que o marido não fosse ao Senado. Ele cogitou desistir, mas foi demovido por um dos conspiradores e pelos augúrios favoráveis de seus adivinhos. Ao chegar ao Fórum, Júlio foi cercado por dezenas de homens — muitos deles senadores — e trucidado com 23 facadas.

O funeral causou enorme comoção popular. Houve execuções, sacrifícios e a cremação do corpo no próprio Fórum, com armas, amuletos, joias e roupas lançadas ao fogo pela multidão. O tumulto saiu do controle e as labaredas ficaram tão grandes que quase destruíram o Fórum. Diante de tamanha reação popular, os assassinos de Júlio César não conseguiram impedir que ele se tornasse a primeira figura histórica romana a ser oficialmente divinizada. Passou a ser representado como *Divus Iulius* (Divino Júlio), e Augusto assumiu o título de *Divi Filius* (Filho Divino), iniciando o processo que destruiria a república e daria origem ao Império Romano.

Qual foi o percurso psicológico de nossos ancestrais para que uma narrativa tão fantástica pudesse ser considerada normal desde tempos imemoriais até um tempo tão recente? Responder essa pergunta exigirá recapitular em mais detalhes nossa passagem da pré-história à história.

3. Dos deuses vivos à psicanálise

No início era a saudade. Ancorado nos sonhos, o cuidado funerário com os mortos iniciado no período Paleolítico, há centenas de milhares de anos, tornou-se mais complexo através do tempo. De pequenos amontoados de pedras e conchas durante o Neolítico, nossos ancestrais chegaram no início da Idade do Bronze à escala colossal das pirâmides e zigurates. O culto aos mortos foi um modo de funcionamento mental altamente bem-sucedido, que levou os grupamentos humanos a alcançarem centenas de milhares de pessoas vivendo sob o comando direto de um deus vivo (no Egito) ou de seu representante direto (na Mesopotâmia). Os governantes eram nutridos e inspirados pelo conhecimento acumulado da dinastia inteira, até quando a memória alcançasse, com a preservação dos mitos fundadores sobre pai e mãe originais. Munido dessas crenças e de todo o poder social que havia naquela época, liberto de qualquer trabalho físico real mas incumbido de pesadíssimos trabalhos espirituais, administrativos e militares, um faraó típico talvez vivesse em transe permanente, flutuando entre o sonho e a vigília, em delírios de poder real e fictício.

Através dos milênios, uma nova forma de consciência se expandiu não apenas nos faraós mas provavelmente em porções crescentes da sociedade. As pessoas tornavam-se cada vez mais capazes de realizar longos voos de imaginação sem mover os músculos, ou, ainda melhor, movendo-os em desconexão completa com as cenas imaginadas. Tornou-se literalmente possível sonhar em certas partes do cérebro, e não em outras, criando um espaço mental versátil e quase sempre disponível para simular, durante a vigília, as consequências das ações no mundo real — bem como das ideias no mundo simbólico. Essa nova forma de consciência caracterizada por um "sonhar acordado" foi tão útil ao planejamento da guerra quanto da produção de alimentos, tornando-se força motriz de novos saberes, como a estocagem e o comércio de grãos, a engenharia de edifícios e de meios de transporte, a astronomia, a matemática e a própria escrita. Desde a horda primitiva até a coroação de faraós às margens do rio Nilo, a capacidade de construir ficções, disseminá-las pelo grupo e depois implementá-las alavancou a expansão das sociedades de estrutura piramidal.

A invenção da escrita estendeu no tempo e no espaço os limites do poder central, simbolizado pela difusão por territórios imensos das enormes estelas de pedra inscritas com leis e comandos divinos, comunicados pelos governantes aos seus súditos. O uso das estelas permitiu a demarcação de territórios culturais muito mais extensos e provocou a expansão do culto das divindades. O surgimento da literatura dá um testemunho dinâmico desse processo, pois deuses e espíritos de pessoas mortas aparecem com frequência nos textos mais antigos.

Contraditoriamente, entretanto, a escrita foi o começo do fim para o culto aos deuses e ancestrais, o início do ocaso dos sonhos. Já não era necessário entrar em transe para ouvir as vozes alucinatórias dos deuses, propiciadas por estátuas, rezas, jejuns, sacrifícios e substâncias. Agora era possível ler — ou ouvir, como registrado nos textos mais antigos — as palavras dos deuses e de seus representantes diretos. Gravadas em pedra para durar milênios, as palavras de autoridade podiam ser ouvidas com exatidão em múltiplas localidades distribuídas pelo império. O conhecimento acumulado e estocado na forma oral, através de comandos divinos vivenciados dentro do cérebro como sucessão de sons, tornou-se progressivamente obsoleto com a propagação da escrita. Quando nossos ancestrais inventaram modos de registrar em pedra ou barro os comandos auditivos dos deuses, criaram a condição necessária para a progressiva irrelevância desses comandos, até que eles enfim desapareceram na maior parte da população.

Nos textos egípcios e mesopotâmicos, o relato da morte de deuses ocorre desde o início do registro escrito, mas a reclamação de que os deuses teriam se calado só tornou-se prevalente por volta de 1200 a 800 a.C. Foi um período de enormes crises sociais, econômicas e ambientais, com explosão populacional, migrações, guerras, fomes, pestes, secas e outros desastres naturais,[1] que levaram ao colapso de cidades e impérios como Cnossos (*c.* 1250 a.C.), Micenas (*c.* 1200 a.C.), Ugarit (*c.* 1190 a.C.), Megido (*c.* 1150 a.C.), Egito (*c.* 1100 a.C.), Assíria (*c.* 1055 a.C.), Babilônia (*c.* 1026 a.C.) e Troia (*c.* 950 a.C.). Em quase todos os casos essas cidades e impérios se reergueram e se reorganizaram com novos deuses ou com deuses ressuscitados. Entretanto, o crescimento da população de pessoas imbuídas das crenças nos deuses — o que equivale a dizer, com software cultural similar — criou contradições totalmente novas.

No Egito, uma nova consciência começou a expandir-se entre as classes subalternas, que também desejavam seus próprios túmulos e sobretudo a vida eterna. Isso catalisou o conflito social, com a percepção beligerante da desigualdade no tratamento dos mortos. A literatura do período documenta o desespero de pessoas de status social mediano apavoradas pela iminência do fim sem salvo-conduto, uma vez que a promessa da vida eterna era privilégio apenas dos que podiam pagar pela confecção dos encantamentos contidos no *Livro dos mortos.*

A propagação geográfica das palavras dos deuses também as trivializou. Já não era preciso alucinar vozes divinas para ter acesso ao conhecimento, pois ele agora estava externalizado em objetos sólidos e persistentes, capazes de espalhar palavras de uma mente a outra, sem sonho, êxtase ou loucura. Por outro lado, a ocorrência de eventos catastróficos até então sem precedentes, bem como a fragilidade de sociedades tão grandes, tornava a sabedoria divina obsoleta, velha, incapaz de achar soluções para os novos problemas. Essa época coincide com o grande colapso da Idade do Bronze, quando vários poderes centrais se dissolveram. Foi o fim de Troia, de Micenas e da civilização minoica em Creta. Tempo de secas, enchentes, maremotos, escassez, migrações e guerras. Nesse cenário de caos e imprevisibilidade, os deuses já não tinham respostas, e se calaram. Os homens agora precisavam resolver seus problemas sozinhos.

Após alguns séculos de transição, uma portentosa modificação cultural ocorreu entre 800 e 200 a.C., naquilo que o filósofo e psiquiatra alemão Karl Jaspers (1883-1969) chamou de Era Axial. Esse período testemunhou o florescimento da civilização em vários locais da Afro-Eurásia, incluindo Atenas, Roma, Babilônia e os impérios Persa, Macedônio e Máuria. Centenas de textos fundamentais da literatura antiga datam desse período, como *Ilíada*, *Odisseia*, *República*, *Gênesis*, *Avesta* e *Mahabharata*. O desenvolvimento e a integração multiculturais foram acelerados pela consolidação da escrita alfabética, das novas tradições literárias e das primeiras instituições de ensino superior, como a Academia de Platão e a Biblioteca de Alexandria no século III a.C. O mundo tornava-se cada vez menos dos deuses e cada vez mais dos homens.

A *Ilíada* e a *Odisseia* exemplificam essa transição com nitidez. Em lugar do Aquiles típico da mentalidade do passado, que não tem planos de futuro e só age a mando dos deuses, a mentalidade nova de Ulisses utiliza estratagemas para lograr seus objetivos, imaginados persistentemente na vigília. Uma nova mentalidade introspectiva que ainda escuta as vozes dos deuses mas começa a construir um poderoso diálogo interno, prático e utilitário, para imaginar o futuro e assim moldá-lo. Um ser humano semelhante ao da atualidade, com a capacidade de sonhar desperto uma grande variedade de planos tênues mas altamente eficazes, seja para construir um enorme cavalo de madeira e assim voltar aos braços da amada distante, seja para sair mais cedo do serviço e surpreender a namorada com um jantar à luz de velas. Um ser humano que quase já não escuta os deuses, mas conversa o tempo todo consigo mesmo.

Ainda que pareça fabulosa, a teoria de que a introspecção humana é um fenômeno relativamente novo encontrou corroboração em uma análise semântica de textos judaico-cristãos e greco-romanos, realizada por um time de pesquisadores argentinos do centro de pesquisa Thomas J. Watson da IBM, da Universidade de Buenos Aires e da Universidade de Princeton. Se o psicólogo Julian Jaynes estiver correto, a transição para o eu consciente, que escuta a si mesmo e não aos deuses, seria tão recente que deveria aparecer no registro histórico, isto é, nos textos produzidos pela humanidade desde o início da escrita. O eu introspectivo, reflexivo, que se imagina a si mesmo, teria apenas cerca de 3 mil anos.

Para testar essa hipótese, os físicos Guillermo Cecchi e Mariano Sigman se juntaram aos cientistas da computação Carlos Diuk e Diego Slezak para estudar textos arcaicos com um método matemático que permite medir distâncias entre palavras de forma objetiva, quantitativa e automática. O método se baseia no fato de que, quando um conjunto muito grande de textos diferentes é investigado, pares de palavras semanticamente próximas — *gato* e *rato*, *mãe* e *filha*, *amor* e *paixão* — tendem a ocorrer nos mesmos textos, o que não se ve-

rifica com palavras distantes: *gato* e *helicóptero, arroz* e *poesia, flor* e *zênite.*
Usando esse método, a distância semântica entre qualquer par de palavras corresponde a um número, o que torna possível calcular a média das distâncias entre uma palavra-sonda e todas as palavras contidas num texto. Para testar sua hipótese, os pesquisadores escolheram como sonda específica a palavra "introspecção" — um termo que sequer aparece nos livros antigos e por isso mesmo serviu para prospectar a presença difusa do conceito em cada obra. Assim, para cada texto analisado, os pesquisadores mediram a distância de cada palavra do texto para a palavra "introspecção" e tiraram a média dessas distâncias considerando todas as palavras do texto.

Os resultados[2] mostraram que o conceito de introspecção tornou-se progressivamente mais prevalente em ambas as tradições literárias, apresentando um crescimento acelerado durante o período de expansão de cada civilização (Figura 4). Embora não se possa comprovar que o comportamento introspectivo também tenha se tornado mais prevalente, os resultados permitem imaginar as pessoas do tempo de Homero (século VIII a.C.) como muito menos introspectivas do que, por exemplo, no tempo de Júlio César (século I a.C.). Como veremos mais adiante, outras pesquisas recentes sobre a estrutura de textos antigos também apoiam a noção de que a mentalidade humana mudou radicalmente nos últimos 3 mil anos.

GLÓRIA E OCASO DOS SONHOS

A lenta mas inexorável perda de importância dos sonhos é um dos exemplos mais claros dessa mudança. A decadência intermitente da crença na eficácia onírica atravessou os primeiros milênios antes e depois de Cristo. Por um lado, o Gautama Buda (*c.* 480-400 a.C.) deu enorme amplidão existencial ao problema onírico, ao afirmar que toda a vida é sonho. A ideia de que a própria realidade é um sonho tem raízes muito antigas na Índia. Uma representação tradicional do deus hindu Vishnu o mostra reclinado sobre a serpente Shesha enquanto "sonha o Universo em realidade".

Mas o Buda também introduziu em sua cultura a interpretação simbólica dos sonhos. Quando estava prestes a abandonar a privilegiada vida bramânica para aderir ao ascetismo mais estrito, o jovem príncipe Siddhartha Gautama

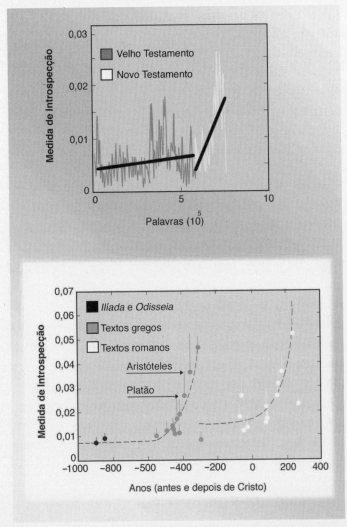

4. *Uma medida semântica de introspecção aumenta com o passar do tempo nos registros culturais judaico-cristãos e greco-romanos.*

deu interpretações totalmente não literais a um pesadelo premonitório de sua esposa Gopa.

Segundo a tradição,[3] o príncipe que um dia seria Buda evitava a própria esposa, que sofria angustiada. Quando ela finalmente conseguiu dormir, sonhou que as montanhas tremiam sob uma ventania selvagem que arrancava árvores. No horizonte, os astros haviam desabado do céu. Gopa se viu nua, despojada de suas vestes, ornamentos e coroa. Seu cabelo estava cortado, sua cama nupcial estava quebrada, e as roupas do príncipe, cheias de gemas preciosas, estavam espalhadas pelo chão. Meteoritos caíam sobre uma cidade escura.

Aterrorizada, Gopa despertou o marido: "Meu senhor, meu senhor", ela gritou, "o que acontecerá? Tive um sonho terrível! Meus olhos estão cheios de lágrimas e meu coração está cheio de medo". "Conta-me seu sonho", respondeu o príncipe. Gopa relatou tudo o que ela tinha visto em seu sonho. O príncipe sorriu. "Alegra-te, Gopa", disse ele,

> alegra-te. Viste a terra tremer? Então, um dia os deuses se curvarão diante de ti. Viste a lua e o sol caírem do céu? Então logo vencerás o mal e receberás elogios infinitos. Viste as árvores arrancadas? Então encontrarás uma saída para a floresta do desejo. Teu cabelo foi cortado? Então te libertarás da rede de paixões que te mantém cativa. Minhas túnicas e minhas joias estavam espalhadas? Então estou no caminho da libertação. Os meteoritos cruzavam o céu sobre uma cidade escurecida? Então, para o mundo ignorante, para o mundo cego, trarei a luz da sabedoria, e aqueles que têm fé nas minhas palavras conhecerão alegria e felicidade. Sê feliz, ó Gopa, afasta tua melancolia. Em breve, serás singularmente honrada. Dorme, Gopa, dorme. Sonhaste um sonho adorável.

Dias depois, Siddhartha deixou a casa silenciosamente durante a noite.

Por seis anos, exposto às intempéries nas barrancas de um rio, o jovem levou uma vida de meditação, isolamento e jejuns em meio a animais selvagens. Quando resolveu voltar a se nutrir foi abandonado por seus discípulos e então teve a série onírica que marcou sua iluminação:

> A noite veio. Ele adormeceu e teve cinco sonhos. Primeiro, viu-se deitado numa cama grande que era toda a terra; sob sua cabeça, havia uma almofada que era o Himalaia; sua mão direita descansava no mar ocidental, a mão esquerda no mar do leste, e seus pés tocavam o mar do sul. Então ele viu um junco saindo do seu umbigo, e o junco cresceu tão rápido que logo chegou ao céu. Então viu vermes rastejando sobre suas pernas, cobrindo-as por completo. Então viu pássaros voando em sua direção, surgindo de todos os pontos do horizonte, e quando os pássaros estavam perto de sua cabeça, pareciam ser de ouro. Finalmente, viu-se ao pé de uma montanha de imundície e excremento; ele escalou a montanha; alcançou o cume; desceu, e nem a imundície nem o excremento o contamina-

ram. Ele acordou e, a partir desses sonhos, soube que chegara o dia em que, tendo alcançado o supremo conhecimento, se tornaria um Buda.[4]

Vale notar que a interpretação dada pelo budismo para os sonhos é simbólica, diferindo muito das interpretações literais típicas do bramanismo antigo. O sonho da montanha de excrementos, por exemplo, demandaria complicados rituais de purificação se fosse interpretado literalmente. Visto pela ótica budista, o sonho representa as roupas, objetos e sobretudo relações deixadas para trás por Siddhartha, o despojamento dos desejos e expectativas que condicionam a experiência espiritual.

Na China, berço de uma arraigada tradição de divinação onírica,[5] o sábio conhecido como mestre Zhuang (*c.* 369-286 a.C.) apresentou o problema do sonho de uma nova forma:

> Uma vez eu, Zhuang Zhou, sonhei que era uma borboleta flutuando de um lado para o outro, uma verdadeira borboleta, desfrutando ao máximo de sua plenitude, e não sabendo que era Zhuang Zhou. De repente acordei e me encontrei, o verdadeiro Zhuang Zhou. Agora já não sei se era então um homem que sonhava ser uma borboleta, ou se sou agora uma borboleta que sonha que é homem.[6]

Essa bela dúvida filosófica não ocorreu a Platão (*c.* 428-348 a.C.), que concluiu não haver lugar na gestão do Estado para os sonhos e a loucura.[7] Para o grande filósofo ateniense, a verdade viria apenas do exercício lógico do pensamento, com primazia para a dedução de formas perfeitas da realidade, capaz de ir além do véu ilusório das aparências. A verdade platônica é produto do rigoroso pensamento da vigília, e não das alucinações oníricas induzidas pelo sono, pela enfermidade ou pela intoxicação.

Milênios de tradição da magia onírica tampouco impediram Aristóteles (384-322 a.C.) de enxergar a natureza biológica do sonho, prodigiosa mas ainda assim prosaica.[8] O principal discípulo de Platão apontou a prevalência dos fatos observáveis sobre a teoria, ou seja, a supremacia da indução sobre a dedução. Assim como outros filósofos da Antiguidade, Aristóteles atribuiu às experiências da vigília o fator determinante para a explicação dos conteúdos oníricos, identificando aquilo que Freud, mais de 2 mil anos depois, chamaria de "restos diurnos". O sonho seria uma cópia inexata da realidade, uma memória de eventos passados, um vívido relembrar sem volição.

Entre o logos grego e a razão iluminista transcorreu um longo período de transição em que a influência histórica dos sonhos variou enormemente, enfrentando altos e baixos. O sonho representou um papel fundamental na gênese e no desenvolvimento do cristianismo, como poderoso instrumento de revelação dos propósitos divinos. No seu Evangelho, Mateus afirma que Jesus foi protegido diversas vezes por orientações dadas em sonhos aos reis magos pelo próprio Senhor e a José por anjos Seus.[9] Foi um anjo quem convenceu José a aceitar Maria como esposa apesar de ela estar grávida antes do casamento, com o argumento de que a concepção era do Espírito Santo — zoomorfizado em pomba — e de que José deveria adotar o filho, pois ele um dia redimiria o povo de seus pecados. Sonhos com anjos do Senhor também guiaram as decisões de fugir para o Egito, depois regressar a Israel e finalmente rumar para a Galileia, tomadas por José no intuito de proteger seu recém-nascido da ira do rei Herodes, que ordenara a execução de bebês.

Embora não haja registros dos sonhos do próprio Jesus, os Evangelhos apresentam um relato onírico que poderia ter mudado o curso de sua vida e, portanto, da história. Jesus, acusado de ser o "rei dos judeus", se encontrava perante o governador Pôncio Pilatos. Segundo Mateus, durante o julgamento a esposa de Pilatos lhe enviou uma mensagem: "Não se envolva com este inocente, porque hoje, em sonho, sofri muito por causa dele". Mas a multidão decidiu condenar Jesus à cruz, e Pilatos lavou suas mãos.[10]

Atos dos Apóstolos narra que cerca de vinte anos depois, quando Paulo e seus companheiros viajavam pela Ásia Menor realizando pregações cristãs, sua jornada foi profundamente alterada por um sonho. Dormindo, Paulo visualizou um macedônio que pedia ajuda. Ao despertar, concluiu que se tratava de um chamado divino e partiu rumo à Macedônia, realizando uma bem-sucedida missão de evangelização que propagou a fé cristã muito além da população judaica.[11]

No islã, a interpretação dos sonhos sempre gozou de boa reputação. O próprio profeta Maomé a reconhecia como exercício espiritual capaz de permitir comunicação verdadeira com Alá. Num célebre relato, Maomé teria sonhado que conduzia primeiro um rebanho de ovelhas negras, depois um rebanho de ovelhas brancas. Após algum tempo os rebanhos estavam completamente misturados e tornou-se impossível separá-los. As ovelhas negras foram interpretadas como símbolo dos árabes e as ovelhas brancas como símbolo dos não árabes, levando à conclusão — de claro teor político — de que o islã se espalharia pelo mundo para além das diferenças étnicas.

Os sonhos aparecem na história islâmica em contextos de profecia e divinação, frequentemente usados para legitimar governantes, podendo ser invocados para chegar à solução de problemas específicos (*istikhára*).[12] A importância dos sonhos atinge o ápice no sufismo, corrente introspectiva do islã que busca o transe místico e pratica a obtenção de sonhos com o profeta ou outros conselheiros espirituais para orientar a conduta da vigília. O sábio Najm al-Din Kubra (1145-1221) fundou uma ordem sufi baseada na experiência visionária dos sonhos, e escreveu importantes tratados a respeito. Outro sábio sufi, também fundador de uma de suas ordens, o xá Ni'matullah Wali de Kerman (1330-1431), é considerado santo pelos sunitas. Ele compôs poemas inspirados por sonhos que foram reputados proféticos em diversos momentos históricos, desde a ascensão do conquistador turcomano Tamerlão (1336-1405), até a jihad de Syed Ahmad (1826-31), a dissolução do califado otomano em 1924 e os conflitos religiosos de 2010 no Paquistão.[13]

Se no islã os sonhos são importantes até hoje, na cristandade sua importância foi gradualmente erodida ao longo da Idade Média, à medida que se desenvolveu o cristianismo eclesiástico, que passou a ver na divinação onírica a marca do paganismo. Foram séculos de transição em que se reconhecia a oposição fundamental entre *somnium cœleste* e *somnium naturale* (ou *animale*). O teólogo e filósofo Santo Agostinho (354-430), nascido perto do Mediterrâneo numa região que hoje corresponde ao Nordeste da Argélia, teve profunda influência na adoção do neoplatonismo pela Igreja. Sua vasta obra abordou muitos temas psicológicos, como as origens das memórias, sonhos, desejos, sofrimento e culpa. Uma de suas preocupações foram os sonhos eróticos, que ele não conseguia evitar apesar — ou mais provavelmente por causa — do celibato e da repressão dos pensamentos sexuais durante a vigília.

Dirigindo-se a Deus, Santo Agostinho explicita seu espanto diante da autonomia dos sonhos:

Por acaso não sou eu mesmo naquelas circunstâncias, Senhor meu Deus? E, no entanto, há tamanha diferença entre mim e mim mesmo nos dois momentos, quando passo deste estado para o sono, ou daquele volto a este! [...] Porventura adormece com os sentidos corporais? E por que amiúde acontece que mesmo em sonho resistimos e, lembrando nosso propósito e permanecendo totalmente castos nele, não concedemos o assentimento a nenhuma daquelas obscenidades? Contudo, são estados tão distintos que, quando acontece o contrário, acordando readquirimos a paz da consciência e, por essa mesma distinção, descobrimos que não fizemos aquilo, muito embora deploremos que aquilo, de alguma maneira, se tenha feito em nós.[14]

A solução de Santo Agostinho para o problema do erotismo onírico foi considerar o sonho não como uma ação humana sujeita à força de vontade, mas como um evento involuntário sobre o qual não cabe responsabilidade ou culpa. Sonhar com o pecado não seria, portanto, pecado.

MONGES E DEMÔNIOS

Até a geração de nossos bisavós, a maioria das pessoas se deitava para dormir logo após o pôr do sol. Desde tempos imemoriais a noite sempre foi algo a temer, sobretudo na ausência de luar, e ainda mais durante o inverno, em que a escuridão parecia não ter fim. Durante a Antiguidade e a Idade Média, a noite pertencia aos bêbados, ladrões, salteadores, assassinos e eventuais tropas invasoras — além, é claro, das feras. Por isso mesmo, à noite as pessoas se aglomeravam em torno do fogo e atrás dos muros, no interior das casas, fazendas, castelos, estalagens, tavernas e bordéis. Ao longo da Idade Média se disseminou a crença de que demônios, chamados íncubos e súcubos, podiam invadir os sonhos das pessoas para ter relações sexuais com elas. Diante dos perigos noturnos e da natureza fantástica do sonho, não é estranho que o período de escuridão fosse marcado por fantasias apavorantes e pelo uso protetor de meditações, orações e encantamentos.[15]

Exceto no caso das crianças, era comum dividir a noite em duas partes, chamadas primeiro e segundo sonos, com um breve intervalo de vigília por volta da meia-noite, usado para rezar, cear, fiar, conversar ou namorar. Os hábitos noturnos dos monges cristãos eram rigorosamente controlados: o primeiro sono terminava às duas da madrugada para a realização de orações matinais. Ficavam assim os monges privados de sono REM, fase rica em sonhos que prevalece na segunda metade da noite. Curiosamente, a privação completa de sono REM provoca um vigoroso rebote compensatório, com o aumento subsequente do tempo de sono e a intrusão de sonhos intensos. A Ordem de São Bento, a mais antiga ordem católica de clausura monástica, proibia o segundo sono mas tolerava o cochilo vespertino. O monge Raoul Glaber (985-1046), supersticioso e sonolento beneditino francês, deixou registrado o assédio de um demônio cuja tentação consistia em sussurrar em seu ouvido que ignorasse o sino e cedesse ao "doce descanso" do segundo sono. Mas se era comum temer a ação de demônios noturnos capazes de sedução, também esperava-se que os sonhos pudessem revelar desígnios divinos através da aparição de anjos, santos e santas.

Entretanto, a partir do século XII, começaram a operar na França as instituições católicas dedicadas à perseguição de heresias. Tais instituições eram quase sempre ligadas à ordem dominicana e ficaram conhecidas como Inquisição. Nos séculos seguintes o frenesi persecutório se espalhou por Alemanha, Espanha e Portugal, antes de seguir para as colônias da América, Ásia e África. Processadas pela Inquisição, milhares de pessoas foram acusadas de feitiçaria, torturadas e executadas em nome de um deus infinitamente bom. Foi também no século XII que a confissão individual se institucionalizou no âmbito da Igreja, tornando o padre sabedor dos segredos privados de comunidades inteiras.[16] Colocado ao mesmo tempo no lugar de absolvedor e acusador, o sacerdote católico mais do que nunca precisava enfrentar o dilema da interpretação onírica. Sonhos heréticos deveriam ser considerados pecado? Alguém poderia ser condenado e punido na vigília por causa de pensamentos experimentados durante o sono?

A essa dúvida terrível, São Tomás de Aquino (1225-74), grande defensor da razão dentro da Igreja, principal responsável pelo resgate da indução aristotélica após quase mil anos de neoplatonismo, respondeu com um enfático "não". Afinal, nem todos os sonhos são "verdadeiros". Para que se tenha uma noção da importância do sonho em sua obra, a palavra aparece 73 vezes na *Suma teológica*, um de seus textos mais influentes. Nela, o teólogo nascido no Lácio afirmou que

> é irracional negar o que é de experiência humana universal. Ora, todos sabem por experiência que os sonhos revelam certas causas futuras. Logo, é vão negar

que se possa adivinhar por meio deles; e portanto é lícito recorrer a eles. [...] Como se disse, a adivinhação fundada numa opinião falsa é supersticiosa e ilícita. Portanto, devemos distinguir o que há de verdade a respeito do conhecimento do futuro, que podemos haurir nos sonhos. Ora, às vezes os sonhos são a causa dos acontecimentos futuros; por exemplo, quando alguém, com o espírito influenciado pelo que viu em sonhos, é levado a praticar ou não certo ato. Outras vezes, os sonhos são sinais de determinados acontecimentos futuros, reduzindo-se a alguma causa geral, ao mesmo tempo dos sonhos e desses acontecimentos [...]. Se entre vós se achar algum profeta do Senhor, eu lhe aparecerei em visão ou lhe falarei em sonhos. Outras vezes, porém, por obra dos demônios certas fantasias aparecem àqueles que dormem, e aos que mantêm com eles pactos ilícitos revelam certos acontecimentos futuros.[17]

Nessa passagem, São Tomás de Aquino agregou uma nova dimensão ao problema da interpretação onírica, ao afirmar que a acurácia preditiva de um sonho não é prova de sua origem divina. Começou a crescer na Igreja o ceticismo quanto à possibilidade de se deixar guiar pelos sonhos, embora seu caráter divinatório tenha continuado a ser reconhecido. O *Espelho da verdadeira penitência*, uma coleção de sermões edificantes sobre a virtude e o pecado escritos pelo frade dominicano italiano Jacopo Passavanti (*c.* 1302-57), é concluído com um *Tratado de sonhos* que afirma que os "sonhos que são feitos ao redor do alvorecer [...] são os sonhos mais verdadeiros que são feitos e cujos significados podem ser mais bem interpretados".[18] Em *A divina comédia*, do italiano Dante Alighieri (*c.* 1265-1321), os sonhos proféticos são os matinais.[19]

O PROTESTO DA ÁGUIA

O teólogo alemão Martinho Lutero (1483-1546), grande reformador do cristianismo, também viveu uma relação ambivalente com os sonhos. Ao iniciar sua carreira monástica, o jovem Lutero descobriu os sermões de João Hus, religioso da Boêmia queimado cem anos antes como herege por pregar a rejeição das indulgências católicas. Sua história impressionou o jovem monge: quando o executor já se aproximava para acender as labaredas, teria dito "agora vamos cozinhar o ganso" — Hus em dialeto boêmio significa ganso. O condenado lançou então uma profecia misteriosa: "Sim, mas em cem anos virá uma águia que você não alcançará".[20]

Hus tornou-se uma referência para Lutero, que compartilhava sua ojeriza pelo sistema clerical de venda de indulgências. Quando em 31 de outubro de 1517 Lutero pregou suas teses à porta da igreja do castelo de Wittenberg, criticando fortemente a corrupção eclesial, sabia que trilhava um caminho perigoso. Afinal, muitas pessoas queimaram na estaca antes de Lutero, e muitas ainda queimariam depois dele. O papa Leão x ordenou a retratação das teses, mas a resposta não deixou dúvidas quanto a sua rebeldia: Lutero ateou fogo à bula papal. O alemão foi então excomungado pelo papa e condenado pelo imperador do Sacro Império Romano, Carlos v. O príncipe Frederico iii, governante da Saxônia, tinha a custódia de Lutero e devia entregá-lo à sanha punitiva dos seus inimigos. Contra todas as probabilidades, entretanto, Frederico protegeu Lutero, suas ideias sobreviveram, e a Reforma Protestante espalhou-se pela Europa. A incrível história de como isso aconteceu envolve um sonho importante.

Segundo cronistas da época, na noite anterior ao dia em que Lutero pregaria suas teses na porta da igreja, o príncipe Frederico teria tido uma revelação onírica. Nas palavras do próprio Frederico:

Adormeci, e então sonhei que Deus Todo-Poderoso me enviou um monge, que era um verdadeiro filho do apóstolo Paulo. Todos os santos o acompanharam por ordem de Deus, para prestar testemunho diante de mim e declarar que ele não veio inventar nenhuma trama, mas que tudo que ele fez foi de acordo com a vontade de Deus. Eles me pediram para graciosamente permitir que ele escrevesse algo na porta da igreja do castelo de Wittenberg. Isto concedi através do meu chanceler. Então o monge foi para a igreja e começou a escrever em letras tão grandes que eu podia ler a escrita mesmo em Schweinitz. A pluma que ele usava era tão grande que o seu fim chegava até Roma, onde perfurava as orelhas de um leão que estava agachado lá e fez com que a coroa tripla sobre a cabeça do papa tremesse. Todos os cardeais e príncipes, correndo apressadamente para cima, tentaram impedir que ele caísse. Você e eu, irmão, também desejamos ajudar, e estiquei meu braço; mas nesse momento acordei com o braço no ar, bastante espantado e muito enfurecido com o monge, por não manusear melhor sua pluma. Me recompus: era apenas um sonho. Eu ainda estava meio adormecido, e mais uma vez fechei meus olhos. O sonho retornou. O leão, ainda irritado pela pluma, começou a rugir com todas as suas forças, tanto que a cidade inteira de Roma e todos os Estados do Sacro Império correram para ver qual era o problema. O papa pediu-lhes que se opusessem a esse monge, e isso se aplicava particularmente a mim, por causa de sua presença em meu país. Despertei de novo, repeti a oração do Senhor, implorei a Deus para preservar a Sua Santidade e mais uma vez adormeci.

Então sonhei que todos os príncipes do Império, e nós entre eles, nos apressamos a Roma e nos esforçamos, um após o outro, para quebrar a pluma. Mas quanto mais tentávamos, mais rígida ela se tornava, como se fosse feita de ferro. Finalmente desistimos. Perguntei então ao monge (porque às vezes eu estava em Roma e às vezes em Wittenberg) onde ele pegou essa pluma e por que era tão forte. "A pluma", respondeu ele, "pertenceu a um antigo ganso da Boêmia, com cem anos de idade. Obtive-a de um dos meus antigos mestres. Quanto à sua força, é devida à impossibilidade de privá-la de sua medula, e também estou muito atônito com isso." De repente, ouvi um barulho alto: um grande número de outras plumas surgiu da longa pluma do monge. Acordei pela terceira vez com a luz do dia.[21]

Acredita-se que esse sonho tenha tido profunda influência sobre Frederico, que defendeu Lutero corajosamente contra o papa e o imperador. Também é possível imaginar que o relato foi elaborado sob medida para justificar o apoio de Frederico a Lutero, por razões estritamente políticas. Seja como for, Lutero manteve grande ceticismo com respeito à veracidade dos sonhos, reservando sua fé para uma minoria bem restrita de visões realmente consideradas divinas.

O SONHO IRRELEVANTE

Com a formação dos Estados nacionais europeus e o início do mercantilismo, a interpretação dos sonhos afastou-se definitivamente da esfera pública. No século XVI a cristandade já tinha a revelação onírica como fonte de blasfêmia e danação — na pior das hipóteses — ou irrelevância — na melhor delas. Como exemplificado no processo de prisão e execução do teólogo Giordano Bruno (1548-1600), visões oníricas passaram a ser um indício de influências heréticas. O descrédito dos sonhos se aprofundou no século XVIII, com o racionalismo que está na origem tanto da ciência quanto do capitalismo. Não era materialmente justificável recorrer a sonhos para decisões importantes, e os áugures de qualquer tipo perderam importância nas cortes de reis e rainhas. Não é por acaso que as vertentes protestantes, sobretudo o calvinismo, tão pragmático em sua perseguição da prosperidade sagrada, tenham se afastado bastante do sonho. Em poucos séculos operou-se profunda transformação no entendimento do que é, ou significa, sonhar.

De inspiração transcendente a comoção visceral, o sonho caiu do pedestal e passou a ser visto apenas como reflexo das sensações residuais do corpo passivamente adormecido pela falta de estimulação, um espelhamento trivial do estado corporal presente, seja ele fome, sede ou outra necessidade do momento. A escatologia do escritor francês François Rabelais (1494-1553), que interpretava o sonho ruim como produto inevitável da má digestão, e a objetividade cética de seu conterrâneo, o filósofo e matemático René Descartes (1596-1650), banalizaram a futurologia onírica na mesma medida. A despeito das importantes revelações oníricas que relatou ter experimentado na juventude, sonhos poderosos à margem do Danúbio que segundo ele próprio inspiraram a geometria analítica e o método da dúvida sistemática, em sua maturidade Descartes definiu o sonho como mero estado de ilusão derivado das impressões da vigília.[22]

Por outro lado, multiplicaram-se os tratados populares de explicação onírica, centrados na interpretação predeterminada de seus elementos. Com a invenção da imprensa, surgiram as condições para a comercialização de um produto que até hoje se encontra em qualquer banca de revistas: o manual de interpretação de sonhos baseado em chaves fixas para a decodificação de símbolos — um eco extemporâneo do *Ziqiqu* assírio.

MENSAGENS DO INCONSCIENTE

Foi nesse contexto de relegação do fenômeno onírico aos folhetins baratos que Sigmund Freud desenvolveu sua teoria, na qual o sonho nasce como objeto de estudo racional, fenômeno biológico de suma relevância para a compreensão da mente humana. A psicanálise marca um retorno de olhos abertos às práticas oníricas da Antiguidade, ao encarar o sonho como ferramenta essencial para desbravar as redes simbólicas e seus nós cegos.

A contribuição inestimável de Freud para recolocar os sonhos no centro da vida humana partiu da observação de que eles são muito reveladores da estrutura da mente do sonhador. Uma fonte especialmente rica de relações simbólicas, que permitem compreender a vida psíquica pela escuta atenta que mapeia associações de palavras com relevância terapêutica. Publicado em 1900, *A interpretação dos sonhos* fundou a psicanálise ao focar na experiência noturna para decifrar memórias da vigília.[23]

Nesse livro Freud afirmou que o sonho é um "caminho régio para o inconsciente". Postulou também que os sonhos contêm restos diurnos da vigília, que explicam em alguma medida seu conteúdo. As motivações mais profundas, entretanto, seriam geradas por desejos reprimidos, ou seja, não por coisas que aconteceram, mas por coisas desejadas que ainda não chegaram a acontecer. Dissecando os restos diurnos presentes no sonho, Freud demoliu qualquer possibilidade de aceitar chaves fixas para a interpretação onírica, que só é possível quando realizada pelo próprio sonhador, ou por alguém muito bem informado de seu contexto mental íntimo. Por outro lado, o judeu Freud rejeitou a banalização renascentista do sonho, reconhecendo e resgatando seu profundo significado para o sonhador. A psicanálise entende, assim como o Talmude, o principal texto do judaísmo, que "um sonho não interpretado é como uma carta nunca lida".[24] Uma carta composta das imagens do passado e orientada pelos desejos do presente, cuja leitura atenta pode até mesmo mudar o futuro.

Tomando distância para ganhar perspectiva, este capítulo apresentou o contexto histórico do estabelecimento do sonho como pilar da consciência humana. Para avançar no problema, o próximo passo exige compreender de que modo sonhamos atualmente.

4. Sonhos únicos e típicos

Foi somente com a invenção e a disseminação da lâmpada elétrica, no final do século xix, que se tornou normal ocupar as primeiras horas da escuridão com atividades tipicamente diurnas. Estima-se que nos Estados Unidos a duração média do sono diminuiu de nove horas em 1910 para sete horas e meia apenas 65 anos depois.[1] A luz artificial produz efeitos que se sobrepõem aos produzidos pelo ciclo claro-escuro, causando um desalinhamento dos ritmos circadianos, isto é, dos ritmos biológicos sincronizados com a rotação da Terra em torno de seu próprio eixo, com um período de 23 horas, 56 minutos e quatro segundos. A ocupação cada vez mais ávida da noite pela vigília tornou mais difícil a separação do sono noturno em duas partes, gerando o período único de sono com seis a oito horas de duração que prevalece hoje em boa parte do planeta. É nesse espaço mental privado, reservado e compacto que desenvolvemos nossa capacidade de sonhar.

Os sonhos contemporâneos em geral evocam e entrelaçam fragmentos de vivências, desde simples imagens de coisas ou pessoas até cenas bastante vívidas e específicas, experimentadas de fato como situações da vida. Podem ter um tema único ou ser compostos de várias unidades temáticas conectadas entre si com maior ou menor grau de surpresa. Sonhos traumáticos tendem a ser não metafóricos, reverberando memórias singulares de forma fidedigna e intrusiva. Já os sonhos do cotidiano sem sustos são bricabraque de eventos menores misturados uns aos outros.

Quem pela primeira vez mensurou essas propriedades do sonho de forma sistemática foi o psicólogo norte-americano Calvin Hall, que ao longo da vida coletou mais de 50 mil relatos de sonho. Hall doutorou-se em psicologia em 1933 na Universidade da Califórnia em Berkeley, sob a orientação de Edward Tolman, cientista visionário que postulava a intencionalidade para explicar as complexas habilidades cognitivas observadas em ratos. Após um brilhante início de carreira estudando genética comportamental em roedores, Hall assumiu o cargo de chefe do Departamento de Psicologia da Universidade Case Western Reserve e decidiu reorientar sua pesquisa para o conteúdo dos sonhos humanos. Em busca de padrões temáticos, Hall desenvolveu um sistema de codificação onírica que registra e quantifica cenários, personagens, objetos, interações, frustrações e emoções, entre diversos outros fatores. O trabalho de Hall foi expandido e é continuado até hoje na Universidade da Califórnia em Santa Cruz pelo psicólogo William Domhoff, que se doutorou sob a orientação de Hall em 1962. Domhoff e seu colega Adam Schneider deram uma contribuição inestimável à ciência dos sonhos quando criaram o DreamBank, um banco de dados publicamente acessível com mais de 20 mil relatos de sonho (www.dreambank.net/).[2]

Nas últimas décadas vários outros pesquisadores se juntaram ao esforço de coletar relatos de sonho em grande escala, como o neurocientista norte-americano Patrick McNamara, da Universidade de Boston, que supervisiona a plataforma Dreamboard, com mais de 250 mil relatos de sonho (www.dreamboard.com). A principal conclusão das pesquisas feitas com grandes conjuntos de dados é que os sonhos das pessoas são mais semelhantes do que diferentes entre si, embora as culturas variem muito.[3] É frequente a continuidade temática entre a vigília e o sonho, o que corrobora o conceito freudiano de resto diurno. Mas os sonhos também são espaços privilegiados para a simulação de situações contrafactuais,[4] isto é, que não aconteceram mas poderiam ter acontecido.[5]

Quando o contexto é confortável, marcado não por um grande problema mas por uma miríade de pequenos problemas do dia a dia, os sonhos aparentemente fazem pouco sentido, tornam-se de difícil interpretação. São colchas de retalhos da vida, cada retalho com seu padrão e lógica interna, mas sem coesão global. Entretanto, quando o contexto é muito desafiador, como numa situação de doença grave ou disputa violenta, os sonhos chegam a exprimir com clareza tanto a situação vivida quanto as diretrizes essenciais para agir contra o perigo iminente. Por isso mesmo é crucial interpretá-los adequadamente.

Sonhos de grande significado podem marcar as transições da infância, adolescência, idade adulta e senescência, assim como importantes mudanças de status social, para baixo ou para cima. Esses "sonhos grandes" se caracterizam por conter uma extensa série de representações, encadeadas de forma emocionante de modo que todos os símbolos parecem se encaixar perfeitamente uns nos outros.

Um bonito exemplo de "sonho grande" no contexto contemporâneo foi relatado por minha esposa na primeira noite do trabalho de parto de nosso segundo filho, Sérgio. Após o início de contrações regulares, Natália deitou-se numa rede, adormeceu e sonhou com sua avó materna, que não chegou a conhecer, pois morreu vários anos antes de seu nascimento. Foi um sonho vívido, carregado de emoção, apesar — ou por causa — de um detalhe extraordinário: a avó estava incorporada na rede que a embalava, ou melhor, ela *era* a rede. E sendo rede alisava o cabelo da neta e lhe dizia carinhosamente, com uma voz doce e suave de anciã, que teria gostado de conhecê-la, que avó e neta se pareciam em temperamento, que esta continuaria a ser uma mãe calma, uma boa mãe, e que tudo ia ficar bem, pois ela já tinha dado à luz nesta e noutras encarnações e tudo sempre havia transcorrido bem. Natália despertou do sonho chorando copiosamente de alegria pelo encontro, sentindo-se abençoada e cheia de coragem para enfrentar o futuro com otimismo — que veio muito a calhar, pois o trabalho de parto durou incríveis 43 horas de contrações cada vez mais fortes e frequentes, que mesmo assim não causaram nenhuma dilatação, até que decidimos pela intervenção cesariana.

A dimensão épica dessa aventura particular ecoa sonhos mitológicos. Relembre por exemplo o sonho da rainha viking Ragnhild, apresentado no capítulo 2: a cena começa no jardim quando um espinho se agarra a seu manto. Depois o espinho cresce até tornar-se uma árvore colossal com raízes que afundam no chão e ramos que sobem até cobrir a Noruega e além. A árvore tinha a parte inferior vermelha, o tronco verde e os ramos brancos. As raízes vermelhas foram interpretadas como símbolo do sangue derramado na luta pelo poder. O tronco verde foi associado à pujança do reino da Noruega, cheio de florestas e outros recursos naturais. Por fim, os ramos brancos foram identificados com as diferentes ramificações na linhagem de reis e nobres descendentes da rainha-mãe. Essa interpretação decerto caiu como uma luva aos interesses da família de Ragnhild, fortalecendo-os e funcionando como alavanca da própria profecia. Por isso mesmo, a experiência subjetiva do sonho há de ter sido profundamente emocionante para a própria Ragnhild, abduzida de seu jardim cotidiano por símbolos poderosos e arcanos até alcançar uma visão panorâmica das consequências geopolíticas de seu próprio destino.

Vale a pena comparar o relato do sonho de Ragnhild com o relato do sonho da princesa Mandana na origem do Império Persa, em que uma videira cheia de frutos se projetava de seu sexo até cobrir a Ásia. Separadas por quase 1,5 mil anos e meio mundo de distância, Mandana e Ragnhild experimentaram simbologias oníricas muito semelhantes, relacionando árvores férteis de dimensões planetárias às dinastias nobres que inauguraram. Como veremos adiante, a utilização política dos relatos de sonho atravessa todo o registro histórico e desperta dúvidas sobre sua confiabilidade.

A DIVERSIDADE DOS SONHOS TÍPICOS

A mitologia e a história estão coalhadas de relatos oníricos de alianças e conflitos, júbilo e impotência, alegrias e decepções, sucessos e fracassos. Seriam os enredos oníricos de hoje comparáveis a esses incríveis sonhos do passado? Para compreender a lógica do sonho na atualidade é preciso contemplar sua enorme diversidade, as especificidades culturais e a articulação com o contexto de ocorrência. Na África, por exemplo, reconhece-se o fenômeno da triangulação onírica, em que uma pessoa recebe em sonhos mensagens direcionadas a outras pessoas.[6] Para além de diferenças culturais, é preciso sobretudo identificar as ansiedades e expectativas do sonhador, que prospectam a realidade iminente e podem simular possíveis soluções ou alternativas para problemas do presente. A série de sonhos apresentados a seguir, coletados no DreamBank ou por mim mesmo entre familiares e amigos, ilustra várias dessas possibilidades. Mudanças significativas no modo de vida costumam disparar sonhos de fácil interpretação, como o exemplo a seguir.

Uma mulher de 28 anos, após meses realizando um curso fora de sua cidade com bastante liberdade de ideias e comportamentos, preparava-se para voltar a um emprego de muito trabalho, disciplina e mesmice. Poucos dias antes de recomeçar em seu antigo posto, sonhou ter voltado a estudar no colégio, onde precisava usar uniforme e tinha que assistir a aulas entediantes. Matou algumas aulas e se frustrou com a proibição de usar um tênis dourado. O sonho apresentou com nitidez a sensação de retroceder às restrições comportamentais aplicadas aos adolescentes, que castram o desejo de brilhar e incitam à rebeldia.

São também frequentes os sonhos relacionados a exames, sejam de treinamento de habilidades específicas, medo do resultado ou celebração do sucesso. Pessoas engajadas na escrita de livros, artigos, teses e dissertações costumam experimentar períodos oníricos intensos, com visualização de problemas a serem resolvidos e potenciais soluções, que só desaparecem quando a pessoa efetivamente consegue produzir o material prometido. Às vésperas de uma defesa de doutorado ou banca de concurso profissional, é muito comum sonhar que o computador quebrou, que a luz do projetor está queimada, ou que algum outro problema técnico impedirá a apresentação do trabalho. Sonhos desse tipo previnem contra acidentes e negligências básicas e se parecem com sonhos que preparam o sonhador para não repetir no dia seguinte erros já cometidos no passado.

BEM ME QUER, MAL ME QUER

Se alguns sonhos podem ser interpretados como verdadeiras chaves para a resolução de problemas, na maior parte das vezes são apenas reflexos metafóricos das emoções que nos governam. Em termos de capacidade de mobilização onírica, poucas experiências rivalizam com a paixão, sobretudo em adolescentes. Sonhos coletados nessa fase exibem com nitidez a ansiedade social, a ambiguidade dos afetos, as contradições dos desejos, as dúvidas entre pretendentes, os conflitos internos sobre como agir, a alternância entre papéis passivo e ativo nas relações, a antecipação das frustrações do amor e seu jogo cíclico de gostar e não gostar. Vejamos o relato exemplar de uma jovem de treze anos:

Eu era bonita e popular e P. me convidou para o baile então, claro, eu disse SIM! No dia seguinte, um cara muito bonito chamado J. C. veio para a escola, e ele também me convidou para o baile, e eu disse SIM! Então percebi que disse sim para ambos e ambos eram tão fofos e agradáveis, e ambos cantavam minhas músicas favoritas. Foi um grande dilema... qual deles... Liguei para minha amiga e perguntei qual, e ela desligou na minha cara e então acordei! [...] A coisa mais estranha é que depois numa festa conheci um rapaz chamado Jeremy, me apaixonei por ele e descobri que ele gostava de mim. Foi quase como meu sonho previu. Sonho bom!

O início da vida amorosa coincide com a descoberta de relações muito interessantes com pessoas quase desconhecidas, e da importância de ajustá-las às relações sociais preexistentes, inclusive com ancestrais já falecidos. Saltam aos olhos a poderosa atração do sexo, suas consequências reprodutivas e profissionais, a necessidade de aprovação do grupo, a mistura com as representações dos pais, a inadequação social e o medo da rejeição. Ter que escolher, levar um fora, não ser amada ou amado são temas universais que surgem encadeados por transições abruptas, personagens que aparecem sem precisar entrar na cena, lugares que mudam de repente e fusões entre pessoas conhecidas e desconhecidas.

As emoções peculiares da entrada na vida adulta se misturam com imagens do passado na gênese de narrativas oníricas desconcertantes. Uma moça de dezenove anos de idade sonhou que estava na sala de sua república e que se despedia de um namorado que partia para outra faculdade.

Ele estava tentando me dar um beijo de adeus, mas hesitei porque havia um carro com meus amigos olhando para nós, e eles não aprovavam nosso relacionamento. Ele saiu e voltei para a sala, que ficou cheia de coisas de repente. Então meu novo colega de quarto estava lá, e um cara estranho saiu do chuveiro e tirou a toalha e tive uma visão escandalosa de nu frontal. Então fui à casa da minha mãe, onde encontrei meu cachorro; na verdade, ela já está morta.

ROUBANDO CORAÇÕES

É cada vez mais comum que a paixão envolva trios, quartetos e, nesses tempos de poliamor, poliédricos n-tetos. Mesmo assim, é quase sempre entre dois amores mutuamente excludentes que o desejante sofre e se despedaça de ciúme, remorso e saudade. A descoberta do novo amor que abala as estruturas do amor antigo é um enredo bem mais arcano do que as tragédias gregas. Os sonhos têm essa incrível capacidade de captar os sinais da paixão ainda bem no início, detectando as mais profundas revoluções interiores, cujas repercussões emocionais muitas vezes ficam incubadas por dias, semanas ou meses até explodirem em conquistas, separações e reatamentos sísmicos. Quem nunca escreveu uma carta de amor ridícula que pule esta seção.

O fato é que os sonhos são finos sensores das mudanças de curso dos afetos, mesmo quando estes não são visíveis a olho nu, até mesmo quando o próprio sonhador não está consciente do que sente. Um homem casado e sem filhos apaixonou-se secretamente por uma mulher mais nova, também casada e sem filhos. Quando ele teve o sonho descrito a seguir, não havia visto a jovem mais do que algumas vezes, sempre com várias outras pessoas por perto, em situações profissionais. Nada levava a crer que os dois pudessem um dia se transformar num casal — tratava-se evidentemente e apenas de uma fantasia, uma amizade erótica sem maiores consequências além da candura e do onanismo. Ainda nas primeiras semanas após conhecê-la, entretanto, ele sonhou que uma turba de linchadores se aproximava com paus e pedras de sua moradia, caminhando ameaçadoramente por uma rua de terra batida, escura e assustadora, querendo arrancar sua pele. O líder da turba era o então marido da moça. Um ano depois ela se separou e foi viver com o sonhador um tórrido e instável romance, até que se estabilizaram e tiveram filhos.

AS ETAPAS DO DESAMOR

Sonhos relacionados a rompimentos amorosos são uma categoria à parte, pois existe um curso característico de repertórios oníricos no transcorrer da separação, que incluem tanto pesadelos de perda e morte quanto sonhos de pura satisfação do desejo, seja pela restauração do relacionamento rompido, seja pela substituição do cônjuge por outra pessoa. A psicóloga norte-americana Rosalind Cartwright, do Centro Médico da Universidade Rush, estudou pessoas recém-separadas submetidas a múltiplas sessões de polissonografia e despertadas do sono REM para coleta de relatos de sonhos. Os dados mostraram que o grau de preocupação com o ex-cônjuge é proporcional ao percentual de sonhos em que ele aparece. Participantes em remissão de sintomas depressivos relataram maior quantidade de sonhos bem elaborados, ricos em associações e afetos congruentes, do que pacientes que permaneceram deprimidos e relataram sonhos empobrecidos. Além disso, pacientes que sonharam mais frequentemente com o ex-cônjuge também o fizeram de modo mais distante ou incidental, mostrando melhor prognóstico do que os que pouco sonharam com o ex-cônjuge mas que, quando o faziam, eram dominados por emoções negativas. Os exemplos a seguir são bastante ilustrativos das metáforas e imagens utilizadas pelo processo onírico para explicitar e contornar a dificuldade de adaptação.

Após paixão fulminante, com aventuras e viagens internacionais para encontros românticos, um casal marcou data para começar a viver juntos no exterior. Semanas antes do encontro marcado, o rapaz começou a ter sonhos assustadores com serpentes peçonhentas saindo de dentro da geladeira. Pouco depois, num fim de tarde melancólico, recebeu por telefone um rompimento incondicional atribuído aos ataques virulentos feitos ao caráter do rapaz por familiares e amigos da moça. Horas após ser sumariamente descartado, o rapaz sonhou que se encontrava à deriva no mar à noite, numa baía enorme em que as luzes nas margens eram vistas ao longe. Nadou e nadou no mar escuro de óleo vertido pelos imensos navios que passavam silenciosos — e o medo de tubarões quase o paralisou. Afinal chegou a um cais arruinado, saiu andando de sunga pelas ruas sob a luz amarela dos postes, molhado e sujo, em tudo um desastre ambulante, para se apresentar à amada. No final do sonho, já semidesperto, torceu o desfecho para fazer a jovem aceitá-lo de volta. A forçada de barra do desejo moldou o desenlace onírico, mas o gosto ao despertar foi amargo. Em retrospectiva, as cobras sonhadas pelo rapaz pareceram alertar para a destruição de sua reputação, enquanto o sonho do mar e do cais ilustrou com riqueza de detalhes a sensação de abandono, medo, inadequação e ruína que marcou o final abrupto da relação.

Uma série de sonhos particularmente reveladora da adaptação à perda afetiva foi coletada durante a separação conturbada de um casal que se afastou e se reaproximou inúmeras vezes, com muitos conflitos ao longo de vários anos, pois, apesar de se amarem, estavam apaixonados por outras pessoas. Logo após o início do caso extraconjugal, o marido sonhou que se juntava à nova namorada para um ato terrorista: explodir o carro do antigo casal com uma bomba. Depois sonhou que a ex-esposa aparecia muito bonita mas gradualmente se transformava na namorada. Também sonhou que perdia a companhia de muitas outras pessoas importantes em sua vida e ia em direção a um quarto onde estava a ex-esposa com seu novo namorado. Tentava abrir a porta mas se continha, pois o que ocorria lá dentro já não era da sua conta. Em outro sonho se viu abraçado à ex-esposa, ambos com suas mochilas de viagem, chorando convulsivamente em despedida. Noutro ainda a namorada aparecia, mas ao final ele saía de mãos dadas com a ex-esposa, pensando em como consertar a situação com ela. Uma vez sonhou com uma reunião social cheia de gente, onde o ex-casal se encontrava no início; mas depois ele perdia a ex-mulher de vista, a procurava e não encontrava, tentava ligar para ela, mas se dava conta de que o celular que ele carregava era o dela, portanto seria impossível fazer contato.

Um ano depois da separação, o homem descobriu que sua nova esposa estava grávida. Logo em seguida sonhou com a ex-esposa e duas outras pessoas não identificadas. Em certo momento decidiram todos injetar veneno sob a pele. Ele injetou na ex-esposa mas não em si mesmo, e ela morreu calmamente à beira de uma piscina. Pouco tempo depois, na vida real, circunstâncias profissionais provocaram um reencontro involuntário e cheio de animosidade entre os ex-cônjuges. Ele então sonhou que havia morrido, mas depois reaparecia vivo, o que deixava a ex-esposa furiosa.

Esse excesso de variações sobre o mesmo tema explicita a dificuldade que o marido teve de acomodar as representações da nova esposa e do marido da ex-esposa em seu panorama simbólico. Dividido entre a lealdade ao passado e a decisão de viver um novo futuro, vacilando dolorosamente entre dois destinos opostos, o homem sofreu de muitos modos distintos a sua separação. As idas e vindas do processo refletem o fato de que a morte simbólica, ao contrário da morte real, não é irreversível.

SONHAR ADEUS

Os sonhos que se seguem ao desaparecimento físico de uma pessoa querida são bem diferentes dos enredos de separação amorosa, formando uma categoria à parte. Na primeira noite após a morte de um parente muito próximo, um homem sonhou com o deslocamento de um pequeno carro numa orla escura. Noite de lua nova, imagens captadas de cima, de um ponto de vista em terceira pessoa. Dentro do carro, o sonhador vê chegar uma onda enorme que lambe a costa. O carro resiste e segue, outras duas ondas parecidas se formam e o mesmo acontece: o carro segue.

Fortes reações emocionais, algumas delas moralmente reprováveis, aparecem nos sonhos que ocorrem após o falecimento de pessoas queridas: "o alívio de não ter sido eu a morrer", "o pânico de que seja eu a morrer", "o pânico da morte de quem amo", além da saudade em si e da negação da ausência. Poderosos, tais sonhos podem complicar ou resolver problemas emocionais importantes.

Quando criança, um homem perdeu o pai, assassinado. Soube que o corpo havia sido embalsamado e ficou muito impressionado, imaginando o corpo sem vida. Tornou-se um adolescente bastante alegre e extrovertido, casou-se e viveu vários anos em harmonia como se a tragédia do assassinato fosse um assunto superado. Entretanto, perto de completar quarenta anos, foi repentinamente deixado pela esposa. Entrou em depressão pela primeira vez na vida, perdeu os cabelos e começou um intenso processo psicoterapêutico. Sonhou então que estava com o terapeuta diante do túmulo do pai, não uma cova simples como de fato era, mas um grande jazigo de pedra. O terapeuta o encorajou a entrar a golpes de picareta. Foi quebrando, tirando lascas, por vezes querendo parar, mas o terapeuta o encorajava, até que entraram e encontraram apenas um esqueleto. Morto, realmente morto, em paz. O sonho marcou o início do fim da depressão.

QUANDO O NOVO VEM

Sonhos com a prole são paradigmáticos da gestação e do período que envolve o parto. Investigadores da Universidade Johns Hopkins pediram a 104 mulheres grávidas que tentassem adivinhar o sexo de seus bebês usando qualquer método de sua escolha — adágios populares, sonhos, palpites, forma da barriga etc. Em média, as futuras mães alcançaram uma taxa de acerto de 55%, indistinguível do que seria de se esperar pelo acaso, 50%. Entretanto, quando os dados foram analisados separadamente segundo cada método específico, um intrigante resultado apareceu. Em contraste com diversos métodos de eficácia aleatória — "posição abdominal do feto" (52%), "apenas uma sensação" (56%) e "comparação com gravidez anterior" (59%) —, palpites baseados em sonhos acertaram o sexo dos bebês 75% das vezes. Entre mulheres com mais de doze anos de educação, os sonhos chegaram a 100% de acurácia.[7] Com a ressalva de que a amostra era pequena, os resultados intrigam.

Expectativa, medo e êxtase se destacam nos sonhos que caracterizam a gestação. Grávida de sete meses, uma mãe se angustiava com o fato de que o nome do filho ainda não fora escolhido. Sonhou então que o bebê nascera e estava em seus braços, e ela perguntava ao marido qual nome a criança receberia. A expectativa de resolução desse problema bem concreto claramente motivou o enredo onírico. As preocupações que acompanham a chegada de um novo membro na família também afetam os sonhos paternos. Um casal que esperava a qualquer momento o nascimento do filho resolveu finalmente comprar um berço. Na noite após a montagem do novo móvel, o marido teve um sonho que o fez acordar agitado, balbuciando que a esposa precisava se levantar e dar de mamar para o bebê que ainda não nascera.

Sonhos produzidos pelo casal ao longo de uma gestação revelam com fartura de imagens as preocupações típicas da situação. Um casal decidiu com muito entusiasmo ter o primeiro filho. Às seis semanas de gravidez, a mãe sonhou que entrava num quarto e sabia que ia ver seu bebê. Abria a rede e via uma menininha dormindo como ela, olhava para o rosto que ia se formando, o nariz mudava, a boca mudava, os olhos pareciam embaçados, pois mudavam muito, ela ficava com medo de que a filha tivesse conjuntivite. Pegou a criança no colo e a menina piscou para ela, limpando a imagem do olho. O sonho anuncia a perene ansiedade da mãe com a saúde do filho, ansiedade que tende a crescer à medida que se aproxima o parto. Aos oito meses de gravidez, a mesma mãe sonhou que estava rodeada de amigos que riam enquanto ela entrava em trabalho de parto. Lá pelas tantas o bebê nasceu e quase caiu no chão, olhou para ela com cara de adulto e disse: "Francamente, mamãe!". Mesmo antes de nascer o bebê, já começa a se esboçar sua representação subjetiva na mente da mãe.

Os processos oníricos do pai estreante tendem a tardar um pouco mais, mas acabam por se apresentar com nitidez. Uma semana após o parto descrito acima, o pai teve o primeiro sonho com o filho. O menino aparecia com cerca de três anos e aprendendo a falar palavras específicas, como se o pai estivesse simulando um filho com o qual já pudesse ter uma relação simbólica independente da mãe. Mas a chegada do filho representa também o deslocamento paterno. Dois meses após o nascimento, o bebê passou a dormir na cama do casal. Nessa primeira noite a três, o marido sonhou que seus próprios pais gargalhavam e o convenciam a abandonar a esposa, que era lançada numa areia movediça e desaparecia. Ele era então tomado de arrependimento e a procurava sem cessar, até desconfiar que estivesse hospedada em um hotel enorme. Bateu de porta em porta à sua procura, buscando em vão por longos corredores com uma infinidade de portas misteriosas. Quando tudo parecia perdido, a mãe do sonhador apareceu de novo e indicou a ele a porta atrás da qual sua esposa se encontrava. O marido bateu, esperou e finalmente ela apareceu pela fresta, apenas para informar que não poderia recebê-lo, pois se encontrava com outro homem. A cena é um diagnóstico preciso da situação da família dali para a frente: surgira um novo homem na família, e a esposa agora só teria tempo para ele.

O amadurecimento da paternidade também deixa suas marcas nos enredos oníricos. Na primeira noite após descobrir que sua esposa estava grávida de novo, o mesmo marido sonhou que estava numa estrada dirigindo em alta velocidade, as imagens em movimento em perfeita definição. Sentiu a aceleração da força centrífuga numa curva, percebeu que o carro poderia derrapar, teve medo, pensou na família e por fim desacelerou. A chegada dos filhos costuma aumentar radicalmente o senso de responsabilidade e o medo de acidentes, tornando até os mais intrépidos aventureiros em genitores prudentes e calculistas.

Os sonhos maternos com seus bebês são densos e relevantes. Durante o trabalho de parto podem ocorrer estados alterados de consciência próximos do sonho, mesclando fatos do passado, raiva, medo, solidão, um paradoxal apego à dor e a luz no fim do túnel. Com frequência há contato com memórias muito antigas, enquanto em outros casos acontecem "sonhos brancos", em que a mãe sabe que sonhou mas não se lembra de nenhum detalhe.

Muitas mães relatam que, após o nascimento do filho, todos os sonhos passam a incluí-lo. Situações-limite são simuladas nesses sonhos, que muitas vezes expressam apenas o medo de sair-se mal no cuidado parental. Uma terapeuta ocupacional infantil muito bem-sucedida deu à luz gêmeos. Por várias noites após o parto um mesmo pesadelo se repetiu, com imagens terríveis em que ela deixava um dos bebês cair no chão. Outros sonhos expressam apenas as delícias da nova situação. Uma jovem senhora relatou ter sonhado que lambia satisfeita seu filho caçula, pois era feito de baunilha. No espaço de associações flexíveis do sonho, uma criança "deliciosa" é de fato saborosa.

MEDO E PODER

A dicotomia básica da vida, assim como a do sonho, se dá entre o medo de sucumbir e o poder de mudar. Por sua riqueza de desdobramentos, vale a pena analisar o extenso relato de sonho a seguir.

No sétimo mês de gravidez, uma mãe despertou angustiada no meio da noite. Sonhou que estava grávida e que entrava num shopping center com a sensação de estar desacompanhada, tentando se lembrar de quem deveria estar com ela. Não se lembrava da mãe, do marido ou do primeiro filho. Fez um esforço para lembrar quem eram seus familiares, mas não conseguiu. Sentou-se para tomar um café e se encontrou com sua comadre, porém não havia intimidade. Via pessoas perambulando, tentava se lembrar de sua família. Identificou uma pessoa que se parecia com uma tia querida, se lembrou dela, mas não era ela, era apenas sua imagem. Seu comportamento era bem diferente, passeava como se não a conhecesse, andando com outras pessoas, ocupada com a própria vida. A comadre então disse, de modo bem diferente do que diria na realidade, que havia um serviço para a guarda de bebês e que ela deixava seu filho lá desde que ele nascera. A mãe achou estranho porque o considerou muito novo para isso, mas havia a sensação difusa de que aquilo era normal. Ela então começou a sentir que estava entrando em trabalho de parto. Ocorreu um deslocamento e de repente ela estava no hospital e havia parido. Foi feito um procedimento médico, ela quis amamentar, mas a enfermeira disse que o bebê estava na sala de recém-nascidos: "Não se preocupe, pois daqui a pouco você receberá seus superpoderes e poderá escutá-lo".

Nesse momento a sonhadora quase se tornou consciente de estar sonhando porque fez um comentário interno de que aquilo não fazia sentido. Chegou a pensar que se tratava de um sonho, mas depois se esqueceu. Sua memória estava débil. Sabia que era incorreto não estar com seu filho e sentiu falta da família, mas não conseguia se lembrar quem eram os ausentes. Sozinha na sala de recuperação, com soro e outras parafernálias clínicas, ela começou a escutar o choro do filho, o leite começou a jorrar de uma vez e as mamas a doer. Ela sabia que precisava amamentar, então disse: "Eu sei como é, vou lá". Pôs-se a andar, dizendo: "Estou escutando ele chorar". As enfermeiras não queriam que ela se levantasse, lhe diziam que ainda precisava ficar deitada por causa dos procedimentos médicos. Mas, pensou, se já escutava o filho, havia adquirido os tais superpoderes e estava, portanto, bem: "Posso escutar daqui, preciso saber onde está, vou lá, o leite está descendo".

Andou, de início sem pressa, se orientando pelas placas, mas os corredores do hospital foram ficando cheios, até que ficou difícil avançar, sobretudo mudar de andar: havia filas enormes nos elevadores e escadas. As pessoas passavam por ela sem olhar, apressadas, sem interagir. Seguiu-se uma progressão infinita de placas. Quanto mais descia, mais longe ficava, o peito jorrando leite, doendo, latejando, as placas mandando descer, o estranhamento aumentando enquanto ela pensava, magoada: "O mundo não era assim com quem acabou de parir".

A jovem mãe começou então a se desesperar. O choro do filho agora expressava muita dor. Ela entrou em pânico ao pensar que o estariam maltratando ou sequestrando. Começou a correr, esbarrando nas pessoas, receosa por causa da cirurgia a que acabara de ser submetida, mas assim mesmo corria, se pendurava nas plantas, pulava escadas e transpunha obstáculos, num verdadeiro *parkour*. As folhas arrebentavam com seu peso, mas ela caía confiando em seus superpoderes. Escutava o choro ao longe e seu peito jorrava leite. O frenesi aumentava, as imagens se sucediam vertiginosamente, ela corria e corria, mas não chegava.

Até que acordou, sobressaltada.

O sonho angustiado da mãe explicita a dificuldade de completar o objetivo biologicamente mais relevante — amamentar o filho recém-nascido — num processo em que a debilidade da memória desempenha um papel crucial no modo como o sonho transcorre. A interrupção de uma cena onírica e o início de outra, assim como na edição de vídeo, criam um deslocamento que gera a sensação de tempo a transcorrer. O mundo representado no sonho é fragmentado, contém apenas parte do que deveria conter, e a sonhadora percebe isso durante todo o sonho. A narrativa é dominada por duas emoções antagônicas: o medo de fracassar no cuidado materno e a confiança nos próprios poderes para exercê-lo. O sonho também ilustra fartamente uma propriedade onírica importante: os personagens possuem distintos graus de elaboração e podem chegar a parecer apenas cascas, aparências superficiais de pessoas realmente existentes. Como disse o Hamlet de Shakespeare, "o sonho em si mesmo é somente uma sombra". Na psicologia profunda de Jung esse conceito recebeu o nome de imago, algo que por vezes se parece com uma pessoa ou entidade de imenso poder e sabedoria, outras vezes não.

A INESCAPÁVEL INCOMPLETUDE

Assim como a literatura abrange do mais breve poema ao mais longo romance, assim como existe um nexo fundamental entre a fotografia e o cinema, também os sonhos configuram experiências diversificadas, desde haicais imagéticos até sagas monumentais. Há até quem relate que certos sonhos podem condensar toda uma vida, tecida como trama polissêmica capaz de transmitir simultaneamente numa única narrativa todos os sentidos da trajetória percorrida. Cada episódio de sonho é uma elaboração particular da atividade elétrica no cérebro do sonhador, frágil e instável tessitura de símbolos que pode ser interrompida a qualquer momento. Mas também pode persistir e desenvolver--se num amplo raio de possibilidades, desde um enredo de sombras ilógicas, desbotado e triste, até uma torrente que pode ser sustentada, alimentada e desenvolvida, cada vez mais longe e mais profundamente, e por fim se transformar em uma obra de arte em si mesma, uma vivência complexa, impregnada de beleza e significados vitais para o sonhador.

O que aumenta a reverberação elétrica de certas memórias são a emoção e o desejo a elas associados, e por isso as pessoas dominadas pelo medo são acossadas por pesadelos. Cria-se uma cicatriz, um trauma, um atrator de pensamentos negativos, um vale profundo de fortes conexões entre pensamentos tóxicos imbricados uns nos outros. A reverberação converge ali, fermentando o fel. Quando o processo passa de certo limiar, o sonho já não consegue sair daquela malha simbólica. Fica preso, ruminando, doendo e aprofundando o trauma. É preciso interromper e buscar escapatória, extravasando a atividade elétrica para outras malhas que ofereçam soluções para a vida.

Felizmente existe sempre a possibilidade de uma brecha no desespero, seja pelo sonho libertador e transformador, de benigna satisfação do desejo através do trabalho eficaz, seja pelo sonho que apenas apresenta a satisfação do desejo de forma inexplicada e mágica, sem qualquer trabalho do sonhador para superar as dificuldades — sonho guardião da esperança ainda que desprovido de soluções para os problemas da vigília.

Os sonhos frequentemente lidam com a sensação de impossibilidade de alcançar um objetivo, às vezes com um enredo tão rocambolesco que as imagens oníricas podem assumir uma aparência francamente cômica. Um bom exemplo é o sonho em que um homem descia de um ônibus e via um enorme porco branco e peludo acompanhando o veículo. Interpretou que o porco pertencia a um amigo que havia ficado em outra cidade. Resolveu conduzir o porco de volta à casa, mas no meio do caminho perdeu o rumo e já não sabia que ônibus pegar. De repente o porco rolou num barranco, ficou sujo, vermelho, e o sonhador passou a se preocupar com sua devolução, lamentando que antes estava tão branquinho e agora estava naquela condição. E assim foi pela estrada lutando com o porco, puxando e empurrando o pesado animal até chegar a uma lagoa onde o porco se lançou com estardalhaço. Pensou: "Porco gosta de água, está tudo bem". Mas o bicho começou a afundar. O homem, enfiado dentro d'água, chamando por ajuda, tentava tirar o porco da lagoa, até que finalmente conseguiu. Pensou: "Só me falta fazer boca a boca no porco". Mesmo nesse enredo onírico tão burlesco — ou talvez por causa dele — salta aos olhos a incompletude da experiência do sonhador. A missão inicial nunca é cumprida: o enredo se desdobra em complicações inesperadas, que vão tornando cada vez mais remota a chance de alcançar o objetivo.

BECO SEM SAÍDA, PORTA DO FUTURO

Em seu pior, os sonhos são reverberações profundamente desagradáveis, às vezes úteis para prevenir riscos evitáveis, outras vezes apenas apavorantes. Temer perigos reais e simular possíveis consequências negativas é um comportamento saudável que está na base da sobrevivência e da adaptação. A ampla gama que vai dos pesadelos cinematográficos aos sonhos de ansiedade e frustração compõe a paleta de sonhos dos miseráveis, escravizados, detentos, torturados e condenados à morte. Isso é verdade tanto literal quanto metaforicamente, pois o miserável de amor e o torturado no trabalho operam na mesma chave simbólica dos párias e seviciados de verdade — com intensidade menor, mas às vezes com as mesmas qualidades de afetos e imagens.

No seu melhor, os sonhos são a própria fonte de nosso futuro. O inconsciente é a soma de todas as nossas memórias e de todas as suas combinações possíveis. Compreende, portanto, muito mais do que o que fomos — compreende tudo o que podemos ser. "A biblioteca de Babel", do escritor argentino Jorge Luis Borges (1899-1986), descreve uma coleção de todos os livros possíveis, gerados pela totalidade das combinações ortográficas possíveis, o embaralhamento de todas as letras do alfabeto infinitamente, recombinando e forjando todo o devir. Da mesma forma, sonho é a possibilidade de imaginar os futuros em potencial através de um mecanismo capaz de prospectar a experiência pregressa e formar novos conglomerados psíquicos, juntando ideias antigas de forma nova. Todas e todos que tiveram ideias bem-sucedidas e transformaram o mundo, aquelas e aqueles que conseguiram se transformar no que almejavam, todos sem exceção e por definição viveram os dias e as noites quando ainda não haviam realizado nada daquilo. E então sonharam.

A meio caminho entre o melhor e o pior, quando a vida não percorre extremos, o sonho é uma colagem mal definida de imagens e ecos desconexos dos múltiplos desejos inacabados. Para a maior parte da massa trabalhadora, no seu cotidiano de acordar cedo e sair para o trabalho sem pensar nos sonhos que teve nem relatá-los a ninguém, acostumada a ir dormir sem planejar nada especificamente para o dia seguinte, não existe o hábito de pedir inspiração aos sonhos, como faziam os gregos antigos e fazem ainda povos caçadores e coletores. Por isso é frequente que os trabalhadores braçais de hoje sonhem com uma mescla de rascunhos mentais, que descrevem mais o momento presente do que as possibilidades futuras.

Mas essa dinâmica muda totalmente quando a vida se complica para valer. Os sonhos podem avisar sobre uma doença iminente, precedendo os primeiros sintomas clínicos em semanas, meses e até mesmo anos. O neurofisiologista norte-americano William Dement (1928), primeira pessoa a caracterizar rigorosamente o aumento da atividade onírica durante o sono REM, relatou assim sua experiência:

Eu era um fumante inveterado. O que começou como uma indulgência ocasional nos meus dias de serviço militar tinha, no início da década de 1960, se tornado tabagismo incessante. Um dia, em 1964, tossi em um lenço e percebi com um calafrio que as pequenas manchas de escarro no pano branco eram de cor vermelha. Procurei um amigo radiologista e lhe pedi para solicitar um raio X de tórax. No dia seguinte voltei ao gabinete dele, cheio de medo. Nunca esquecerei a expressão sombria em seu rosto enquanto ele me dirigia para a caixa de luz atrás de sua mesa. Sem dizer uma palavra, virou e prendeu o filme de raio X nela. Imediatamente vi que meus pulmões abrigavam uma dúzia de manchas brancas — câncer. Uma onda de angústia e desespero me abalou. Eu quase não podia respirar. Minha vida acabou. Eu não veria meus filhos crescerem. Isso porque eu não tinha parado de fumar, mesmo sabendo tudo sobre fumar e cân-cer. "Seu completo idiota", pensei. "Você destruiu sua própria vida!"

E então acordei. O escarro sangrento, os raios X e o câncer haviam sido um sonho — um sonho incrivelmente vívido. Que alívio. Eu renasci. Tive a chance de experimentar câncer de pulmão inoperável sem ter essa doença. Parei de fu-mar naquele momento e nunca mais acendi outro cigarro. Para alguns, pode parecer incrível que as pessoas tomem medidas drásticas como resultado de algo que nem aconteceu. Mas o impacto emocional dos sonhos pode ser tão podero-so que é como se houvesse realmente ocorrido. A parte lógica do cérebro acor-dado sabe que o sonho não era real, mas para a parte emocional do cérebro, o que sonhamos realmente nos acontece.[8]

ENTRE A VIDA E A MORTE

O que dá potência ao sonho, tanto perceptualmente quanto em termos das emoções e associações simbólicas envolvidas, é a concentração do desejo. Um conglomerado de formações psíquicas mais coeso, com mais coerência interna, é bem mais significativo e impactante do que a justaposição de um punhado de memórias desconexas. Por isso o sonho era propiciado na Anti-guidade e ainda o é nas culturas de caçadores-coletores, através de rituais e ambientes preparados para levar a mente a sonhar. Mas mesmo sem preparo a mente deflagra sonhos impressionantes quando se trata da luta entre a vida e a morte. A sequência de sonhos a seguir exemplifica o paralelismo entre o con-teúdo onírico e a realidade da vigília.

Aos quarenta anos, um professor universitário andava estressado com as más condições de trabalho de seu departamento e não conseguia aderir como antigamente aos hábitos de atleta que mantivera desde a adolescência. Seu horizonte tingiu-se de cinza depois da perda súbita do pai, um ano antes. Filho único, morava a centenas de quilômetros da mãe. No início do ano fez um checkup médico completo, e nada foi detectado. Embarcou para um congresso científico numa estância perto de Luján, epicentro de grandes romarias católicas na Argentina. No primeiro dia do congresso, pouco depois de almoçar, teve um infarto gravíssimo, com oclusão completa do ramo lateral da coronária esquerda. Urrava de dor, tremia, suava e se contorcia inteiro. Coração em arritmia quase parando, para desespero de todos em volta. Meia hora de martírio esperando a chegada da ambulância, outra meia hora interminável para chegar ao hospital mais próximo.

O cateterismo foi bem-sucedido e ele foi para a UTI. Na primeira noite, sonhou que estava na sala de casa, cheia de gente. De repente, viu seu pai, sentado do outro lado do cômodo. Ficou surpreso e contente, pois ele sorria, mas no mesmo instante recordou que seu pai estava morto. Desesperado, foi até ele e quando o tocou, tudo sumiu. Ele se viu nos corredores do antigo prédio de seu primeiro médico, com elevadores velhos e escuros. Sentindo-se totalmente perdido, acordou. Na segunda noite, sonhou que transava com a enfermeira. Empolgado, via seu rosto sorrindo enquanto dizia, *"te quiero"*. Mas pensou: "Cara, sou infartado! Eu vou morrer aqui, precisamos parar". Porém ela sorria e ele não parou, mesmo sabendo que poderia morrer. Na terceira noite, sonhou que estava numa terra árida, um solo desértico com sulcos criados pela falta de irrigação. Ele jogava capoeira com uma mulher alta e graciosa. Três pessoas tocavam berimbau, um amigo que o socorreu no momento do infarto e duas pessoas já falecidas: seu pai e o venerável mestre Pastinha da Capoeira de Angola. O jogo com a mulher alta transcorria vigoroso, até que em certo momento ela encaixou uma meia-lua de compasso perfeita. Ele se esquivou por muito pouco e saiu girando. Mestre Pastinha disse: "Capoeira é tudo que a boca come". O amigo se virou para o sonhador e disse: "É a vida". O pai se abaixou e falou para ele: "Acalma o jogo e volta pra roda". Começam a cantar a canção "Pedrinha miudinha de Aruanda", e ele acordou.

O professor se recuperou paulatinamente do infarto. Na noite do primeiro sonho, dominado pela ideia de morte, seu estado ainda era crítico. Na noite do segundo sonho, os sinais vitais já haviam se recuperado bastante: foi quando teve o sonho que começava em plena libido e depois conflitava com o medo da morte. Na noite do terceiro sonho, a saúde do paciente havia melhorado. O enredo rebuscado e cheio de significados ilustrou a dança com a morte, o golpe quase fatal e os bons conselhos para aceitar o percalço e seguir em frente, encerrados com uma trilha musical de grande repercussão poética, ilustrativa da necessidade de saber-se miúdo perante Aruanda: o plano espiritual onde moram os ancestrais.

Essa sequência de sonhos tem sentido simultaneamente biológico e psicológico. Assim como o contexto imediato do sonhador tem o poder de elucidar seus sonhos, os enredos oníricos permitem compreender o que se passa em sua vida. Nos anos 1920, entre os indígenas kwakiutl da costa do Pacífico canadense, o antropólogo alemão Franz Boas coletou sonhos dominados pelos temas recorrentes da caçada, pescaria e coleta de frutos.[9] É fácil supor que os sonhos de nossos ancestrais paleolíticos tivessem expressão bem direta: ser caçado, caçar, engajar-se na corte, conquista e ato sexual, engravidar, parir, oferecer cuidado parental, amar, sofrer, morrer.

Os sonhos mais estudados por Freud eram construídos sobre essa base ecológica do sonhar, mas apresentavam muitos outros problemas novos, derivados das castrações libidinais da vida burguesa vienense. Já os sonhos preferidos por Carl Jung eram de outra natureza: em situações-limite, quando eventos muito importantes acontecem, emergem sonhos memoráveis, emocionantes e repletos de detalhes. Ao primeiro exame não parecem derivar das preocupações imediatas do sonhador, porque as simbolizam de forma abrangente, mais filosófica ou poética, com ampla perspectiva espacial e sobretudo temporal. Além da dimensão teoremática das imagens de matar, fugir e acasalar — instrutivas e exemplares em si mesmas —, tais sonhos expressam as profundas repercussões simbólicas das mesmas imagens: arcanos e numinosos arquétipos de vida e morte.

SONHOS MAGNOS

Eram esses "sonhos grandes" que os antigos gregos e romanos mais valorizavam, a travessia para dentro de si, capaz de expandir os próprios limites da existência e de inspirar mudanças importantes no curso das ações. Um exemplo clássico desse tipo de sonho foi experimentado em 1909 por Carl Jung, quando acompanhava Freud em sua histórica viagem aos Estados Unidos. Nesse período em que estavam ambos imersos em intensa discussão sobre a estrutura da psique humana, Jung sonha que está numa casa que lhe é desconhecida, mas não obstante "é sua". Ele decide conhecer o andar de baixo e com assombro descobre aposentos medievais. Desce mais um andar e chega a construções romanas que o deixam intensamente curioso. Através de um alçapão penetra as profundezas da casa e percorre um túnel que o leva até uma pequena caverna empoeirada. Nela, encontra resquícios primitivos: pedaços de ossos, cerâmica e dois crânios humanos. Ao despertar, Jung se deu conta de que a casa era uma metáfora para a estratificação da consciência humana, com níveis mais antigos e profundos representando porções da mente que remontam ao nosso passado arcaico. Esse sonho foi crucial para o desenvolvimento da ideia de inconsciente coletivo como fonte de memórias filogenéticas (instintos) ou transculturais (arquétipos).

Mesmo na vida urbana contemporânea, sonhos magnos ocorrem em momentos de grandes alterações das relações com o meio, como na conquista infantil da linguagem e de uma mentalidade bem adaptada ao mundo dos adultos, na corporificação adolescente da necessidade de buscar relações fora do grupo familiar, na descoberta do sexo, na inauguração e repetição da maternidade ou paternidade, nos esbarrões fortuitos com o perigo de morte, no climatério e na transição para a velhice. Nessas ocasiões, os sonhos frequentemente ilustram o espanto com a irreversibilidade do tempo — sonhos que não se ocupam dos problemas cotidianos, mas se surpreendem com a inexorável mutação de tudo; sonhos especiais, míticos, que surgem em faixas etárias específicas mas também podem ocorrer em qualquer momento da vida tocado diretamente pela lembrança da finitude; sonhos que evocam memórias arcaicas de ciclos arquetípicos, e, mesmo vestidos com o figurino das impressões cotidianas, marcam as grandes passagens simbólicas em nossa caminhada incerta de ser, talvez procriar e finalmente desaparecer.

Até aqui discutimos uma variada amostra de relatos de sonhos para demarcar as amplas fronteiras do fenômeno onírico. O próximo passo é começar a compreender os mecanismos que permitem aos sonhos refletir os problemas do sonhador e oferecer possíveis chaves para sua resolução.

5. Primeiras imagens

Para entender como nasce e se desenvolve a mente humana lembradora do passado e imaginadora do futuro, é preciso compreender de que forma o enredo onírico se transforma do bebê ao idoso, passando pela criança, pelo adolescente e pelos distintos matizes da idade adulta. Embora um adulto em geral já tenha sonhado milhares de vezes na vida, poucas pessoas se lembram de quando sonharam pela primeira vez. Tente se lembrar de seu primeiro sonho. É quase certo que ele aconteceu após os três anos de vida, no umbral do uso da gramática e da sintaxe.[1] Se os sonhos existem antes disso, ninguém costuma se lembrar. O registro de sonho mais antigo que guardo vem dos quatro anos de idade e consistiu em uma clássica satisfação do desejo. Na vida real eu desejava um tipo de velocípede e no sonho foi justo o que ganhei de presente dos meus pais. O sonho foi uma delícia, mas até hoje me lembro da enorme decepção que senti quando despertei e percebi que era ilusão. Vivência comum a toda gente, lembrada com nostalgia nos versos do poeta espanhol Antonio Machado (1875-1939): "Era um menino e sonhava/ Com um cavalo de cartão/ Mas quando os olhos abriu/ O cavalinho não viu".[2]

Os enredos oníricos se desenvolvem com o tempo, conforme amadurecem a percepção, a motricidade, a linguagem e a socialização. Quando exatamente começamos a sonhar?

PRIMEIRAS SINAPSES

Essa pergunta aparentemente simples se revela complicada quando levamos em consideração o fato de que o cérebro muda bastante ao longo de toda a vida. Embora o cérebro do feto esteja praticamente formado na trigésima semana de gestação, grandes mudanças continuam a ocorrer depois do nascimento. Durante o desenvolvimento perinatal são formados mais neurônios e conexões sinápticas do que em geral se encontra num cérebro adulto. Isso ocorre porque o amadurecimento cerebral inicialmente é dominado pela proliferação de neurônios e sinapses, mas depois passa a envolver cada vez mais a morte neuronal e a poda sináptica, havendo redução da espessura cortical entre a infância e o final da adolescência.

A abundância excessiva de sinapses que caracteriza o começo da vida fora do útero é desbastada múltiplas vezes à medida que a pessoa cresce e aprende o mundo pelos sentidos, movimentos e raciocínio. Essa capacidade se desenvolve como uma escultura, começando num bloco de pedra sem forma — equivalente a uma enorme quantidade de neurônios — e terminando numa forma particular, com muito menos pedra e por isso mesmo muito mais informação: um conjunto menor de neurônios com conexões específicas moldadas pela experiência. A eliminação de conexões sinápticas continua até a idade adulta, em paralelo com a formação de algumas poucas novas sinapses a cada dia de experiência e a cada noite de sono, como veremos adiante.

Para avançar esse raciocínio é importante examinar em mais detalhes o que são as sinapses. Embora certas conexões entre neurônios ocorram por contato direto entre suas membranas, permitindo o fluxo de íons entre células adjacentes através de sinapses elétricas, grande parte das conexões se dá por sinapses químicas, que ocorrem em aproximações especializadas entre as membranas de dois neurônios, que não chegam a se encostar. No minúsculo espaço da fenda que separa os neurônios, a liberação de moléculas neurotransmissoras cria conexões químicas entre eles, passando sinais de uma célula a outra através da substituição transitória do impulso elétrico pela difusão de substâncias como o glutamato ou a dopamina (Figura 5).

De modo geral, sinapses envolvidas na realização de comportamentos bem-sucedidos são fortalecidas, enquanto sinapses ativadas por comportamentos malsucedidos são enfraquecidas. Boa parte desse processo de consolidação do aprendizado acontece durante o sono, razão pela qual as crianças

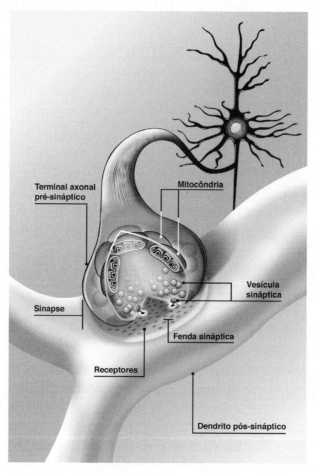

5. *Uma sinapse química apresenta vesículas cheias de neurotransmissores que são liberados na fenda sináptica quando ocorre um impulso elétrico.*

dormem muito mais do que os idosos. Bebês normalmente passam a maior parte do tempo dormindo, dedicando mais tempo ao sono REM do que em qualquer outro período da vida.

BEBÊS SONHADORES

Entrevistas com mães e pais de bebês revelam frequentemente a opinião de que eles sonham desde recém-nascidos. Observando com cuidado as expressões faciais e movimentações corporais de um bebê dormindo, é possível discernir não apenas quando estão sonhando, mas muitas vezes que tipo de afeto domina aquela atividade mental. Sorrisos, muxoxos e caretas são frequentes, sugerindo a presença de emoções. Grávidas chegam mesmo a deduzir em que momentos os fetos podem estar sonhando dentro da barriga, durante períodos de agitação motora.

Se mães e pais têm certeza de que seus bebês sonham, a ciência é mais cética. O principal entrave para investigar o conteúdo dos sonhos da infância vem do agravamento máximo, na fase pré-verbal, da dificuldade inerente a qualquer estudo dos sonhos: dispor apenas de sua elaboração secundária. Se a matéria-prima desse tipo de estudo é sempre uma narrativa a posteriori realizada por uma pessoa desperta, editada de modo mais ou menos consciente para preencher lacunas e aumentar a consistência interna, como saber o que de fato foi experimentado pelo eu sonhador nos recônditos de sua própria mente?

É apenas no transcorrer do sonho em si que o verdadeiro enredo onírico é acessível, ainda desprovido das associações adicionais realizadas pelo eu desperto logo após deixar o sono. E como sabe toda pessoa não treinada na arte de lembrar sonhos, o despertar traz consigo o esquecimento. Se mesmo o próprio sonhador tem dificuldade de lembrar com fidelidade os eventos experimentados durante o sonho, pesquisar sonhos de outras pessoas exige o exame de narrativas de segunda mão, só acessíveis pela linguagem.

Se não têm linguagem, podem os bebês descrever seus sonhos? A demonstração convincente de que bebês adormecidos vivenciam realidades subjetivas é possível? Por mais abstratas que pareçam, essas perguntas merecem ser enfrentadas. Afinal, entender a gênese dos sonhos talvez seja um passo fundamental para decifrar como surge e se desenvolve nossa autoconsciência.

SONO ATIVO, SONHO SECRETO

A tentativa de imaginar o conteúdo e a dinâmica dos sonhos dos bebês requer saber com qual idade o sono REM se estabelece. Nas últimas dez semanas de gestação já ocorre a diferenciação de sonos quieto e ativo, precursores do sono de ondas lentas e do sono REM. Além disso, sabemos que bebês dormem muito mais do que adultos, em especial no que diz respeito ao sono REM.

Nada disso nos permite concluir, entretanto, que os sonhos dos bebês se parecam com os dos adultos.

O tempo passado em sono REM chega a 33% do total em recém-nascidos, mas diminui progressivamente até se estabilizar em cerca de 10% após os três anos de idade, um nível comparável ao do adulto jovem. Nessa idade já ocorre a alternância regular entre sono de ondas lentas e sono REM, configurando um ciclo sono-vigília completo. Apesar dessas similaridades, a correlação entre sonho e sono REM em crianças nem sempre é alta.

Não há relatos de sonhos antes dos três anos de idade, mas isso não significa que os bebês não sonhem. Se não é possível perguntar direto como sonham, podemos observar seu sono atentamente. Bebês se agitam bastante durante o sono REM, o que pode dar indícios de que seu sonho corresponde a uma rica experiência subjetiva, mas também pode expressar apenas contrações musculares involuntárias, desacopladas de imagens e de emoção. Supondo verdadeira a primeira hipótese, tentemos imaginar os sonhos dos bebês.

PRIMEIROS ATOS E OBJETOS

Nos primeiros dezoito meses de vida fora do útero os bebês percorrem um caminho cognitivo essencial, efetivamente o mais importante da vida deles. Aprendem a usar os sentidos e os músculos. Aprendem a ver, ouvir, tocar, provar, se mexer e se comunicar. Começam a aprender a aprender. Aos poucos, tomam forma os objetos do mundo. A infância é o período da vida pós-parto com maior plasticidade neural, isto é, com maior maleabilidade das sinapses. Mesmo assim, por todo esse tempo, os bebês dependem do cuidado materno para sobreviver. Da mãe vem o primeiro objeto do mundo a ser representado, a primeira fonte de alimento material e psíquico, a primeira corporificação da recompensa, o gatilho original da libido: um seio cheio de leite.[3]

A fragilidade do bebê humano é extrema. Nunca mais, até chegar à idade do ancião, o ser humano volta a experimentar tanta debilidade e dependência. E no entanto é essa debilidade que lhe permite, quando saudável, amado e bem cuidado, atravessar o período de maior plasticidade neural — a infância — entregue à descuidada e inocente descoberta do real. O contato inicial com a realidade além da placenta, na hora do parto, inaugura um festival de experiências novas e inicialmente amorfas, pois o próprio aparato de percepção é imaturo. Portanto, as sensações dominantes nos sonhos dos recém-nascidos só podem ser primárias, tais como fome e saciedade, percepção de umidade, temperatura, sons e imagens de alto contraste, localização dos toques na pele, sensação da gravidade e das posições da cabeça, do tronco e dos membros.

O DESENVOLVIMENTO DO ENREDO ONÍRICO

Existem sonhos característicos de diferentes idades? Os sonhos das crianças são mais assustadores, deliciosos ou banais do que os dos adultos? Existem diferenças substanciais entre os relatos oníricos de meninas e meninos? Em que medida a capacidade de sonhar se relaciona com o desenvolvimento intelectual e emocional? O psicólogo norte-americano David Foulkes realizou estudos pioneiros com dezenas de crianças pesquisadas intensivamente por vários anos, o que permitiu investigar a dinâmica onírica de indivíduos entre três e quinze anos de idade.[4] Cada criança foi submetida a exames psicológicos e registros polissonográficos da atividade cerebral, muscular e ocular por nove noites a cada ano. Relatos de sonho foram sistematicamente coletados após o despertar das crianças, tanto durante o sono REM quanto durante o sono de ondas lentas. Isso permitiu ter acesso bastante direto ao conteúdo dos sonhos, com um mínimo de interferência da mente desperta.

O desenvolvimento intelectual e emocional das crianças foi monitorado através da aplicação seriada de testes psicológicos. A observação sistemática das mesmas crianças no laboratório, na escola e no lar, com foco nas brincadeiras e fabulações, permitiu interpretar os resultados de forma ao mesmo tempo ampla e profunda. Apesar de ter mais de quarenta anos, a pesquisa de Foulkes continua sendo o mais completo estudo longitudinal sobre a gênese dos sonhos.

As observações foram reveladoras. Entre três e cinco anos de idade os sonhos são infrequentes e tipicamente pobres, com pouca imagética, desprovidos de movimentos e emoções fortes. Por essa razão os relatos de pesadelos aterradores, apesar de serem comuns nessa idade, muitas vezes refletem vivências originadas logo após o despertar: um medo originado não do sonho, mas da experiência desorientada e por isso mesmo assustadora de acordar num quarto escuro. Os sonhos nessa faixa etária refletem um sistema cognitivo imaturo, com grandes limitações de representação que não dão suporte a simbolismos complexos, insólitos ou fantásticos. Chama a atenção a escassez de representações sociais — pais, irmãos, tios, primos — que em idades posteriores chegarão a ocupar o centro do enredo onírico. No estudo de Foulkes, as associações relacionadas ao próprio corpo em crianças de três a cinco anos não pareceram dominadas nem pelos seios maternos, tão essenciais à saúde física e psicológica do recém-nascido, nem pelas zonas postuladas por Freud como marcos do desenvolvimento da libido no próprio corpo, como boca, ânus, vagina e pênis. Foram as demandas fisiológicas fundamentais, como dormir ou comer, que emergiram nitidamente nesses sonhos.

UM COMEÇO MINIMALISTA

As crianças em idade pré-escolar pesquisadas por Foulkes demonstraram em seus relatos de sonho uma organização do pensamento bastante limitada, semelhante à demonstrada na vigília. Não sabemos se os relatos oníricos das crianças são tão pobres porque de fato seus sonhos são simples, ou se a aparente pobreza reside na sua reduzida capacidade de lembrar e expressar o que foi lembrado. Uma vez que as limitações da linguagem afetam diretamente o relato, permanecem em xeque quaisquer conclusões baseadas apenas nos relatos oníricos das crianças mais jovens.

Nas crianças pesquisadas por Foulkes, muitas vezes o despertar do sono REM não correspondia a nenhuma experiência onírica. Quando esta ocorria, costumava ser a descrição de uma cena simples e estática. A própria representação do eu sonhador pareceu difusa. Um sonho descrito por Dean, um menino de quatro anos, ilustra esse tipo de conteúdo onírico:

DEAN: Eu estava dormindo, na banheira.

PESQUISADOR: Era a banheira da sua casa?

DEAN: Sim.

PESQUISADOR: Tinha alguém no sonho além de você?

DEAN: Não.

PESQUISADOR: Você podia ver você mesmo?

DEAN: Ahn... não.
PESQUISADOR: Como você se sentia?
DEAN: Alegre.

Como seria de se esperar, Dean também era lacônico ao falar de eventos da vigília, como documentado por Foulkes ao longo dos anos. Compare o relato de sonho acima com a descrição que Dean fez do desenho de uma mulher adulta dando uma bronca numa criança chorosa com uma boneca sem cabeça:

DEAN: A cabeça caiu.
PESQUISADOR: Você pode me dizer o que mais está acontecendo?
DEAN: Só isso.

NARRATIVAS E SIMULAÇÕES

As maiores transformações no conteúdo dos sonhos registrados por Foulkes aconteceram entre cinco e sete anos de idade, período em que as crianças já não reportam imagens simples, mas sim sucessões de cenas encadeadas, como num filme. Ainda que diversas características importantes dos sonhos só se estabeleçam depois desse período, é nele que se forma a estrutura fundamental do sonho como *narrativa*. É também nessa idade que emerge com força o caráter fantástico do sonhar, à medida que se amplia a capacidade de representar mentalmente os objetos do mundo. Aparecem nessa fase algumas distorções típicas dos sonhos de adultos, como o súbito deslocamento da cena onírica no tempo e no espaço, e a condensação de personagens oníricos em imagens com significado composto. São sonhos que todos já experimentaram, na seguinte forma: "eu estava no lugar A mas também era o lugar B", ou "me encontrava com uma pessoa que era uma mistura de fulano e sicrano". O sonho do príncipe Frederico descrito no capítulo 3 — "às vezes eu estava em Roma e às vezes em Wittenberg" — é um exemplo explícito desse fenômeno.

Começa a delinear-se um espaço onírico que emula certos aspectos do mundo real, criando um mundo em miniatura habitado por personagens capazes de agir, buscar metas e até mesmo refletir sobre as consequências de atos praticados durante o sonho. A continuidade entre sonho e vigília é elevada, com a recorrência frequente das ações e situações vivenciadas durante o estado desperto. Desponta nos relatos de sonho dessa faixa etária a curiosidade genuína pela multiplicidade de pessoas, objetos e relações do mundo real, com menos foco nos próprios estados fisiológicos.

Mas ainda que os sonhos reportados entre cinco e sete anos sejam estruturalmente comparáveis aos sonhos dos adultos, a atividade onírica das crianças não chega a integrar completamente os cenários sonhados com a representação do eu sonhador — uma entidade imaginária dominante, capaz de ações voluntárias, emoções e raciocínio durante o sonho. Para Foulkes isso decorre da reorientação de foco que se observa nessa transição, mudando de si para o mundo ao redor. Diferentemente dos sonhos de adultos, os sonhos de crianças nessa faixa etária frequentemente têm como protagonistas animais e pessoas da família. É como se a representação do eu sonhador ficasse em segundo plano durante esse período específico de maturação do sonhar.

Embora de forma geral os conteúdos dos sonhos de meninos e meninas sejam semelhantes, nessa fase surgem pela primeira vez algumas diferenças específicas. As meninas de cinco a sete anos reportaram mais sonhos com interações sociais do que os meninos, com mais desfechos felizes e resoluções de conflito. Por outro lado, os meninos reportaram mais sonhos com personagens masculinos desconhecidos do que as meninas. Eles também reportaram mais sonhos com animais. Embora ainda não existam estudos exaustivos comparando diferenças de gênero nos sonhos coletados em distintas culturas, as pesquisas sugerem que as diferenças entre os sexos descritas por Foulkes podem ser generalizadas.[5] Ainda assim, é provável que as diferenças reflitam a estabilidade das discrepâncias nas experiências de meninos e meninas em diferentes culturas, mais do que uma distinção biológica.[6]

Crianças de sete a nove anos já percorreram grande parte do percurso para adquirir plena competência onírica. É tipicamente nessa fase que se estabelece a representação ativa do eu sonhador. Tornam-se prevalentes os sonhos em primeira pessoa. Cresce muito a proporção de relatos de sonhos obtidos após o despertar do sono REM, mas curiosamente as crianças nessa idade também podem sonhar durante o sono de ondas lentas. A estrutura narrativa se torna mais complexa e começa a evocar afetos específicos, com leve prevalência de sonhos agradáveis. O menino Dean, que aos quatro anos de idade relatou apenas dois sonhos ao ser despertado do sono REM, aos nove produziu onze relatos de sonho. O aumento de complexidade é notável:

DEAN: Nós éramos plantadores de árvores e fomos para esse lugar e plantamos uma árvore. E no dia seguinte nós voltamos e a árvore já estava crescida. Então plantamos mais, e todas cresceram e começou um incêndio na floresta, mas as árvores não queimavam. Nós fizemos mais florestas e uns homens vieram cortar a madeira para fazer lenha, mas a madeira não queimava. Então eles falaram para a polícia que eles plantavam árvores, mas elas não queimavam.

EXPANSÃO DE REPERTÓRIOS

Entre nove e onze anos de idade ocorrem poucas mudanças qualitativas mas muitas mudanças quantitativas nos elementos oníricos, com expansão do repertório simbólico, aumento da capacidade de lembrar dos sonhos e consolidação do protagonismo do sonhador nas narrativas. Os sonhos de meninas e meninos continuam a divergir paulatinamente, com maior prevalência de comportamentos motores nas narrativas masculinas. Os sonhos se tornam mais idiossincráticos no início da pré-adolescência, passando a refletir menos os traços gerais característicos da faixa etária do que a personalidade específica de cada sonhador. Começam a ganhar mais importância as emoções e expectativas do sonhador.

E então, no fim da pré-adolescência, entre onze e treze anos de idade, os sonhos passam por seu segundo grande amadurecimento. A capacidade de lembrar-se dos sonhos e a prevalência de sonhos durante o sono REM se estabilizam em níveis semelhantes aos dos adultos. Tornam-se evidentes nos sonhos dessa faixa etária as diferenças individuais de caráter, repertório intelectual e habilidade social. Observa-se um maior equilíbrio nas emoções sonhadas, com ocorrência equivalente de afetos positivos e negativos. Os enredos se enriquecem em variedade e sutileza, em paralelo com a construção de contextos oníricos mais bem equilibrados entre a autorrepresentação do eu sonhador e os diferentes personagens e objetos do mundo dos sonhos. De forma geral, o sonho passa a ser menos centrado nos familiares e mais em outros integrantes do meio social da criança, como colegas da escola ou vizinhos do bairro. As diferenças entre sonhos de meninas e meninos ficam mais nítidas, com grande distinção dos enredos oníricos segundo os papéis sociais mais típicos de cada gênero. Meninas sonham mais com personagens femininos, enquanto meninos sonham mais com personagens masculinos. Os sonhos de meninos apresentam mais atividades sensoriais do que os de meninas. Também apresentam mais enredos conflituosos com desfechos desfavoráveis, inclusive ataques realizados por outros meninos.

ADOLESCÊNCIA E MATURIDADE

A influência mais determinante do conteúdo onírico durante a adolescência na amostra de Foulkes foi o desenvolvimento intelectual e emocional de cada sonhador, com suas especificidades e traços individuais em plena crise de crescimento. Embora as relações amorosas sejam normalmente muito importantes nessa faixa etária, chama a atenção que os sonhos relatados pelos adolescentes não sejam totalmente dominados por elementos sexuais — embora reflitam o aumento da curiosidade sobre o corpo e as distinções entre mulheres e homens, a maior diferenciação dos papéis sexuais e o amadurecimento do aparelho reprodutivo.

O cérebro que sonha é o mesmo que vive a vigília, por isso quanto mais complexo o tecido mental, mais complexo o sonho. Aos quinze anos o sonhador é um operador ativo na realidade onírica, desejando, escolhendo e agindo num cenário virtual multifacetado e cheio de nuances. O sonho de uma estudante de dezesseis anos ilustra a importância das relações sociais e sobretudo dos relacionamentos amorosos na adolescência:

> Primeiro sonhei que K. e eu fomos para mais uma das festas de J., dessa vez com mais pessoas da minha escola. Havia tantas pessoas lá que nos fizeram formar duas filas, uma de meninos e outra de meninas. Quem quer que fosse pareado com cada uma de nós seria o parceiro para ficar aquela noite. Me coube uma pessoa desagradável, então K. e eu fomos para casa assistir a um filme. Fui trabalhar no dia seguinte. [...] Havia um monte de rapazes no ginásio, e fiquei um pouco intimidada. Finalmente, sonhei que era uma linda princesa e que estava na praia. Vi um príncipe norueguês e nos apaixonamos à primeira vista.

Considerando globalmente o experimento de Foulkes, é evidente a profunda transformação, da infância à idade adulta, que os sonhos expressam. A maturação psicológica dos sonhos segue um curso paralelo ao desenvolvimento mental na vigília. Do sonho passivo e estático da criança de quatro anos ao sonho cinemático e dramático da jovem de dezesseis há uma enorme distância cognitiva, superada pela força das inúmeras experiências vividas e sonhadas nas mais de 4 mil noites transcorridas nesse intervalo. Estudos mais recentes confirmaram esse padrão geral de desenvolvimento onírico, mas observações realizadas fora do contexto laboratorial, na residência dos voluntários por exemplo, mostraram que crianças pequenas também podem produzir relatos de sonhos ricos em movimento, interação social, emoção, diversidade de personagens e representação ativa do eu, desde que haja maior familiarização ao ambiente.[7]

Ainda que de amplo escopo, a pesquisa de Foulkes teve a importante limitação de amostrar quase exclusivamente crianças oriundas de famílias norte-americanas de classe média, com razoável grau de instrução, satisfação adequada das necessidades materiais e contexto social pacífico. Esses vieses provavelmente explicam a baixa ocorrência de pesadelos nas séries oníricas coletadas por Foulkes. Outra pesquisa encontrou grande prevalência de pesadelos em relatos de sonhos produzidos nos anos 1990 por crianças da Faixa de Gaza e do Curdistão. Submetidas cotidianamente aos altos níveis de estresse que caracterizam a guerra, as crianças amostradas pelos psicólogos finlandeses Antti Revonsuo e Katja Valli, da Universidade de Turku, mostraram forte continuidade entre vigília e sonho, com pesadelos intensos e frequentes, violentos e até mesmo bélicos. O contraste foi gritante com os sonhos de crianças jordanianas e finlandesas, que sonharam enredos pacíficos compatíveis com a sensação de segurança experimentada em países sem guerra.[8] Uma pesquisa com mais de 11 mil adolescentes entre dez e dezoito anos de idade mostrou que a exposição à violência produz impactos negativos sobre o sono de adolescentes, especialmente em mulheres.[9]

CONFLITOS, EMOÇÕES E AUTONOMIA

Além da violência física, a violência econômica costuma ter grande impacto sobre a qualidade do sono. Muitos estudos demonstraram a existência de problemas de sono em comunidades de baixa renda. As condições adversas que levam a isso incluem estresse, ansiedade, ambientes inseguros, quartos superlotados e condições desconfortáveis de ruído, temperatura e umidade, entre outros. Famílias de baixa renda normalmente habitam residências pequenas nas quais as camas são compartilhadas e o sono é repetidamente perturbado, devido às diferenças nos horários de trabalho e estudo entre os diversos membros da família. Uma pesquisa com mais de 3 mil crianças de três anos de idade mostrou que déficits de sono estão associados a baixa escolaridade materna, superlotação do lar e pobreza.[10] Outra pesquisa com mais de 1,4 mil adultos finlandeses mostrou que a qualidade do sono não foi muito afetada durante a grave crise econômica dos anos 1990, exceto entre indivíduos de baixa renda, que apresentaram pior qualidade de sono, mais insônia e maior uso de substâncias para dormir.[11] Em geral a redução do tempo de sono é muito mais pronunciada para indivíduos de baixo status socioeconômico, chegando a inacreditáveis 3,8 horas por dia em algumas ocupações.[12]

Um estudo de larga escala sobre problemas do sono em países subdesenvolvidos, realizado com mais de 43 mil pessoas de Gana, Tanzânia, África do Sul, Índia, Bangladesh, Vietnã, Indonésia e Quênia,[13] revelou problemas de sono severos ou extremos em quase 17% dos participantes, com grande variabilidade entre os países — de 4% no Quênia a 40% em Bangladesh. O estudo encontrou uma associação consistente entre a alta prevalência de problemas de sono, de um lado, e a baixa escolaridade e baixa qualidade de vida, de outro. O componente social pode afetar o sono diretamente, pois crianças de famílias pobres muitas vezes precisam trabalhar para complementar a renda familiar. Uma investigação sobre os efeitos do trabalho no sono de estudantes entre catorze e dezoito anos de idade revelou que jovens que estudavam e trabalhavam acabavam por despertar mais cedo nos dias de semana do que os que não trabalhavam e apenas estudavam, causando uma diminuição significativa na duração total do sono noturno.[14] A correlação entre qualidade de sono e desempenho acadêmico também ocorre em estudantes de medicina.[15] Seja por excesso de trabalho ou estudo ou outras fontes de tensão, o estresse prejudica o sono. Um estudo recente sobre os hábitos de sono de mais de 55 mil estudantes universitários nos Estados Unidos sugere que os déficits de sono podem ser ainda mais prejudiciais ao desempenho acadêmico do que o uso excessivo de álcool ou maconha, a ansiedade ou a depressão. A cada noite maldormida por semana houve 10% mais chances de abandonar um curso e uma queda de 0,02 na média geral de notas.[16]

TRANSTORNOS E PERCURSOS

Os transtornos do sono na infância, sob condições de conforto e segurança, são em geral de pouca gravidade e rápida resolução. A dificuldade para iniciar o sono e os despertares noturnos são comuns mas transitórios. A produção de pesadelos pode ser grande entre os três e dez anos,[17] tendendo a decair depois dessa faixa etária. Nos pesadelos das crianças, as narrativas mais frequentes incluem morte de parentes, quedas perigosas ou perseguição por familiares ou desconhecidos. Crianças mostram associação significativa entre déficit de sono e temperamento irritável, com birras e explosões de mau humor após uma noite maldormida. Além disso, crianças ansiosas tendem a ter mais pesadelos, como seria de se esperar.

Em situações de grande estresse na vida real, crianças costumam desenvolver pesadelos repetitivos, com enredos tristes e apavorantes que podem recorrer de forma quase idêntica noite após noite, causando medo na hora de dormir — como o sonho das bruxas canibais. Por outro lado, crianças com baixos níveis de ansiedade, criadas em ambiente de cuidado e proteção e sem perturbações estressoras, comumente relatam sonhos positivos, em que seus desejos são buscados e com frequência satisfeitos. Mas pesadelos e insônias intranquilas também acontecem nos lares felizes: o que para alguns é irrelevante para outros pode ser assustador ou doloroso. Entre os extremos, através de toda a gama de destinos da roda da fortuna, os sonhos das crianças tendem a refletir as situações vividas pelos sonhadores, tanto no plano afetivo quanto no simbólico.

Sonhar é um aprendizado lento e gradual que provavelmente começa no útero materno, com a formação das primeiras representações sensoriais na fronteira do corpo com o mundo exterior. Ainda difusas, essas impressões são reflexos imaginados do mundo exterior, sombras bruxuleantes no fundo de uma caverna que pouco a pouco descobrimos habitar. Ao longo da infância e adolescência os sonhos refletem as experiências da juventude, cheias de novidades e expectativas. Na idade adulta os indivíduos se habituam à rotina e às vezes esquecem de si próprios, mas mesmo na velhice continuam capazes de transportar a mente. As primeiras experiências, os primeiros desejos, os primeiros sonhos são o alicerce dessa capacidade. Não é por outra razão que os anciãos sonham e se emocionam tanto com as experiências da terna e quase eterna infância.

Não sabemos ao certo quais experiências mentais acompanham nosso fim, mas chama a atenção que tantas religiões sustentem a crença na vida após a morte. O filme *Waking Life*, de Richard Linklater, uma incrível narrativa filosófica feita de monólogos e diálogos sobre o sonho, a vida e seu fim, sugere que o processamento neuronal característico da passagem para a morte gera sequências de sonhos cada vez mais abstratos, que correspondem a um tempo psicológico extremamente dilatado. Esse período seria dominado pelas emoções e memórias experimentadas durante a vida, gerando em poucos segundos uma sensação de eternidade no inferno, purgatório ou paraíso construído pelo próprio sonhador em sua trajetória particular. Essa ousada concepção artística da morte recebeu um possível respaldo científico em 2013, quando pesquisadores da Universidade de Michigan relataram forte ativação no cérebro de ratos submetidos a paradas cardíacas, cerca de trinta segundos após a interrupção dos batimentos cardíacos.[18]

Seja como for o fim, o amadurecimento dos sonhos é importante para explicar o desenvolvimento de uma identidade pessoal bem definida. Se os sonhos das crianças são pobres em emoções e imagens, estáticos e até contemplativos, o amadurecimento dos sonhos até a idade adulta desemboca em um rico processo onírico no qual o sonhador se torna o agente principal dos eventos, isto é, um operador ativo imerso em seu cenário virtual interior — que normalmente não controla, mas habita. De que forma evoluiu esse estado mental é o assunto do próximo capítulo.

6. A evolução do sonhar

Por ser muito antigo, o sono evoluiu com uma grande variedade de funções psicobiológicas diferentes, sendo a geração de sonhos apenas uma delas. As propriedades do sono se desenvolveram em momentos muito diferentes, sob pressões de seleção completamente distintas. Determinar o ponto de partida do sono exige voltar bilhões de anos e imaginar as condições sob as quais surgiram as primeiras moléculas autorreplicantes. O planeta era vulcânico, com bastante água e atmosfera ainda sem oxigênio. Os primeiros organismos unicelulares, datados entre 4,28 bilhões a 3,77 bilhões de anos atrás, eram parecidos com bactérias de fossas hidrotermais, que se alimentam da oxidação do ferro.[1]

Quando o sol brilhava no céu, a temperatura aumentava, facilitando a difusão molecular e acelerando as reações químicas. Desde o início dos tempos, depois que o sol se põe no horizonte, a temperatura cai na Terra — e as reações químicas se tornam mais lentas. Essa alternância praticamente imutável há mais de 1,6 trilhão de dias e noites acopla à rotação da Terra os ciclos comportamentais de praticamente todas as formas de vida que já existiram no planeta. Com exceção dos ambientes muito profundos, toda a vida planetária evoluiu sob a alternância entre claro e escuro a cada doze horas, aproximadamente. Por essa razão, ritmos circadianos muito parecidos são encontrados em praticamente todos os seres do planeta.

Foram necessários cerca de 1,5 bilhão de anos até que surgissem os primeiros seres multicelulares. Eram bactérias capazes de fazer fotossíntese e formar colônias de células. Esses ancestrais das atuais cianobactérias se espalharam abundantemente pelo oceano e elevaram tanto a concentração de oxigênio na atmosfera que extinguiram grande parte da vida existente há 2,4 bilhões de anos. As cianobactérias destruíram quase todos os seres anaeróbios e deram origem à capacidade fotossintética de algas e plantas, fazendo do planeta um pujante produtor de biomassa a partir da energia solar. Isso criou as bases para a evolução dos herbívoros, que por sua vez criaram as bases para a evolução dos carnívoros.

RITMOS ARCANOS

A luz do sol, aceleradora de reações químicas e fonte energética da cadeia alimentar, a partir de certo momento passou a ser utilizada para detectar e operar mudanças ambientais. Começaram a evoluir cílios e flagelos capazes de gerar movimento rumo à superfície da água, onde a fotossíntese é possível.[2] Surgiram mecanismos biológicos capazes de "ligar" e "desligar" comportamentos segundo a disponibilidade de luz, que se diversificaram em muitos outros mecanismos derivados, em nível tanto molecular quanto celular. Inúmeros seres unicelulares mostram um ritmo circadiano de atividade e repouso.[3]

Em 2017, os biólogos norte-americanos Michael Young, da Universidade Rockefeller, e Jeffrey Hall e Michael Rosbash, da Universidade Brandeis, receberam o prêmio Nobel de medicina e fisiologia por suas descobertas sobre os relógios moleculares que determinam o ritmo circadiano. Estudando a mosca-das-frutas *Drosophila melanogaster*, esses pesquisadores mostraram a variação periódica dos níveis de moléculas codificadas por um seleto grupo de genes, cujas mutações podem encurtar, expandir ou mesmo abolir o ritmo circadiano, afetando fatores comportamentais, fisiológicos e moleculares.

A demonstração da ocorrência de quietude periódica até mesmo em águas-vivas aponta que o sono prescinde de cérebro, podendo ocorrer num sistema nervoso bem primitivo.[4] A melatonina, hormônio indutor do sono produzido na primeira metade da noite pela glândula pineal humana, parece ter se originado há 700 milhões de anos, quando animais semelhantes a vermes marinhos evoluíram células capazes de captar luz e se movimentar com o batimento de cílios durante o dia, mas não de noite.[5] O mecanismo dessa dicotomia teria sido a produção noturna de melatonina, que na ausência de luz estimula neurônios de modo a cancelar os movimentos dos cílios. Afundando lentamente durante a quietude noturna e nadando para cima no frenesi diurno, nossos arcanos ancestrais encarnaram o yin e o yang do ciclo solar naquilo que hoje discernimos como dois estados fundamentais do corpo: sono e vigília.

E então, há cerca de 540 milhões de anos, surgiram as primeiras estruturas semelhantes a olhos. Hoje possui olhos grande parte dos animais com simetria bilateral, detentores de cabeça e cauda bem como de dorso e ventre. Em todos esses animais, a gênese ocular no embrião é controlada por genes parecidos. Também são muito semelhantes os genes que regulam o relógio circadiano, que nos vertebrados envolve um importante conjunto de neurônios, chamado núcleo supraquiasmático. Essa pequena massa de neurônios, da ordem de 20 mil células apenas, é responsável pela comunicação entre as células da retina sensíveis à luz e as células produtoras de melatonina na glândula pineal.

Os sinais sobre a presença ou ausência de luz transformam-se múltiplas vezes, de fóton a modificações estruturais de pequenas e grandes moléculas, que abrem e fecham canais ancorados nas membranas dos neurônios (Figura 6). Esses canais se abrem e permitem o fluxo de íons, que levam à liberação de substâncias químicas, que por sua vez ativam mais mudanças estruturais de moléculas em outras células e assim sucessivamente, gerando consequências de curto, médio e longo prazo para todo o sistema nervoso. Entre nós e os vermes, apesar da imensa distância evolutiva, se manteve a função ancestral de certos mecanismos moleculares, como o papel da melatonina na indução do sono.

DORMIR NÃO É SÓ DESCANSAR

Enquanto o descanso é oportunista, acontecendo apenas quando necessário ou possível, o sono propriamente dito tem hora para começar e terminar, e precisa ser reposto quando falta. Quando expostas à sucessão natural do dia e da noite, as pessoas normalmente completam um ciclo num período de 23 horas e 56 minutos, pois a luz reinicia o marca-passo a cada dia. Pessoas expe-

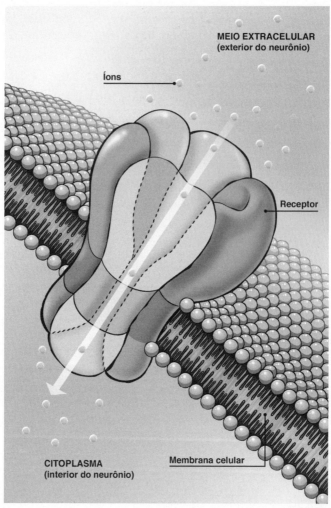

6. *Receptor ancorado na membrana celular, com a função de canal iônico. Quando canais iônicos se abrem, íons como sódio, potássio, cloro e cálcio podem atravessar do espaço extracelular para o espaço intracelular, ou vice-versa.*

rimentalmente isoladas do ciclo claro-escuro, porém, tanto dentro de cavernas quanto em outros ambientes fechados, exibem um ciclo de vigília e sono com um período médio de 24 horas e onze minutos.

A duração um pouco maior do ciclo observado na ausência de pistas visuais que indiquem a passagem do tempo, em comparação com o ciclo claro-escuro normal, indica a evolução de um mecanismo que, num eventual atraso da luminosidade matinal, permite ao animal continuar dormindo por algum tempo mais, o que reduz os riscos de predação.[6] Se o sol demora a nascer, melhor esperar quietinho na toca...

Na evolução, novidades que dão certo permanecem, se disseminam e por fim se tornam muito antigas. A julgar por sua prevalência em invertebrados e vertebrados, o sono é extremamente antigo, possivelmente anterior à explosão cambriana, quando a maior parte dos grupos animais se originou. Acredita-se hoje que os peixes datam de 500 milhões de anos, seguidos pelos insetos há 400 milhões de anos, répteis há 340 milhões de anos, mamíferos há 160 milhões de anos e aves há 150 milhões de anos. Para comparação, nossa espécie parece ter surgido há apenas 315 mil anos.[7]

A opinião da ciência sobre quais animais dormem mudou bastante nas últimas décadas. Bons estudos comportamentais, quantitativos e confiáveis, se beneficiaram muito do advento do computador pessoal e de precisos minissensores de movimento para demonstrar que abelhas, escorpiões e baratas apresentam períodos regulares de quietude com baixa sensibilidade a estímulos sensoriais.[8] Por causa de sua importância para a pesquisa genética, a mosca-das-frutas foi bastante estudada quanto à ocorrência de sono. Registros comportamentais cuidadosos evidenciaram ciclos bem definidos de agitação e quietude. Outro sinal de que as moscas dormem é o fato de que um período de privação forçada de sono é seguido do característico rebote observado em mamíferos, isto é, um aumento compensatório do tempo de sono subsequente.[9] A despeito das demonstrações convincentes de que as moscas de fato dormem, não parece haver correspondência anatômica entre as partes de seu sistema nervoso necessárias para dormir e as áreas do cérebro humano envolvidas na gênese do sono.[10] Mesmo assim as moscas partilham com os mamíferos alguns importantes benefícios cognitivos do adormecimento, como veremos adiante.

O SONO SIMPLES DOS PEIXES E ANFÍBIOS

Por muito tempo discutiu-se a possibilidade de que talvez não exista sono propriamente dito entre peixes e anfíbios, no sentido de não haver um estado periódico de quietude comportamental e fisiológica que corresponda a alguma fase fixa do ciclo dia-noite. É certo que peixes e anfíbios apresentam descanso, de forma fugidia e sem periodicidade determinada, em função da saciedade e da ausência de risco de predação. Essas condições imprevisíveis e momentâneas fazem com que peixes e anfíbios apresentem um descanso oportunista. Os peixes frequentemente habitam águas turvas ou profundas, ambientes onde a diferença de luminosidade entre dia e noite simplesmente não existe. Na ausência de luz os peixes dependem muito pouco da visão para evitar predadores e encontrar alimento e parceiros sexuais. Por outro lado, dependem criticamente do olfato e da navegação por campo eletromagnético.

As poucas espécies de peixe já estudadas em laboratório apresentam um comportamento de sono evidenciado por quietude periódica, aumento da movimentação após administração de cafeína e déficits comportamentais após privação de sono.[11] No entanto, a privação de sono é menos estressante e há menos rebote. Em peixes de recifes de coral observa-se natação contínua dia e noite, mas suspeita-se de que esses animais sejam capazes de nadar dormindo.

Em anfíbios a informação científica é ainda mais escassa. A rã-touro-americana, um grande anfíbio de hábitos diurnos, apresenta variações circadianas do comportamento, mas sua responsividade a estímulos sensoriais é maior no período de quietude do que no período ativo. Isso sugeriu que o sono pudesse estar suprimido em anfíbios dada sua extrema vulnerabilidade física, mas um estudo subsequente da pequena rã arborícola *Hyla septentrionalis* demonstrou a existência de sono nessa espécie — talvez por ocupar um nicho ecológico menos perigoso.[12] Nem em peixes nem em anfíbios se registrou qualquer sinal de sono REM.

O SONO COMPLEXO DOS VERTEBRADOS TERRESTRES

Ao contrário dos peixes e anfíbios, répteis, aves e mamíferos possuem uma superfície corporal seca e impermeável. Possuem também uma bolsa amniótica que envolve o embrião durante o desenvolvimento, mantendo-o aquecido, úmido e acolchoado. Essas adaptações permitem aos vertebrados terrestres ocupar hábitats muito distantes da água dos rios, lagoas, pântanos e mares.

Há 315 milhões de anos a terra firme do planeta formava um imenso e único continente denominado Pangeia. Enquanto o ambiente aquático era infestado por terríveis vertebrados e invertebrados carnívoros, o vasto ambiente terrestre desbravado pelos primeiros répteis, incluindo terras que hoje constituem a Antártica, era um éden repleto de plantas e insetos comestíveis. A julgar por dentições fossilizadas encontradas na Nova Escócia, Canadá, os primeiros répteis eram insetívoros semelhantes aos lagartos atuais. De início sem predadores naturais e com alimentação abundante, esses animais rapidamente radiaram em diferentes espécies, ocupando nichos ecológicos muito distintos, mas todos marcados pelo ciclo claro-escuro.

A transparência do ar e a abundância periódica de luz favoreceram a evolução de um sistema visual cada vez mais sofisticado e poderoso nos vertebrados terrestres. A principal vantagem da visão é a percepção longínqua de outros seres e objetos. Em contrapartida, a grande desvantagem é justamente a falta periódica de luz, que dificulta a alimentação e aumenta muito o risco de predação à noite. Até hoje, para a quase totalidade dos vertebrados terrestres herbívoros, esconder-se e agrupar-se para dormir é um comportamento padrão. É possível portanto que o sono de ondas lentas, que reduz as taxas metabólicas e que já existia de forma primitiva em peixes e anfíbios, tenha se desenvolvido nos vertebrados terrestres como um efeito colateral da necessidade de esconder-se da predação noturna. Não sendo possível buscar alimentos dentro da toca, tornou-se adaptativo manter-se imóvel, reduzir a temperatura, baixar o consumo de energia e até mesmo chegar ao torpor.

À medida que o sono progride, ocorre uma redução de até 50% nas frequências das ondas cerebrais, isto é, ocorre uma desaceleração dessas ondas com correspondente aumento do seu "tamanho" ou amplitude. Chamamos esse estado de sono de ondas lentas. A quietude de corpo inteiro coevoluiu com ondas cerebrais lentas que fazem as células silenciarem seu funcionamento momentaneamente, a cada ciclo da onda.

É bem difícil conjecturar sobre os eventos que levaram à evolução do sono REM, durante o qual os sonhos mais vívidos acontecem. Acreditou-se por algum tempo que a origem da diferença entre sono de ondas lentas e sono REM pudesse ser datada do período Triássico, há 225 milhões de anos, quando evoluíram os ancestrais comuns a todos os mamíferos. Eram animais noturnos e insetívoros, fisicamente semelhantes a um roedor pequeno.[13] Essa narrativa se baseava na premissa de que os répteis e aves não possuem sono REM, opinião predominante entre os especialistas por décadas.

Entretanto, esse estado de alta ativação cerebral com mínima ativação corporal, até recentemente tido como monopólio dos mamíferos, está hoje bem documentado em várias espécies de aves e algumas espécies de répteis.[14] Por algum tempo houve controvérsias sobre a existência de sono REM na equidna, um curioso mamífero insetívoro da Austrália e da Nova Guiné, dotado de espinhos defensivos e de um aparato bucal especializado na extração de formigas, cupins, vermes e larvas. A suposta ausência de sono REM nessa espécie não passaria de uma curiosidade se a equidna não fosse um animal da ordem dos monotremados, mamíferos primitivos que possuem características reptilianas, como ausência de placenta e reprodução por ovos. Se o sono REM fosse ausente nos animais mais próximos do ancestral comum a todos os mamíferos, seria provável que o sono REM tivesse evoluído independentemente em mamíferos, aves e répteis. Entretanto, estudos eletrofisiológicos mais recentes comprovaram a presença do sono REM tanto na equidna[15] quanto em outro monotremado, o ornitorrinco,[16] que chega a passar oito horas por dia nesse estado, o máximo já observado em qualquer espécie. O avestruz, uma das aves mais semelhantes ao ancestral comum de todas as aves, mostra um padrão de sono muito semelhante ao do ornitorrinco.[17] Os resultados reforçam a hipótese de uma origem única do sono REM nos vertebrados terrestres. A separação entre sono de ondas lentas e sono REM pode portanto ter se originado 75 milhões de anos antes do Triássico, no período Carbonífero, quando ocorreu a invasão do ambiente terrestre pelos ancestrais de anfíbios e répteis.

O FIM DOS DRAGÕES ADORMECIDOS

Se a afirmativa acima estiver correta, é muito provável que os dinossauros, répteis de todo tamanho que dominaram o planeta a partir de 230 milhões de anos atrás,[18] dormissem e sonhassem de forma muito semelhante à adotada por seus parentes mais próximos ainda existentes no planeta, as aves. Seria um sono cíclico, marcado pela alternância rápida e irregular de sono de ondas lentas e sono REM. Evidentemente não existe fóssil que possa corroborar tal hipótese, mas não deixa de ser intrigante a descoberta na China ocidental dos resquícios de dois troodontídeos, dinossauros do início do período Cretáceo que tinham plumas e eram filogeneticamente próximos das aves.[19] Os fósseis foram encontrados em postura semelhante à assumida pelas aves durante o sono, com o pescoço dobrado para baixo, de forma a posicionar a cabeça sob os membros superiores. Parecem ter estado dormindo quando foram surpreendidos subitamente pela morte. É tentador imaginar que o sono REM tenha desempenhado um papel importante na dominação do planeta pelos dinossauros. A presença do sono REM em tantas espécies diferentes indica um traço fisiologicamente muito relevante. Que função tão importante será essa, que pressões de seleção a moldaram?

Uma hipótese interessante é que o sono REM teria surgido como uma preparação para o despertar, elevando a atividade dos neurônios no córtex cerebral a um nível próximo da vigília, depois do longo período de baixa atividade que caracteriza o sono de ondas lentas. O principal argumento em favor dessa hipótese é o fato de indivíduos despertados do sono de ondas lentas apresentarem déficits sensoriais, motores e cognitivos que demoram vários minutos até se dissipar. Além disso, normalmente os despertares espontâneos acontecem após o sono REM, sugerindo que esse estado funciona como um facilitador da transição do sono de ondas lentas para a vigília. É possível imaginar que um despertar com plena capacidade de alerta tenha dado vantagens competitivas importantes aos vertebrados capazes de entrar em sono REM. Outra possibilidade é a importância do sono REM para o mapeamento entre neurônios e células musculares durante o desenvolvimento. A ativação cerebral de regiões motoras durante o sono REM, que provoca breves contrações por todo o corpo, permite calibrar gestos e ações já no recém-nascido, muito antes da realização dos atos no mundo real.[20]

Imagine as vantagens que o sono REM pode ter concedido aos dinossauros. Teria esse estado contribuído para a hegemonia ecológica dos grandes répteis por 170 milhões de anos? Que papel teve o sono REM na renhida luta pela sobrevivência durante seu longo reinado? O tema é fascinante, mas necessariamente especulativo. O fato é que, com ou sem sono REM, há 66 milhões de anos o acaso interveio e os dinossauros foram riscados do mapa. Por uma incrível coincidência de eventos raros, um asteroide caiu sobre o que hoje é a península de Yucatán no México e mudou completamente o curso da vida na Terra.[21] A queda a 72 mil km/h de uma rocha com diâmetro entre dez e quinze quilômetros e peso entre 10^{12} e 10^{14} toneladas, sobre uma região de mares rasos com grandes reservas de gesso, mineral rico em enxofre, provocou uma colossal emissão de gases tóxicos logo após o impacto. Abalos sísmicos descomunais e aumento do vulcanismo foram seguidos de intensas mudanças climáticas. Houve tanta emissão de gases que uma camada opaca de nuvens bloqueou o sol por meses, talvez anos.[22] Depois do calor intenso da explosão equivalente a uma bomba atômica 10 bilhões de vezes mais potente do que a de Hiroshima, seguiu-se um inverno intenso e persistente. A fotossíntese terrestre e marinha foi bloqueada. Em conjunto, essas mudanças eliminaram em pouco tempo 75% das espécies animais e vegetais. Desapareceram todos os dinossauros, exceto os ancestrais das aves, além de inúmeras espécies de mamíferos, peixes, moluscos, plantas e mesmo plânctons. Tivesse o asteroide caído um pouco antes ou um pouco depois, teria atingido águas profundas e as consequências seriam bem menores. Mais uma vez, a rotação do planeta sobre seu eixo influenciou decisivamente a evolução da vida em sua superfície.

CRISE É OPORTUNIDADE

A extinção em massa ao final do período cretáceo permitiu a radiação em grande escala de novas espécies, marcada pela acelerada divergência de características morfológicas entre os grupos de animais sobreviventes da catástrofe. Espécies até então comprimidas em nichos ecológicos saturados pela competição e predação subitamente se encontraram em nichos esvaziados distribuídos por diversos níveis da cadeia alimentar, sobretudo no topo: todos os grandes predadores desapareceram. As novas pressões seletivas fizeram com que depois da extinção aparecessem muitas espécies novas de mamíferos, aves, lagartos e peixes, num processo de adaptação gradual aos novos nichos disponíveis. Primatas e cetáceos, os dois grupos de mamíferos com maior capacidade cognitiva, evoluíram e radiaram-se globalmente depois da extinção dos dinossauros.

A queda da temperatura depois que o sol se põe praticamente inviabiliza a atividade noturna dos répteis, que dependem do calor externo para se aquecer e assim ativar seu metabolismo. Foi justamente a capacidade de gerar calor corpóreo que permitiu aos mamíferos ocuparem nichos ecológicos à noite, mesmo sob grande variação de temperatura ambiental, nas distintas estações do ano. Por outro lado, uma comparação dos comportamentos de quase 2,5 mil espécies diferentes de mamíferos sugeriu que hábitos estritamente diurnos surgiram em mamíferos apenas depois da extinção dos dinossauros, com o aparecimento de primatas símios entre 50 e 30 milhões de anos atrás.[23] A necessidade de conservar energia durante o sono favoreceu a evolução do comportamento de agregação de vários indivíduos para dormir à noite, tão típico de mamíferos e aves, sobretudo em ambientes frios.

O advento do controle interno da produção de calor favoreceu o sono REM, pois a manutenção de temperaturas corporais numa faixa adequada é crucial para a ocorrência desse tipo de sono. A equidna, por exemplo, só apresenta sono REM quando a temperatura ambiente está em torno de 25°C.[24] Por outro lado, o sono REM coevoluiu com um quase completo relaxamento muscular, que permite manter uma forte ativação cortical sem maiores repercussões motoras. O relaxamento corporal quase completo durante o sono REM permite que o sonho alcance um elevado grau de vividez sem despertar o animal nem ocasionar comportamentos indesejáveis, capazes de atrair predadores ou competidores da mesma espécie.

O LONGO SONO REM DOS MAMÍFEROS

Uma das maiores diferenças entre o sono REM das distintas espécies de vertebrados é sua duração. Enquanto répteis e aves apresentam ciclos curtos de sono, com episódios de sono REM com poucos segundos de duração, nos mamíferos um único episódio de sono REM frequentemente persiste por dezenas de minutos, podendo chegar a mais de uma hora em certas espécies. De modo geral a quantidade de sono REM é inversamente proporcional ao peso do corpo, de forma que animais pequenos tendem a ter mais sono REM. Entretanto, se o efeito do peso corporal é descontado da análise, aparece uma robusta correlação com o grau de imaturidade do corpo no momento do nascimento. Animais bastante amadurecidos no momento do nascimento, como preás, ovelhas e girafas, que pouco depois de nascer já mostram bastante autonomia, se caracterizam por apresentar pequenas quantidades de sono REM (cerca de uma hora por dia no total). Por outro lado, mamíferos bastante imaturos ao nascer, como o ser humano e o ornitorrinco, apresentam enormes quantidades de sono REM, sobretudo no início da vida.

Um bebê humano não consegue se alimentar, locomover, defender ou limpar. Um bebê ornitorrinco não faz nada disso nem regula a própria temperatura sem o contato com a mãe. Curiosamente, ambos passam cerca de oito horas diárias em sono REM. Em mamíferos recém-nascidos, que ainda não abriram os olhos, os altos níveis de atividade elétrica promovidos pela grande quantidade de sono REM protegem o cérebro da atrofia causada pela ausência de estímulos. O importante papel do sono REM durante o desenvolvimento do embrião e no aprendizado extrauterino se relaciona com seu papel na regulação de genes utilizados pelos neurônios para manter e modificar suas conexões.

Em resumo, o sono REM tem um papel central no desenvolvimento do feto e do recém-nascido, especialmente em animais mais imaturos ao nascer, que necessitam de muitas modificações do sistema nervoso até chegar ao estágio adulto. A imaturidade é uma desvantagem no início da vida, pois a fragilidade neonatal exige constantes cuidados parentais. Entretanto, essa característica torna-se uma grande vantagem no longo prazo, quando o indivíduo bem-sucedido, que escapou dos perigos letais na infância e teve a chance de se desenvolver até a idade adulta cuidado por bons tutores, aprende a otimizar a ocupação de seu nicho ecológico em decorrência da extensa coleção de memórias e habilidades que adquiriu.[25] Como veremos adiante, o sono REM desempenha um papel crucial na consolidação do aprendizado no longo prazo. O sono REM é vital para quem precisa aprender muito.

NADAR, VOAR, MIGRAR

A adaptação de mamíferos, aves e répteis aos nichos aquáticos e aéreos, bem como às migrações, está associada a profundas alterações dos padrões de sono. Elefantes-marinhos migrando entre o Alasca e a Califórnia passam até oito meses no mar sem poder descansar em terra firme. Durante a migração, esses animais mergulham periodicamente a profundidades que chegam a trezentos metros. Em alguns desses mergulhos, param de nadar e se deixam afundar, girando graciosamente, provavelmente dormindo. Esse movimento circular permite que os elefantes-marinhos reduzam bastante a velocidade de afundamento rumo ao fundo do oceano Pacífico.[26]

A 13 mil quilômetros dali, nas ilhas Seychelles, experimentos de rastreio de tartarugas marinhas equipadas com gravadores de tempo e profundidade demonstraram a realização de longos mergulhos sem interrupção para respirar, que chegam a vinte metros de profundidade e cinquenta minutos de duração. Sensores da abertura entre as mandíbulas revelaram que durante a realização desses mergulhos profundos cessam os movimentos bucais que bombeiam água, um comportamento necessário à percepção olfativa do ambiente. Os resultados sugerem que as tartarugas marinhas dormem submersas em pleno oceano Índico.[27] A estratégia de dormir longe da superfície é adaptativa, pois animais nadando perto da superfície têm a silhueta bem visível para predadores que venham de baixo. Além disso, a superfície limita as opções de fuga.

Por não ser guiada, mas produto do acaso, a evolução frequentemente resulta em soluções bem diferentes para os mesmos problemas. Ao contrário de elefantes-marinhos e tartarugas das Seychelles, cetáceos como baleias e golfinhos não adormecem submersos, mas apresentam sono uni-hemisférico, ou seja, são capazes de dormir com apenas um hemisfério cerebral de cada vez.[28] Isso permite que se mantenham sempre em movimento, emergindo periodicamente para respirar. A ausência de sono REM nesses animais tem sido interpretada como evidência de que a manutenção de parte do cérebro com altos níveis de atividade elétrica, a ponto de manter a atividade motora continuamente, supre a demanda por sono REM.

Para os cetáceos, o sono uni-hemisférico talvez seja o único modo de dormir, mas nas aves os episódios de sono uni-hemisférico estão misturados com episódios bi-hemisféricos que incluem o sono REM.[29] Os altos riscos e custos energéticos envolvidos na migração de longa distância podem levar a adaptações surpreendentes. Pardais-de-coroa-branca, que todo ano migram mais de 4 mil quilômetros do Alasca à Califórnia, apresentam uma redução de quase 70% do sono durante o período migratório, mesmo quando não podem voar por estarem confinados em gaiolas. Intrigantemente, nesse período eles não apresentam déficits comportamentais típicos da privação de sono.[30] Programados genética e hormonalmente para realizar sua impressionante migração de longo curso a cada ano, os pardais-de-coroa-branca simplesmente perdem o sono nessa época — e não parecem sentir nenhuma falta.

Foi sugerido há décadas que o sono uni-hemisférico poderia explicar voos sem interrupção por dias e até semanas. Em 2016, uma equipe liderada pelo etólogo Niels Rattenborg, do Instituto Max Planck de Ornitologia, publicou a primeira demonstração de sono uni-hemisférico durante o voo. Em colaboração com pesquisadores do Instituto Federal Suíço de Tecnologia e da Universidade de Zurique, Rattenborg implantou pequenos dispositivos eletrônicos no crânio de fragatas, aves marinhas que fazem ninhos nas ilhas Galápagos. Os dispositivos miniaturizados registravam movimentos da cabeça, mas também as ondas cerebrais produzidas pela atividade elétrica abaixo do crânio, chamadas ondas eletroencefalográficas (EEG). As fragatas têm a maior superfície de asa por unidade de peso encontrada em pássaros, sendo capazes de voar por semanas sobre o oceano sem pousar em nenhum momento. Quando os pesquisadores recuperaram os dispositivos e analisaram os dados, verificaram que em dez dias as fragatas tinham voado mais de 3 mil quilômetros sem pousar, alternando longos períodos de vigília com curtos períodos de sono. Durante o dia as fragatas permaneceram despertas em atividade de forrageamento, mas após o pôr do sol começaram a voar mais alto, entrando em sono uni-hemisférico por vários minutos, circulando nas correntes de ar ascendentes e mantendo um olho aberto, voltado para a direção do voo.[31]

DORMIR É PERIGOSO

Além da necessidade de manter o movimento, o sono uni-hemisférico parece estar ligado à manutenção de altos níveis de alerta, capazes de diminuir o risco de predação. Para investigar esse fenômeno, um trio de pesquisadores liderado por Rattenborg registrou ondas cerebrais durante o sono em grupos de quatro patos simultaneamente, alinhando os animais lado a lado de modo que os dois ao centro estivessem numa posição mais segura — flanqueada por vizinhos — enquanto os das bordas se encontrassem com apenas um lado guarnecido e, portanto, mais inseguros. Os resultados mostraram um aumento substancial na quantidade de sono uni-hemisférico dos animais próximos às bordas, potencialmente mais expostos à predação. O olho aberto em cada episódio de sono tendeu a ser o voltado para o lado desguarnecido.[32] Os animais mantidos no centro mostraram sono normal em ambos os hemisférios cerebrais.

Os altos níveis de predação na África subsaariana e os longos percursos migratórios também impõem duras restrições ao sono dos mamíferos das savanas africanas. A pena por dormir em excesso é perder a prole ou a própria vida. A instalação de actímetros, pequenos dispositivos capazes de registrar movimentos continuamente, nas trombas de elefantes permitiu a etólogos sul-africanos comprovar que esses animais dormem em pé, protegendo ativamente os filhotes ao longo da noite. Os elefantes adultos chegam a dormir apenas duas horas por noite, em episódios fragmentados.[33] Entre babuínos, animais socialmente dominantes mostram-se mais alertas e com menos episódios de sono relaxado, o que sugere que o sono é reduzido pelo estresse social.[34]

Os relatos de que na Antiguidade e na Idade Média o sono humano ocorria em dois períodos noturnos consecutivos convergem com a observação do mesmo fenômeno em populações agrícolas desprovidas de luz elétrica.[35] Seria diferente em grupos de caçadores-coletores? A fim de investigar essa questão, pesquisadores da Universidade da Califórnia em Los Angeles equiparam caçadores-coletores da Tanzânia, Namíbia e Bolívia com actímetros. Para surpresa dos experimentadores, verificou-se que o sono dessas populações ocorreu num único período noturno, com duração muito semelhante ao que acontece em adultos nas grandes metrópoles industriais do mundo.[36] Entretanto, outro estudo com caçadores-coletores da Tanzânia mostrou que dificilmente todos os adultos do grupo dormem ao mesmo tempo: enquanto os mais velhos se deitam e despertam mais cedo, os mais novos dormem e acordam mais tarde. Em consequência, a qualquer momento pelo menos um terço do grupo está desperto.[37] Como os mais velhos tendem a dormir menos, o estudo sugere que os avôs e avós ancestrais desempenharam um papel crucial na manutenção da vigília noturna, necessária para diminuir o risco de predação. O sono mais curto, superficial e flexível dos caçadores-coletores facilita a sintonia fina com as mudanças ambientais, tanto riscos quanto oportunidades. Não batem ponto na firma nem têm hora marcada com o arado, mas precisam estar muito atentos às arritmias da natureza.

Quando os primeiros hominídeos se espalharam pela África há milhões de anos, estavam tão bem equipados para dormir e sonhar quanto qualquer outro mamífero. Sonhos de caçadas e fugas perigosas que nossos ancestrais levaram para fora do continente africano múltiplas vezes, através de migrações sucessivas, até um bando de cerca de mil pessoas ultrapassar a África oriental há cerca de 70 mil anos e disseminar seus descendentes nos milênios seguintes pela Ásia, Oceania, Europa e por fim América.[38] Essa longa caminhada por todo o planeta aos poucos nos afastou do mundo natural rumo ao mundo da cultura, mudando o modo como dormimos[39] e criando um espaço onírico repleto de símbolos para designar todos os seres e coisas, inclusive as inventadas. Para compreender essa passagem, precisaremos entender a bioquímica que governa o delírio.

7. A bioquímica onírica

A noite chegou. Após muitas horas de intensa movimentação e raciocínio atento, assumimos a posição horizontal e embarcamos numa radical viagem de alteração de consciência. Quando deitamos a cabeça sobre o travesseiro e fechamos os olhos para dormir, profundas mudanças ocorrem nas ondas cerebrais e substâncias químicas são liberadas por nosso sistema nervoso. Primeiro experimentamos a entrega à penumbra das pálpebras cerradas, iniciando uma desconexão reversível entre corpo e mundo exterior. Em seguida surgem as transitórias alucinações oníricas do início do sono, que logo cedem terreno ao sono sem sonhos, um estado de abandonada quietude e grande redução da reatividade sensorial. Finalmente, após quase duas horas, começam a emergir os sonhos intensos e vívidos dos quais por vezes nos lembramos ao despertar.

Em meados do século xx, a antiga concepção do sono como um estado de placidez homogênea induzido pela ausência de estímulos sofreu um abalo terminal. As descobertas que refutaram a teoria do sono como processo passivo tiveram sua origem em estudos do ciclo sono-vigília na Universidade de Chicago, realizados pelo fisiologista norte-americano Nathaniel Kleitman e seu então aluno de doutorado Eugene Aserinsky. Pela observação cuidadosa dos movimentos oculares durante o sono em vinte voluntários adultos, os pesquisadores descobriram que os períodos de quietude se alternam com um sono mais agitado, o sono REM,[1] com movimentos rápidos de ambos os olhos, respiração entrecortada, batimentos cardíacos irregulares e ondas cerebrais rápidas (Figura 7) — tudo isso apesar do relaxamento geral do corpo. A publicação dessa incrível descoberta na revista *Science* em 1953 deu enorme impulso à caracterização das diferentes fases do ciclo sono-vigília.

O PARADOXO DO SONO REM

Dando sequência à identificação do sono REM no laboratório de Kleitman, o então doutorando William Dement resolveu investigar mais a fundo uma observação que Kleitman e Aserinski haviam feito sobre um possível aumento da frequência de sonhos nos despertares após o sono REM. Acordando voluntários de pesquisa justamente nessa fase do sono, Dement e Kleitman relataram em 1957 que cerca de 80% dos episódios de sono REM coincidiam com sonhos — muito mais do que durante o sono não REM, durante o qual ocorriam sonhos em menos de 10% dos episódios.[2]

Dois anos depois, o neurocientista francês Michel Jouvet, da Universidade Claude Bernard, de Lyon, começou a publicar estudos importantes sobre as propriedades fisiológicas do sono REM — batizado por ele de sono paradoxal, por ser um estado de elevada atividade cortical mas quase completa quietude corporal. Essa quietude provém de um pequeno conjunto de neurônios cuja ativação, especificamente durante o sono REM, secreta neurotransmissores que inibem neurônios motores diretamente envolvidos no controle muscular da postura. Entre outras descobertas, Jouvet demonstrou que gatos submetidos a lesão desse conjunto de neurônios passam a se agitar vigorosamente durante o sono REM, chegando a realizar, ainda dormindo, diversos comportamentos típicos da espécie, como atacar, explorar e miar.[3]

Jouvet interpretou tais comportamentos como evidência de que os gatos sonham durante o sono REM. Embora as regiões cerebrais relacionadas à visão e à preparação de movimentos sejam bastante ativadas durante esse estado, o sono não é interrompido. Isso só é possível porque o sono REM acontece sob supressão quase completa das respostas motoras, como Jouvet descobriu. Por mais conturbado que seja um enredo onírico, as reações comportamentais do sonhador são quase inteiramente inibidas.

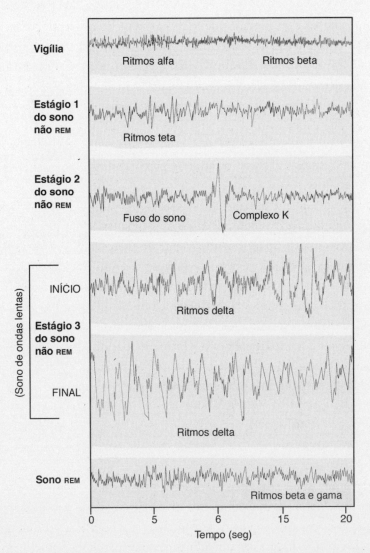

7. As ondas cerebrais registradas por eletroencefalografia (EEG) diferem bastante entre as fases do ciclo sono-vigília. Cada fase do ciclo é marcada por ondas cerebrais distintas, caracterizadas por diferentes velocidades (frequência) e tamanho (amplitude). Um ciclo completo passa sequencialmente por todas as fases descritas, de cima para baixo. A entrada no sono envolve a ocorrência de ondas cerebrais específicas: grandes pulsos lentos e isolados chamados complexos K; rajadas oscilatórias de frequência mais alta (aproximadamente dez ciclos por segundo) e duração tipicamente menor que um segundo, chamadas fusos corticais. À medida que o sono se aprofunda, surgem as ondas abaixo de quatro ciclos por segundo chamadas ondas delta, que se tornam mais lentas e aumentam de tamanho conforme o sono transcorre.[2]

Em conjunto, os experimentos de Kleitman, Aserinsky, Dement e Jouvet varreram do mapa a noção de sono como estado inativo do cérebro e colocaram em cena um sono ativo, durante o qual o cérebro processa informações com intensidade tão alta quanto durante a vigília. A descoberta de que a atividade onírica ocorre durante um estado neurofisiológico bem definido — o sono REM — domesticou um fenômeno que até então permanecia fugidio. Tornou-se possível determinar com precisão em que momento uma pessoa está sonhando. Com isso, abriu-se o caminho para a compreensão das funções do sono e do sonho.

Apesar de sua enorme influência, as observações originais de Kleitman e seu time não foram integralmente validadas pela pesquisa subsequente. Usando uma definição mais ampla de sonho, capaz de abarcar todo o espectro de conteúdos mentais que podem ocorrer durante o sono, David Foulkes demonstrou já nos anos 1960 que ao menos 50% dos despertares realizados fora do sono REM são concomitantes com atividade onírica de algum tipo.[5] Os sonhos compreendem um amplo arco de experiências distintas, mas relacionadas, desde as cenas que acompanham o adormecer, passando por fragmentos de pensamentos e sensações durante o sono de ondas lentas, culminando no sonho vívido e intenso durante o sono REM, com enredos bem estruturados.

A ESTRUTURA DO SONO

Hoje sabemos que o sono dos mamíferos possui duas grandes fases, caracterizadas por diferenças marcantes nos níveis de atividade cerebral. A primeira grande fase do sono ocorre principalmente na primeira metade da noite e se subdivide em três subfases de um adormecimento progressivamente mais profundo, chamadas em conjunto de sono não REM (NREM). A segunda grande fase — o sono REM — prevalece na parte final da noite. Um ciclo completo de sono humano dura cerca de noventa minutos e compreende uma sequência fixa de estados sucessivos: N1→N2→N3→sono REM. Esse ciclo se repete quatro a cinco vezes por noite, até o despertar.

Mas voltemos ao início do sono para melhor compreender sua dinâmica. O adormecimento começa quando desaparecem as ondas alfa — típicas da vigília de olhos fechados — e aparecem ondas mais lentas chamadas teta —

típicas do estado N1. As primeiras imagens oníricas surgem nesse estado inicial do sono e persistem durante o estado N2 subsequente, exceto quando ocorrem as ondas cerebrais chamadas de complexos K (Figura 7). Essas ondas isoladas e bastante lentas, típicas de N2, provocam um apagão mental, uma abrupta perda de consciência que prenuncia o estado N3 seguinte, dominado por ondas igualmente lentas mas sequenciais, em série, chamadas delta.

Os estados N1 e N2 são muito breves, quase sempre durando entre cinco e vinte minutos. O estado N3 tem duração maior, mas seus episódios vão se encurtando ao longo da noite. O sono REM, por outro lado, ocorre no início da noite em episódios curtos que vão se alongando progressivamente até atingir a duração máxima no final da madrugada. Enquanto o primeiro episódio de sono REM da noite dura apenas alguns minutos, o último pode ultrapassar uma hora de duração.

Os episódios de sono REM se tornam não apenas mais longos no transcorrer da noite, como também mais intensos. Aumentam os movimentos oculares, os espasmos musculares localizados e a vividez dos relatos de sonhos, bem como o aporte vaginal de sangue[6] e as ereções penianas.[7] O sono REM atinge duração máxima quando a temperatura corporal atinge seu nível mais baixo. Apesar da ausência de termorregulação do corpo durante o sono REM, certas áreas do cérebro mostram aumento de temperatura.[8] Em situações de desconforto térmico, tanto acima quanto abaixo da faixa normal de temperatura corporal, o sono REM é bastante diminuído, enquanto o sono NREM resiste.

NEUROTRANSMISSORES E ESTADOS MENTAIS

As enormes variações do conteúdo mental nas distintas fases do sono têm relação com variações correspondentes nos níveis de neurotransmissores. Quando uma pessoa está desperta, são liberadas em seu cérebro grandes quantidades dos neurotransmissores noradrenalina, serotonina, dopamina e acetilcolina, cujas origens remontam aos primeiros animais, há mais de 500 milhões de anos. Esses neurotransmissores desempenham papéis importantes na modulação da atenção, emoção, motricidade e comportamentos motivados em geral.

Com o cerrar dos olhos e o relaxamento do corpo para dormir, reduzem-se os estímulos sensoriais e se modifica o equilíbrio entre os diferentes neurotransmissores. Durante o sono de ondas lentas, os níveis de dopamina sofrem pequena redução, enquanto os níveis de acetilcolina passam a oscilar fortemente. Ao mesmo tempo, ocorre uma redução dos níveis de três neurotransmissores muito importantes para o funcionamento cerebral: noradrenalina, serotonina e histamina. Isso acontece porque os centros produtores desses neurotransmissores são inibidos pela liberação intermitente de acetilcolina, à medida que o sono de ondas lentas se aprofunda. Finalmente, na passagem para o sono REM, os níveis de acetilcolina sobem fortemente, os de dopamina sofrem um leve aumento e os de noradrenalina e serotonina despencam a praticamente zero. O que tais alterações químicas têm a ver com a experiência de sonhar?

Em 1977 os psiquiatras da Universidade Harvard Allan Hobson e Robert McCarley propuseram a teoria de que a grande mudança de experiência subjetiva na transição para o sono REM pode ser explicada pela ativação de células produtoras de acetilcolina e pela desativação de células produtoras de serotonina e noradrenalina. Variações nos níveis desses neurotransmissores bastariam para explicar cinco características fundamentais dos sonhos: enquanto (1) as emoções intensas e (2) as fortes impressões sensoriais seriam derivadas dos altos níveis de acetilcolina, (3) o conteúdo ilógico, (4) a aceitação acrítica dos eventos oníricos e (5) a dificuldade de lembrar-se deles ao despertar seriam resultados dos níveis quase nulos de noradrenalina e serotonina. A teoria de Hobson e McCarley influenciou várias gerações de neurocientistas, motivados pela busca de explicações farmacológicas e anatômicas para o sonho. Não se trata de reduzir um fenômeno psicológico à biologia, mas de tentar compreender de que forma a interação química de células totalmente inconscientes gera a experiência subjetiva do sonho.

DESINTOXICAÇÃO E RESTAURAÇÃO

Desde que Hobson e McCarley propuseram sua teoria, muitos outros fatos a respeito do sono foram descobertos, o que tornou o fenômeno bem mais complexo de ser explicado. Como estado comportamental evolutivamente muito antigo, o sono tem múltiplas funções biológicas, baseadas em mecanismos que evoluíram em momentos distintos mas que são bem articulados entre si. Apenas nos últimos anos ficou claro que uma das funções mais importantes do sono é a desintoxicação do cérebro. O funcionamento neural ao longo da vigília gera subprodutos moleculares indesejados, como as proteínas chamadas de beta-amiloide, cujo acúmulo está relacionado à doença de Alzheimer. Experimentos com corantes e com proteínas beta-amiloide marcadas radioativamente mostraram que o adormecimento expande consideravelmente o minúsculo espaço entre as células de modo a aumentar a difusão das toxinas pelo liquor, o líquido transparente produzido pelo cérebro que se comunica com a circulação sanguínea e permite a troca de substâncias com o resto do corpo.[9] É possível que o efeito se deva mais à postura corporal do que ao sono em si,[10] mas como o sono humano quase sempre ocorre na posição horizontal, na prática dormir promove uma rápida e eficaz limpeza do lixo molecular acumulado pelo cérebro durante a vigília. Não surpreende portanto que uma soneca possa ter efeitos tão reparadores sobre a atenção, nem tampouco que a privação de sono seja fator de risco para a doença de Alzheimer. Um estudo com 177 adolescentes franceses mostrou que reduções na duração do período de sono se correlacionam a pior desempenho escolar e a menor volume da substância cinzenta em várias regiões corticais.[11]

DOENÇAS DO SONO, REMÉDIOS PARA DORMIR

Por ser uma função biológica complexa e essencial à vida, o sono também está sujeito a inúmeras desordens fisiológicas ou psíquicas. As principais patologias direta ou indiretamente associadas ao sono são a apneia noturna, a síndrome de West, a epilepsia, o terror noturno, o sonambulismo, a síndrome das pernas inquietas, a narcolepsia, a cataplexia e os pesadelos recorrentes característicos da síndrome do estresse pós-traumático, que será abordada mais adiante. Enquanto episódios de sonambulismo e pavores noturnos acontecem no início da noite durante o sono de ondas lentas, os pesadelos bem formados com altos níveis de ansiedade típicos do sono REM ocorrem na segunda metade da noite. Distúrbios de sono de ambas as fases estão associados a ansiedade, depressão e psicose. Pacientes com lesões neurológicas semelhantes às dos gatos sonhadores de Michel Jouvet podem desenvolver o distúrbio comportamental do sono REM, caracterizado por atuação explícita dos sonhos.

Diversas substâncias inibem a chegada do sono, tal como a orexina naturalmente produzida pelo cérebro, cuja falta causa a narcolepsia, marcada pela sonolência excessiva, entrada repentina em sono REM e perda abrupta de tônus muscular. Entre as substâncias inibidoras do sono estão a cafeína, anfetaminas, metilfenidato (ritalina) e cocaína, que são extraídos de plantas ou sintetizados em laboratório. Outras substâncias promovem sonolência, algumas produzidas pelo próprio corpo (adenosina, melatonina e leptina) e outras fabricadas industrialmente, como o álcool, os barbitúricos, os benzodiazepínicos (como Diazepam e Rivotril) e as drogas Z (como Zolpidem). No caso destas últimas a qualidade do sono é sofrível, configurando mais um desligamento cerebral temporário do que um período natural de quietude e processamento de memórias. O álcool, por exemplo, reduz especificamente o tempo em sono REM.

Se o sono compreende distintos estados fisiológicos com perfis específicos de neurotransmissores, não é surpreendente que seja alterado por essas substâncias, por seus análogos e mesmo por seus precursores bioquímicos (matérias-primas usadas na sua produção). Pessoas com doença de Parkinson, com baixa produção de dopamina, são normalmente medicadas com L-dopa, uma molécula que serve de base para a síntese de dopamina. Esse tratamento pode causar fortes experiências oníricas, descritas pelos pacientes como verdadeiras alucinações.[12]

SONO E ESPORTE

Uma das áreas em que a ciência do sono tem mais aplicação é nos esportes de alto desempenho. O exercício intenso causa perda de fluidos, lesões em fibras musculares e o esgotamento de fontes bioquímicas de energia, como o glicogênio. A restauração adequada dos tecidos pelo sono é fundamental para que o atleta mantenha força, precisão, resistência e velocidade.[13] Em média, um atleta de dezoito anos de idade tem um tempo de reação a estímulos muito menor do que o de um atleta de quarenta anos, mas essa diferença pode ser eliminada se o mais jovem estiver privado de sono e o mais velho tiver dormido bem. A privação de sono também tem um impacto negativo nos níveis de testosterona, que aumenta a massa muscular tanto em homens quanto em mulheres e é liberada principalmente durante o sono.[14]

Treinadores de esportes de alto desempenho quase sempre utilizam regimes especiais de sono como parte da preparação do atleta, tanto antes quanto depois da competição, visando a diminuição dos tempos de reação, o refinamento da coordenação motora e a reposição de metabólitos.[15] Na Fórmula 1, boa parte do desempenho excepcional de Ayrton Senna foi creditada por seu treinador Nuno Cobra à aderência estrita ao regime de dormir cedo. No futebol americano, tornou-se comum o uso de *power naps*, ou "supersonecas", e astros como Tom Brady cessam qualquer atividade às 21 horas para poder dormir nove horas sem interrupção.

NEUROGÊNESE E REGULAÇÃO HORMONAL

Uma função primordial do sono diz respeito à sua contribuição para a neurogênese: a geração de novos neurônios. Em seres humanos a neurogênese persiste pelo menos até o início da adolescência[16] e está localizada no giro denteado, uma camada de neurônios que serve de porta de entrada do hipocampo para informações sensoriais de diferentes tipos. A privação de sono causa inflamação neural e redução da neurogênese no giro denteado, dois efeitos associados à depressão.

Outro papel essencial do sono é o controle dos níveis de alguns dos mais importantes reguladores metabólicos de nosso organismo, como o hormônio do crescimento, necessário ao desenvolvimento e reprodução celulares, e o hormônio cortisol, essencial na resposta ao estresse. Durante a primeira metade da noite, enquanto predomina o sono de ondas lentas, os níveis de hormônio do crescimento atingem o máximo, enquanto os níveis de cortisol atingem o mínimo. Na segunda metade da noite, quando predomina o sono REM, o perfil hormonal se inverte: cessa a liberação de hormônio do crescimento e aumenta a liberação de cortisol, até atingir um pico no despertar. Em condições normais, os níveis de cortisol se mantêm baixos durante o resto do dia,[17] mas situações estressantes podem aumentar a qualquer instante o nível desse hormônio. Uma das muitas consequências desse aumento é o enfraquecimento de sinapses no hipocampo,[18] prejudicando o aprendizado e danificando memórias previamente adquiridas.

O sono tem ainda uma relação estreita com a regulação do apetite. Pessoas que dormem pouco têm aumento dos níveis do hormônio grelina e diminuição dos níveis do hormônio leptina, o que aumenta a ingestão de comida e favorece a obesidade. A privação crônica de sono causa um conjunto devastador de prejuízos metabólicos, hormonais, emocionais e cognitivos, e constitui fator de risco para doenças tão díspares quanto acidentes vasculares cerebrais, esclerose múltipla, dor de cabeça, epilepsia, sonambulismo, doença de Alzheimer e psicose.

MICROBIOTA, SONO E HUMOR

Se o sono é passível de grande modificação por agentes químicos, não surpreende que seja também afetado pelo colossal conjunto de bactérias, vírus, leveduras e protozoários que compõem nossa microbiota. A descoberta dessa relação remonta a 1907, quando os psicólogos franceses René Legendre e Henri Piéron começaram a realizar experimentos pioneiros de transfusão de liquor entre pares de cães, sendo um deles — o "doador" — previamente privado de sono por até dez dias. Verificou-se que o animal "receptor", não submetido à privação de sono, adormecia profundamente cerca de uma hora após a transfusão. Legendre e Piéron interpretaram o resultado como evidência do acúmulo cerebral, durante a vigília, de uma substância indutora do sono.[19] Na mesma época o fisiologista japonês Kuniomi Ishimori realizou pesquisas semelhantes e chegou a idêntica conclusão. Em 1967 a substância foi isolada e em 1982 foi finalmente identificada como o peptídeo muramil, que tem origem na parede celular de bactérias e induz a desaceleração das ondas cerebrais — o que pode explicar o aumento do sono de ondas lentas e a diminuição do sono REM em quadros infecciosos.[20]

Calcula-se que um adulto típico tenha, em sua flora normal, 50% mais microrganismos do que células do próprio corpo. Micróbios intestinais alteram a quantidade de serotonina produzida pelos cerca de 500 milhões de neurônios localizados nas paredes do canal alimentar, um verdadeiro sistema nervoso digestivo que envia muito mais axônios para o cérebro do que recebe. Embora esse sistema não esteja envolvido diretamente na tomada de decisões ou no planejamento de ações, pode influenciar bastante esses processos. A serotonina atua decisivamente na digestão, mas também produz efeitos poderosos sobre a mente, alterando o humor. Quase toda a serotonina produzida pelo corpo é encontrada nas vísceras, o que explica o acoplamento entre emoções fortes e comoção gastrointestinal. Até mesmo a depressão é afetada pela microbiota através de diversos mecanismos, incluindo alterações do sono.

Curiosamente o jejum foi e continua sendo utilizado nas principais religiões do mundo — cristianismo, islamismo, hinduísmo, budismo e judaísmo — para obter visões transformadoras. Povos ameríndios se notabilizam pelo uso de jejuns para induzir revelações oníricas significativas, assim como ocorreu fartamente durante a Antiguidade no Egito, Grécia e Roma.[21] Um estudo contemporâneo da relação entre alimentação e sonhos investigou quase quatrocentas pessoas no Canadá e confirmou que longos intervalos em jejum estão associados a sonhos mais vívidos.[22]

A QUÍMICA DO DELÍRIO

Ainda que diversas substâncias possam induzir o sono, poucas conseguem emular de forma convincente a experiência onírica. Os fármacos que mais se aproximam disso são as substâncias psicodélicas, capazes de provocar efeitos que vão desde alterações sutis de percepção e emoção até experiências alucinatórias francamente oníricas. Se o cérebro é uma farmácia, a química do delírio é a engrenagem do sonho. Os neurotransmissores endocanabinoides possuem análogos em plantas, como as moléculas delta-9-tetra-hidrocanabinol (THC) e canabidiol (CBD), duas entre as mais de cem moléculas canabinoides encontradas na maconha.[23] A serotonina tem entre seus análogos o N,N-DMT das folhas de *Psychotria viridis* utilizadas na ayahuasca, o 5-MEO-DMT dos rapés amazônicos feitos da casca de *Virola theiodora* e das secreções do sapo do deserto de Sonora, *Bufo alvarius*, a mescalina presente no cacto peiote *Lophophora williamsii*, a psilocibina do cogumelo *Psilocybe cubensis* e a dietilamida do ácido lisérgico (LSD), sintetizada a partir de um alcaloide do fungo ergot.[24] A raiz da planta africana iboga utilizada na religião bwiti contém um potente alcaloide psicodélico chamado ibogaína. Folhas da *Salvia divinorum* mexicana contêm salvinorina, uma substância capaz de induzir transes dissociativos intensos e rápidos. É fascinante imaginar o longuíssimo processo de descoberta das propriedades farmacológicas dessas plantas, fungos e animais de poder: muitos milênios palmilhados em experimentação temerária, tentativa e erro em busca das doses que distinguem veneno de remédio.[25] O laboratório era o corpo.

Todas as moléculas descritas acima atuam através de receptores (proteínas capazes de alterar sua forma após a ligação com moléculas específicas) ancorados na membrana celular dos neurônios. Muitas vezes esses receptores são canais que se abrem ao mudar de forma, permitindo a passagem de íons como sódio e cálcio para o interior da célula (Figura 6). Em outros casos esses receptores se tornam enzimas ao mudarem de forma, promovendo reações químicas no interior das células. No caso do N,N-DMT e do 5-MEO-DMT, os principais receptores ativados são os da serotonina. No caso dos canabinoides, o principal receptor ativado no cérebro é chamado CB1.

CANNABIS, SONO E ÊXTASE

O primeiro canabinoide a ser descoberto no próprio cérebro foi chamado de anandamida, uma fusão da estrutura química amida com a palavra *ananda*, que em sânscrito significa felicidade. A anandamida é um forte indutor do sono de ondas lentas e do sono REM, causando redução do tempo de vigília. Outros endocanabinoides importantes, como o 2-araquidonoil-glicerol, também induzem o sono.

A similaridade entre os efeitos causados pela maconha e o sonho é parcial mas expressiva, sobretudo pela alteração cognitiva difusa que diminui a memória de curto prazo ao mesmo tempo que aumenta a criatividade. Diversas pesquisas sobre os efeitos dos canabinoides presentes na maconha atestam a complexidade de seus efeitos. O canabinoide THC é excitante, acelera o pensamento e atiça a imaginação. Em baixas dosagens pode aumentar o tempo de sono de ondas lentas, mas em altas dosagens é ansiogênico, causa aumento da vigília e diminuição do sono REM. O canabinoide CBD é ansiolítico, protege contra déficits de memória de curto prazo, aumenta o tempo passado em vigília e reduz o tempo de sono REM. Em dosagens excessivamente altas, ambos induzem sono.

É provavelmente por isso, bem como pelos efeitos amnésicos residuais da maconha consumida antes de dormir, que seus usuários reportam ser mais difícil lembrar-se de um sonho após o consumo da planta. Em consequência, a maconha e seus constituintes podem ser eficazes no tratamento de pesadelos repetitivos característicos da síndrome do estresse pós-traumático.[26]

Se a diminuição de sono REM causada pela maconha efetivamente reduz a oportunidade de sonhar e de lembrar-se dos sonhos, os efeitos da maconha na vigília são oníricos. A percepção fica mais rica, os limites entre as coisas parecem menos fixos, os laços lógicos se afrouxam, ideias distantes se associam e os pensamentos ficam mais interessantes. É como se a maconha reduzisse o sonho noturno (*nightdream*) em prol da divagação da vigília (*daydream*).

SEROTONINA E PSICODELIA

É notável a similaridade do estado onírico com o efeito induzido por substâncias psicodélicas semelhantes à serotonina, como o LSD e as dimetiltriptaminas (DMT) como o N,N-DMT e o 5-MEO-DMT.[27] Os efeitos poderosos dessas moléculas sobre o funcionamento mental foram inicialmente propostos pela psiquiatria nos anos 1950 como modelos de psicose. Em 2017, um estudo da equipe do psiquiatra suíço Franz Vollenweider, da Universidade de Zurique, demonstrou que a ativação do receptor $5\text{-}HT2_A$, molécula integrante de nosso cérebro, é estritamente necessária para que o LSD cause efeitos subjetivos semelhantes ao sonho, como aumento da bizarrice cognitiva e dissolução de limites do próprio corpo. Apesar de seus robustos efeitos psíquicos, tais substâncias não causam dependência e apresentam baixa toxicidade.[28]

A ingestão ou inalação de DMT causa poderosa imagética visual com os olhos fechados, frequentemente em duas etapas distintas. Num primeiro momento o campo visual é tomado por padrões vibrantes e coloridos, um verdadeiro caleidoscópio de cores e formas geométricas em repetição fractal. Em seguida aparecem animais, plantas e outros objetos, que passam a ocupar a totalidade do campo visual, numa superposição vertiginosa de imagens. A primeira etapa não se parece nada com os sonhos nem com nenhum outro estado de consciência normalmente experimentado. Seu conteúdo abstrato talvez corresponda ao efeito do DMT na própria retina, pela ativação de padrões geométricos característicos da própria rede celular de receptores luminosos. A segunda etapa, por outro lado, tem a intensidade, as formas e as texturas características do sonho, sendo preenchida por objetos complexos em fortes cores e movimento. Entretanto, nessa segunda etapa não é comum haver enredos ou narrativas, a não ser em dosagens muito altas, que podem deflagrar experiências longas e profundas muito semelhantes a sonhos, com interações sociais complexas, ambientação fantástica e sensações oceânicas. Em 1988 o pesquisador norte-americano J. C. Callaway levantou a hipótese de que N,N-DMT produzido pelo próprio cérebro esteja diretamente envolvido na geração das imagens visuais durante o sono REM, mas até o momento não há evidência convincente disso.

Do ponto de vista científico, a mais bem pesquisada preparação de DMT é o chá chamado ayahuasca, que em quéchua significa "cipó dos espíritos" ou "cipó dos mortos". Além do DMT, a ayahuasca contém inibidores de enzimas que degradam neurotransmissores, levando à elevação dos níveis de serotonina, dopamina e noradrenalina. Também conhecida como hoasca, daime, iagé ou simplesmente "vegetal", a ayahuasca é utilizada com propósitos de cura e divinação por dezenas de grupos indígenas das bacias do Amazonas e do Orinoco, bem como por Igrejas sincréticas que têm espalhado pelo mundo seu sacramento cheio de revelações.

Um dos efeitos mais característicos da ayahuasca (embora não chegue a ser comum) é a "miração", um estado dominado por vigorosas experiências visuais apesar dos olhos fechados, com imagens tão vívidas quanto a própria realidade, mas fantásticas, plenas de simbolismo e da presença profunda, colorida e brilhante de animais, plantas, seres metamórficos, espíritos ancestrais e divindades cujo propósito é aconselhar e curar.

Mesmo quando mirações vívidas não ocorrem, a ingestão da ayahuasca provoca uma purga espiritual ou psíquica, que inclui a revisitação de atos passados e severa autocrítica. Essa purgação mental frequentemente tem como paralelo (e talvez como gatilho) uma purgação fisiológica, na forma de vômitos e diarreia. Esses efeitos não são surpreendentes, considerando que a quase totalidade dos receptores da serotonina se encontra no trato gastrointestinal. A dinâmica de ingestão do chá e a subsequente purga, aliada ao sincretismo religioso de crenças afro-indígenas com o cristianismo, faz das religiões adeptas da ayahuasca um espaço cultural poderoso para representar, em pleno século XXI, o ciclo de morte e renascimento que a espécie almeja desde sempre.

VISÃO DE OLHOS FECHADOS

A semelhança notável entre a experiência visual do sonho e a miração induzida pela ayahuasca levou o psicofarmacologista catalão Jordi Riba, então no Instituto de Pesquisa Biomédica Sant Pau em Barcelona, hoje na Universidade de Maastricht, a realizar experimentos pioneiros sobre o transe induzido pelo chá. Utilizando EEG para registrar ondas cerebrais antes e depois da ingestão da ayahuasca, Riba e sua equipe demonstraram um aumento da potência de ondas cerebrais rápidas em paralelo com uma diminuição da potência de ondas cerebrais lentas.[29] Comparado a estados do sono, o estado cerebral induzido pela ayahuasca é mais próximo do sono REM do que do sono de ondas lentas. Esse fato, consistente com a semelhança entre sonho e "miração", suscita algumas perguntas básicas: quais regiões cerebrais são ativadas após a ingestão de ayahuasca? Faz diferença estar de olhos abertos ou fechados? A ayahuasca aumenta o poder da imaginação?

Motivado por essas perguntas, o neurocientista brasileiro Dráulio de Araújo, meu colega na Universidade Federal do Rio Grande do Norte, coordenou uma investigação da atividade cerebral sob efeito da ayahuasca com foco na capacidade de imaginar objetos visuais. A atividade cerebral foi medida por ressonância magnética funcional durante a execução de duas tarefas consecutivas: percepção visual com os olhos abertos e imaginação visual com os olhos fechados. O protocolo foi inspirado num estudo clássico do neurocientista norte-americano Stephen Kosslyn, então na Universidade de Harvard, em que se demonstrou que a imaginação de objetos visuais ativa o córtex visual primário na proporção do esforço mental realizado.[30]

Antes de apresentar os resultados, uma consideração necessária. Participei do desenho experimental e das primeiras coletas de dados dessa pesquisa no hospital da Universidade de São Paulo em Ribeirão Preto, da qual Araújo era então professor. Posso afirmar que é bastante difícil trazer a experiência da ayahuasca para o interior de um escâner de ressonância magnética instalado dentro de um hospital. Isso ocorre tanto pelas alterações fisiológicas descritas acima quanto pela interação da experiência com as crenças dos voluntários, que consideraram a experiência uma passagem difícil pelo portal para o mundo espiritual. Os voluntários eram adeptos do santo-daime, uma das principais religiões que utilizam a ayahuasca como sacramento, além da União do Vegetal e da Barquinha. Para os praticantes desse culto sincrético centrado em símbolos da Floresta Amazônica, o ambiente hospitalar, onde se acredita que as almas sofram e desencarnem com frequência, é particularmente desafiador.

Quando comparamos os sinais antes e depois da ingestão de ayahuasca, observamos aumento da atividade cerebral em várias áreas do córtex cerebral relacionadas à visão, recuperação de memórias episódicas e imaginação intencional e prospectiva. Não apenas as áreas visuais corresponderam a regiões ativadas durante sonhos ou alucinações psicóticas, mas a atividade na área visual primária, região cortical anatomicamente mais próxima da retina, se correlacionou fortemente com sintomas semelhantes aos da psicose, experimentados após a ingestão da ayahuasca. Além disso, houve importantes mudanças de direcionalidade nas relações de atividade entre as distintas partes do cérebro, revelando uma grande reorganização funcional.[31]

Os resultados sugerem que o esforço ativo para ver de olhos fechados — ter a intenção de imaginar — de fato produz, sob influência da ayahuasca, a sensação de enxergar nitidamente uma cena imaginária. Quatro anos depois, resultados semelhantes foram obtidos com LSD pelo grupo do psicofarmacologista inglês David Nutt, do King's College de Londres, que demonstrou poderosa ativação do sistema visual mesmo com os olhos fechados.[32]

Dando continuidade à pesquisa com ayahuasca, Araújo colaborou com o físico indiano Gandhi Viswanathan, a então doutoranda Aline Viol e outras pesquisadoras da Universidade Federal do Rio Grande do Norte para demonstrar que a ingestão do chá aumenta o grau de conectividade cerebral.[33] Com esse aumento, a mente pode efetivamente se tornar mais "aberta", alcançando um estado mais flexível em que pensamentos sobre o futuro ou o passado não são mais identificados mentalmente com a realidade que representam, mas sim associados de forma livre. Fenômenos semelhantes foram observados com outras substâncias psicodélicas, como a psilocibina e o LSD.[34] É portanto fácil compreender o que levou os xamãs neolíticos a utilizar psicodélicos para provocar mirações divinatórias. Essas substâncias são chamadas de enteógenas, ou manifestações interiores do divino, com a mesma raiz grega da palavra entusiasmo: trazer Deus dentro.

A relação do sonho com os enteógenos é íntima e complexa. Nas palavras da antropóloga brasileira Beatriz Labate, "em sociedades tradicionais, o estado de vigília não é considerado o modo 'normal' ou 'superior' de estar no mundo e conhecer a realidade. Sonhos e outros estados alterados de consciência são considerados meios absolutamente legítimos de aprendizagem e revelação". Tais sociedades dividem a realidade em dois planos, um visível e outro invisível. Para acessar o "outro lado", o plano invisível das almas, entidades e divindades, é preciso sonhar ou utilizar enteógenos ritualmente a fim de trazer para a percepção a dimensão numinosa da existência. Considera-se que apenas nesses estados de fronteira é possível enxergar através da superfície das pessoas, animais, plantas e coisas do mundo, aprofundando o conhecimento para além das aparências. Experimentada como não humana, essa dimensão invisível seria ao menos em parte a causa dos acontecimentos no mundo de cá, no plano do visível.

O povo kaxinawá, que habita a Floresta Amazônica entre o Brasil e o Peru, bebe infusões de ayahuasca para alcançar visões e acessar o mundo espiritual.[35] Essa alteração de consciência tem relação direta com os sonhos, delírios febris e mesmo o coma, todos estados considerados limites e por isso mesmo capazes de produzir revelações autênticas da realidade invisível onde habitam os espíritos. O trabalho onírico, assim como o trabalho de ayahuasca, tem entre os kaxinawás a função de revelar a face oculta do mundo. Por elevar a vividez da imaginação desperta de olhos fechados ao nível atingido durante os sonhos, chegando mesmo no nível da realidade percebida de olhos abertos, os enteógenos atribuem concretude e verossimilhança às visões, fazendo do encontro com as próprias memórias um descobrimento corajoso e emocionante. Seria isso a loucura controlada? O que é loucura?

8. Loucura é sonho que se sonha só

C. S. sofria de esquizofrenia paranoide. Precocemente demenciado, foi internado em hospital público aos 21 anos. Alucinava incessantemente uma voz feminina que o insultava e ameaçava de morte, chegava a ter alucinações visuais e via vultos ameaçadores. Sua psiquiatra lhe receitou o medicamento risperidona, um potente bloqueador de receptores de dopamina e serotonina, usado preferencialmente para psicoses delirantes. Entretanto, mesmo tratado com a dose diária máxima, o paciente seguia acreditando nos delírios e alucinações. Escutava vozes todos os dias e tinha impulsos de embrenhar-se no mato como um bicho.

Após vários meses C. S. foi desinternado e levado para casa medicado, mas continuava construindo delírios persecutórios lancinantes, de maledicências imaginárias e ameaças intrusivas. Seguia tendo impulsos de fugir para o mato, porém nunca foi. Seu impulso estava freado, presente mas impotente. Nessa época de frágil normalidade relatou um sonho em que a voz, assim como na vigília, ameaçava matá-lo. Ele então saía de casa, via um homem atacando sua mãe, o matava, era preso, declarava ser doente, e se livrava da prisão. Ao ser solto sentia-se muito bem, e o sonho terminava. Esse sonho se repetiu várias vezes. O paciente o considerou agradável "porque deixa a raiva sair e fica tudo bem ao final". Ao reduzir os efeitos da dopamina, o medicamento inibia o impulso motor de obedecer às vozes na vigília, mas não as continha durante o sonho, em que tudo pode ser resolvido sem consequências negativas para o sonhador. No universo paralelo da atividade onírica, o paciente tinha total liberdade de expressar seus sintomas psicóticos, e dormir tornava-se um escape perfeito das restrições sociais da vigília. Não surpreende que um dos efeitos colaterais da risperidona seja a sonolência, pois o medicamento mimetiza a queda nos níveis de dopamina e serotonina que naturalmente ocorre quando adormecemos.

DEMÊNCIA PRECOCE E FABULAÇÃO JUVENIL

Apesar dos avanços da ciência, o prognóstico de casos como o de C. S. continua sendo bastante difícil. A esquizofrenia é uma doença potencialmente devastadora, de complexas causas genéticas e ambientais. De um lado, há sinais claros mas difusos de herança genética da doença, com sua prevalência em determinadas famílias e muitos genes fracamente relacionados aos sintomas. De outro lado, os danos psíquicos de longo prazo derivados da ausência de cuidado de mãe e pai, ou de interações parentais francamente negativas, parecem desempenhar um papel no desenvolvimento da doença. A esquizofrenia se caracteriza, entre outros sintomas, pelo aparecimento, na adolescência ou no início da fase adulta, de alucinações e delírios psicóticos, combinados com embotamento afetivo, afrouxamento da lógica e desorganização do pensamento. A paranoia com frequência acompanha o quadro, gerando progressiva deterioração das relações sociais.

Curiosamente, alucinações, delírios e afrouxamento da lógica também ocorrem nos sonhos dos adultos e crianças saudáveis, bem como na fabulação normal das crianças durante a vigília. Considere, por exemplo, um pesadelo infantil relatado pela própria psiquiatra do paciente descrito acima, um enredo onírico de fazer inveja a Stephen King. O relato é longo, mas ilustra em detalhes a dinâmica ansiogênica do pesadelo, marcado pelo suspense crescente e por uma multissensorialidade mais radical do que qualquer filme de terror.

Os personagens do sonho eram vários parentes da sonhadora, e o cenário era a casa de veraneio da família, cercada por densa floresta inexistente na vigília. As mulheres de todas as idades chegaram animadas com as férias, mas o pai não parecia satisfeito. Se isolou, limpou facas e rifle, equipou-se com cartuchos de grosso calibre, arrumou a mochila e saiu para caçar. Inicialmente as mulheres estavam todas muito felizes com as férias, mas pouco a pouco, uma por uma, elas começaram a desaparecer. Alguém saía para ir ao banheiro e não voltava. Outra pessoa ia atrás da primeira e também não voltava. A sonhadora chamava pelo pai, mas ele não aparecia; começou a desconfiar dele, porém parecia ser a única a ter essa suspeita. Os desaparecimentos começaram a se suceder cada vez mais rapidamente, mas mesmo assim a mãe insistia que não havia razões para preocupação.

O sonho chegou a seu primeiro clímax de detalhes visuais apavorantes quando a sonhadora passou em frente a um quarto e viu sua tia pendurada do teto, enforcada, os olhos esbugalhados. Correu em busca da mãe, mas quando ambas regressaram já não havia vestígios nem do corpo nem da corda. Ela insistiu com a mãe sobre o perigo que corriam, e esta finalmente aceitou partir, ainda que a contragosto. A mãe perguntou: cadê sua irmã? E então se deram conta de que ela também havia desaparecido. O suspense hiper-realista se intensificou quando a sonhadora detectou rastros de sangue no chão, mesclados a um forte cheiro de decomposição que levava ao banheiro. O fio de sangue seguia até dentro do baú de roupa suja.

O segundo clímax veio quando a sonhadora abriu o baú, onde encontrou apenas metade da irmã. Ao ver a filha mutilada, a mãe se desesperou e decidiu fugir, mas a irmã semimorta pulou aos prantos para fora do baú e, se arrastando, implorou: "Não me deixem aqui, não me deixem aqui!". Pegaram-na no colo, e era possível distinguir toda a anatomia interna, órgãos, músculos e ossos seccionados, uma cena tão intensa que inverteu a perspectiva do sonho lúcido: a sonhadora chegou a pensar: "Isso não é sonho, é real!". Mãe e filhas fugiram da casa, mas apesar de correrem o cenário não mudava, a casa parecia ser interminável. Então veio o terceiro e mais angustiante clímax: a sonhadora olhou para trás, viu palavras em movimento, como créditos ao final de um filme, e concluiu em desespero que ficariam presas naquele cenário para sempre.

E então a menina despertou. Apenas um sonho normal de uma criança também normal? Uma família típica, uma profissão inexorável? Algum trauma real ou excesso de televisão? Como é possível uma criança pequena experimentar horrores tão minuciosos e ainda assim manter a sanidade a ponto de escolher cuidar profissionalmente de pessoas em sofrimento psíquico? Colocadas em perspectiva, a biologia, a história e a psiquiatria indicam que as funções e disfunções oníricas estão no cerne da mente propriamente humana. Do ponto de vista qualitativo, as alucinações psicóticas diferem pouco dos sonhos relatados pela maioria das pessoas.

De fato, é muito recente o conceito de loucura como desconexão patológica do mundo externo, mundo cuja percepção adequada seria compartilhada pelos "normais". Como vimos no início do livro, em distintas culturas da Antiguidade os delírios e alucinações que hoje associamos à psicose foram interpretados como sinais sagrados de inspiração e possessão espiritual. As visões obtidas nesses transes eram interpretadas como instâncias de contato entre o mundo dos vivos e o dos mortos, conferindo a capacidade de prever o futuro, interpretar outros sonhos, revelar augúrios e ditar profecias. A loucura tinha importância ímpar na ligação dos homens com os deuses, seja para a misteriosa pitonisa em Delfos, seja para o faraó megalomaníaco capaz de mover montanhas e multidões. Mas o desenvolvimento da civilização cristã progressivamente segregou o louco pagão, desinvestindo-o de poderes divinatórios, primazia dos santos e beatos da Igreja.

Ao final da Idade Média, a exclusão social das pessoas acometidas de loucura chegou a um patamar degradante. Se é provável que houvesse psicóticos entre os que ardiam no fogo do Santo Ofício, os que ordenavam a sevícia eram cruéis psicopatas. O *Martelo das feiticeiras*, manual de perseguição de heresias do século xv, prescrevia morte violenta para mulheres acometidas pelo que hoje chamaríamos de delírios e alucinações. Torturados e executados como endemoniados na Alemanha, na França e sobretudo na Espanha, psicóticos e outros desvalidos sofreram na carne as consequências de sua inadequação social.

DA NAU DOS INSENSATOS AOS MANICÔMIOS PSIQUIÁTRICOS

O arrefecimento da Inquisição e o deslocamento populacional para os burgos disseminaram bandos gregários de viajantes psicóticos segregados pela sociedade, peregrinando sem destino nem pouso, navegando os grandes rios da Europa em balsas rústicas para esmolar de cidade em cidade, sem serem aceitos como residentes em parte alguma. Era a *Nave dos loucos* pintada pelo artista holandês Hieronymus Bosch e estudada pelo filósofo francês Michel

Foucault, que passava ao largo da normalidade mas bem rente a ela, sem ser entretanto atacada. Essa exclusão não interferente atravessou séculos e perdura até hoje na figura do mendigo louco, completamente desengajado das atividades produtivas, livre para viver plenamente a delícia e o horror de sua condição.

Com o fim da Renascença, tornou-se progressivamente dominante uma visão diferente sobre o louco, refletida na criação dos primeiros manicômios públicos. Embora as primeiras instituições dedicadas ao tratamento de lunáticos tenham surgido no mundo árabe no século ix, foi na Europa cristã do século xvii que se disseminaram as instituições especializadas na internação de pacientes psiquiátricos, com doenças definidas por sintomas comportamentais específicos.

Ainda que motivado pela necessidade estatal de cercear, excluir e punir as pessoas consideradas loucas, o estabelecimento de manicômios inadvertidamente favoreceu o estudo da loucura e a busca de métodos para tratá-la. A reunião de doentes mentais em um ambiente controlado por médicos criou um espaço inédito de investigação clínica, lançando as bases empíricas de uma disciplina médica orientada para as enfermidades mentais. O louco já não era nem o áugure da Antiguidade nem o monstro da Idade Média, mas o hospedeiro de um fenômeno natural, estudado por uma pessoa "normal", não louca.

Na segunda metade do século xix, a psiquiatria se desenvolveu a partir da identificação e da classificação de vários tipos diferentes de doença mental. Ao contrário da neurologia, que já catalogava com sucesso as correspondências estreitas entre lesão cerebral e déficit perceptual, motor ou psíquico, a psiquiatria lidava — e lida até hoje — com perturbações muito mais sutis, cujas causas não se revelam pelo mero exame neuroanatômico. Desde então formou-se o entendimento de que há pelo menos dois tipos gerais de doenças psiquiátricas. Psicoses seriam doenças mentais de origem "orgânica" e mau prognóstico, pois suas causas fisiológicas e/ou anatômicas seriam de difícil acesso terapêutico. Já as neuroses teriam origem cultural, resultando em perturbações mais facilmente tratáveis através de terapias de diferentes tipos.

Visto por Freud como particularmente útil na psicoterapia das neuroses, o sonho foi amplamente reputado no final do século xix como um fenômeno semelhante à psicose, embora não patológico. Assim pensavam Emil Kraepelin (1856-1926) e Eugen Bleuler (1857-1939), fundadores da psiquiatria e primeiros a descrever a esquizofrenia. Afinal, pessoas em surto psicótico se comportavam como se habitassem um sonho intenso mesmo estando acordadas, como que imersas numa realidade privada mais real que a própria realidade social. Um corolário desse raciocínio é que o sonho seria um momento normal de psicose em todas as pessoas, inclusive as que não experimentam sintomas psicóticos na vigília. Embora discordassem de Freud em muitos aspectos, Kraepelin e Bleuler coincidiam quanto ao sonho: era claramente um modelo de psicose, com mecanismos provavelmente comuns e grande potencial terapêutico.

Essa opinião se difundiu na medicina da primeira metade do século xx e chegou a ter bastante influência na Europa e na América, mas a descoberta nos anos 1950 das primeiras drogas antipsicóticas, todas em algum grau antagonistas do receptor dopaminérgico do tipo 2, fez decair o interesse pela relação psicose-sonho. Já não havia razão para investigar os sonhos de pacientes psicóticos, nem para tentar entender a relação entre as fantasias oníricas e os delírios esquizofrênicos. O espaço da subjetividade no tratamento da psicose cedeu terreno a algo muito mais concreto, simples e objetivo: os fármacos capazes de reduzir a ação da dopamina no cérebro.

Do ponto de vista dos familiares dos pacientes, a terapia farmacológica foi considerada um verdadeiro milagre, pois cortava pela raiz os comportamentos antissociais que tanto assustam na psicose. Do ponto de vista dos pacientes, o sucesso foi mais questionável, pois o manejo inadequado da dose frequentemente leva ao fenômeno da "impregnação química", que castra emoções e embota movimentos. Décadas depois, os antipsicóticos de última geração já não pretendem mirar exclusivamente o receptor de dopamina, mas buscam também os receptores de serotonina, noradrenalina e glutamato. As drogas psiquiátricas possuem uma ampla gama de afinidades para múltiplos receptores, levando a efeitos farmacológicos complexos que modulam diferentes aspectos da mente, como humor, cognição e interações sociais.

Enquanto a relação sonho-psicose saía do radar na psicofarmacologia, estudos de neuroimagem revelaram uma semelhança notável entre sono REM e psicose. Em ambas as condições o córtex pré-frontal dorsolateral encontra-se desativado, o que gera uma retroalimentação negativa que suprime ainda mais suas múltiplas e importantes funções: memória de trabalho, planejamento, inibição e controle voluntário dos atos motores, tomada de decisões, raciocínio lógico e abstrato, e sintonia social fina. Essa desativação cortical leva a uma desinibição de estruturas subcorticais envolvidas com a emoção, como o núcleo accumbens e a amígdala, relacionadas à valoração positiva ou negativa dos estímulos. A combinação de desativação do córtex pré-frontal dorsolateral e ativação dessas estruturas subcorticais tem potencial para explicar o aparecimento dos pensamentos bizarros, distúrbios afetivos, alucinações e delírios que caracterizam tanto a psicose quanto o sonho. Pacientes esquizofrênicos apresentam maior frequência de pesadelos do que indivíduos saudáveis,[1] com conteúdo mais hostil, maior proporção de estranhos entre os personagens oníricos e menor frequência de sonhos em primeira pessoa.[2]

SEM DOPAMINA NÃO HÁ SONO REM

Curiosamente, foi uma investigação sobre os efeitos eletrofisiológicos da dopamina em roedores que acabou por reaproximar a psicose do sonho no âmbito da psicofarmacologia, através de uma pesquisa que realizei com o psiquiatra ganês Kafui Dzirasa e o neurocientista português Rui Costa no laboratório do neurocientista brasileiro Miguel Nicolelis. Nos inspiramos em uma observação polissonográfica fortuita do psiquiatra austríaco Ernest Hartmann, da Universidade Tufts, que relatou em 1967 o caso de um paciente esquizofrênico não medicado cujo surto psicótico foi precedido de sono fragmentado, com pequena latência para a ocorrência de muitos episódios curtos de sono REM (Figura 8). O registro sugeria que a psicose tivesse decorrido de uma intrusão do sono REM na vigília.

Ainda que fascinante, o achado de Hartmann não foi replicado nas décadas seguintes. Talvez ele tenha se equivocado, ou talvez o caso não represente nenhum fenômeno regularmente observado numa amostra suficientemente grande de pacientes. A mais provável razão dessa discrepância é apenas a adoção de procedimentos de ética em pesquisa mais estritos a partir dos anos 1970, que impedem a realização de pesquisas em pacientes não medicados.

Seja como for, o interesse pelo assunto hibernou até que, numa bela tarde de outono na Universidade Duke, nos entusiasmamos com a possibilidade de testar em camundongos a hipótese sugerida por Hartmann. No prédio ao lado do Departamento de Neurobiologia, os biólogos Marc Caron e Raul Gainetdinov haviam criado diversas linhagens de camundongos transgênicos, entre as

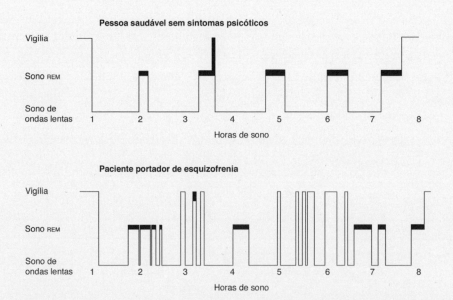

8. *Registros polissonográficos realizados nos anos 1960 sugeriram que pacientes portadores de esquizofrenia sofrem de intrusão excessiva de sono REM. O aumento do número de episódios ao longo de uma noite de sono foi acompanhado de uma diminuição da duração de cada episódio.*

quais uma linhagem com níveis artificialmente altos de dopamina nas sinapses. De comportamento errático, tais camundongos são considerados um modelo animal de psicose. Através de vários experimentos comportamentais, eletrofisiológicos e farmacológicos, descobrimos que nesses animais as oscilações neurais da vigília eram curiosamente semelhantes às encontradas durante o sono REM.[3]

Entretanto, quando administramos uma droga antagonista que inibe o receptor dopaminérgico tipo 2, semelhante às primeiras drogas antipsicóticas descobertas nos anos 1950, diminuiu a intrusão anormal do sono REM na vigília. Quando os animais foram tratados com uma enzima capaz de interromper completamente a produção de dopamina, o sono REM foi abolido por inteiro. Foi possível então resgatar o sono REM nesses animais utilizando um agonista do receptor dopaminérgico do tipo 2. Em conjunto, os experimentos produziram a primeira evidência direta de que a dopamina é estritamente necessária ao sono REM e corroboraram a noção de que a psicose mistura vigília e sono REM.

É possível portanto que as perturbações mentais da psicose dificultem o discernimento entre fantasia e realidade justamente porque resultam da invasão da vigília pelo sonho. Ainda que delírios e alucinações possam envolver qualquer combinação de modalidades sensoriais, como visão, tato e até mesmo olfato e gustação, a quebra da fronteira acontece, sobretudo e crucialmente, no domínio da linguagem. A ampla maioria dos sintomas psicóticos é auditiva, tipicamente na forma de vozes sarcásticas, derrogatórias, acusatórias ou imperativas, por vezes incessantes, que soam convincentemente "dentro da cabeça" e parecem completamente reais. Momentos de relaxamento são propícios a sua expressão, conforme assinala uma cantiga tradicional da capoeira Angola, que repete como mantra: "tô dormindo, tô sonhando, tão falando mal de mim"...

O que confunde e assusta nessa situação é a sensação nítida de que as vozes são *de outras pessoas*, já que o diálogo interno é um fato da vida mental saudável, seja na forma de monólogo reflexivo, seja na evocação de frases feitas e expressões adequadas ao momento. Em concordância com Freud, o psicanalista francês Jacques Lacan observou que a base do diálogo mental interno são as vozes dos pais, primeiras e mais importantes expressões auditivas do mundo social, codificadas com tanta força que se reativam e reverberam por toda a vida, formando a base da norma social que se expressa como superego.[4] De modo muito concreto, somos construídos verbalmente por nossos ancestrais diretos. Suas representações falam dentro de nós e mesmo por nós — persistem ainda depois do desaparecimento de seus donos. Como na peça *Esperando Godot*, do dramaturgo irlandês Samuel Beckett, os mortos insistem em falar:

ESTRAGON Todas as vozes mortas.
VLADIMIR Um rumor de asas.
ESTRAGON De folhas.
VLADIMIR De areia.
ESTRAGON De folhas.

Silêncio.

VLADIMIR Falam todas ao mesmo tempo.
ESTRAGON Cada uma consigo própria.

Silêncio.

VLADIMIR Melhor, cochicham.
ESTRAGON Murmuram.
VLADIMIR Sussurram.
ESTRAGON Murmuram.

Silêncio.

VLADIMIR E falam do quê?
ESTRAGON Da vida que viveram.
VLADIMIR Não foi o bastante terem vivido.
ESTRAGON Precisam falar.
VLADIMIR Não lhes basta estarem mortas.
ESTRAGON Não é o bastante.[5]

Esse diálogo ecoa a hipótese de Jaynes sobre os sonhos com ancestrais falecidos. Em sua ousada conjectura, Jaynes afirmou que os psicóticos de hoje representam a persistência socialmente desajustada de uma mentalidade antiga, memória de um tempo em que era comum ouvir vozes. Os psicóticos seriam verdadeiros fósseis vivos de um tipo de consciência humana que teria nascido no Paleolítico, prosperado no Neolítico, se expandido na Idade do Bronze e colapsado retumbantemente na aurora da Idade do Ferro, há cerca de 3 mil anos.

Para construir essa teoria, Jaynes se baseou diretamente em inúmeros achados arqueológicos, mas indiretamente se apoiou na noção junguiana[6] e freudiana[7] de que doenças psiquiátricas podem se assemelhar ao funcionamento mental de crianças, de povos caçadores e coletores da atualidade, ou de nossos ancestrais. Para Freud, "podemos agora ligar ao narcisismo, e apreender como parte essencial deste, a elevada estima — a superestimação, de nosso ponto de vista — que primitivos e neuróticos atribuem aos atos psíquicos".[8] Em sua concepção, as religiões seriam ilusões que obedecem a desejos instintivos e buscam assumir controle da realidade:[9] "A religião é comparável a uma neurose infantil".[10] Um conceito relacionado foi proposto pela austríaca Melanie Klein, pioneira no estudo psicanalítico de crianças. Para Klein, a perversidade e as fantasias da primeira década de vida encontram correspondência transitória na psicose.[11] Ela propôs que o mundo mental é construído a partir da internalização de objetos — pedaços de pessoas (seios), pessoas, animais e coisas.[12] Crianças frequentemente experimentam, ao longo de seu desenvolvimento normal, sonhos perturbadores em que seus pais deixam de ser protetores confiáveis, tão familiares, para se tornarem adultos ameaçadores, estranhos e imprevisíveis. As vozes reverberantes desses pais e mães distorcidos ecoam a voz psicótica da mãe de Norman Bates no filme *Psicose*, de Alfred Hitchcock, fala malvada e cínica que se escuta tantas vezes na infância, em momentos de autocomiseração e quietude inquieta, imaginação desperta ou sonhos adormecidos representando o pior pesadelo de qualquer jovem mamífero, a predação advinda dos próprios arquétipos de cuidado parental: pai ou mãe tentando matar o filho.

A persistência dessas fantasias ecoa nosso passado ancestral. A Bíblia nos conta, em Gênesis 22, a história de Abraão, que comandado por seu Deus decidiu matar o próprio filho, Isaac. O patriarca amarrou o menino ao altar e já se preparava para executá-lo quando um anjo do Senhor apareceu para dissuadi-lo, indicando um carneiro para substituir a criança no sacrifício. Na versão corânica dessa história, a ordem divina para matar o próprio filho chegou ao patriarca através de um sonho. De Medeia a Herodes, os textos da Antiguidade estão repletos de infanticídios. Na esquizofrenia paranoide clássica, delírios persecutórios e autorreferentes marcados pela escuta de vozes imperativas, sedutoras ou ameaçadoras, muitas vezes cínicas, mordazes e sarcásticas, ocorrem intensamente. Pacientes com esquizofrenia apresentam em seus relatos oníricos maior proporção de personagens desconhecidos, masculinos e em bando.[13] É típico de portadores de esquizofrenia o desejo de escapar da sociedade, sumir na floresta, desaparecer nas montanhas. Preferem o abandono na natureza à maldade da cultura.

QUANTIFICANDO A LINGUAGEM PSICÓTICA

Se a psicose é um estado psicologicamente arcaico, que foi comum em nosso passado histórico e persiste hoje nos estágios iniciais do desenvolvimento, deveria ser possível encontrar traços linguísticos comuns a crianças, psicóticos e textos escritos na época dos faraós. Motivados por essa missão interessante e um tanto extravagante, eu e o físico Mauro Copelli, da Universidade

Federal de Pernambuco, decidimos nos aventurar pela análise matemática da estrutura da linguagem de adultos e crianças, tanto saudáveis quanto psicóticos, para compará-la com a estrutura de textos da Idade do Bronze.

Essa pesquisa começou em 2006 quando Natália Mota, então jovem estudante de medicina que depois se tornaria psiquiatra e concluiria mestrado e doutorado sobre o tema, começou a registrar relatos oníricos de pacientes psiquiátricos. Para quantificar diferenças estruturais entre os relatos, resolvemos transformar cada relato num grafo feito de palavras (Figura 9A). Um grafo é uma estrutura matemática simples que serve para representar qualquer rede de elementos, como as linhas de ônibus de uma cidade, as vias metabólicas no interior de uma célula ou uma rede social na internet. Usando essa representação para analisar relatos produzidos por pessoas de diferentes idades, descobrimos que a estrutura do relato de sonho é altamente informativa do estado psiquiátrico do paciente. A Figura 9B mostra exemplos representativos de relatos de sonho produzidos por dois tipos de pacientes psicóticos, esquizofrênicos e bipolares, em comparação com o relato de sonho de um indivíduo saudável. É notável a diferença entre os grafos, que são curtos e simplificados em pacientes esquizofrênicos, mas longos e rebuscados em pacientes bipolares quando no estado de mania, cheios de escapes e reentradas. Indivíduos saudáveis apresentam um padrão intermediário entre os dois tipos de paciente. É como se as pessoas "normais" estivessem a meio caminho entre a pobreza de palavras da esquizofrenia e a riqueza discursiva da mania. Curiosamente, nada disso ocorre em relatos de experiências da vigília, que em todos os grupos se apresentam de modo cronológico, direto, com poucos retornos (Figura 9C).

Em conjunto, esses fenômenos linguísticos permitem o uso de relatos de sonhos para quantificar e diagnosticar precocemente a esquizofrenia, de forma rápida, barata e não invasiva.[14] Os sonhos são portanto clinicamente úteis, e isso parece ocorrer porque os sonhos revelam com maior nitidez a estrutura da mente do sonhador. Nos termos da psicanálise, significa corroborar a noção de que o sonho é efetivamente uma via régia para acessar as estruturas profundas da mente.

Quando comparamos estruturalmente os relatos de sonhos de crianças e psicóticos com textos da Antiguidade, sobretudo da Suméria, Babilônia e Egito, a similaridade foi evidente: baixa diversidade lexical, pequeno tamanho da rede de palavras, muitas repetições de curto alcance e repetições de longo al-

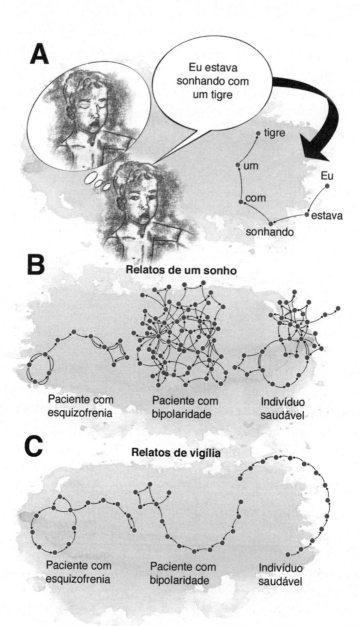

9. *Sonhos representados como grafos auxiliam no diagnóstico da esquizofrenia. (A) Cada palavra corresponde a um nó (círculo), e a ordem temporal de duas palavras consecutivas é representada por uma aresta (seta). Relatos de sonho (B) — mas não de vigília (C) — permitem distinguir entre pacientes esquizofrênicos, bipolares e indivíduos saudáveis.*

cance bem limitadas. A maturação da estrutura da linguagem percorre caminhos semelhantes durante o desenvolvimento individual e ao longo do curso histórico, com aumento da diversidade lexical e dos tamanhos das redes de palavras, bem como do alcance das repetições de palavras. Intrigantemente, ocorre uma transição abrupta nessa maturação entre 1200 e 800 a.C., isto é, entre o colapso civilizacional do final da Idade do Bronze, quando ocorreu a Guerra de Troia, e a época de renascimento cultural no início da Era Axial, momento em que a *Ilíada* e a *Odisseia* foram transpostas do registro oral para a forma escrita. A semelhança estrutural entre textos escritos na Idade do Bronze e sonhos relatados hoje por crianças saudáveis ou adultos psicóticos propõe uma ligação entre a psicologia e a história, uma ponte para o passado recente em que as pessoas sonhavam acordadas e não sabiam disso.[15]

Evidentemente, todas essas ideias se baseiam na investigação de relatos subjetivos da experiência mental humana, tanto anônima quanto autoral. No próximo capítulo veremos de que forma tais relatos são construídos no cérebro durante a vigília e o sono.

9. Dormir e lembrar

Em seres humanos, é possível fazer uma distinção clara entre memórias que podem ser declaradas conscientemente e as que não podem. Depois que a mente está educada e amadurecida, em geral é rápido e fácil aprender as memórias do primeiro tipo. Qual é o sobrenome de Bob Dylan? Em que século combateu e reinou Ginga de Angola? Quem fundou o Quilombo dos Palmares? Qual a proporção certa de água e arroz para fazer um bom risoto? As respostas a essa trívia — Zimmerman, século XVII, Aqualtune (filha do rei do Congo), uma de arroz para três de água e meia de vinho, ajustando a gosto — dependem de memórias chamadas declarativas. São muito diferentes das memórias necessárias para pedalar uma bicicleta, surfar ou jogar capoeira. Memórias desse segundo tipo costumam demorar para ser aprendidas, pois exigem inúmeras repetições capazes de reconfigurar vastos circuitos neurais, responsáveis pela representação de hábitos sensório-motores de alta complexidade. Não é possível ensinar alguém a surfar apenas traduzindo os movimentos em palavras. Andar de bicicleta não é o mesmo que declará-lo oralmente. Jogar capoeira é um aprendizado inefável do corpo, ainda que ler sobre essa arte afro-brasileira ajude a entendê-la.

SONO, LEMBRANÇA E ESQUECIMENTO

Se é na vigília que adquirimos novas memórias, é principalmente durante o sono que elas reverberam e se transformam. Embora a reverberação de memórias esteja implícita no conceito psicanalítico de resto diurno, não existe na obra de Freud nenhuma menção ao papel do sono no aprendizado. Carl Jung chegou mais perto quando disse que o sonho prepara o sonhador para o dia seguinte. Entretanto, a primeira abordagem experimental da relação entre sono e aprendizado não aconteceu na Europa, centro inconteste do saber científico no século XIX, e sim nos Estados Unidos, de tradição universitária ainda jovem naquela época.

No início dos anos 1920, os pesquisadores da Universidade Cornell John Jenkins e Karl Dallenbach tentavam replicar um experimento clássico, realizado décadas antes por um dos fundadores da psicologia moderna, o alemão Hermann Ebbinghaus (1850-1909). O experimento consistia em ensinar a participantes voluntários uma lista de sílabas não existentes em sua língua, para depois medir a retenção dessas sílabas ao longo do tempo. Com esse procedimento simples, Ebbinghaus descobrira quarenta anos antes que as memórias, após serem adquiridas, decaem de forma exponencial com o passar do tempo, definindo uma "curva do esquecimento" que caracteriza a dinâmica da memória em inúmeras espécies diferentes. A inovação de Jenkins e Dallenbach foi pedir aos participantes que dormissem logo após o aprendizado das sílabas.[1] Para efeito de comparação, repetiram o experimento mantendo os voluntários despertos. Surpreendentemente, para idênticos intervalos de tempo, a retenção após o sono foi muito superior à retenção após a vigília. Os participantes eram alunos de graduação, e por isso o tempo pós-treinamento do grupo de vigília foi despendido em aulas regulares. Esse fato motiva até hoje um gracejo entre os cientistas do campo: Jenkins e Dallenbach provaram que dormir é melhor para aprender do que ir à escola.

Brincadeiras à parte, sabemos hoje que a variável relevante para a baixa retenção no grupo de vigília é a interferência sensorial e cognitiva. Durante a vigília o cérebro é continuamente bombardeado por estímulos de toda ordem, que interferem fortemente no processamento mnemônico. Um bom exemplo desse fenômeno é obtido quando tentamos cantarolar uma canção ao mesmo tempo que escutamos outra música. O esforço para realizar essa tarefa simples é proporcional ao volume da música interferente, evidenciando a dificuldade que o cérebro desperto tem de se isolar do contato com a realidade.

Por alguma razão misteriosa, a descoberta de Jenkins e Dallenbach não foi replicada por seus contemporâneos, permanecendo obscura e desprovida de consequências. Com exceção de um par de comunicações médicas publicadas nos anos 1940, a descoberta atravessou incógnita a Segunda Guerra Mundial e o início da Guerra Fria. Eram os tempos pré-internet em que a informação ainda fluía com alta viscosidade, lenta e caprichosa, desobrigada de ser conhecida. Embora os Estados Unidos tenham se tornado nos anos 1950 o epicentro da descoberta do sono REM e de sua relação com o sonho, o aspecto cognitivo não foi inicialmente perseguido. Publicados em 1924, os resultados de Jenkins e Dallebach tiveram que esperar quatro décadas para serem aprofundados.

JOUVET E O POTE DE FLORES

O interesse pelo assunto ressurgiu com vigor na França e nos Estados Unidos no final dos anos 1960, quando uma nova geração de pesquisadores na esfera de influência de Michel Jouvet voltou seu interesse para a importância cognitiva do sono. O desenho experimental desses estudos teve como denominador comum a privação de sono pós-aprendizado em roedores. O método do "vaso invertido" inventado por Jouvet provou-se tão simples, eficiente e barato que se disseminou rapidamente por muitos laboratórios interessados em estudar os efeitos biológicos da privação de sono. Trata-se simplesmente de colocar o animal sobre uma pequena plataforma circundada de água. O método se baseia no fato de que o sono de ondas lentas é acompanhado de uma queda do tônus muscular, que se reduz ainda mais quando principia o sono REM. Se a plataforma é suficientemente pequena, o animal cai na água ao perder tônus muscular, despertando de imediato. Utilizando uma plataforma de diâmetro adequado, é possível privar completamente de sono um animal, ou privar seletivamente apenas o sono REM. Os primeiros experimentos utilizando esse método mostraram que ratos submetidos a diversas tarefas — aprendizado espacial, medo adquirido, condicionamento operante — apresentavam um déficit de evocação das memórias após serem totalmente privados de sono, ou especificamente privados de sono REM.

O sono perdido precisa ser reposto ou compensado. Essa necessidade se aplica sobretudo ao sono REM, cuja privação invariavelmente é seguida de um rebote proporcional ao tempo de sono perdido. Curiosamente, o contrário não é verdadeiro: embora seja possível aumentar bastante o tempo do sono REM apenas aumentando o tempo total de sono, isso não causa um rebote negativo no dia seguinte, ou seja, uma redução subsequente no tempo de sono REM. As emoções têm um grande impacto nessa dinâmica. Situações de ansiedade moderada causam redução do tempo total de sono REM, mas situações de estresse agudo, como numa emergência de vida ou morte, podem levar a um grande aumento da quantidade de sono REM assim que o perigo imediato desaparece. Tudo isso indica que o sono REM desempenha um papel essencial para a saúde cognitiva do indivíduo.

Por mais de uma década, diversos pesquisadores demonstraram que a privação de sono prejudica o aprendizado.[2] Houve uma verdadeira febre sobre o tema, num contexto de colaboração e competição internacional cujo foco era o sono REM, tido como a fase mais interessante do sono por sua relação íntima com os sonhos. Com o passar do tempo, entretanto, começou a se formar um movimento de resistência crescente à noção de que o sono REM possui valor cognitivo.

ESTRESSE OU FALTA DE SONO?

A crítica mais contundente dos céticos mirava o ponto fraco dos experimentos: o método utilizado para realizar a privação do sono. O pote invertido que Michel Jouvet concebeu e popularizou, utilizado para fazer a privação, é intrinsecamente estressante. Se muito pequeno, causa a queda do animal na água circundante ao primeiro sinal de adormecimento. Se um pouco maior, permite o aprofundamento do sono até o momento em que o tônus muscular é tão baixo que o animal rola pela plataforma e cai na água. Intrínseco ao método, o banho forçado após certo limiar de atonia resulta invariavelmente num grande susto. É evidente que a situação enfrentada pelos animais durante a realização desse tipo de experimento é estressante e antinatural.

Além de terem o sono interrompido de forma abrupta pela queda na água fria, ratos submetidos ao método do vaso invertido sofrem forte restrição da locomoção, ficando impedidos de realizar grande parte de seus movimentos naturais. Os ratos necessitam se movimentar e acabam por atravessar livremente a jaula inundada de água, tornando-se incapazes de se manter secos após algumas horas de privação. Em consequência, os animais evidenciam irritação e apresentam alterações metabólicas generalizadas, incluindo a liberação no hipocampo de hormônios como o cortisol, que podem ter efeitos deletérios sobre a memória. Com tantos efeitos colaterais, atribuir déficits de memória apenas à falta de sono seria no mínimo arbitrário.

Esse argumento foi reconhecido como legítimo e motivou novos experimentos com métodos menos estressantes para privação de sono. Para contornar o obstáculo do estresse, o então doutorando William Fishbein e seu orientador William Dement se valeram de importantes diferenças entre espécies de roedores distintas. Ao contrário dos ratos, que quando adultos pesam cerca de trezentos gramas, os pequenos camundongos de apenas trinta gramas conseguem pendurar-se por muito tempo às grades que servem de teto das suas jaulas. Chegam a passar horas passeando de cabeça para baixo, agarrados espontaneamente às grades, numa locomoção tão livre que permite até mesmo o consumo de água e ração. Quando o método do vaso invertido foi utilizado para privar camundongos de sono, os animais apresentaram níveis de estresse muito menores que os ratos, pois puderam permanecer na plataforma apenas o tempo em que desejavam dormir. Mesmo assim, os experimentos de privação de sono após aprendizado resultaram em déficits de evocação da memória, fortalecendo a teoria de que o sono facilita a sua consolidação.

Mas o argumento do estresse inerente ao método continuava a ser usado. Uma alternativa utilizada foi a interferência suave mas eficaz do pesquisador, realizada sempre que o animal está prestes a dormir. É claro que esse método varia conforme a atenção do pesquisador, o que fragiliza os dados experimentais e torna sua interpretação inconclusiva. A essa altura já se adensava a nuvem tempestuosa do dissenso. Dois pesquisadores norte-americanos, o psiquiatra Jerome Siegel da Universidade da Califórnia em Los Angeles e o neuroanatomista Robert Vertes da Universidade Atlântica da Flórida, se notabilizaram por argumentos contundentes contra a hipótese cognitiva do sono.

CÉTICOS VERSUS CAVALEIRO SOLITÁRIO

Suas perguntas se disseminaram. Se o sono REM é tão importante para a cognição, por que os répteis, aves e até mamíferos como a equidna não têm sono REM? Se o sono REM serve para aprender, por que um animal tão inteligente quanto o golfinho não tem sono REM, enquanto outros animais menos inteligentes, como o tatu, o possuem em abundância? Por que pessoas que têm diminuição de sono REM em decorrência do tratamento com antidepressivos não apresentam déficits de aprendizado? Por que o tempo passado em sono REM não se correlaciona fortemente com a capacidade de aprender em humanos?

Os defensores da teoria contra-argumentaram que não é totalmente certo que golfinhos não tenham sono REM, pois seus episódios talvez sejam muito curtos para ser registrados. Além disso, o golfinho descende de um mamífero terrestre que invadiu o mar tardiamente. Provavelmente o sono REM diminuiu ou se extinguiu nos cetáceos para impedir a atonia completa no ambiente aquático, que pode levar ao afogamento. No contexto de uma especialização para ocupar um novo ambiente tão diferente, as funções cognitivas do sono REM podem ter sido substituídas por outros processos metabolicamente equivalentes. O tatu, por outro lado, passa longos períodos enterrado. Evidências das últimas duas décadas mostraram, ao contrário do que se pensava, a existência do sono REM na equidna, nas aves e mesmo nos répteis. Além disso, o tratamento com fármacos antidepressivos aumenta os níveis de neurotransmissores importantes para a formação de memórias, como a noradrenalina, a dopamina e a serotonina. Portanto, é provável que a consolidação de memórias da vigília esteja aumentada nas pessoas que tomam antidepressivos, compensando os efeitos de uma diminuição do tempo em sono REM.

Os anos 1980 marcaram o acirramento do debate e o endurecimento do seu tom. Formaram-se trincheiras, e o campo passou a estar claramente dividido quanto às propriedades cognitivas do sono. Por algum tempo, parecia um diálogo de surdos. Desmotivados por conferências científicas ostensivamente conflitivas e pelas revisões anônimas cada vez mais agressivas dos artigos submetidos para publicação, pouco a pouco os veteranos foram deixando o campo. Por mais de uma década, decaiu consideravelmente o interesse científico na relação entre sono e aprendizado.

Ao longo desse período turbulento, um portentoso canadense da Universidade de Trent, o psicólogo Carlyle Smith, foi o cavaleiro quase totalmente solitário em defesa do papel cognitivo do sono REM. Smith fez o pós-doutorado com Jouvet e retornou ao Canadá imbuído do interesse pelo sono REM. Em diversos experimentos realizados com roedores, mostrou efeitos positivos do sono REM durante janelas específicas de tempo após o aprendizado, reveladas por períodos de maior vulnerabilidade das memórias à privação de sono.[3] Mas Smith isoladamente não conseguiu demover os críticos da teoria cognitiva do sono e o impasse persistiu, até que no início dos anos 1990 apareceu um improvável novo ator, que desequilibrou a balança com experimentos realizados diretamente em seres humanos.

AS MUITAS VIDAS DE STICKGOLD

O psicólogo norte-americano Robert Stickgold fez três carreiras independentes ligadas à ciência. Seu interesse foi despertado pela primeira vez no sexto ano do ensino fundamental, quando um professor realizou um simples experimento: caminhou uma longa distância num gramado e fez dois címbalos colidirem. Stickgold estava longe o suficiente para que houvesse um atraso perceptível entre o que via e o que ouvia. Ali, naquele instante, decidiu ser cientista.

Anos depois, já no primeiro ano do ensino médio, ficou fascinado por um artigo de Francis Crick na revista *Scientific American* sobre o código genético, que havia acabado de ser descoberto. Após passar a noite inteira destrinchando o texto com afinco, Stickgold decidiu ser bioquímico. No verão seguinte conseguiu um trabalho de assistente no laboratório de Francis Neuhaus, na Northwestern University, cultivando bactérias em garrafões de vidro. Os quatro meses que passou nesse laboratório lhe valeram a primeira publicação, um artigo no *Journal of Biological Chemistry* sobre a biossíntese da parede celular bacteriana.

Stickgold se graduou pela Universidade Harvard e fez doutorado em bioquímica na Universidade de Wisconsin-Madison. Durante a pós-graduação começou a se interessar pela relação entre mente e cérebro, mas optou por adiar seus interesses ao cursar uma disciplina em psicologia fisiológica, que o fez concluir que aquilo ainda não era uma ciência. Corria o remoto ano de 1965, e o campo de pesquisa que um dia se chamaria neurociência cognitiva ainda engatinhava.

Stickgold desistiu do cérebro por um tempo. Nos anos 1970 começou a escrever ficção científica, com a qual alcançou algum sucesso. E então regressou ao estudo do cérebro, dessa vez para ficar. A inflexão começou em 1977 durante o pós-doutorado, quando alguém lhe recomendou um artigo do neurocientista britânico David Marr (1945-80), que ainda bem jovem desenvolveu teorias amplamente aceitas sobre o funcionamento do cerebelo, do neocórtex e do hipocampo. As influentes teorias de Marr se baseavam na premissa conexionista, segundo a qual comportamentos e pensamentos são propriedades emergentes de uma rede composta por unidades elementares interconectadas, um sistema localmente simples capaz de gerar complexidade global pela enorme diversidade de padrões coletivos que pode assumir. Qualquer semelhança com as redes neuronais não é mera coincidência. Ainda que as ideias seminais de Marr não tenham chegado a transformar Stickgold em um fundamentalista do conexionismo, definitivamente mudaram sua forma de conceber o cérebro.

Mas foi o impacto da "teoria de ativação e síntese" de John Allan Hobson e Robert McCarley que realmente direcionou Stickgold para a pesquisa sobre sono e sonhos. A partir dos anos 1990, já entrando na meia-idade, o bioquímico e escritor empregou-se no laboratório de Hobson na Universidade Harvard, onde iniciou uma nova carreira acadêmica, começando do zero nos campos de psicologia e neurociência. Sua trajetória desde então foi meteórica. Stickgold foi logo promovido a professor assistente e finalmente chegou a professor titular, percorrendo um caminho nada convencional.

Entre suas várias descobertas fundamentais, Stickgold demonstrou pela primeira vez a reverberação onírica de imagens provenientes de um jogo de computador. O efeito foi detectado no estado transicional chamado sono hipnagógico, que compreende as duas fases iniciais do sono[4] (Figura 7). O jogo utilizado, um clássico videogame chamado Tetris, requer que o jogador atue sobre blocos com formas diversas que desabam do alto da tela. À medida que os blocos vão caindo, é preciso girá-los para que se encaixem no chão virtual, que vai subindo conforme o jogo prossegue. Com o acúmulo de blocos já encaixados, a tarefa se torna progressivamente mais difícil, o que engaja a atenção e a emoção. A reverberação onírica de Tetris detectada pela equipe de Stickgold chegou a ocorrer até em pacientes com amnésia causada por extensas lesões bilaterais na região do hipocampo. Embora os pacientes nem sequer se lembrassem de haver jogado o jogo, relataram marcantes imagens oníricas de formas geométricas caindo sem parar. Publicados no ano 2000, esses experimentos demonstraram que os sonhos humanos efetivamente contêm elementos vinculados à experiência da vigília, ou seja, restos diurnos freudianos. O estudo marcou o regresso dos sonhos à revista *Science* pela primeira vez desde 1968.

O GRANDE DUELO DE CHICAGO

Um dos momentos mais emocionantes dessa renascença onírica aconteceu em 2003, no encontro anual das Associated Professional Sleep Societies (APSS), que naquela ocasião celebravam cinquenta anos da descoberta do sono REM. Pesquisadores de todo o mundo se reuniram entusiasmadamente por seis dias em Chicago num verdadeiro alvoroço, pois o interesse pelo sonho ressurgia com força tanto no âmbito científico quanto no público em geral. O encontro ocorria na mesma cidade em que o sono REM fora descoberto, que calhava de ser também a cidade natal de Stickgold, o pesquisador que mais agitava o campo naquele momento.

Um dos simpósios incluídos na programação comemorativa da APSS era um debate potencialmente explosivo sobre a relação entre sono e aprendizado. Há trinta anos os opositores dessa teoria a mantinham em xeque, com diversos argumentos circunstanciais e evidências indiretas. Por décadas a teoria não se desenvolveu, apenas se defendeu. Entretanto, o conjunto de resultados publicados por Carlyle Smith nos anos 1980 tinha acabado de receber, no final dos anos 1990, o reforço peso-pesado de Stickgold. Mesmo assim, ao voltar às páginas das principais revistas científicas, a teoria cognitiva do sono sempre enfrentava artigos de opinião elencando razões evolutivas, neurológicas e psiquiátricas pelas quais a teoria tinha que estar errada. Os principais autores desses artigos de resistência entrincheirada eram Robert Vertes e Jerome Siegel.

Naquele dia de verão, num auditório para cem pessoas acomodando o dobro de sua capacidade, cientistas famosos e anônimos igualmente sentados no chão, nas laterais e até do lado de fora, diante de um público majoritariamente estudantil mas com a presença dos principais líderes da pesquisa sobre sono no mundo, se confrontaram Smith e Stickgold, pelo lado da defesa, e Vertes e Siegel, pelo lado do ataque. O nervosismo e a euforia da plateia eram palpáveis. Havia uma insatisfação difusa no ar com os dois renitentes adversários da teoria cognitiva do sono. Muitos jovens cientistas realizando doutorado ou pós-doutorado, entre os quais eu mesmo, queríamos avançar nos mecanismos que pudessem explicar os achados empíricos, mas a verdade é que o clima nessa área de pesquisa ainda era pesado, num eco dos embates sísmicos das décadas anteriores.

Foi um duelo épico entre visões completamente opostas. No famoso embate, relembrado vividamente por colegas com quem compartilho a emoção de tê-lo presenciado, se jogava o destino de todo um campo de pesquisa. Smith fez uma apresentação robusta das muitas evidências que produziu em favor da teoria. A demonstração de que a privação de sono é mais deletéria em certas janelas de tempo pós-aprendizado do que em outras indicava, ainda que indiretamente, que o estresse da privação não deveria ser a explicação para os déficits de memórias, já que o tempo de privação era o mesmo entre os distintos grupos. Vertes se mostrou mordaz e muito menos interessado nas evidências que insistiam em ligar o sono REM ao processamento de memórias do que no conhecido rosário de hipotéticos impedimentos, como a suposta ausência de sono REM na equidna. Siegel foi pelo mesmo caminho e deixou claro que não reconhecia nenhuma validade na posição de Smith.

Stickgold rebateu. Chamou de simplista o argumento de que os animais bastante inteligentes como os golfinhos deveriam necessariamente ter muito sono REM e propôs uma analogia que fez o público vibrar: "Afinal, o fato de que pés sejam usados para a locomoção não faz da centopeia o mais rápido dos animais". Stickgold disse então que o melhor seria deixar tais argumentos indiretos de lado para focar nas evidências diretas obtidas empiricamente em laboratório. Ato contínuo, projetou resultados de seus estudos hoje clássicos mostrando que o aprendizado de padrões visuais depende crucialmente da preservação do sono na primeira noite pós-aprendizado. Para lidar com o argumento de que a privação é muito estressante e prejudica o desempenho por razões independentes do sono, como sustentavam seus opositores, Stickgold não mediu o aprendizado no primeiro dia pós-aprendizado, mas sim após quatro dias. Embora os participantes da pesquisa tivessem dormido satisfatoriamente nas noites subsequentes, sem apresentar qualquer cansaço ou sonolência no momento da testagem, mesmo assim apresentaram déficits de desempenho.[5]

Siegel contra-atacou com grande agilidade mental, desconsiderando tudo o que Stickgold acabara de mostrar e insistindo que nada até agora provava a teoria, pois havia uma série de impedimentos teóricos — e repetiu tudo de novo, como se estivesse surdo aos recentes resultados empíricos. Stickgold então arqueou as sobrancelhas, como quem não leva desaforo para casa. Deu para ver de longe seus olhos azuis coriscando de indignação. As respirações ficaram entrecortadas, a tensão subiu e finalmente Stickgold irrompeu num jargão científico que botou a casa abaixo: "Que parte de p menor do que 0,05 corrigido para Bonferroni você não entendeu?".

Essa expressão, alusiva ao matemático italiano Carlo Bonferroni (1892-
-1960), queria dizer que os dados empíricos demonstrando o favorecimento da consolidação de memórias pelo sono estão amparados em testes estatísticos muito rigorosos, calibrados por um método que é considerado o padrão-ouro, baseado nas contribuições de Bonferroni à teoria das probabilidades. Usando um termo técnico, Stickgold afirmava que havia baixíssima probabilidade de que aqueles resultados fossem produto do acaso. Foi um contra-ataque fulminante, um *ippon* técnico que basicamente afirmou a supremacia das evidências empíricas sobre as opiniões de autoridade.

Foi catártica a liberação de tensão que a frase causou. O auditório foi inundado por palmas e assovios. Fazendo menção de deixar a mesa, Vertes se declarou desencantado com o rumo que as coisas estavam tomando e disse que não voltaria mais a debates sobre o assunto. A multidão presente respondeu com mais palmas, gritos e risadas. Muitos se levantaram e já não havia condições de prosseguir. Nem era preciso. Vertes e Siegel haviam jogado a toalha. Para alegria geral, Stickgold e Smith tinham virado o jogo.

A REDESCOBERTA DO PAPEL COGNITIVO DO SONO

O início dos anos 2000 foi de grande florescimento do interesse científico sobre o papel cognitivo do sono. A onda de demonstrações da relação sono-
-memória deflagrada por Stickgold levou Sara Mednick, então estudante de doutorado em seu laboratório, hoje professora de psicologia na Universidade da Califórnia em Riverside, a investigar os efeitos cognitivos do cochilo, o curto episódio de sono experimentado durante o dia.

A poderosa capacidade restauradora do cochilo é conhecida há muito tempo e está cristalizada em práticas tradicionais, como a sesta de espanhóis e mexicanos. Há registro histórico de que Leonardo da Vinci (1452-1519), célebre tanto pela genialidade quanto pela excentricidade, dormia vários períodos de meia hora ao longo do dia, a fim de melhor aproveitar seu tempo para trabalhar e criar. Devido a suas propriedades restauradoras, o cochilo é chamado nos Estados Unidos de *power nap*, ou "supersoneca". O experimento de Sara Mednick consistiu em comparar os desempenhos de pessoas numa tarefa de discriminação visual de texturas, antes e depois de tirar uma soneca. A tarefa exigia localizar um arranjo de três barras diagonais contra um fundo de barras horizontais. Em geral, o desempenho melhora durante a primeira sessão de execução da tarefa, mas após duas ou três sessões repetidas no mesmo dia, o desempenho decai por fadiga das regiões cerebrais envolvidas no processamento dos estímulos.

Num primeiro estudo ficou demonstrado que uma soneca curta de trinta a sessenta minutos, que permite o desenvolvimento dos estágios iniciais N1 e N2 e do sono de ondas lentas, mas não o aparecimento do sono REM, restaura a performance aos níveis pré-fadiga. Num segundo estudo, Mednick, Stickgold e o psicólogo Ken Nakayama mostraram que sonecas mais longas, de sessenta a noventa minutos, que incluem tanto o sono de ondas lentas quanto o sono REM, permitem não apenas compensar a fadiga mas também melhorar significativamente o desempenho dos sujeitos experimentais no jogo de computador. Enquanto o cochilo curto foi suficiente apenas para restaurar a capacidade de processamento sensorial,[6] o cochilo longo efetivamente alavancou o aprendizado.[7] Os efeitos dessa soneca mais longa foram tão fortes que se equipararam ao benefício de uma noite inteira de sono. Outro psicólogo oriundo do grupo de Stickgold, o norte-americano Matthew Walker, hoje professor na Universidade da Califórnia em Berkeley, demonstrou a importância do sono pré-aprendizado para a aquisição de memórias.[8] Como vimos anteriormente, a privação de sono causa um acúmulo de toxinas no cérebro, uma explicação provável para os achados.

No final dos anos 1990 também apareceu e se consolidou no campo o neurocientista alemão Jan Born, que estendeu amplamente os achados de Stickgold. As trajetórias de ambos mostram como os desvios no caminho de um cientista podem levar a descobertas fundamentais. Born nasceu em Celle, uma pequena cidade ao norte da Alemanha. Reza a lenda que, há séculos, para preservar a honra de suas filhas, os virtuosos habitantes da enevoada Celle teriam preferido construir uma prisão a ter uma universidade.

Quando Born terminou o ensino médio, seu pai — que era juiz — sugeriu a carreira militar, pois não considerava o filho suficientemente brilhante para dedicar-se ao direito. A resposta do rapaz foi bem diferente do que o pai esperava: cursou psicologia. Pouco antes de receber o diploma de psicólogo, Born decidiu orientar-se para a neurociência comportamental (naquela época chamada psicologia biológica). Isso aconteceu porque Born, apesar de ter sido positivamente estimulado pela psicanálise, considerava que a maior parte do que havia aprendido nos estudos de psicologia não tinha bases experimentais sólidas.

Após o doutorado Born fez um ajuste de trajetória crucial, movido por sua curiosidade e pelo desejo de aumentar a eficiência de seu pequeno laboratório na Universidade de Ulm, que ficava ocioso à noite. Born decidiu iniciar pesquisas sobre o sono, que àquela altura parecia um borrão mal definido em meio à bela paisagem neurocientífica em franca expansão. Ele sabia que as duas metades do sono diferem nos níveis de cortisol, mas também nas quantidades de sono de ondas lentas e sono REM. Seria a supressão da liberação de cortisol durante o sono de ondas lentas necessária para o papel dessa fase na consolidação de memórias declarativas? E o que dizer dos efeitos do sono sobre as memórias não declarativas, necessárias para a execução de atos motores coordenados, como andar de bicicleta ou jogar futebol? Seriam as diferentes fases do sono importantes para distintos tipos de memória?

Born e o então doutorando Werner Plihal realizaram estudos para responder essas perguntas, utilizando registros polissonográficos, testes psicológicos e a administração de fármacos. Os resultados mostraram que o sono de ondas lentas é necessário para a consolidação de memórias declarativas, enquanto memórias de procedimento necessitam mais do sono REM.[9] Além disso, a administração de um análogo do cortisol durante o sono de ondas lentas danifica a consolidação de memórias declarativas, mas deixa intacta a consolidação de memórias de procedimento. Na última década, o psicólogo norte-americano Ken Paller da Universidade Northwestern ampliou esse panorama, ao demonstrar que o sono REM também desempenha um papel importante na consolidação de memórias declarativas quando a tarefa é mais difícil e exige maior integração cortical, como na aquisição de vocabulário novo.[10]

SONO NA ESCOLA

Nos últimos vinte anos, vários cientistas demonstraram o papel do sono na consolidação e reestruturação de memórias, e até mesmo no esquecimento seletivo de conteúdos. As implicações desses achados alcançam tanto a vida cotidiana das pessoas quanto o avanço da ciência pura. Efeitos semelhantes foram demonstrados em macacos, ratos e moscas. Do ponto de vista prático, a principal utilidade social dessa pesquisa é a otimização do regime de sono de acordo com objetivos cognitivos ou metabólicos, visando fins educacionais ou terapêuticos. Entre as diversas alternativas, a mais promissora é a sesta, ou seja, o uso do cochilo no ambiente escolar para aumentar o desempenho acadêmico.

Os primeiros estudos nesse campo foram publicados recentemente. Em 2013, Rebecca Spencer e sua equipe da Universidade de Massachusetts Amherst mostraram que o cochilo pós-treino aumenta o aprendizado do jogo da memória em crianças no jardim de infância, proporcionalmente à quantidade dos fusos corticais. Em 2014, com a então mestranda Nathália Lemos e a linguista Janaina Weissheimer da Universidade Federal do Rio Grande do Norte, mostramos que o cochilo pós-aprendizado aumenta a duração de memórias declarativas adquiridas em sala de aula por estudantes de sexto ano, em crianças de dez a quinze anos.[11] O biólogo Thiago Cabral realizou pesquisa de mestrado sob minha orientação na qual mostrou aumento do aprendizado declarativo quando uma aula normal é seguida por um período com trinta a sessenta minutos de sono.[12] Atualmente, com a doutoranda Ana Raquel Torres e o neurocientista brasileiro Felipe Pegado, da Universidade Aix-Marseille, investigo a eficácia do treinamento seguido de sono para consolidar de forma duradoura o aprendizado ortográfico em crianças de cinco a sete anos em processo de alfabetização. Os resultados indicam que o sono pós-treinamento preserva integralmente o aprendizado, enquanto na ausência desse sono ocorre uma queda significativa do desempenho após quatro meses.

O uso do sono para otimizar o aprendizado escolar ainda é incipiente, mas sua adoção progressiva parece inevitável. A criação de salas de soneca ou clubes do cochilo, bem como a adoção de equipamentos individuais para dormir, são propostas que se beneficiam da escola em tempo integral para promover uma educação biologicamente mais inteligente.[13] Retardar o início das aulas também parece ajudar, especialmente entre os adolescentes. As mudanças fisiológicas da entrada na puberdade atrasam os horários de dormir e despertar, fazendo os adolescentes chegarem à escola ainda mais sonolentos do que as crianças.[14] Em 2016 e 2017, escolas de ensino médio em Seattle, Estados Unidos, atrasaram em quase uma hora o início das aulas. A mudança se associou a um aumento significativo da duração do sono e a um crescimento de 4,5% nas notas dos alunos.[15]

Já no âmbito da ciência básica, a demonstração inequívoca do papel cognitivo do sono franqueou livre acesso a uma camada mais profunda de perguntas, que só passaram à ordem do dia pela superação dos impasses do passado: quais são os mecanismos biológicos responsáveis por esse efeito psicológico tão benigno? Que modificações na atividade elétrica dos neurônios ajudam a explicar a formação das memórias? Quais alterações moleculares e celulares permitem compreender sua estocagem por toda uma vida? Nos próximos capítulos vamos nos dedicar a essas perguntas em detalhes, abordando o papel desempenhado por genes, proteínas, oscilações elétricas e circuitos neuronais ativados durante o sono de modo a reverberar memórias. No capítulo 13, retomaremos os temas principais do livro rumo a seu argumento central. Agora é um bom momento para iniciar ou retomar o seu sonhário.

10. A reverberação de memórias

A investigação dos mecanismos que levam à reverberação de memórias durante o sono é uma saga quixotesca de idealistas que ousaram cruzar a ponte entre biologia e psicologia quando esse caminho ainda era imaginário. É também a crônica de vacas sagradas da ciência cuja genialidade só foi igualada pelo tamanho de sua teimosia. O início dessa história remonta aos estudos pioneiros sobre a excitação elétrica em circuitos neuronais recorrentes, conduzidos nos anos 1930 pelo espanhol Rafael Lorente de Nó. O jovem e brilhante discípulo de Santiago Ramón y Cajal emigrou para os Estados Unidos em 1931 e cinco anos depois se mudou para Nova York, contratado pelo importante instituto de pesquisa biomédica que poucos anos depois se transformaria na Universidade Rockefeller.

Lorente de Nó já era nessa época uma celebridade científica, um prodígio de talento precoce com várias descobertas importantes no currículo. Foi ele quem descreveu pela primeira vez a estrutura celular do córtex cerebral, caracterizada pela organização dos neurônios em cilindros verticais que funcionam como módulos elementares de processamento. Lorente de Nó também foi pioneiro na descrição detalhada da estrutura interna do hipocampo, uma região cerebral de origem evolutiva bem antiga, presente tanto em mamíferos quanto em aves e répteis, mas de função desconhecida à época.

A sólida reputação adquirida na neuroanatomia deu a Lorente de Nó o prestígio necessário para ocupar a nova posição acadêmica com recursos e liberdade para tentar um grande salto metodológico, através de uma técnica ainda incipiente mas muito poderosa para medir a atividade elétrica dos neurônios: a eletrofisiologia. O Instituto Rockefeller não poupou fundos para equipar Lorente de Nó com o que havia de melhor na época. No interior de um laboratório amplo, com pé-direito altíssimo e completamente forrado de cobre, na tentativa de isolar ruídos elétricos, Lorente de Nó decidiu tentar compreender de que forma a atividade induzida num neurônio específico poderia ser propagada para outras células de modo a retornar ao ponto de origem após algum tempo, através de conexões recorrentes.

CIRCUITOS FECHADOS E ATIVAÇÃO RECORRENTE

Com base na observação anatômica de que certos circuitos cerebrais formam alças fechadas capazes de retroalimentar o local inicial da atividade, Lorente decidiu investigar o destino de pulsos periódicos de atividade elétrica aplicados a circuitos reverberantes como o hipocampo. Baseado em muita anatomia e alguma eletrofisiologia, Lorente de Nó postulou que circuitos neuronais fechados são capazes de reverberar a ativação elétrica por algum tempo depois da interrupção do estímulo, criando ciclos de ativação que só se dissipam após várias repetições.

A noção de reativação de circuitos neuronais fechados proposta por Lorente de Nó seduziu neurocientistas durante todo o século xx, porque processos recursivos como esses poderiam ser — e de fato são — a base para diferentes tipos de ritmos, osciladores, relógios ou marca-passos fisiológicos. Desde as pesquisas desbravadoras de Lorente de Nó, foram descobertos no cérebro inúmeros enlaces neuronais especializados, que geram ondas recorrentes através de múltiplas estruturas cerebrais. A combinação de arquitetura cerebral em alça fechada, neurônios inibitórios capazes de abolir temporariamente a atividade elétrica e liberação de diferentes neurotransmissores (como a acetilcolina) dá origem a ritmos de duração variável, que são característicos de estados cerebrais globais, tais como a vigília, o sono de ondas lentas e o sono REM (Figura 7).

OSCILAÇÕES, RITMOS E MEMÓRIAS

Diferentes subestados ocorrem dentro de cada estado principal, na forma de episódios longos de oscilações em regiões cerebrais específicas. Como veremos adiante, essas oscilações coexistem no tempo e no espaço formando harmonias que se estabelecem em momentos específicos, de forma a otimizar a comunicação entre áreas cerebrais. Entretanto, a complexa sintaxe de oscilações neurais ainda era completamente desconhecida quando a imaginação fértil do psicólogo canadense Donald Hebb foi capturada pela noção de circuito reverberante. Em fevereiro de 1944, ao inteirar-se das descobertas recentes de Lorente de Nó, Hebb teve uma epifania. Subitamente ele pôde enxergar na reverberação de atividade elétrica uma forma natural de armazenar memórias.

Seriam os circuitos reverberantes nossos blocos de montar e armar lembranças, elementos fundamentais da construção de representações de eventos e objetos? Seria a reverberação elétrica o processo fundamental capaz de sustentar o aprendizado cumulativo em nossa vasta malha neuronal? Talvez a reverberação neural fosse mesmo a chave para desvendar nossa incrível capacidade de adquirir novas representações do mundo ao redor sem perder (muito) as representações previamente armazenadas.

HEBB PEDE UM ESTÁGIO

Entusiasmado com o potencial dessas ideias e ávido por colaborar com o grande mestre espanhol, Hebb escreveu para Lorente de Nó em 28 de abril de 1944 voluntariando-se para um estágio de um mês em seu laboratório. Não era um iniciante quem se apresentava ao trabalho gratuito. Tendo realizado doutorado sob a orientação de Karl Lashley, na Universidade de Chicago e depois em Harvard, Hebb havia aprendido com a nata dos fisiologistas e psicólogos de seu tempo. Em 1936 Hebb defendera sua tese e aceitara uma posição de assistente de pesquisa no Instituto Neurológico de Montreal, sob a direção do neurocirurgião Wilder Penfield, que se notabilizaria por realizar os primeiros experimentos de registro e estimulação elétrica do cérebro humano. Um relato de Penfield exemplifica as espantosas descobertas possibilitadas pelo método:

Desta vez, no entanto, parecia certo que o estímulo tivesse de alguma forma evocado uma experiência passada. [...] Uma paciente [...] reclamava de convulsões durante as quais às vezes caía no chão inconsciente, em um espasmo epiléptico. Mas, imediatamente antes de tal episódio, ela estava ciente do que parecia ser uma alucinação. Era sempre a mesma, uma experiência que lhe surgiu desde a infância. A experiência original era a seguinte: ela estava passando por um prado. Seus irmãos haviam corrido em frente ao longo do caminho. Um homem a seguiu e disse a ela que havia cobras na bolsa que ele estava carregando. Ela ficou assustada e correu atrás dos irmãos. Essa foi uma experiência verdadeira, da qual seus irmãos se lembraram, e sua mãe também se lembrou de ouvir isso. Depois, por alguns anos, a experiência voltou para ela em seu sono, e foi chamada de pesadelo. Finalmente, reconheceu-se que esse pequeno sonho era preliminar a uma crise epiléptica que poderia ocorrer a qualquer momento, de dia ou de noite. E o sonho às vezes era tudo o que resultava da crise. Na operação, sob anestesia local, mapeei as áreas sensoriais e motoras para fins de orientação e apliquei o estimulador sobre o córtex temporal. "Espere um minuto", ela disse, "e eu vou te contar." Retirei o eletrodo do córtex. Depois de uma pausa, ela disse: "Vi alguém vindo em minha direção, como se ele fosse me bater". Era óbvio também que ela estava assustada. A estimulação num ponto mais adiante fez com que ela dissesse: "Imagino que ouço muitas pessoas gritando comigo". Três vezes, a intervalos e sem o conhecimento dela, esse segundo ponto foi estimulado novamente. A cada vez ela interrompeu nossa conversa e ouviu as vozes de seus irmãos e de sua mãe. E em cada ocasião ela estava assustada. Ela não se lembrava de ouvir essas vozes em nenhum de seus ataques epilépticos. Assim, o estímulo havia evocado a experiência familiar que dava início a cada um de seus ataques habituais. Mas a estimulação em outros pontos a fez lembrar-se de outras experiências do passado e também produziu a emoção do medo. O nosso espanto foi enorme, pois produzimos fenômenos que não eram nem motores nem sensoriais, e as respostas pareciam ser fisiológicas, não epilépticas.

Os experimentos de Penfield demonstraram que a mera ativação cortical pode deflagrar experiências oníricas, na forma de cadeias de memórias que podem preservar unidade e coerência mesmo após múltiplas repetições de sua ativação. O relato segue:

Uma jovem mulher (N. C.) disse, quando seu lobo temporal esquerdo foi estimulado: "Eu tive um sonho, eu tinha um livro debaixo do meu braço. Eu estava conversando com um homem. O homem estava tentando tranquilizar-me para não me preocupar com o livro". A um centímetro de distância, o estímulo [...] fez com que ela dissesse: "Minha mãe está falando comigo". Quinze minutos depois, o mesmo ponto foi estimulado: a paciente riu alto enquanto o eletrodo era mantido no lugar. Após a retirada do eletrodo, ela foi convidada a explicar. "Bem", ela disse, "é uma longa história, mas vou te dizer"...[1]

Hebb foi um destacado membro da equipe de Penfield e com ele fez importantes descobertas sobre os efeitos psicológicos de lesões cerebrais. Portanto, ao oferecer seus préstimos a Lorente de Nó, ele ofertava um vasto cabedal de conhecimentos empíricos e teóricos sobre a mente e sua base biológica. Mesmo assim, Lorente de Nó não demonstrou nenhum interesse, negando de forma categórica o pedido de estágio em carta datada de 1º de maio de 1944: "Atualmente meu trabalho diz respeito à relação entre a produção do impulso nervoso e o metabolismo, um problema de pequeno interesse imediato para um psicólogo".

O desapontamento não deteve Hebb. Em paralelo com a pesquisa empírica ele se dedicou a conceber uma teoria que iria mudar para sempre a compreensão das bases neurais da psicologia. Especulando livremente sobre os possíveis mecanismos biológicos da formação de memórias, Hebb vislumbrou uma série de fenômenos que ainda hoje constituem uma vibrante fronteira experimental da neurociência. Seu livro *A organização do comportamento*, publicado em 1949, viria a se configurar como a mais influente de todas as teorias neuropsicológicas até hoje.[2] Hebb previu corretamente que a aquisição de memórias exige, no nível de neurônios individuais, a soma de múltiplas ativações oriundas de distintos neurônios, capaz de levar ao fortalecimento das conexões entre eles. Uma tradução bastante popular da hipótese hebbiana é que *neurônios que se ativam juntos se conectam juntos*. Hebb propôs que a consolidação de uma memória *começa* por sua reverberação elétrica através de circuitos neurais recorrentes, o que *então* faz com que um grupo de neurônios passe a funcionar em sincronia. Isso por sua vez aumenta a excitabilidade desse grupo de neurônios, passando a corresponder a uma representação fisiológica do lugar, objeto ou evento memorizado.

Para apreciar o enorme progresso representado por tal concepção neuronal do que significa aprender, é preciso considerar que até o final dos anos 1940 os diferentes ramos da psicologia seguiam avançando como haviam feito desde o século XIX: sem teoria unificadora, violentamente conflagrados e desprovidos de qualquer contato com a neurobiologia. O behaviorismo, àquela época o mais bem-sucedido ramo da psicologia, quantificava minuciosamente o comportamento animal controlado em laboratório, mas não admitia abrir a "caixa-preta" cerebral que gera a mente. Por outro lado, a neurofisiologia, que começava a compreender os aspectos mais simples do sistema nervoso, não tinha nenhuma pretensão de alcançar o fenômeno psicológico. Entre os poucos que ousaram tentar esse percurso, a ignorância sobre os mecanismos do pensamento era tão completa que mesmo um neurofisiologista renomado como o prêmio Nobel Roger Sperry (1913-94) dedicou anos de sua vida a investigar se a consciência não seria causada por campos eletromagnéticos, em vez de disparos neuronais, uma possibilidade completamente abandonada hoje. Não foi portanto pouca ousadia quando Hebb escreveu novamente a Lorente de Nó, dessa vez para apresentar sua obra. Aos 44 anos, Hebb vaticinou: "Acredito que meu livro será capaz de mostrar que as ideias modernas da neurofisiologia, e particularmente algumas das que você desenvolveu, têm um significado revolucionário para a teoria psicológica".

WINSON PEDE UM ESTÁGIO

Não podia estar mais certo. Passaram-se quinze anos e outro improvável cientista entrou em cena: o nova-iorquino Jonathan Winson, um cavalheiro à moda antiga e de trajetória imprevisível. A história começa com uma carreira tecnológica precocemente abortada. Após concluir mestrado em engenharia aeronáutica pelo California Institute of Technology e doutorado em matemática pela Universidade de Columbia, Winson casou-se e foi morar em Porto Rico para administrar a próspera manufatura de sapatos da família. Adeus, ciência, teatros e restaurantes finos; olá, palmeiras e ondas azuis!

Quase vinte anos depois, após o falecimento do pai e a venda lucrativa dos negócios, Winson e sua esposa Judith decidiram regressar a Nova York, pois desejavam sua intensa vida cultural. Eram cultos, sofisticados e sequiosos dos concertos, exposições e palestras que sobravam em Nova York mas faltavam em San Juan. Em particular, buscavam acesso aos círculos psicanalíticos que vicejavam na Big Apple dos anos 1960. Mas Winson, além de humanista e freudiano, tinha forte inclinação tecnológica e científica. Aos 44 anos de idade, bem estabelecido na vida e muito além da idade ideal para iniciar uma carreira na ciência experimental, ele bateu à porta do laboratório do professor Neil Miller, da Universidade Rockefeller, e se ofereceu para trabalhar de graça como aprendiz.

Foi uma jogada de mestre. Já em 1967 a pequena universidade, que ocupa um único quarteirão do Upper East Side, era uma das maiores concentrações mundiais de prêmios Nobel por metro quadrado. Era também um bastião de atitudes independentes e não convencionais. Winson não apenas foi aceito como pesquisador, mas foi ao longo dos anos promovido sucessivamente a técnico, professor assistente, professor associado e emérito, tendo até mesmo a honra de usar o laboratório forrado de cobre de Lorente de Nó para realizar suas pesquisas.

DESVENDANDO A FUNÇÃO DO RITMO TETA

As primeiras contribuições de Winson foram relacionadas ao ritmo teta, formado por ondas cerebrais bastante regulares que tomam completamente o hipocampo durante certos estados, chegando a durar vários minutos. Descoberto em coelhos nos anos 1950 e depois observado em ratos, gatos, macacos e humanos, o ritmo teta foi um grande mistério até meados dos anos 1970, quando Winson começou a desvendá-lo. O paradoxo que se apresentava é que o mesmo ritmo aparece em situações completamente distintas dependendo da espécie estudada (Figura 10). Enquanto o ritmo teta do rato é proporcional à locomoção, no coelho ele só ocorre quando o animal está imóvel. Para tornar as coisas mais complicadas, o ritmo teta do gato acontece ocasionalmente tanto na imobilidade quanto no movimento. A cereja no bolo dessa quimera científica é o sono REM, que coincide com o ritmo teta hipocampal em todas essas espécies.

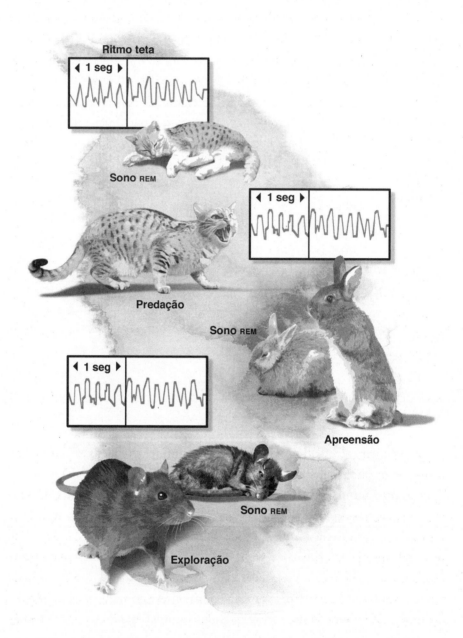

10. Em mamíferos, o ritmo teta do hipocampo ocorre na vigília alerta e, mais intensamente, no sono REM. O ritmo teta está presente em diferentes espécies durante a realização de comportamentos essenciais à sobrevivência de cada espécie, com frequência entre quatro e nove ondas por segundo.

Winson percebeu que a chave para compreender o ritmo teta é entender, segundo o nicho ecológico de cada espécie, que tipo de comportamento requer alto grau de atenção ao ambiente. Ratos são presas na perspectiva de algumas espécies, como os gatos, mas são predadores na perspectiva de outras espécies, como os camundongos. Caracterizam-se por ser exímios exploradores do ambiente, onde navegam com agilidade e com grande atenção em busca de alimento. É, portanto, durante a exploração espacial de ambientes novos que aparece mais fortemente o ritmo teta dos ratos. Coelhos, por outro lado, são presas por excelência e "se congelam quando colocados em ambiente novo", assumindo uma posição ereta sobre duas patas com orelhas levantadas, assustados em busca de predadores. Em coelhos o ritmo teta ocorre durante a imobilidade atenta e desaparece após a familiarização com o ambiente, quando os animais começam a forragear lentamente sobre quatro patas. Já o gato é um felino de evidentes instintos predadores. Não surpreende portanto que o ritmo teta ocorra quando o animal realiza comportamentos de caçada, contra camundongos ou novelos de lã, seja parado em preparação para ataque iminente, seja correndo em direção ao alvo, rumo ao bote.

Em sua síntese, Winson propôs que o ritmo teta durante a vigília é explicado por comportamentos atencionais típicos de cada espécie (Figura 10). Por analogia, propôs que a ocorrência do ritmo teta durante o sono REM denotaria um estado fisiológico capaz de processar as memórias adquiridas na vigília no mais protegido isolamento sensorial do sono, mas com a mesma atenção utilizada na experiência desperta. O sono REM seria portanto um estado reflexivo no qual o cérebro prestaria atenção a si mesmo e a sua representação do mundo conhecido.

A interpretação de Winson conquistou corações e mentes no âmbito da pequena mas crescente comunidade de neurofisiologistas do hipocampo. No final dos anos 1970 ele descobriu que a destruição do ritmo teta hipocampal por lesão de uma outra região cerebral, o septo medial, causa perda acentuada de memória espacial em ratos. Publicada na revista *Science*, essa foi a primeira demonstração direta do importante papel do ritmo teta na cognição. Hoje sabemos que o ritmo teta hipocampal é crucial para a aquisição, o processamento e a evocação de memórias declarativas, que podem ser narradas oralmente como as últimas férias de verão, a festa de casamento da sua melhor amiga, ou seu sonho mais recente.

RESTOS DIURNOS ELETROFISIOLÓGICOS

Inspirados pela noção freudiana de resto diurno, Winson e o neurocientista grego Constantine Pavlides, então seu aluno de doutorado, resolveram verificar se os neurônios mais estimulados durante a vigília seriam também os mais ativados durante o sono. Para testar essa hipótese eles se valeram de uma propriedade específica de certos neurônios do hipocampo, chamados de piramidais pelo formato cônico de seus corpos celulares. Esses neurônios se ativam seletivamente apenas quando o animal passa por uma região bem restrita do espaço, de forma que a cada neurônio corresponde um *campo espacial* específico, dentro do qual o neurônio se ativa e fora do qual não se ativa. Foi a descoberta dos neurônios de lugar como mecanismo de mapeamento do espaço que valeu ao norte-americano John O'Keefe e aos noruegueses Edvard e May-Britt Moser, neto e bisnetos científicos de Hebb, o prêmio Nobel de medicina e fisiologia em 2014.

No desenho experimental de Pavlides e Winson, a ativação dos neurônios piramidais restrita a regiões espaciais específicas permitiu comparar neurônios bastante ativados com outros quase silentes. Após realizar o implante cirúrgico de eletrodos no hipocampo, os pesquisadores identificaram e registraram pares de neurônios piramidais com campos espaciais não sobrepostos, isto é, cada neurônio tinha preferência por um lugar diferente do espaço. Depois, usando redomas de acrílico transparente para restringir a posição dos animais ao campo de um dos neurônios, e tomando o cuidado de não remover as pistas visuais que permitiam a localização espacial, os experimentadores fizeram com que esse neurônio se ativasse reiteradamente durante todo o tempo de duração do registro, enquanto o outro neurônio permanecia desativado.

Após vinte minutos, os pesquisadores reposicionaram o animal na jaula de registro, fora dos campos espaciais de ambos os neurônios, e permitiram que o rato dormisse espontaneamente por várias horas. Publicados em 1989, os resultados foram reveladores: neurônios que haviam sido mais ativados na vigília eram especificamente reativados durante o sono subsequente, tanto durante o sono de ondas lentas quanto durante o sono REM (Figura 11).[3] O estudo deu sustentação empírica à ideia de que a atividade neuronal durante o sono reverbera as experiências da mente desperta. Foi nada menos do que a primeira evidência eletrofisiológica dos restos diurnos postulados por Freud.

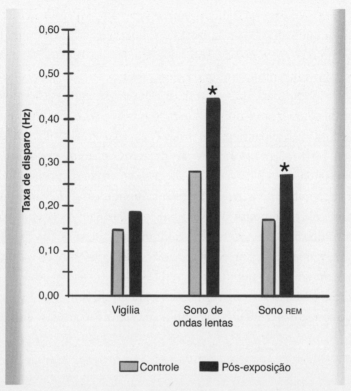

11. Impressões do dia: restos diurnos eletrofisiológicos. Neurônios hipocampais ativados durante a vigília por exposição persistente a seus campos espaciais apresentam mais disparos neuronais durante o sono do que neurônios não expostos (controle).

Poucos anos depois, essa descoberta foi aprofundada pelo neurocientista norte-americano Matthew Wilson durante seu pós-doutorado na Universidade do Arizona. Wilson analisou quantitativamente não apenas as mudanças nas taxas de atividade de neurônios do hipocampo, mas as mudanças na sincronia entre os momentos de ativação de neurônios distintos. Em outras palavras, mediu não apenas o quanto cada neurônio aumentou ou diminuiu sua atividade, mas também a proporção de ativações coincidentes entre pares de neurônios, ou seja, em que proporção dois neurônios quaisquer se ativam conjuntamente, em sincronia.

Não por acaso Wilson era orientado pelo neurofisiologista canadense Bruce McNaughton, que no final dos anos 1970 conviveu de perto com Donald Hebb e com ele partilhou o entusiasmo pelo estudo da sincronia neuronal. Em 1994, Wilson e McNaughton publicaram resultados que se tornaram instantaneamente clássicos (Figura 12). Primeiro, mostraram que durante a vigília, quando o rato se movimenta ao longo de uma trajetória e o ritmo teta predomina no hipocampo, surgem novos padrões de sincronia entre pares de neurônios hipocampais. Em seguida, demonstraram que os mesmos padrões reverberam, com algum ruído de fundo, durante o sono de ondas lentas subsequente. Em 2001, já como professor do Massachusetts Institute of Technology, Wilson e o doutorando Kenway Louie demonstraram efeitos semelhantes durante o sono REM.

Para entender a diferença entre os achados iniciais de Pavlides e Winson e os achados subsequentes de Wilson, imagine que cada potencial de ação de cada neurônio fosse uma nota musical numa partitura. A descoberta fundamental de Pavlides e Winson equivale a dizer que as notas mais tocadas durante a vigília voltam a ser ouvidas durante o sono. Os resultados de Wilson demonstraram que não apenas as notas observadas durante a vigília se repetem durante o sono, mas também suas combinações em "acordes" e "frases melódi-

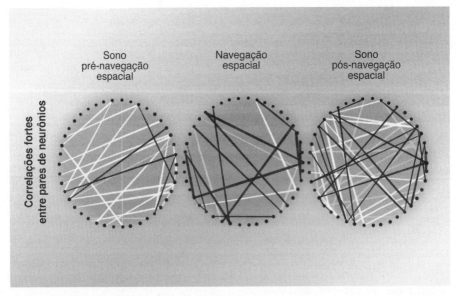

12. *Padrões de atividade sincronizada entre pares de neurônios do hipocampo surgem durante a navegação espacial e se mantêm durante o sono subsequente. Apenas as correlações mais fortes (alta sincronia) estão mostradas. Cada um dos 42 pontos corresponde a um neurônio hipocampal; quanto mais escura a linha, mais forte a correlação.*

cas". A metáfora da memória como partitura permite usar esses achados para imaginar de que forma uma lembrança oriunda da vigília pode ressurgir em sonhos.

REVERBERAÇÃO OU REATIVAÇÃO?

A exploração subsequente dessas descobertas por diferentes grupos de pesquisa, entre os quais o meu, estabeleceu nos últimos vinte anos que a reverberação elétrica de memórias é máxima durante o sono de ondas lentas, torna-se variável durante o sono REM e decresce bastante durante a vigília.[4] Dados o aumento consistente da reativação neuronal durante o sono NREM, a maior variância durante o sono REM e a reduzida duração do sono REM em comparação com o sono NREM (cerca de 1:4 em ratos e humanos), deve-se concluir que o sono NREM desempenha um papel preponderante na reverberação neuronal, enquanto o sono REM joga um papel secundário nesse fenômeno. Em termos práticos, isso significa que a primeira metade da noite, dominada pelo sono NREM, é essencial para a reverberação de memórias adquiridas durante a vigília.

Postulado por Donald Hebb há mais de sessenta anos, o termo "reverberação" foi substituído nas últimas décadas pela palavra "reativação", mas esse termo não descreve plenamente o fenômeno em questão. Embora a reverberação da atividade de redes neuronais diminua substancialmente durante a vigília, ela não desaparece por completo quando os animais estão despertos. A força da reverberação mnemônica durante a vigília é inversamente proporcional ao grau de estimulação sensorial interferente. Como os traços de memória podem ser continuamente detectados durante os períodos pós-aquisição através de todos os estados comportamentais, é correto afirmar que as experiências sensoriais relevantes causam reverberações sustentadas, em vez de reativações discretas. Por que não percebemos que existem sonhos ao fundo quando estamos despertos? A explicação é a torrente de estimulações sensoriais provenientes dos cinco sentidos. Em jargão científico, os padrões reverberantes de atividade neural associados com a experiência pregressa são em grande parte — mas não completamente — mascarados durante a vigília pelos estímulos sensoriais recebidos. Parafraseando Freud, *os sonhos são como as estrelas: estão sempre lá, mas só podemos vê-los durante a noite.*

E no entanto algumas pessoas parecem conseguir percebê-las mesmo acordadas, como nos devaneios criativos atribuídos ao compositor austríaco Wolfgang Mozart (1756-91) por seu primeiro biógrafo:

> Mozart escrevia tudo com facilidade e rapidez, o que talvez à primeira vista pudesse parecer descuido ou pressa. Ele nem chegava ao piano quando escrevia. Sua imaginação apresentava a obra completa quando vinha a ele, clara e vividamente. [...] No tranquilo silêncio da noite, quando nenhum obstáculo atrapalhava sua alma, o poder de sua imaginação tornava-se incandescente...[5]

ALTA OU BAIXA FIDELIDADE?

Um outro termo que se tornou popular, relacionado à palavra "reverberação", é o chamado replay de memórias, a repetição de alta-fidelidade de padrões passados de atividade neural. Entretanto, a reativação de memórias durante o sono não as evoca perfeitamente como uma gravação sendo executada, repetindo conteúdos da vigília. Ao contrário, trata-se de uma reativação viva, como uma banda tocando ao vivo e de memória. Por isso mesmo o som é mais "sujo", com o ruído das reverberações que disputam a atividade neuronal produzida durante o sono. O resultado final é mais *jam session* do que cópia exata, mais vinil do que MP3.

Essa reverberação suja é provavelmente relacionada ao fato de que vastas porções do cérebro dos mamíferos estão dedicadas à representação simultânea de diversas percepções ou ações. Em consequência, neurônios individuais são recrutados para participar de diferentes grupos neuronais sincronizados, combinando múltiplas informações de forma a dificultar a detecção de qualquer memória específica. Uma mesma nota musical utilizada inúmeras vezes em partituras diferentes produz efeitos muito distintos no ouvinte dependendo do contexto de ocorrência de cada nota. Imagine agora que as partituras podem ser executadas em paralelo, ao mesmo tempo, e ficará mais fácil entender o que acontece dentro do cérebro.

Um notável contraexemplo que confirma a regra é encontrado numa ave australiana muito utilizada na pesquisa científica, o pássaro mandarim. Durante o sono, um grupo de neurônios envolvidos na produção motora do canto apresenta uma repetição verdadeiramente fiel da atividade neuronal observada quando o animal canta: uma cópia quase perfeita. Esse caso raro de replay deriva do processamento neural altamente especializado que é levado a cabo por esses neurônios, cuja atividade é requerida para o controle dos músculos vocais responsáveis pelo canto. Todos esses neurônios são integralmente dedicados à codificação sequencial de uma única memória, repetida ao longo de toda a vida de forma fixa e invariável: o canto do próprio pássaro. Durante o sono do mandarim existe de fato um replay de alta-fidelidade.

FORTALECIMENTO E ENFRAQUECIMENTO DE SINAPSES

A importância atribuída pelos neurocientistas à reativação neuronal provém de sua ligação com a consolidação de memórias e com um fenômeno essencial para a neurobiologia do aprendizado: a potencialização de longa duração. Embora Hebb tivesse previsto em 1949 que a ativação concomitante de neurônios deve modificar de forma persistente suas conexões com neurônios na jusante, a uma ou mais sinapses de distância dos neurônios ativados, o fenômeno permaneceu uma possibilidade apenas teórica por quase duas décadas. Foi somente em 1966 que surgiu a primeira evidência empírica de que um estímulo elétrico pode fortalecer de forma duradoura um conjunto de conexões sinápticas. Estudando estímulos e respostas elétricas no hipocampo de coelhos anestesiados, o então doutorando norueguês Terje Lømo conseguiu pela primeira vez induzir eletricamente uma memória artificial, fazendo neurônios "se lembrarem" dos estímulos recebidos. Pesquisando no laboratório do neurofisiologista norueguês Per Andersen na Universidade de Oslo, Lømo inicialmente sozinho e depois junto com seu colega britânico Timothy Bliss publicou as primeiras evidências da potencialização de longa duração.[6] A descoberta é o análogo celular da operação de adição, essencial para o funcionamento do biocomputador que trazemos dentro do crânio.

Em 1982 o neurofisiologista japonês Masao Ito publicou a primeira evidência do fenômeno oposto, uma redução da força sináptica obtida com estímulos de baixa frequência, chamada de depressão de longa duração: o equivalente neural da operação de subtração. Desde então, a investigação sobre a potencialização e a depressão de sinapses se tornou um dos campos de pesquisa mais dinâmicos da neurociência.

Inicialmente houve críticas: os estímulos eram realizados com frequências excessivamente altas ou baixas, configurando uma situação bastante artificial. Argumentou-se que memórias naturalmente adquiridas provavelmente dependeriam de mecanismos diferentes, mas com o tempo ficou claro que a potencialização e a depressão das sinapses também ocorrem sob frequências de estimulação próximas das observadas no cérebro. O avanço das pesquisas acabou demonstrando que os mecanismos deflagrados nesses experimentos são exatamente os mesmos utilizados pelo aprendizado "natural".[7]

Se no monte Olimpo da ciência habitam deuses justos, Lømo, Bliss e Ito ainda hão de compartilhar um prêmio Nobel por descobrirem de que modo o panorama sináptico é esculpido. Enquanto esse dia não vem, os estudantes apaixonados pela compreensão dos mecanismos biológicos do aprendizado têm a oportunidade, em congressos e cursos internacionais, de beber boas cervejas com o simpático Tim Bliss, narrador entusiasmado e divertido da própria descoberta fundamental.

CRIPTOGRAFANDO MEMÓRIAS

Já no final dos anos 1980, Pavlides e Winson fizeram outra descoberta surpreendente: estímulos de frequências idênticas podem causar efeitos opostos quando administrados em fases distintas do ritmo teta.[8] No pico dessa onda cerebral, quando os neurônios estão despolarizados e portanto facilmente excitáveis, a estimulação causa potencialização das conexões. No vale da onda, quando os neurônios estão hiperpolarizados e portanto dificilmente excitáveis, a mesma estimulação causa depressão das conexões. Desde então o achado foi replicado por outros grupos de pesquisa[9] e passou a ser considerado um elemento central do processo de aquisição de memórias (Figura 13). Tal dependência da fase das ondas teta permite que estímulos de idêntica frequência produzam efeitos diametralmente opostos, fortalecendo ou enfraquecendo as conexões entre os neurônios.

Hoje sabemos que a aquisição de qualquer memória requer tanto o fortalecimento quanto o enfraquecimento seletivo de sinapses, aumentando e diminuindo as forças de conexão entre subconjuntos restritos da malha sináptica

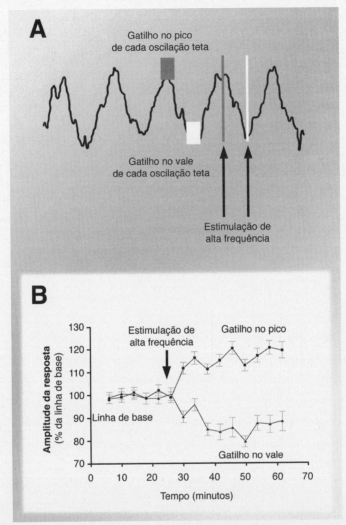

13. *A fase do estímulo em relação às ondas teta determina se as conexões neuronais serão potencializadas ou deprimidas. (A) Picos e vales das oscilações teta foram detectados em tempo real para engatilhar a estimulação de alta frequência no ciclo seguinte. (B) Estimulação no pico da oscilação teta aumenta a amplitude da resposta, causando potencialização de longa duração. Estimulação no vale da oscilação teta provoca uma diminuição da amplitude da resposta, causando depressão de longa duração.*

total do cérebro humano, com muitas centenas de trilhões de sinapses. Sabemos também que a seleção dessas sinapses depende da atenção prestada aos estímulos, atenção que é concomitante com as oscilações teta no hipocampo.

197

A partir dessa descoberta, a melodia neural passou a contar também com os primórdios de uma harmonia. Hoje acredita-se que o ritmo teta funciona como uma partitura para a ocorrência das notas, isto é, dos disparos neuronais e ondas cerebrais de frequência mais alta. O ritmo teta abafa as notas que caem no início do compasso, mas amplifica as que caem ao final, de modo que sua sustentação temporal cria um espaço de fases para a distribuição das notas.[10] Trata-se de um mecanismo para incorporar novidades, que desloca as memórias antigas para outras fases, outras regiões do compasso.

A importância desse fenômeno para compreender a relação do sono com o processamento de memórias começou a ficar evidente quando Gina Poe, uma das poucas vozes da neurociência a reconhecer explicitamente a inspiração seminal de Freud para o campo, demonstrou pela primeira vez que a fase entre ritmo teta e disparos neuronais pode codificar a familiaridade de uma memória.

A história de Poe faz dela outra improvável heroína de nossa saga. Nasceu em Los Angeles numa família muito pobre e sem a presença do pai. Dois anos depois a mãe se mudou para San Diego, a fim de buscar trabalho e habitação acessível, levando Gina e seu irmão. A família dependia de auxílios do governo, pois os empregos conseguidos pela mãe pagavam apenas salário mínimo. Nunca tiveram carro, televisão apenas por um tempo. Além disso, os bairros em que moravam eram violentos. Acostumada a ficar sem comer para garantir que os filhos se alimentassem, a mãe acreditava firmemente que a educação era a chave para superarem a pobreza.

E foi mesmo. No quinto ano a jovem curiosa e inteligente apaixonou-se pelas atividades mediadas por sua professora de ciências. Fosse dissecando um olho de boi ou medindo a preferência de cores em invertebrados, aos onze anos a menina Gina sentiu pela primeira vez que queria ser cientista. Menos de uma década depois, em 1983, conseguiu ser admitida na prestigiosa Universidade Stanford. No curso de neurofisiologia assistiu ao neurobiólogo Craig Heller contar os passos científicos que o levaram a descobrir que os mamíferos não fazem termorregulação durante o sono REM.[11] Ele disse que isso tornava os mamíferos ainda mais vulneráveis durante esse estado, arriscado para o organismo e ainda assim estritamente necessário. E o mais importante: por razões desconhecidas! Gina ficou entusiasmada e pensou como seria divertido descobrir algum fenômeno fundamental numa era em que tanta coisa já era conhecida, ou parecia ser. Só que a motivação inicial se dissipou quando ela constatou que precisava de mais dinheiro para pagar as taxas da universidade. Como não precisava dos créditos daquele curso para se graduar, abandonou as aulas e aumentou suas horas de trabalho como cozinheira.

A história poderia parar aí, mas felizmente não parou. Alguns anos depois, Gina conseguiu um emprego de assistente de pesquisa no Veteran's Hospital, para estudar a atividade cerebral de pilotos da Força Aérea enquanto voavam em baixa altitude e elevada força gravitacional, equivalente a muitas vezes a aceleração gravitacional experimentada na superfície da Terra ($9,8 \text{ m/s}^2$). O objetivo da pesquisa era determinar de modo confiável se os pilotos estavam perdendo a consciência, para que os aviões pudessem entrar em piloto automático sem a necessidade de comando humano. Como parte dessa pesquisa, Gina foi a uma conferência de especialistas do sono e compreendeu que nesse campo há verdadeiros oceanos de questões importantes sem resposta — e portanto é possível almejar fazer uma grande diferença, descobrir alguma coisa realmente importante — sonhar grande. Mas Gina só percebeu a ironia quando foi oficialmente admitida no programa de doutorado em neurociências da Universidade da Califórnia em Los Angeles: uma bolsa de doutorado nos Estados Unidos paga mais do que qualquer emprego de assistente de pesquisa. Gina adorou o doutorado e nunca mais olhou para trás.

Herdeira da linhagem científica dos legendários Per Andersen, John O'Keefe e Donald Hebb, Gina era pós-doutoranda no laboratório de Bruce McNaughton e Carol Barnes na Universidade do Arizona quando fez sua importante descoberta, publicada em 2000.[12] Para compreendê-la, primeiro é preciso lembrar que é no pico da onda teta que os neurônios têm mais chance de se ativar. Como vimos anteriormente, Pavlides e Winson haviam descoberto em 1988 que a estimulação do hipocampo no pico do ritmo teta produz potencialização de longa duração, enquanto a mesma estimulação no vale do ritmo teta produz depressão de longa duração. Essa descoberta fundamental foi replicada em diferentes laboratórios desde então.

Juntando as peças do quebra-cabeça, Gina Poe formulou a hipótese de que novas memórias deveriam ser codificadas nos picos do ritmo teta, enquanto memórias velhas destinadas ao esquecimento deveriam ser codificadas nos vales do ritmo teta. Gina implantou eletrodos no hipocampo de ratos e passou a registrar a atividade de neurônios de lugar, cuja ativação era seletiva para regiões específicas da caixa em que o experimento era feito. Após algum tempo de registro as paredes da caixa eram removidas, criando um novo espaço bem maior. Isso provocava o remapeamento de uma parte dos neurônios de lugar, que passavam a responder seletivamente aos lugares do novo espaço.

Comparando a fase de disparo dos neurônios remapeados para lugares novos e dos neurônios que persistiam mapeando lugares antigos, Gina verificou a separação de fases que havia previsto. Quando um rato visitava o ambiente novo, os disparos neuronais ocorriam no pico do ritmo teta, tanto na vigília quanto no sono REM subsequente. Entretanto, quando o mesmo rato visitava um ambiente conhecido, os disparos que ocorriam no pico durante a vigília passavam a ocorrer, durante o sono REM, no vale.

É como se o passado já conhecido estivesse sendo representado na fase negativa do ritmo teta, que induz depressão sináptica de longa duração e portanto esquecimento. A representação das novidades, por outro lado, estaria concentrada na fase positiva do ritmo teta, levando ao fortalecimento das conexões e portanto das memórias. O fenômeno que Pavlides e Winson haviam demonstrado usando memórias artificiais, eletricamente induzidas, Poe e seus mentores agora demonstravam ocorrer numa situação muito mais realista, envolvendo o comportamento de exploração espontânea do ambiente e o sono REM que ocorre em seguida.

Embora o avanço na compreensão dos mecanismos responsáveis pelo papel cognitivo do sono derive principalmente da investigação de roedores, foi a pesquisa em seres humanos — utilizando EEG, tomografia por emissão de pósitrons e ressonância magnética funcional — que primeiro estabeleceu a ligação entre aprendizado e reverberação neural durante o sono. Os neurocientistas belgas Pierre Maquet, da Universidade de Liège, e Philippe Peigneux, da Universidade Livre de Bruxelas, demonstraram há quase vinte anos que a atividade cerebral durante o sono REM pós-aprendizado é proporcional à aquisição de novas memórias.[13] Tal reverberação provoca aumentos locais de oxigenação do sangue, refletindo as necessidades metabólicas aumentadas dos neurônios envolvidos na codificação mnemônica. Outro estudo, realizado durante o sono de ondas lentas, verificou um aumento na potência das oscilações lentas (abaixo de quatro ciclos por segundo) na região cortical submetida ao treinamento, que se correlacionou significativamente com o aprendizado.[14]

ESTABELECENDO CAUSALIDADE ENTRE APRENDIZADO E SONO

Mostrar que um fenômeno biológico é proporcional a um fenômeno psicológico não prova que um seja a causa do outro. Para ir além do estudo de correlações e tentar estabelecer causalidade é preciso induzir ou interromper o fenômeno biológico para verificar o que acontece com o fenômeno psicológico. A importância causal do ritmo teta do sono REM para o aprendizado foi demonstrada em camundongos pela equipe do neurofisiologista grego Antoine Adamantidis, nas universidades de Berna e McGill. Usando um método para interromper o ritmo teta com grande precisão temporal, os pesquisadores demonstraram que a redução de ondas teta durante o sono REM prejudica fortemente a consolidação das memórias que de início se instalam no cérebro através do hipocampo.[15]

Em seres humanos, a equipe de Jan Born realizou experimentos clássicos demonstrando ser possível aumentar o aprendizado através da estimulação elétrica do cérebro durante o sono não REM. Utilizando pulsos elétricos bem lentos aplicados sobre o crânio, abaixo de um ciclo por segundo, é possível induzir oscilações artificiais que magnificam as ondas lentas naturais desse estado. O procedimento literalmente amplifica a capacidade de aprender.[16] Surpreendentemente, efeito semelhante pode ser obtido utilizando estimulação auditiva em fase com as oscilações lentas, um procedimento que aumenta a sincronização com ondas cerebrais mais rápidas[17] e provavelmente resulta em grande acúmulo de cálcio no interior dos neurônios corticais, favorecendo a potencialização de longa duração e o fortalecimento sináptico.[18]

Em conjunto, essas descobertas sugerem que a repetição de padrões de atividade neural deve ser a causa da consolidação das memórias durante o sono. Para testar essa hipótese de forma a convencer até os mais céticos, Jan Born e o neurocientista alemão Björn Rasch tiveram a ideia de se valer de odores para reativar memórias durante o sono. É notória a capacidade que o olfato tem de evocar memórias, pois associamos cheiros a estímulos específicos. Em algum momento de sua vida você deve ter experimentado a sensação de se surpreender com um cheiro característico do passado e imediatamente lembrar-se de eventos muito antigos. Além disso, os odores são os estímulos sensoriais que menos interferem no sono. Tirando vantagem desses fatos, os pesquisadores decidiram realizar experimentos em que os participantes aprendiam as posições espaciais de cartas com imagens, como no jogo da memória tradicional, enquanto eram expostos ao perfume de rosas. Durante o sono subsequente os participantes eram expostos novamente ao perfume com o intuito de fazê-los "lembrar" subliminarmente das posições aprendidas, reativando-as por associação multissensorial.

Os resultados mostraram que a reativação de memórias por exposição ao odor foi bastante eficaz quando realizada durante o sono não REM, mas não durante o sono REM, que apresentou níveis iguais ao de experimentos sem odor. Esse experimento clássico demonstrou que a reativação de memórias durante o sono não REM efetivamente promove o aprendizado.[19] Lorente de Nó não poderia estar mais errado em sua objeção a Hebb: o estudo da reverberação neuronal é do *mais alto interesse* para a psicologia.

UMA TRAJETÓRIA ESPECÍFICA NA MALHA NEURONAL

Mas afinal, o que é uma memória? Para começarmos a definir esse conceito, digamos que é uma trajetória específica de propagação da atividade elétrica através da malha neuronal. A ativação consciente de uma memória é um processo que se estende no espaço através de enormes conjuntos neuronais e se prolonga no tempo por centenas de milissegundos, bem acima da escala de tempo característica da atividade de um único neurônio, da ordem de um milissegundo apenas. Embora uma única memória requeira a ativação de um grande número de neurônios, está muito longe de recrutar o cérebro inteiro, uma vastíssima matriz tridimensional composta por bilhões de células, cada uma delas interligada por axônios e dendritos a milhares de outros neurônios. A evocação de uma memória é, portanto, a propagação da atividade elétrica através de um subconjunto bastante específico e restrito de neurônios e áreas cerebrais.

Para cada experiência do passado evocada há uma trajetória particular de propagação elétrica pelo cérebro, que em seu estado latente, não ativado, representa a memória dessa experiência. Para memórias de procedimento — pedalar uma bicicleta, jogar capoeira —, os circuitos envolvem sobretudo o cerebelo, o córtex motor e os gânglios da base. Para memórias declarativas — "qual é a capital de Angola?" — assim como para memórias episódicas — "como foi sua viagem para pesquisar capoeira em Angola?" — é necessário um hipocampo intacto. Cada trajetória tem certa probabilidade de propagação, que se transforma a cada nova ativação da memória através de mecanismos como a potencialização e a depressão de longa duração. A repetição mental de uma mesma memória é como um rio que parece sempre igual, mas não exatamente, pois passa pelo mesmo leito, mas nunca com a mesma água e nunca de forma igual — sobretudo nas margens.

As trajetórias neuronais mais prováveis correspondem às memórias mais reforçadas, ativadas múltiplas vezes ao longo da vida. A cada vez que ocorre, a passagem de atividade elétrica esculpe caminhos preferenciais para a futura ativação neural, criando a memória dos eventos memoráveis. A atividade elétrica circula por essas trajetórias sob a influência de redes reverberantes, como o circuito hipocampo-septal que produz o ritmo teta, e as conexões de vastas porções cerebrais com o pequeno e compacto *locus ceruleus*. Situado nas profundezas do sistema nervoso, esse "olho interior que tudo vê" exerce controle direto sobre a pupila, que se dilata conforme a atenção e o esforço mental, como se abrisse e fechasse a janela da alma para o mundo. O *locus ceruleus* detecta em tempo real tudo que dói e tudo que é novidade, disseminando tais informações por todo o cérebro através da liberação de noradrenalina. E à noite a janela se fecha. O *locus ceruleus* diminui a sua taxa de disparo até baixar a um nível crítico. Na ausência de qualquer estímulo relevante, esse nível não é suficientemente alto para nos impedir de adormecer.

Quando a luz dá lugar à escuridão, a atividade elétrica gerada espontaneamente no interior do cérebro, amorfa e desprovida de conteúdo em sua origem, atinge por fim o limiar de ativação de alguma trajetória em particular, e assim aparece a primeira imagem onírica da noite. Começa o sonho. As memórias formadas durante o dia competem agora com todas as memórias anteriores. É muito comum que, já no início do sono, a lembrança do dia anterior desapareça no turbilhão de outras memórias reativadas. Entretanto, aquilo que foi marcante retornará, inexoravelmente. Os caminhos mais profundamente entalhados durante a vigília têm maior chance de serem reativados do que os rasamente esculpidos. E é assim, pela reverberação elétrica das lembranças mais relevantes, que é tecido o banco de memórias chamado inconsciente.

POR VALES E MONTANHAS VIAJAREI

Se o cérebro de um recém-nascido fosse uma topografia, seria uma planície arenosa sulcada apenas pelas memórias inatas do passado filogenético. Um mínimo de software embarcado na própria forma do hardware, aquilo que a criança sabe fazer desde a primeira vez que tenta: mamar, chorar, dormir, excretar e aprender. Com esse repertório comportamental o bebê enfrenta o mundo exterior, canalizando a atividade elétrica pelos caminhos neurais que já possui e que vão se modificando à medida que aprende a perceber e a mover-se. Na metáfora topográfica, a chuva que erode o terreno corresponde à atividade elétrica. E assim, alterando continuamente a topografia formada por um número descomunal de sinapses, o bebê inicia a construção de seu mundo interior.

Conforme adquire experiência, a topografia é erodida. A formação de novas memórias vai reforçando pequenos conjuntos de sinapses específicas, bastante úteis à sobrevivência, e eliminando conjuntos enormes de sinapses menos úteis. O resultado é que a cada novo aprendizado se forma um novo sulco, e a superfície vai se transformando, adquirindo cada vez mais reentrâncias, vales e arroios. O contato com a realidade, pela força da água e contra a rigidez da pedra, vai esculpindo a topografia sináptica até chegarmos à anciã ou ancião, o cânion de vivências acumuladas umas sobre as outras, imenso e profundo vale central cercado por inúmeros vales cada vez menores, capilares moldados pela vivência autobiográfica, como um palimpsesto de eventos vividos e imaginados, mapa mental de toda a vida feito das experiências superpostas, do passado mais remoto que se consegue lembrar até o futuro mais distante que se consegue imaginar.

Nesse mapa, a ativação de cada diminuto sulco corresponde à evocação de uma memória específica. Vivências traumáticas deixam sulcos mais profundos, como seria de se esperar pela intensa liberação de adrenalina e noradrenalina durante o estresse agudo. A carga emocional da experiência aumenta a duração e a intensidade da memória, sobretudo quando as emoções são negativas. Durante o sono, na ausência de estímulos externos, a atividade elétrica gerada nas profundezas do sistema nervoso atinge vigorosamente o córtex cerebral, o hipocampo, a amígdala e diversas outras regiões subcorticais, produzindo experiências oníricas vívidas. Para pessoas que viveram eventos traumáticos, sonhar muitas vezes resulta no fortalecimento das memórias desagradáveis, que equivalem a revisitar a experiência.

Talvez seja verdade que a atividade elétrica que atinge o córtex cerebral durante o sono seja difusa, pouco específica, talvez até mesmo aleatória, como propôs Francis Crick. Mas isso não é suficiente para concluir que ela apaga as memórias corticais como a chuva apaga um castelo de areia na praia. Afinal, depois que o bombardeio de atividade elétrica chega ao córtex cerebral e começa a se espalhar por suas vastas redes neuronais, a ativação se propaga conforme os caminhos sinápticos permitidos pelas conexões neuronais já existentes, o que equivale a dizer: pela história daquela mente. Os pingos de chuva podem até cair aleatoriamente sobre o vale, mas quem determina seu curso é a forma da pedra, que nada tem de aleatória pois reflete o passado.

Voltando à comparação entre idades diferentes, o recém-nascido tem pouco passado autobiográfico, muito passado filogenético e todo o futuro que se pode almejar. Qualquer coisa que acontece ao bebê tem potencial para impactar integralmente a vida subsequente. No ancião, ao contrário, quase mais nada impacta. O passado autobiográfico se tornou enorme, mas o futuro fica cada vez mais limitado. Frequentemente a veneranda idade vem acompanhada de um amplo repertório de memórias, mas também da dificuldade de adquirir novas memórias e de interessar-se pelos estímulos do mundo. Nada impressiona, nada é novo. Há menos sono, menos plasticidade neural e menos canabinoides produzidos pelo cérebro, fundamentais para a formação de novas sinapses.[20] Na terceira idade, a pedra que resta é dura — e muitas vezes a mente enrijece.

Por outro lado, a velhice traz a estabilidade. Quando o repertório de vivências acumuladas é vasto e sadio, os mais velhos se tornam os melhores conselheiros e líderes que uma comunidade pode ter, cuidando da coletividade com equilíbrio, visão panorâmica e zelo pelo futuro, tanto o imediato quanto o longínquo. Entre os kalapalos e outros grupos indígenas do Parque do Xingu, praticantes da paz intertribal há pelo menos sessenta anos, "falar como chefe" exige ser calmo e discursar sentado, olhando para o chão com humildade e proferindo as repetições corretas de palavras que apaziguam e asseveram paz e respeito entre parentes.[21]

11. Genes e memes

O que são palavras, ideias, pensamentos, conceitos? A despeito das muitas diferenças, o que une esses termos é o fato de que são todos memórias. Tudo que percebemos e fazemos causa alterações nos circuitos neurais que intermedeiam o encontro com o mundo, construindo associações pela experiência, num jogo reiterado de impressionar e impressionar-se. Qualquer pessoa idosa ou que convive de perto com idosos sabe que suas lembranças dizem respeito muito mais aos fatos da juventude do que ao passado recente. Você talvez tenha escutado relatos da infância de seus bisavós, coisas que viram e ouviram, conversas memoráveis que tiveram com pessoas extraordinárias que disseram frases inesquecíveis, hoje passadas aos bisnetos como joias da família. Como é possível lembrar tão minuciosamente da própria infância, com tanta vividez e riqueza de detalhes, mesmo depois de transcorridas várias décadas? E algo ainda mais incrível: como é possível que a criança também passe a se "lembrar" daqueles eventos, quase como se os tivesse vivido na própria pele?

A reverberação de atividade neuronal é uma explicação satisfatória para a aquisição e retenção inicial das memórias, mas é claramente insuficiente para explicar a persistência de uma lembrança por dias, anos, décadas, ou pela vida inteira. Não é difícil entender por que isso seria absurdo. Imagine o que aconteceria se a retenção das memórias por longos períodos de tempo exigisse que elas permanecessem continuamente em estado ativo, reverberando incessantemente pelo cérebro, todas vivas e entrelaçadas, explosivamente numerosas e progressivamente conflitantes à medida que a vida fosse fazendo suas curvas, retornos e paradas ocasionais...

Nesse cenário catastrófico sofreríamos de profunda confusão mental, semelhante à experimentada pelo personagem Ireneo Funes, de Jorge Luis Borges. O narrador descreve um jovem inteligente e excêntrico que, por causa de um acidente de cavalo, passou a ter memória completa de todos os fatos vividos. O prodígio, entretanto, tornava-o incapaz de distinguir entre eventos relevantes e trivialidades do cotidiano. Ao adquirir memória absoluta, Funes tornou-se um perfeito idiota.

Felizmente nossa mente não funciona assim. Normalmente temos facilidade para evocar memórias específicas, contanto que todas as outras memórias estejam desativadas, por assim dizer fora da mente. As razões para isso são fáceis de intuir: assim como dois corpos não podem ocupar o mesmo lugar do espaço sem causar deformações e quebras, duas memórias não podem ser ativadas simultaneamente pela atenção sem perderem sua identidade. As memórias interferem umas nas outras e, a cada instante, é preciso que uma predomine na consciência, para que o pensamento passeie por ali.

Além disso, somos ótimos em esquecer quase tudo que não interessa para nossa sobrevivência e conforto, pois nossa atenção seletiva armazena apenas as memórias às quais atribuímos valor adaptativo. Se é crucial que você recorde detalhes do primeiro jantar romântico que teve com sua cara-metade, o menu do almoço três dias depois daquele jantar é com certeza um arquivo apagado em sua mente. De que forma o cérebro distingue as memórias de modo a estocar algumas e apagar o resto? Como é possível manter tantas memórias em estado inativo?

MEMÓRIAS ATIVAS DÃO ORIGEM A MEMÓRIAS LATENTES

A solução do enigma veio do próprio Donald Hebb, quando propôs que a consolidação das memórias de longo prazo ocorre em duas etapas consecutivas. Na primeira, a informação é imediatamente capturada pelo sistema nervoso como reverberação elétrica, criando uma impressão instantânea mas fugaz do passado recente. Essa reverberação decai em alguns minutos, mas dispara mecanismos moleculares que acabam por levar a modificações na composição química e depois na própria forma das sinapses. Essa segunda etapa envolve íons atravessando membranas, proteínas acoplando-se umas às outras, genes sendo ativados e novas proteínas sendo construídas, numa "queda de dominós" molecular que perpassa os segundos, minutos e horas que sucedem a aquisição inicial da memória, até resultar na remodelagem de uma grande quantidade de sinapses.

É o processo de criação, eliminação e modificação de sinapses que permite o armazenamento de longo prazo de uma memória, perenizando uma representação que a essa altura já não corresponde ao funcionamento ativo de uma rede neuronal, e sim a um padrão latente de conexões sinápticas inativas. Dias, meses ou anos depois da aquisição da memória, quando uma parte dessas conexões é ativada, a atividade elétrica se espalha pela rede neuronal através das conexões mais fortes, e a memória é novamente evocada. Por ser capaz de estocar memórias antigas sob forma inativa, o cérebro pode armazenar um imenso repertório delas sem risco de confusão. Não nos confundimos como Funes porque conseguimos, a cada instante, não lembrar de quase nada.

As histórias que passamos adiante, os pensamentos que se espalham, as ideias que influenciam os outros e se replicam socialmente são todos estritamente dependentes de sua capacidade de durar em nossa mente. O biólogo inglês Richard Dawkins chamou de *meme* essas memórias colonizadoras, expressas como comportamentos — palavras e gestos — capazes de impressionar outras pessoas e promover o compartilhamento das mesmas ideias. O nome evoca outra unidade replicante mais bem compreendida: o gene. Ainda que confessamente imprecisa, essa famosa analogia é saborosa porque sem genes simplesmente não haveria memes.

Para entender de que modo acontece a remodelagem sináptica que pereniza as memórias é preciso primeiro saber que todas as células do corpo possuem o mesmo conjunto de genes em seus núcleos. As distinções entre tipos diferentes de células, bem como as modificações de cada célula ao longo do tempo, dependem de mudanças nos subconjuntos de genes que, a cada momento, são usados para sintetizar proteínas no interior de cada célula específica. A semelhança entre genomas e bibliotecas ajuda a compreender esse fenômeno. Digamos que cada biblioteca pública do planeta seja o genoma de uma célula e que cada gene dentro de cada célula seja um livro. Para completar o argumento, digamos ainda que os acervos das bibliotecas são todos iguais.

Ao entrar em uma dessas bibliotecas, você verificará que apenas uma pequena fração dos livros contidos no acervo está emprestada para leitura. O mesmo se verificará em outras bibliotecas, mas o repertório de livros efetivamente lidos será diferente em cada caso e variará com o passar do tempo, isto é, será dinâmico para cada biblioteca. Livros muito populares terão várias cópias que poderão ser lidas em paralelo por leitores diferentes. Além disso, cada livro pode ser lido múltiplas vezes por leitores diferentes, desde que um após o outro. Note que, embora cada biblioteca tenha um acervo rigorosamente idêntico às demais, os assuntos lidos em cada uma delas podem ser completamente diferentes. Alguns livros essenciais serão lidos em todas as bibliotecas, mas a maior parte do acervo será lida apenas em certas bibliotecas e ocasiões. Enquanto os livros mais lidos em certas bibliotecas serão de filosofia, em outras os preferidos serão de arte, em outras ainda de biologia. Em cada uma delas, a cada instante, um repertório muito específico de livros estará ativo.

Dentro de um mesmo corpo, células do cérebro, do coração e do fígado possuem os mesmos genes, mas expressam diferentes subconjuntos deles, gerando repertórios distintos de proteínas que fazem com que cada tipo celular seja diferente. Na célula, cada gene feito de DNA equivale a um livro específico, e a molécula chamada RNA polimerase corresponde a um leitor do livro. Cada livro lido resulta na fabricação de uma cópia complementar do gene, na forma de RNA mensageiro. Este, por sua vez, orienta a fabricação de uma proteína capaz de efetivamente participar das funções celulares, numa nova leitura em que a informação codificada pelo RNA mensageiro é traduzida na sequência de aminoácidos que compõem a proteína. A leitura completa de um livro corresponde à *expressão* de um gene em particular. Esse jargão científico significa que o conteúdo do livro se expressa somente quando ele é lido.

GENES IMEDIATOS E CICLO SONO-VIGÍLIA

Quando um neurônio se engaja na codificação de uma nova memória, genes que codificam proteínas capazes de remodelar sinapses são rapidamente ativados. Os primeiros genes envolvidos nesse processo, poucos minutos após o início da reverberação elétrica, são chamados de *genes imediatos*. A expressão de um repertório específico desses genes é essencial para que a reverberação elétrica cause modificações sinápticas algum tempo depois.

Os genes imediatos foram descobertos no final da década de 1980, e logo ficou claro que eles são cruciais para o aprendizado. Em face do papel do sono na consolidação de memórias de longo prazo, a descoberta desses genes apontava claramente para uma hipótese: o sono deveria ser capaz de induzir sua ativação, provocando um fortalecimento sináptico.

O primeiro teste dessa hipótese coube a uma equipe italiana da Universidade de Pisa, que comparou os níveis de proteínas codificadas por genes imediatos no cérebro de roedores após longos períodos de sono ou de vigília. Surpreendentemente, os então doutorandos Chiara Cirelli e Giulio Tononi verificaram que a expressão de genes imediatos não era ativada mas sim inibida durante o sono.[1] Essa inibição rompia a sequência lógica que conectava a reverberação neuronal aos efeitos mnemônicos do sono, criando um inegável paradoxo.

NARCOLÉPTICO EM NOVA YORK

Foi esse contexto científico que encontrei no doutorado, sob a influência de uma circunstância pessoal peculiar. Por causa de um atraso de seis meses, necessário para terminar o mestrado no Brasil, cheguei a Nova York em pleno inverno, janeiro de 1995. Diante do imponente portão do número 1230 da York Avenue, com duas malas pesadas e toda a expectativa do mundo, contemplei as ruas cobertas pela neve que caía e pensei que nada seria como antes. Mal sabia o quanto estava certo.

Identifiquei-me, preenchi papéis, recebi as chaves e arrastei as malas até um dos apartamentos que a Universidade Rockefeller disponibilizava aos alunos por valor reduzido e que agora era meu lar. Abri a pasta que recebera e li na agenda de aulas que havia pouco tinha começado um seminário de discussão de artigos entre os colegas da turma. Saí correndo, e após uma navegação errática entrei numa sala grande com algumas pessoas comendo pizza. Eram meus novos colegas discutindo minuciosamente um artigo científico selecionado para aquele dia.

Não tive tempo nem de me sentir aliviado por finalmente dar início ao doutorado, porque uma coisa muito estranha aconteceu: eu simplesmente não entendia nada do que eles falavam. Era como se as pessoas estivessem falando debaixo d'agua, sons vagamente familiares que não formavam palavras conhecidas. De súbito eu perdera a capacidade de entender inglês, língua que lia e compreendia bem até então.

Não era apenas que eu não acompanhasse a discussão por ignorar mecanismos moleculares recentes, sobre os quais estava desatualizado. Isso era verdade, mas o caso era muito mais sério. Subitamente eu havia perdido a capacidade de compreender palavras em inglês, mesmo as mais corriqueiras, quando pronunciadas naquela mesa por aquelas pessoas. A situação piorou quando comecei a sentir um sono avassalador, uma forte necessidade de fechar os olhos e apagar por completo. Com muito esforço aguentei até o fim. Me arrastei para o apartamento e dormi como uma pedra.

Quando finalmente consegui despertar, avaliei alarmado a situação, mas depois me convenci de que logo me adaptaria. Não podia jamais imaginar que aquela pane mental duraria não apenas alguns dias, mas sim todo o inverno. Simplesmente me deitei e cedi à exaustão. Dormi e sonhei, despertei e voltei a dormir e sonhei. E sonhei e sonhei. Naquelas noites brancas e geladas, cortadas apenas pelas sirenes das ambulâncias, adentrei um inédito período de escuridão, sono e sonhos. Os dias duravam pouco, as nuvens bloqueavam os raios solares, o mundo lá fora era estranho e inamistoso. Aninhado em meu edredom confortável cheguei a dormir dezesseis horas por dia, marcadas por sonhos intensos e vívidos retratando Nova York, a universidade e as novas pessoas com quem eu agora tentava interagir.

Se minha vida onírica estava agitada, na vida desperta tudo parecia caminhar para o desastre. Eu seguia sem entender quase nada do que as pessoas falavam e não conseguia fazer amigos. Para complicar, minhas tentativas de mostrar serviço no laboratório do neurocientista argentino Fernando Nottebohm, ao qual eu me juntara, invariavelmente terminavam com meus roncos constrangedores no sofá da sala de reuniões. Nottebohm é um dos líderes mundiais no estudo dos mecanismos cerebrais do canto dos pássaros, e eu queria muito aprender sobre esse assunto, mas tudo me fazia bocejar e nada me mantinha alerta. Era como se meu corpo estivesse sabotando minha carreira científica.

Ao longo de janeiro resisti e lutei contra a sonolência, mas depois a ansiedade e o cansaço deram lugar a uma doce rendição. Quando fevereiro chegou, no silêncio profundo da neve, me entreguei completamente e fui tragado pelo mundo de Morfeu. Agora eu só queria dormir até o tempo acabar. Desisti até mesmo de tentar frequentar o laboratório, para não prejudicar ainda mais minha incipiente reputação. Saía de casa apenas para comprar mantimentos e assistir às aulas. No resto do tempo, ficava em meu apartamento tirando longas sonecas entremeadas pela leitura de artigos científicos. Nesse período comecei a sonhar em inglês, e meus sonhos ficaram mais intensos ainda, representando enredos épicos por ruas sobrenaturalmente desertas de Nova York em manhãs ensolaradas e gélidas de um domingo infinito. Cheguei mesmo a ter sonhos em que me percebia consciente e conseguia mudar o enredo onírico de acordo com minha vontade. Nesses sonhos aparecia uma adversária espadachim que buscava combate e eu pressentia que podia morrer.

E então, assim como veio, repentinamente a sonolência desapareceu. Acabaram os sonhos majestosos e recuperei as ganas de estar desperto. Comecei a sair da toca. No início de abril, quando os dias já se alongavam e as tulipas desabrochavam em todo o campus, me dei conta da metamorfose cognitiva que havia sofrido. Agora eu já entendia quase tudo que lia, conversava com desembaraço e havia começado a formar um grupo muito especial de amigos que cultivo com carinho desde então. A melhor novidade dessa primavera de adaptação é que as dificuldades no laboratório haviam se resolvido. Orientado pelo neurocientista brasileiro Claudio Mello, especialista em genes imediatos e então professor assistente no laboratório de Nottebohm, comecei a realizar experimentos bem-sucedidos sobre a representação cerebral do canto de canários.

Claudio foi o primeiro a demonstrar que estímulos naturais causam a expressão de genes imediatos, que só havia sido descrita em culturas celulares mantidas sob condições controladas de laboratório ou em cérebros de animais submetidos a convulsões induzidas farmacologicamente. A descoberta de que os genes imediatos se ativam no sistema nervoso de animais durante a execução de comportamentos que realmente acontecem na natureza levou essa área de pesquisa muito além dos tubos de ensaio, rumo aos organismos inteiros em livre realização de comportamentos complexos e ecologicamente relevantes. Claudio foi um maravilhoso mentor, e juntos publicamos vários estudos da expressão de genes imediatos como indicadora de atividade neuronal no cérebro de pássaros canoros. Generoso, libertário e graciosamente ranzinza, Nottebohm nos permitiu seguir esse caminho em seu laboratório com absoluta autonomia.

A história bem poderia ter seguido esse rumo — e este seria um livro sobre a comunicação vocal em aves — se eu não tivesse ficado profundamente intrigado com o fenômeno estranho que havia experimentado, a incrível sonolência onírica que me sequestrou naqueles primeiros meses do doutorado. Como cientista, não podia deixar de estar fascinado por aquela sequência de eventos desde que chegara a Nova York, a falência cognitiva com sonolência excessiva e atividade onírica exacerbada durante todo o inverno, seguida de impressionante e súbita adaptação linguística, intelectual e social na primavera.

Claro que o aumento progressivo da duração do dia tinha a ver com o fim da sonolência. Quanto ao início dela, na nevasca do começo de janeiro, o mistério era maior. Embora inicialmente tenha me parecido uma autossabotagem infeliz e constrangedora, capaz de anular todas as minhas forças quando eu mais precisava delas, o sono se revelou afinal um poderoso processador de novidades, benigno e certamente desejável. Ao me deixar levar pelo trabalho interno do sono e ceder verdadeiramente ao processamento off-line de memórias, de alguma forma consegui superar as enormes dificuldades iniciais, que se deviam tanto ao estresse da nova situação quanto à diminuição invernal das horas de luz natural.

Pessoalmente intrigado, e curioso para entender o que tinha me acontecido, tomei a decisão de compreender os mecanismos daquele processo adaptativo. Quando li num importante livro-texto de neurociência que a ciência sabia muito sobre as causas do sono mas nada sobre suas consequências, me dei conta de que esse era um tema de pesquisa realmente importante. Afinal, as coisas mais interessantes são aquelas sobre as quais não se sabe quase nada. Fui atrás do quase. Na esquina da rua 12 com a Broadway, comprei por cinco dólares no labiríntico sebo Strand uma seleta das obras de Freud. A leitura de *A interpretação dos sonhos* me encheu de ideias para experimentos sobre a relação entre sono e aprendizado. Ao mesmo tempo, descobri na biblioteca antiga da universidade as muitas publicações a partir do final da década de 1960 que demonstravam que a privação de sono causa déficits de memória em roedores.[2] Logo descobri também que no mesmo prédio do laboratório de Nottebohm, um andar abaixo pelas escadas silenciosas e amplas do antigo Smith Hall, havia um laboratório com tradição de pesquisa em sono de ratos. Era nada mais nada menos do que o antigo laboratório de Lorente de Nó, todo forrado de cobre, depois herdado por Jonathan Winson e que agora, após sua aposentadoria, estava sob a responsabilidade de Constantine Pavlides — ou Gus, para os íntimos.

DESOLADO EM NOVA YORK

Gus Pavlides nasceu em Skalochori, uma pequena aldeia ao norte da Grécia, na Macedônia ocidental, a apenas cem quilômetros do monte Olimpo e de Veria. Quando era criança, nos anos 1960, ali não havia eletricidade, estradas pavimentadas nem água corrente. A vila era habitada por cerca de duzentas pessoas, mas hoje esse número não passa de cem no verão e apenas vinte no inverno. A única escola primária que havia fechou recentemente para dar lugar a um café.

Por volta dos quatro anos, Pavlides começou a ir à escola acompanhado da irmã. Simplesmente adorou. Foi um período mágico de descobertas supervisionadas por sua avó, convencida de que aquele menino era um presente de Deus para o mundo — ela repetia isso todos os dias, para quem quisesse ouvir. Durante todo o início de sua juventude, Pavlides viveu num raio de vinte quilômetros de sua aldeia, perto da natureza, do amor e de Zeus.

Mas então, no início dos anos 1970, o idílio acabou. Aos doze anos Pavlides teve que emigrar com a mãe e as irmãs para Nova York, a fim de se reunirem com o pai que já estava lá havia uma década, trabalhando na esperança de fazer fortuna e voltar para a Grécia — o que nunca aconteceu. A avó permaneceu em Skalochori e faleceu pouco depois, deixando o neto desconsolado.

A chegada a Nova York foi um choque para aquele garoto extremamente tímido e sem nenhuma noção da língua inglesa. A família alugou um apartamento perto do parque Fort Tryon, no extremo norte da ilha de Manhattan, onde vicejava um bairro grego. Pavlides começou a aprender inglês com bastante dificuldade e ia mal nos estudos, exceto em matemática. Em momentos de tristeza, em busca de consolo, visitou muitas vezes os magníficos claustros medievais reconstruídos no parque.

Um dia o diretor da escola convocou seus pais para uma reunião. O encontro do diretor escocês com a mãe que só falava grego e com o pai capengando no inglês teria sido cômico se não fosse trágico. Pedindo a Pavlides que traduzisse suas palavras aos pais, o diretor informou que não havia nada que ele pudesse fazer: o menino era uma esperança perdida. Em suas palavras, "não poderá trabalhar nem de gari, pois o departamento de saneamento de Nova York exige um diploma de ensino médio, o que evidentemente não conseguirá". Foi um golpe duríssimo, mas também o ímpeto para o sucesso de Pavlides. De alguma forma, ele agora precisava provar que o diretor estava errado.

Foi no ensino médio que tudo começou a melhorar. Além de passar num exame para ser colocado numa classe avançada, Pavlides entrou na equipe de tênis e teve excelente desempenho. Venceu o torneio regional de tênis de Nova York e no ano seguinte foi admitido no programa de arquitetura do City College. Começou o curso entusiasmado, mas o primeiro contato com os professores foi um banho de água fria. Pavlides queria construir arranha-céus, mas os professores diziam que o melhor da turma seria no máximo desenhista. Pavlides se desinteressou, se transferiu para o curso de psicologia e depois de algumas aulas resolveu ingressar num laboratório de neuropsicologia em que se pesquisava estimulação intracraniana. Ficou fascinado com o grau de controle que o cérebro pode exercer sobre o comportamento e pouco depois empregou-se como técnico de Neil Miller, um dos pais vivos da pesquisa sobre aprendizagem e memória.

Foi no laboratório de Miller que Pavlides conheceu Jonathan Winson, então fortemente engajado na pesquisa sobre sono e memória. Esse período foi crucial para a formação para Pavlides, que almoçava regularmente com os dois grandes cientistas e não se cansava de se admirar com isso. Em uma das vibrantes discussões que marcavam esses almoços, surgiu a ideia de usar as propriedades dos neurônios de lugar do hipocampo para investigar o sono, um verdadeiro "ovo de Colombo" cujos impressionantes resultados foram descritos no capítulo 10.

UMA TROCA JUSTA

Seis anos depois, animado com a leitura dos artigos de Winson, procurei o velho mestre a fim de aprender a conduzir experimentos sobre sono e aprendizado. Ele já estava aposentado e me indicou seu ex-aluno Pavlides, agora promovido ao quadro de professores. Bati na porta da sua sala e fui prontamente recebido. Em dez minutos expliquei que pretendia utilizar as mesmas técnicas da pesquisa com canto de canários para investigar se o sono induzia a expressão de genes imediatos no cérebro de ratos. Nessa primeira conversa, Pavlides se mostrou exatamente como em todos os nossos encontros desde então, prático e positivo: "Você começa amanhã".

Evidentemente eu não sabia que sua rapidez em me aceitar no laboratório tinha a ver com uma visão onírica obtida por ele pouco tempo antes. Naqueles meses Pavlides estava usando uma técnica desenvolvida nos anos 1980 para marcar radioativamente as regiões do hipocampo ativadas por estímulos diversos. Em sonho, Pavlides visualizou que os neurônios de lugar do hipocampo se organizam em aglomerados responsivos a uma mesma posição do espaço. Mas o método radioativo se mostrou pouco sensível para produzir um teste convincente dessa hipótese. Era preciso um marcador produzido pelo próprio cérebro, rápido e muito mais sensível, tal como... os genes imediatos! Sem saber, eu propunha trazer para o laboratório de Pavlides justo o que ele precisava. A troca era muito justa, pois ele me treinou cuidadosamente e franqueou acesso a seu laboratório.

Lancei-me de cabeça e logo aprendi como fazer eletrodos e implantá-los no hipocampo de ratos, a fim de monitorar de modo preciso as distintas fases do ciclo sono-vigília. Em paralelo, aprendi com Mello a técnica para determinar os níveis de expressão de genes imediatos. Durante três meses trabalhei com afinco para testar a hipótese de que o sono REM aumentaria sua expressão.

O resultado não poderia ser mais frustrante: verificamos que o sono *diminuía* a expressão dos genes imediatos. Fiz e refiz os experimentos por meses e simplesmente não conseguia acreditar no que via. Eram essencialmente os mesmos resultados já publicados pelos italianos, mas eu ainda não conhecia suas publicações. Vivíamos a infância da internet, que tornou trivial a busca em bancos de dados eletrônicos para encontrar artigos científicos relevantes. Graças a essa falha de rastreio bibliográfico, por mais de um ano persegui sem sucesso um resultado que, segundo as publicações existentes naquele momento, era impossível. Quando por fim encontrei os tais artigos, fui tomado pela sensação estranha de que aquilo era certamente verdade, mas não podia ser toda a verdade. Faltava uma peça importante do quebra-cabeça. Minhas ideias davam um nó e era preciso desatá-lo.

DESVENDANDO O PARADOXO

Então, numa tarde chuvosa de abril, fuçando nos porões da biblioteca da universidade, encontrei uma curiosa analogia proposta por outro grupo italiano, uma ideia que parecia capaz de desatar o nó e desembaraçar o novelo. Segundo Antonio Giuditta e colaboradores da Universidade de Nápoles Federico II, o sono está para as novas memórias como a digestão está para a comida.[3] De acordo com essa visão, para entender de que forma o sistema nervoso adormecido facilita o aprendizado, seria preciso primeiro comparar o que ocorre no sono de ondas lentas e no sono REM, que na analogia com a digestão de memórias correspondem ao estômago e ao intestino. Entretanto, sem comida, as funções desses órgãos do sistema gastrointestinal não se diferenciam. Por isso seria necessário também comparar o que acontece na presença ou na ausência de comida, isto é, na presença ou na ausência de informações novas.

Inspirado pela hipótese sequencial de Giuditta, realizei novos experimentos para mensurar os níveis de ativação de genes imediatos ao longo do ciclo sono-vigília, mas dessa vez comparando ratos expostos a um ambiente novo por algumas horas antes de dormir com ratos controle, não expostos a nenhuma informação ou atividade nova. Além disso, em lugar de estudar períodos de várias horas de sono contendo todas as fases misturadas, como fizeram Cirelli e Tononi, optei por analisar episódios específicos de cada fase do sono, separando cuidadosamente o sono de ondas lentas do sono REM. Os resultados nos fizeram vibrar. Enquanto os animais não expostos ao ambiente novo apresentaram baixa expressão de genes imediatos durante ambas as fases do sono, em animais previamente estimulados a expressão de genes imediatos mostrou um mesmo perfil tanto no córtex cerebral quanto no hipocampo: queda no sono de ondas lentas, mas aumento no sono REM.

Esse resultado mostrou que a ativação dos genes imediatos pode ocorrer durante o sono, desde que haja exposição prévia a estímulos novos. Foi uma evidência direta a favor da hipótese sequencial de Giuditta e, por revelar o efeito da experiência da vigília na expressão gênica do sono, também a primeira evidência molecular dos restos diurnos freudianos. O paradoxo parecia enfim resolvido.

A TEORIA DA HOMEOSTASE SINÁPTICA

Mas a conexão do conceito freudiano de "resto diurno" com alguns dos mecanismos mais fundamentais da biologia celular não ocorreu sem controvérsia. Em meados dos anos 1990, Tononi e Cirelli se mudaram para os Estados Unidos para dirigir laboratórios na Universidade de Wisconsin-Madison. Eles estavam convencidos de que a queda na expressão dos genes imediatos durante o sono era um fenômeno importante. Ao longo dos anos seguintes, realizaram diversos estudos confirmando e generalizando seus achados originais, no nível tanto molecular[4] quanto eletrofisiológico[5] e morfológico.[6] Por alguma razão, não buscaram estudar episódios específicos de sono de ondas lentas ou de sono REM, optando por estudar o resultado de longos períodos de sono contendo ambas as fases. Tampouco utilizaram a exposição prévia a estímulos novos. Sob tais restrições, os resultados obtidos por seus laboratórios foram se acumulando sempre na mesma direção e os levaram a propor uma teoria que se tornaria extremamente influente.

A base dessa teoria foi a descoberta, feita pela bióloga italiana Gina Turrigiano, de que sinapses inativadas por longos períodos tendem a se fortalecer.[7] Para entender esse achado é preciso primeiro considerar que são as sinapses — tanto de contato químico quanto de contato elétrico — que permitem transmitir atividade elétrica de uma célula para outra. Sinapses elétricas são conexões diretas entre as membranas de duas células, que permitem a livre passagem de íons e portanto transmitem a informação quase instantaneamente. Sinapses químicas são mais lentas, pois consistem em pequenas protuberâncias da membrana celular, tão próximas das protuberâncias de outras células que permitem o contato químico com elas. Isso ocorre pela liberação e difusão de minúsculas vesículas, verdadeiras nanobolhas que contêm as moléculas neurotransmissoras glutamato, GABA, noradrenalina, serotonina, acetilcolina e dopamina, entre outras. As sinapses químicas podem ter alta ou baixa eficiência (força) dependendo de seu tamanho e composição molecular. Existe na realidade um contínuo de valores possíveis para a força de uma sinapse, entre o mínimo e o máximo de eficiência de transmissão.

Gina Turrigiano realizou sua descoberta surpreendente investigando a força de sinapses químicas depois de inibir a atividade elétrica farmacologicamente por 48 horas. Para grande espanto da pesquisadora, a longa inibição da atividade neural tinha feito as sinapses ficarem mais fortes. Experimentos subsequentes mostraram que depois do tratamento os neurônios disparavam muito mais, tornando-se mais excitáveis. Turrigiano chamou esse fenômeno de homeostase sináptica, usando um substantivo cujas raízes gregas querem dizer "semelhante" (*homoios*) e "estático" (*stasis*), usado na biologia para significar "retorno ao equilíbrio".

Tononi e Cirelli emprestaram a noção de homeostase para propor que a alternância entre vigília e sono resultaria numa ciclagem entre fortalecimento e enfraquecimento das sinapses, respectivamente.[8] Essa teoria postula que os benefícios cognitivos do adormecimento derivam do enfraquecimento generalizado de sinapses durante o sono, que levaria ao esquecimento das memórias mais fracas e daria vantagem comparativa às memórias mais fortes.

Ao longo de duas décadas, a teoria da homeostase sináptica se difundiu amplamente e seus propositores tornaram-se cada vez mais influentes na pesquisa sobre sono e memória, publicando nas revistas científicas mais relevantes e conquistando as páginas do *New York Times*. Tratava-se de uma teoria muito atraente, simultaneamente simples e geral: o sono nos faz esquecer o que não importa, dando destaque relativo ao que é importante. De dia o cérebro se "aqueceria", de noite "esfriaria".

Essa teoria explica potencialmente tanto o enfraquecimento quanto o fortalecimento de memórias, mas não oferece mecanismos para explicar a reestruturação de memórias capaz de criar ideias novas — tratada em detalhes no próximo capítulo. Além disso, a teoria se apoia em medidas neurais obtidas após longos períodos de sono sem diferenciar o sono de ondas lentas do sono REM. Isso resulta numa grande prevalência do sono de ondas lentas, levando a teoria a negligenciar completamente o papel do sono REM.

Teorias incompletas são da própria essência da ciência, mas no caso da teoria de homeostase sináptica a incompletude se perpetuou voluntariamente. Ao longo de duas décadas, as publicações de Tononi e Cirelli sistematicamente ignoraram as evidências divergentes produzidas por distintos laboratórios nos Estados Unidos, França e Brasil. Essas evidências não contrariavam a homeostase sináptica, mas demonstravam que ela era apenas a ponta do iceberg, já que havia sido observada em animais numa situação bastante particular, de predominância de sono de ondas lentas (em detrimento do sono REM) e ausência de estímulos novos ou aprendizado de tarefas antes do sono.

A TEORIA DO ENTALHAMENTO DE MEMÓRIAS

Em vários laboratórios (incluindo o meu), quando o sono REM foi investigado em animais previamente expostos a novidade ou treinamento, invariavelmente observou-se a ativação de mecanismos de fortalecimento sináptico durante o sono, tais como a ativação da expressão de genes imediatos. Em lugar da simplicidade excessiva do modelo de homeostase sináptica, com fortalecimento sináptico exclusivamente na vigília e enfraquecimento sináptico exclusivamente durante o sono, verificamos em situações mais realistas de aprendizado um processo mais complexo, caracterizado pelo fortalecimento e enfraquecimento de conjuntos complementares de sinapses tanto na vigília quanto no sono. Chamei esse processo de "entalhamento de memórias", em alusão à criação de altos e baixos-relevos durante o entalhe da madeira.[9]

A teoria parte do princípio de que a aquisição de uma nova memória exige que certas sinapses sejam fortalecidas e outras sejam enfraquecidas, enquanto a imensa maioria das sinapses permanece como está, sem qualquer transformação. Durante o sono pós-aprendizado, as conexões mais fortes se fortaleceriam ainda mais, enquanto as mais fracas se enfraqueceriam. Evidências diretas e indiretas desse fenômeno foram obtidas em animais tão distintos quanto ratos, gatos e moscas, tanto durante o desenvolvimento de indivíduos jovens quanto no aprendizado de animais adultos.[10] Mesmo assim, por quinze anos, os proponentes da homeostase sináptica continuaram dominando o campo sem admitir que havia problemas na hipótese, anomalias não explicadas ou teorias alternativas.

A controvérsia encaminhou para o fim em 2014. Em janeiro, num artigo de revisão da bibliografia sobre sono e aprendizado, Tononi e Cirelli admitiram pela primeira vez que havia algum dissenso.[11] Reconheceram evidências que haviam ignorado e artigos que nunca haviam mencionado antes para afirmar que a realidade era mais complicada do que sua teoria havia previsto. Em boa hora. Apenas cinco meses depois, pesquisadores da Universidade de Nova

York, liderados pelo biólogo chinês Wenbiao Gan, publicaram na prestigiosa revista *Science* a demonstração inequívoca do fortalecimento sináptico durante o sono numa região cerebral submetida a aprendizado. Utilizando uma sofisticada técnica de microscopia em camundongos geneticamente modificados para ter neurônios fluorescentes, Gan e sua equipe puderam visualizar e medir o aumento do número de sinapses decorrente do sono pós-aprendizado. Os animais eram treinados a caminhar para a frente ou para trás num cilindro rotatório, o que provocava fortes mudanças sinápticas no córtex motor, região requerida para a realização de movimentos voluntários. Fazendo imagens antes e depois do sono pós-aprendizado, os pesquisadores demonstraram que o adormecimento está associado à formação de novas sinapses. Gan e sua equipe atribuíram o aumento do número de conexões ao sono de ondas lentas, pois animais privados de sono REM também apresentaram o efeito.[12]

Entretanto, há razões para suspeitar que mesmo pequenas quantidades de sono REM sejam suficientes para fortalecer sinapses preexistentes, analogamente à alimentação que não precisa ser diária, bastando ser intermitente para permitir a vida. Afinal, em roedores verifica-se que um único episódio curto de sono REM, com duração menor que trinta segundos, é tão eficaz para modular a expressão de genes imediatos quanto um longo episódio, com duração de vários minutos. A expressão de genes imediatos em resposta a estímulos diversos é de início muito robusta, mas decai rapidamente com o tempo. Além disso, em répteis e aves, os episódios de sono REM não ultrapassam alguns segundos.

Juntando esses fatos, surge a hipótese de que a função mais antiga do sono REM teria sido deflagrar a expressão de genes imediatos logo após o sono de ondas lentas. Essa expressão rápida e breve, que possivelmente começou a evoluir há centenas de milhões de anos num ancestral comum a todos os vertebrados terrestres, tem o efeito de "tirar uma fotografia" do momento, perenizando as novas conexões sinápticas formadas entre os neurônios. A remodelagem sináptica induzida pelo sono REM transforma um padrão de atividade elétrica nos circuitos neurais — uma memória ativa — num novo padrão de sinapses entre células — uma memória latente. Em perspectiva, a função primordial da regulação de genes que ocorre durante o sono REM seria a transformação de memórias ativas e de curto prazo em memórias latentes de longo prazo, capazes não apenas de perdurar naquele cérebro mas de se espalhar por outros cérebros como memes: representações de pessoas, lugares, eventos ou ideias. Ao se instalarem num sistema nervoso tais memes interagem vivamente uns com os outros, criando uma réplica mental simplificada do mundo exterior, editada e filtrada segundo as preferências e limitações de seu portador.

TESE, ANTÍTESE E SÍNTESE

Como quase sempre na ciência, a controvérsia não se extingue, mas evolui. Em fevereiro de 2017, Tononi e Cirelli publicaram um exaustivo estudo do tamanho e forma de quase 7 mil sinapses, um trabalho verdadeiramente hercúleo de contar e medir sinapses individuais de 0,05 micrômetro quadrado em fatias cerebrais finíssimas submetidas a microscopia eletrônica. Como em vários dos estudos anteriores do mesmo grupo, não houve tentativa de separar o sono de ondas lentas do sono REM. O estudo reportou uma redução da ordem de 1% do tamanho médio das sinapses após o sono. Essa diferença é mínima mas serviu para novo entrincheiramento. Como se fosse novidade, o *New York Times* aproveitou a ocasião para publicar mais uma longa matéria sobre a teoria da homeostase sináptica.

Entretanto, em março de 2017, Wenbiao Gan e sua equipe publicaram outro estudo revelador.[13] Utilizando imagens de alta resolução sob microscopia de dois fótons, Gan apresentou a mais completa série de experimentos já publicada sobre a plasticidade sináptica durante o sono REM. A façanha incluiu onze diferentes variações experimentais em camundongos, focando em distintos momentos pós-treino, com manipulações farmacológicas controladas e privação seletiva de fases específicas do sono. Optando por estudar a evolução temporal de sinapses vivas sob a lente do microscópio, medindo especificamente a mesma sinapse múltiplas vezes ao longo do tempo, os pesquisadores puderam confirmar o que jamais se revelaria pela estratégia de medir sinapses mortas empregada por Tononi e Cirelli: o papel do sono REM sobre as sinapses envolve tanto a eliminação quanto o fortalecimento de sinapses, tanto ao longo do desenvolvimento do embrião quanto durante o aprendizado em animais adultos. Sempre que a vida pede alterações no software cerebral, cabe ao sono fazer a reprogramação.

O estudo demonstrou de modo contundente que o sono REM facilita a eliminação de novas sinapses após o aporte massivo delas, causado pelo sono de ondas lentas. Em conjunto, os dois principais estados do sono resultam num aumento brutal da taxa de substituição de novas sinapses. O que é ainda mais extraordinário é que o sono REM também atua para fortalecer um seleto grupo de sinapses, levando ao seu crescimento e consequentemente à persistência dessas conexões no longo prazo. Uma enormidade de sinapses é gerada, mas quase todas são eliminadas, permitindo a seleção positiva do pequeno número de sinapses mais bem adaptadas ao novo contexto. Nas palavras de Gan e colaboradores, "o sono REM é crucial para incorporar novas sinapses seletivamente em circuitos existentes, atuando como um 'comitê de seleção' para construir e manter a rede sináptica".[14] Sem sono REM as memórias desapareceriam rapidamente sem deixar vestígios, não podendo ser acumuladas para o futuro nem transmitidas de geração em geração. Sem sono REM não haveria cultura.

12. Dormir para criar

Aprender é condição necessária para adquirir e propagar memes, mas de que modo estes são transformados? Ideias réplicas só seriam boas se o futuro fosse igual ao passado. Se o fortalecimento de memórias fosse tudo que ocorre durante o sono, seríamos versões exageradas de nossos pais, reforçados em seus traços característicos, com os mesmos comportamentos e preconceitos. Felizmente a realidade é bem diferente disso: somos criaturas em contínua metamorfose, abertas a influências por toda a vida. Como é possível modificar memórias? Como os novos memes são inventados?

De todas as faculdades mentais, a mais cara aos empreendedores, artistas e cientistas é a criatividade. A fermentação da cultura sempre dependeu de imaginar formas novas a partir da recombinação de formas velhas, e a construção mental do que ainda não existe sempre se beneficiou dos sonhos como fonte primordial de inspiração. Embora o racionalismo capitalista moderno tenha descartado o sonho como fenômeno relevante, a engenhosidade onírica teve influência decisiva na Revolução Industrial. As crônicas da família do inventor Elias Howe registram que ele

quase afundou na miséria antes de descobrir em que lugar o olho da agulha da máquina de costura deveria estar localizado. [...]. Sua ideia original era seguir o modelo da agulha comum, com o olho na parte de trás. Nunca lhe ocorrera que o olho deveria ser colocado perto da ponta, e ele poderia ter falhado completamente se não tivesse sonhado que estava construindo uma máquina de costura para um rei bárbaro em um país estranho. [...] O rei lhe deu 24 horas para completar a máquina e fazê-la coser. Se não estivesse concluído naquele tempo, a punição deveria ser a morte. Perplexo, Howe trabalhou e trabalhou... e finalmente desistiu. Então pensou que o levavam para ser executado. Percebeu que os guerreiros portavam lanças que eram perfuradas perto da cabeça. Instantaneamente lhe veio a solução do problema, e enquanto ainda implorava por mais tempo de vida, acordou. Eram quatro da manhã. Pulou da cama, correu para a oficina e, às nove, a agulha com um olho na ponta tinha sido grosseiramente modelada. Depois disso, foi fácil.[1]

A invenção de Howe deflagrou uma completa transformação socioeconômica nos Estados Unidos e na Inglaterra, com aumento vertiginoso da escala de produção das tecelagens, massificação do consumo de roupas, aquecimento das exportações e expansão geopolítica. Se as consequências de curto prazo foram profundas, pelo que significaram de massificação da produção têxtil, as implicações de longo prazo daquele sonho foram ainda mais transformadoras. Foi nas tecelagens que se implementou pela primeira vez o código binário para gerar combinações de fios de cores diferentes, um sistema precursor dos circuitos integrados de computador.[2]

MELODIAS MATINAIS

Entre artistas são abundantes os relatos de sonhos criativos. Músicos, por exemplo, frequentemente despertam com melodias inteiras na cabeça, "compostas" originalmente com suas mentes adormecidas. Anedotas desse tipo são contadas a respeito de Beethoven, Haendel e muitos outros compositores clássicos. O violinista italiano Giuseppe Tartini (1692-1770) alegou ter composto sua obra mais conhecida, a *Sonata nº 2, op. 1*, "O trilo do diabo", sob influência direta de um sonho:

Uma noite, no ano de 1713, sonhei que tinha feito um pacto com o diabo pela minha alma. Tudo correu como eu desejava: meu novo servo antecipou todos os meus desejos. Tive a ideia de dar-lhe meu violino para ver se conseguiria tocar belas melodias para mim. Quão grande foi o meu espanto ao ouvir uma sonata tão maravilhosa e tão bonita, tocada com tanta superioridade e inteligência, como eu nunca havia concebido nos meus mais ousados voos de fantasia. Senti-me extasiado, transportado, encantado: minha respiração falhou. Fui acordado por essa violenta sensação. Imediatamente agarrei meu violino para manter, pelo menos em parte, a impressão do meu sonho. Em vão! A música que eu compus nesse momento é de fato a melhor que eu já escrevi, e eu ainda a chamo de "Sonate du Diable", mas a diferença entre isso e aquilo que tanto me comovera é tão grande que eu teria destruído meu instrumento e dito adeus à música para sempre se tivesse sido possível para mim viver sem o prazer que ela me proporciona.[3]

Evidentemente o fenômeno não é restrito a nenhum estilo musical em particular. A canção "Yesterday", composta pelo músico inglês Paul McCartney, foi atribuída a um sonho:

Acordei com uma melodia adorável na cabeça. Pensei: "Isso é ótimo, o que será?". Havia um piano de armário ao meu lado, à direita da cama perto da janela. Saí da cama, sentei-me ao piano, encontrei sol, descobri fá sustenido em sétima menor — e isso leva você até si e mi menor e, finalmente, de volta a mi. Tudo leva adiante, de forma lógica. Gostei muito da melodia, mas porque eu a havia sonhado, não podia acreditar que a tinha escrito. Pensei: "Não, eu nunca escrevi assim antes". Mas eu tinha a música, que era a coisa mais mágica.

O próprio McCartney teve dificuldade em afirmar sua autoria:

Por cerca de um mês visitei pessoas do ambiente musical, perguntando se conheciam essa melodia. Foi como se eu tivesse encontrado algo que deveria ser entregue à polícia. Pensei que se ninguém reclamasse em algumas semanas, então seria minha.[4]

MATERIAIS E MÉTODOS

Nas artes plásticas a influência onírica não é menor. O alemão Albrecht Dürer (1471-1528), mestre renascentista da gravura e da pintura, deixou registrada a utilização de sonhos para obter valiosas imagens pictóricas. No tratado sobre a pintura denominado *Nutrição para jovens pintores*, Dürer relatou a profusão de imagens e a dificuldade de capturá-las: "Quantas vezes vejo grande arte enquanto durmo, mas ao acordar não consigo lembrar; assim que acordo, minha memória esquece".

Uma década depois, pintou uma cena onírica de grande poder simbólico. Abaixo da aquarela, Dürer descreveu seu sonho:

> Em 1525, durante a noite entre quarta e quinta-feira após o Pentecostes, tive essa visão enquanto dormia, e vi quantas grandes águas caíram do céu. A primeira atingiu o solo a cerca de seis quilômetros de distância de mim com uma força tão terrível, um ruído enorme e respingos que afogaram todo o campo. Fiquei tão chocado com isso que acordei antes do aguaceiro. E o aguaceiro que se seguiu foi enorme. Algumas das águas caíram a certa distância e outras perto. E elas vieram de tal altura que pareciam cair a um ritmo igualmente lento. Mas a primeira água que atingiu o solo caíra repentinamente com tanta velocidade e era acompanhada de vento e rugido tão assustadores que, quando acordei, todo o meu corpo tremia e não consegui me recuperar por muito tempo. Quando me levantei pela manhã, pintei o que estava acima como o tinha visto. Que o Senhor transforme todas as coisas no melhor.

A imagem de um campo aberto, com poucas árvores, é dominada pela enorme coluna de água descendo dos céus e inundando a terra, enquanto diversas outras colunas menores representam a chuva prestes a cair no chão. Acredita-se que o sonho reverbere as incertezas religiosas da Reforma Protestante, uma verdadeira torrente que ameaçava inundar o mundo no início do século XVI. Quando Dürer pintou a aquarela, Lutero já havia vencido seu conflito com o papado, publicado o Novo Testamento em alemão e começado a organizar a nova Igreja. Quatro séculos depois, o pintor russo-francês Marc Chagall produziu diversas pinturas inspiradas pelo sonho bíblico de Jacó, em que o patriarca dos israelitas visualizou uma escada subindo aos céus e pôde ver e escutar Deus diretamente, fazendo com ele um pacto.

Se a relação dos sonhos com Deus foi importante para Dürer e Chagall, para o pintor catalão Salvador Dalí (1904-89) a produção onírica de imagens afastou-se da religião e aproximou-se da técnica. Ícone artístico do século XX,

Dalí praticava um método próprio para permanecer o maior tempo possível no umbral do inconsciente, a fim de colher imagens oníricas. Dispondo de uma pesada chave ou colher de metal entre os dedos, o caçador de sonhos punha-se a dormitar até que o objeto caísse ao chão com estrondo, levando-o a emergir do sono para trazer diretamente à tela a profusão de imagens hipnagógicas em que se via imerso. A técnica deu origem a pinturas maravilhosas cujos títulos soam como a seção de "Materiais e métodos" de um artigo científico: *Sonho causado pelo voo de uma abelha ao redor de uma romã um segundo antes de despertar.*

O foco no fenômeno onírico fez com que a psicanálise tivesse influência marcante nas vanguardas dadaísta e surrealista das primeiras décadas do século xx, profundamente interessadas no êxtase criativo, no fluxo de consciência e na livre exploração do inconsciente. No revolucionário *Um cão andaluz*, filme de estreia do cineasta espanhol-mexicano Luis Buñuel (1900-83) realizado em 1928 em colaboração com Dalí, saltam aos olhos as descontinuidades, fragmentações e associações oníricas de motivação freudiana.

SONHO E LITERATURA

Na literatura não é diferente. Desde o início do registro histórico, inúmeros escritores e poetas se valeram da inspiração dos sonhos para iniciar, desenvolver ou resolver suas tramas. Além disso, por ser tão diverso e imprevisível, o sonho se tornou um recurso narrativo de imensa utilidade prática, pois permite abordar qualquer assunto, por mais insólito que seja.

No clássico *Sonho de Cipião*, por exemplo, Cícero empregou o sonho como artifício para ilustrar diversos pontos de vista. O relato começa após a chegada à África do patrício romano Cipião Emiliano, que recebe a visita onírica do espírito de seu avô adotivo, o célebre general Cipião Africano. Emiliano se enxerga observando a cidade de Cartago desde "um lugar alto cheio de estrelas, brilhante e esplêndido", e percebe a Terra minúscula na imensidão do espaço. O avô então prevê que o neto chegaria a cônsul, mais alto cargo eletivo de Roma, exaltando suas virtudes militares e prometendo um lugar de honra na Via Láctea após sua morte. Numa espetacular visão do Universo, Cipião Emiliano o percebe composto por nove esferas celestes, com a Terra no centro seguida da

Lua, Mercúrio, Vênus, Sol, Marte, Júpiter, Saturno e finalmente o próprio céu divino, onde se localizam fixamente as estrelas. Enquanto contempla o Universo, Emiliano aprende que as esferas emitem sons e é tomado por uma visão dos cinturões climáticos do planeta. Esse meme ficcional da Antiguidade, preservado para a posteridade através da obra de Macróbio,[5] influenciou decisivamente o pensamento medieval ao sustentar o modelo geocêntrico de sistema planetário e servir de arcabouço filosófico para a discussão de alma, virtude e divindade.[6]

Se nas igrejas e monastérios o sonho era disputa de anjos e demônios, e portanto assunto de vida ou morte, entre poetas e trovadores o uso de visões oníricas para apresentar revelações se tornou cada vez mais frequente.[7] *A divina comédia*, de Dante Alighieri, apresenta sonhos proféticos ao final de cada uma das três noites que o narrador passa no Purgatório, com dois sonhos registrados no Inferno. Referências a "sonhar" aparecem 211 vezes na obra de William Shakespeare (*c.* 1564-1616), em trinta textos diferentes, incluindo *Sonho de uma noite de verão*.

Miguel de Cervantes (1547-1616) serviu-se do fato de que os sonhos ficam mais vívidos após a privação de sono como recurso narrativo para relatar as aventuras e desventuras de seu personagem mais memorável, Dom Quixote. As peripécias começam quando o velho e arruinado fidalgo, "por dormir pouco e ler muito", permite que as mais loucas fantasias sobre cavaleiros andantes medievais invadam sua mente claudicante. Arma-se cavaleiro e sai montado em busca de ações galantes, imbuído de generosa e arcaica solidariedade. Seguem-se diversos episódios de comportamento alucinado em franco desacordo com o mundo, como no combate aos moinhos de vento, que toma por gigantes. Ao longo de todo o heroico e psicótico processo mental de Dom Quixote, o fiel escudeiro Sancho Pança dorme (e come) fartamente. Não por coincidência, mantém a sanidade e o senso prático a despeito das loucuras do patrão. Ao final da narrativa, Dom Quixote adoece gravemente e fica acamado. Tem um episódio de sono "de mais de seis horas" e, ao despertar, recupera a sanidade mental! Profere suas últimas palavras e morre.

O romantismo trouxe grande prestígio ao sonho não apenas como enredo, mas como fonte de criatividade artística. Influenciada por poetas como Lord Byron (1788-1824), a escritora inglesa Mary Shelley (1797-1851) transformou uma visão onírica no célebre romance *Frankenstein*, pioneiro da ficção científica, publicado em 1818. O poeta inglês Samuel Taylor Coleridge (1772--1834) compôs seu mais celebrado poema, *Kubla Khan*, após consumir ópio e adormecer lendo um livro sobre a mítica cidade de Xanadu, capital de verão do imperador mongol. O poeta relatou ter composto em sonho mais de duzentos versos sobre o tema. Ao despertar, escreveu 54 versos marcantes que ainda hoje seduzem leitores em todo o mundo. O poema pleno de ritmo e cor permaneceu incompleto porque em algum momento de seu transe Coleridge foi interrompido para tratar de assuntos prosaicos. Quando finalmente conseguir se liberar para voltar a escrever, já não se lembrava de quase nada. O título alternativo do poema indica o arrebatamento imagético do sonho, mas também a dificuldade de manter o todo coerente na memória após a interrupção: "A Vision in a Dream: A Fragment".

REVOLUÇÃO, CATÁSTROFE E ADAPTAÇÃO

Não se trata de recurso literário fora de moda. Em *Ulysses*, obra-prima do escritor irlandês James Joyce publicada em 1922, menções a sonho aparecem 59 vezes, como um motor de situações que fazem o texto progredir em paralelo com a *Odisseia* do Ulisses homérico. O magistral poeta português Fernando Pessoa, com seus múltiplos heterônimos, visitou o sonho inúmeras vezes para refletir sobre memória, esquecimento e desejo. Escreveu o heterônimo Bernardo Soares: "Tenho sonhado muito. Estou cansado de ter sonhado, porém não cansado de sonhar. De sonhar ninguém se cansa, porque sonhar é esquecer, e esquecer não pesa e é um sono sem sonhos em que estamos despertos. Em sonhos consegui tudo. Também tenho despertado, mas que importa? Quantos Césares fui!".[8] Ecoa o heterônimo Álvaro de Campos: "Não sou nada. Nunca serei nada. Não posso querer ser nada. À parte isso, tenho em mim todos os sonhos do mundo".[9] Na verdade, quase não existe literatura sem que o sonho participe de algum modo do enredo ou do método criativo. O escritor angolano José Eduardo Agualusa, por exemplo, atribui aos sonhos um papel fundamental na sua criação:

> Na maioria dos meus romances sonho com desfechos de capítulos, soluções para as intrigas, com o nome dos personagens e, por vezes, com frases inteiras.

N'*O vendedor de passados*, surgiu-me em sonhos esse personagem que vendia passados. N'*A vida no céu*, um romance para jovens, sonhei com o título e toda a história se foi formando a partir dele.[10]

Depois de tanto beber dessa fonte, Agualusa publicou em 2017 um romance em que a atividade onírica aparece como eixo principal da narrativa. Todos os capítulos de *A sociedade dos sonhadores involuntários* relatam sonhos de diversos personagens, que incluem uma fotógrafa moçambicana que retrata sonhos, um neurocientista brasileiro que os decodifica e um veterano de guerra angolano que tem o dom e a desdita de aparecer nos sonhos das outras pessoas. A derrubada do tirano que se acreditava entronizado eternamente é o sonho coletivo que sustenta a narrativa até seu desenlace.

Além de grande coragem, tentar mudar a estrutura de uma sociedade opressiva exige também a capacidade de voar com os pensamentos, imaginar futuros alternativos e acomodar decepções. Isso fica patente em *A revolução dos bichos*, genial fábula do escritor indiano britânico George Orwell (1903-50) sobre as esperanças e fracassos da Revolução Russa. A rebelião dos animais contra o dono da fazenda começa quando um velho porco premiado chamado Velho Major, alter ego dos revolucionários Karl Marx e Vladimir Ilitch Lênin, relata aos animais um sonho em que vislumbrou o mundo após a erradicação do ser humano. O Velho Major morre pouco depois, mas seu sonho deflagra uma revolta que termina por expulsar todos os seres humanos da fazenda, dando origem a um governo exclusivamente dos bichos fundado no lema "Todos os animais são iguais". Não obstante os suínos foram considerados os animais mais inteligentes, e logo surgiram dois líderes antagônicos, os porcos Bola de Neve e Napoleão, que representam respectivamente Liev Trótski eIóssif Stálin. Muito mais truculento do que todos os demais, Napoleão acaba por tomar o poder, expulsa seu rival e finalmente volta a colaborar com os humanos em detrimento dos bichos, agora sob um novo lema: "Todos os animais são iguais, mas alguns animais são mais iguais que outros".

No perturbador *1984*, também de Orwell, começa num sonho a insurreição psíquica do protagonista Winston Smith contra o Grande Irmão e sua sociedade de teletelas, que controlam todos os comportamentos e não podem ser desligadas. A inconformidade pessoal se transforma em rebelião quando Winston é arrebatado por uma paixão proibida pela personagem Julia. Perseguidos e torturados sem piedade pelo Estado, sepultado em pesadelo de traição o sonho da libertação amorosa, os amantes acabam se perdendo de vista amargamente.

Na vida real, os sonhos mais emocionantes dos grandes rebeldes frequentemente redundam em enredos de frustração e fracasso, simulacros de realidade que de algum modo tentam explicar onde foi que tudo deu errado. Em 1935, exilado sem asilo e caçado implacavelmente por agentes de Stálin, Trótski relatou em seu diário um sonho revelador da incrível fragilidade de sua posição naquele momento:

> Ontem à noite, ou bem cedo nesta manhã, sonhei que tinha uma conversa com Lênin. A julgar pelo ambiente, estava em um navio [...]. Ele estava me questionando ansiosamente sobre minha doença. "Você deve ter acumulado fadiga nervosa, deve descansar...". Respondi que sempre me recuperei da fadiga rapidamente, graças a minha força centrífuga natural, mas que desta vez o problema parecia estar em alguns processos mais profundos [...]. Respondi que já tinha muitas consultas e comecei a contar a ele sobre minha viagem a Berlim; mas olhando para Lênin, lembrei que ele estava morto. Imediatamente tentei afastar esse pensamento, para terminar a conversa. Quando terminei de contar a ele sobre minha viagem terapêutica a Berlim em 1926, quis acrescentar: "Isso foi depois da sua morte"; mas me examinei e disse: "Depois que você adoeceu...".[11]

O sonho fúnebre escancara a profunda solidão de Trótski, mítico organizador do Exército Vermelho, após a morte de seu camarada Lênin. Em 1940, no México, Trótski foi executado em sua própria casa por um assassino infiltrado por Stálin.

Diante de grandes fracassos é preciso reinventar pontos de vista, tanto na vida em geral quanto na política. Em agosto de 1939, a poucos dias da eclosão da Segunda Guerra Mundial, George Orwell esforçava-se para compatibilizar suas convicções socialistas revolucionárias com a necessidade urgente de defender a Inglaterra da agressão alemã. O conflito se resolveu oniricamente: um dia antes da divulgação do Pacto de Não Agressão Nazi-Soviético, Orwell sonhou que a guerra havia começado.

> Era um desses sonhos que, seja qual for o significado freudiano profundo que possam ter, às vezes nos revelam o estado real dos sentimentos. Ensinou-me duas

coisas: primeiro, que eu deveria estar simplesmente aliviado quando a guerra há muito temida começasse; segundo, que no fundo eu era um patriota, não sabotaria nem agiria contra meu próprio lado, apoiaria a guerra, lutaria nela, se possível.[12]

Entre a vida real e a ficção, o entrelaçamento dinâmico e potente de três esferas distintas da influência onírica: chave narrativa, inspiração artística e bússola política.

SONHO E CRIATIVIDADE CIENTÍFICA

A criatividade envolve uma mudança radical de ponto de vista, uma recombinação de ideias prosaicas para gerar o extraordinário. A criatividade onírica ocorre mesmo quando submetida ao rigor quantitativo da ciência, desempenhando papel fundamental no seu desenvolvimento. O exemplo mais conhecido é a descoberta do anel benzênico pelo químico orgânico August Kekulé, publicada em 1865.[13] Poucos anos antes, Kekulé havia proposto corretamente que o carbono é tetravalente, isto é, faz quatro ligações químicas. Sabia também que o hidrogênio faz apenas uma ligação química e que a molécula do benzeno possui seis carbonos e seis hidrogênios. Kekulé estava obcecado por descobrir a estrutura do benzeno, que não podia ser nenhuma combinação linear porque o número de carbonos era igual ao número de hidrogênios. Pensando exaustivamente no assunto em frente a uma lareira (ou em um ônibus, há controvérsias), Kekulé relatou ter adormecido e sonhado com uma serpente que engole a própria cauda, tal como o símbolo alquímico Ouroboros, cuja origem remonta aos papiros funerários do Egito antigo.[14] Ao despertar, Kekulé tinha a resposta na forma de uma imagem bem explícita: a estrutura do benzeno é um hexágono.

Esse caso famoso talvez esconda uma ilusão, pois Kekulé foi depois acusado de usar a narrativa onírica para legitimar um plágio que teria cometido, roubando ideias do químico francês Auguste Laurent.[15] A acusação é controvertida e o tema persiste em debate na história da química.[16]

Um outro exemplo de enorme relevância científica sobre o qual não pairam tais suspeitas foi a demonstração experimental da transmissão química de informação entre os sistemas nervoso e muscular, realizada pelo fisiologista alemão Otto Loewi. Quando Loewi interessou-se por esse assunto, imperava uma polêmica sobre a natureza da comunicação nervosa: seria química ou elétrica? Otto Loewi descreveu assim sua experiência:

> Na noite do domingo de Páscoa de 1921, acordei, acendi a luz e fiz algumas notas em um pequeno pedaço de papel. Então adormeci novamente. Ocorreu-me às seis horas da manhã que durante a noite eu havia escrito algo muito importante, mas não consegui decifrar os rabiscos. Aquele domingo foi o dia mais desesperador em toda a minha vida científica. Durante a noite seguinte, no entanto, acordei de novo às três horas e me lembrei o que era. Dessa vez não corri nenhum risco; levantei-me imediatamente, fui ao laboratório, fiz o experimento no coração do sapo [...] e às cinco horas a transmissão química do impulso nervoso havia sido conclusivamente provada.[17]

O famoso experimento consistiu primeiramente em isolar dois corações de rã, estando um ligado ao nervo vago e o outro não. Em seguida Loewi aplicou ao nervo uma estimulação elétrica, causando bradicardia (redução da frequência cardíaca) no coração estimulado. Finalmente, Loewi sugou um pouco do líquido em torno do coração bradicárdico e aplicou ao outro coração. Para sua alegria, o segundo coração também desacelerou o batimento — e portanto a transmissão era química. Loewi chamou o fator responsável de *vagusstoff*, a "substância do vago" que hoje conhecemos como acetilcolina. A descoberta lhe valeu o prêmio Nobel de medicina e fisiologia em 1936.

Forte concorrente na lista das ideias mais transformadoras de todos os tempos, a organização atômica dos elementos expressa na tabela periódica também foi fruto de um sonho. Em 1869 o físico-químico russo Dmitri Mendeléiev estava há meses obcecado pela busca de uma classificação natural dos elementos químicos, uma ordem definida intrinsecamente por seus próprios atributos. Resolveu escrever em cartões os nomes e as propriedades dos elementos e pôs-se a experimentar diferentes maneiras de arranjá-los. Mendeléiev sentia que os números atômicos eram relevantes, mas depois de várias horas adormeceu sobre as cartas sem compreender seu padrão. Ele então sonhou que visualizava uma tabela em que todos os elementos se encaixavam em seu devido lugar, perfeitamente posicionados pelo número atômico em grupos com propriedades semelhantes, que se repetem periodicamente. A compreensão de que as substâncias são compostas por elementos cujas relações obedecem a leis matemáticas concluiu a transformação da alquimia em química.

Hoje sabemos que a tabela periódica expressa interações físicas muito bem definidas entre partículas subatômicas, mas Mendeléiev não sabia disso. O momento da criatividade em estado puro não exige compreender toda a teoria por trás do fenômeno. Na visão, na revelação, no momento "Eureka!" de epifania, insight, clarão, nesse processo mental que os gregos chamavam de abdução e que hoje chamamos de restruturação de memórias, o mais importante é capturar os princípios gerais que organizam a realidade que se quer revelar. A imaginação de uma ideia nova não precisa ser exata para dar certo. Por isso mesmo, a abdução não obedece nem ao empirismo estrito da indução nem às generalizações lógicas da dedução. Trata-se do processo intelectual mais livre de todos, em que a mente é transportada para soluções não evidentes, aparentemente distantes e via de regra surpreendentes.

A capacidade onírica de combinar ideias científicas com sucesso fica evidente na história do naturalista inglês Alfred Russel Wallace (1823-1913). Em sua viagem de duas décadas pelo Brasil e Sudeste Asiático, em meados do século XIX, ele constatou que as espécies evoluem umas nas outras, criando diversidade continuamente. Wallace acreditava ter uma extensa base observacional para essa ideia radical, debatida desde os tempos do naturalista francês Jean--Baptiste de Lamarck, quase cem anos antes, mas ainda sob forte oposição nos meios acadêmicos e órfã de mecanismos que pudessem explicar a evolução das espécies. Nas palavras de Wallace, "o problema então não era apenas como e por que as espécies mudam, mas como e por que elas se transformam em espécies novas e bem definidas".[18]

Em fevereiro de 1858, numa remota ilha da Indonésia, Wallace sofreu ataques intermitentes de febre, possivelmente causada por malária. Durante essa febre teve visões oníricas que relacionavam o problema da evolução das espécies à teoria de que a abundância de recursos excedentes é limitada pelo crescimento da população, tal como proposto pelo demógrafo inglês Thomas Malthus (1766-1834). Ao despertar do transe, Wallace se deu conta de que a reversa também é verdadeira: se os recursos são limitados, as espécies evoluem sob forte competição, que tende a selecionar os indivíduos mais aptos a cada geração. Tudo ficou claro de repente: o que causa a evolução das espécies é a seleção natural. Logo que se recuperou, Wallace comunicou a descoberta em detalhes a outro naturalista inglês com quem passou a se corresponder colaborativamente. Tratava-se de Charles Darwin (1809-82), que havia chegado a conclusões semelhantes de forma independente.

NÚMEROS E INTUIÇÕES

Se os sonhos revolucionaram a química e a biologia, também foram cruciais no trabalho muito mais abstrato dos matemáticos — mas não necessariamente para fazer cálculos. Aos 23 anos o inquieto René Descartes já havia estudado no colégio jesuíta, concluído o curso de direito, se alistado no Exército holandês, escrito um compêndio de música e viajado à larga pela Europa. Fugindo de uma tempestade às margens do rio Danúbio, encostado num fogão a lenha em busca de calor, o polímata viajante teve três sonhos que revolucionaram o modo como entendemos o mundo.[19]

No primeiro sonho, um pesadelo, Descartes era acossado por fantasmas e carregado por um redemoinho. Tentava retornar para a escola, mas era incapaz de sustentar o próprio corpo e caminhava tropeçando. Apareceu então uma pessoa que lhe informou respeitosamente que um sr. N. tinha um presente para lhe oferecer. Descartes pensou que deveria ser uma fruta de terras distantes e então notou que as pessoas que se juntavam em volta estavam todas eretas, enquanto ele mal podia se manter de pé.

Despertou assustado e rezou a Deus para afastar quaisquer malefícios oriundos do pesadelo. Pouco depois adormeceu, sonhou com trovões e despertou assustado, mas dessa vez recorreu à razão para se certificar de que estava de fato desperto, abrindo e fechando os olhos repetidamente até se tranquilizar. Mais uma vez adormeceu e teve então um sonho transformador, completamente diferente dos anteriores. Num ambiente quieto e contemplativo, Descartes encontrou sobre uma mesa um livro chamado *Dicionário* — e por trás dele uma coletânea de poemas. Abriu uma página ao acaso e encontrou um verso em latim do poeta Ausônio: *Que caminho devo seguir na vida?*. Um desconhecido surgiu de repente e mostrou um fragmento de verso: *Sim e não*. Descartes tentou indicar em que parte do livro o poema poderia ser encontrado, mas o volume desapareceu e depois reapareceu misteriosamente. Teve a sensação de que algum conhecimento havia se perdido, até que disse ao homem que lhe mostraria um poema melhor principiando com o mesmo verso. Nesse ponto o homem, o livro e em seguida todo o sonho desapareceram. Descartes ficou profundamente impressionado, orou e pediu proteção à Virgem Maria para peregrinar a pé da Itália à França. Interpretou que os livros sonhados apontavam para a unificação de toda a ciência através de uma mesma linguagem e de um mesmo método.

A partir desses sonhos Descartes descobriu qual caminho seguir na vida. Quando publicou o *Discurso sobre o método para bem conduzir a razão na busca da verdade nas ciências*, dezoito anos depois, preconizou aceitar somente o que é evidente a ponto de não deixar dúvidas; dividir cada pergunta em perguntas menores; construir o pensamento do simples para o complexo; e verificar conclusões à luz do mais amplo conhecimento possível. Na mesma publicação foram editados tratados originais sobre óptica, meteorologia e geometria, demonstrando a potência do método cartesiano em imaginar o mundo racional descrito pela matemática.

Descartes criou a geometria analítica e se tornou um dos mais importantes formuladores da álgebra. Estranhamente, apesar da elucidação onírica de sua importante missão intelectual, expressou tardiamente uma grande desconfiança quanto à utilidade das alucinações oníricas. O mesmo não sucedeu com o matemático alemão Gottfried Leibniz (1646-1716), coinventor do cálculo integral e diferencial, que considerava a visão onírica "mais elegante do que qualquer outra que podemos alcançar com muito pensamento enquanto estamos acordados".[20]

À parte esses exemplos, é notável a ausência de registros de descobertas oníricas na vida e obras de alguns dos maiores matemáticos de todos os tempos, como Gauss, Euler, Galois, Cauchy, Jacobi e Gödel. Embora a criatividade seja louvada pelos matemáticos, parece que é na vigília que os teoremas são demonstrados.

O matemático francês Henri Poincaré (1854-1912) deu testemunho bastante explícito da importância do relaxamento e da abdução para seu trabalho:

O mais impressionante a princípio é essa aparência de iluminação súbita, um sinal manifesto de um trabalho anterior longo e inconsciente. O papel desse trabalho inconsciente na invenção matemática me parece incontestável. [...] Muitas vezes, quando alguém trabalha com uma pergunta difícil, nada de bom é realizado no primeiro ataque. Então, a pessoa descansa [...] e senta-se novamente diante do problema. Durante a primeira meia hora, como antes, nada é encontrado, e então, de repente, a ideia decisiva se apresenta à mente. Pode-se dizer que o trabalho consciente foi mais proveitoso porque foi interrompido e o descanso devolveu à mente sua força e frescor.

Mas Poincaré não reportou teoremas derivados de sonhos. O relaxamento abdutivo que utilizou em sua obra era um fenômeno da vigília:

> Uma noite, ao contrário do meu costume, tomei café preto e não consegui dormir. Ideias surgiram em multidões. Eu as senti colidir até que formassem pares interligados, por assim dizer, criando uma combinação estável.

Essa descrição, escrita quase cem anos antes do estudo da reverberação onírica do jogo Tetris, enfatiza a grande capacidade de recombinação e articulação espacial entre representações no espaço onírico. As conclusões não poderiam ser mais caras a Freud e Jung:

> O eu subliminar não é de modo algum inferior ao eu consciente; não é puramente automático; é capaz de discernimento; tem tato, delicadeza; sabe escolher, adivinhar [...]. Sabe adivinhar melhor do que o eu consciente, já que obtém sucesso onde este falhou.[21]

Em 1945, o matemático francês Jacques Hadamard publicou um livro seminal sobre a criatividade matemática, baseado em perguntas feitas a diversos sábios de renome, entre os quais o físico alemão Albert Einstein, prêmio Nobel de física em 1921, e o matemático norte-americano Norbert Wiener, criador da cibernética.[22] Hadamard concluiu que a criação matemática possui quatro fases distintas: preparação, incubação, iluminação e verificação. Essa sequência bem determinada de fases criativas ecoa múltiplas tradições oníricas da Antiguidade, que prescreviam a solicitação e a obtenção de revelações oníricas para resolver problemas específicos. Entretanto, ainda que admitindo a existência de sonhos capazes de oferecer soluções matemáticas novas, Hadamard assinalou a sua raridade entre os profissionais do ramo. É possível que essa escassez se deva ao uso da notação matemática, pois durante os sonhos muito raramente conseguimos ler e escrever qualquer coisa de modo fidedigno. Tal dificuldade provavelmente reflete o surgimento recente da leitura em nossa espécie, uma sofisticada capacidade comportamental que precisou "sequestrar" áreas corticais evoluídas por causa de outras aptidões bem mais antigas — como o reconhecimento facial.[23] Estudos sobre a capacidade de fazer cálculos matemáticos durante o sonho indicam dificuldades bem maiores do que na vigília, possivelmente pela redução da memória de curto prazo.[24]

Um indício de que a notação matemática talvez seja um impedimento à criatividade onírica é a fascinante história de Srinivasa Ramanujan (1887-1920), o matemático hindu sem educação formal cujas descobertas fundamentais em teoria dos números e séries infinitas só foram compreendidas muitas décadas depois. Hoje, físicos e matemáticos interessados em buracos negros, gravitação quântica e supercordas se debruçam sobre os teoremas geniais do autodidata nascido na zona rural. Aos 25 anos, trabalhando como contador na cidade de Chenai, Ramanujan remeteu dezenas de teoremas sem demonstração para Godfrey Hardy (1877-1947), da Universidade de Cambridge. Vários eminentes colegas de Hardy haviam ignorado mensagens semelhantes, mas, após o ceticismo inicial, a reação do renomado matemático inglês foi de atônita admiração pelo talento em estado bruto do jovem missivista. Aqueles teoremas deviam "ser verdadeiros, pois se não fossem, ninguém teria a imaginação para inventá-los".[25]

Após intensa troca de correspondência, Hardy convidou Ramanujan à Inglaterra para trabalharem juntos. Mas a viagem internacional ofendia a sagrada pureza de castas. A família do hindu, devota da deusa Lakshmi Namagiri, uma versão local da esposa de Vishnu, posicionou-se contra a viagem. Ramanujan recusou a oferta, mas após muita insistência de Hardy — e depois de um sonho que sua mãe teria tido com a deusa, ordenando o fim da oposição à jornada — Ramanujan embarcou no navio rumo à fria Inglaterra, deixando para trás esposa, família e cultura.

O trabalho com o mentor Hardy foi intenso e extremamente prolífico, levando à publicação de 21 artigos originais. Mesmo desprovido de diploma universitário, Ramanujan tornou-se professor em Cambridge e foi eleito membro da prestigiosa Royal Society of London.[26] Apesar das honrarias, ele nunca chegou a se integrar verdadeiramente. Longe de casa e da sua deusa, exposto a discriminação racial numa sociedade que via seus hábitos como selvagens, Ramanujan deprimiu-se e passou a exibir sintomas de tuberculose. Regressou à Índia em 1919 e faleceu pouco depois, aos 32 anos, no auge de sua criatividade matemática. No leito de morte, registrou numa carta para Hardy algumas funções misteriosas visualizadas em sonhos, enigmas que apenas no início do século XXI, quase um século depois, começaram a fazer sentido. Teorias formuladas por vários matemáticos nascidos depois da morte de Ramanujan efetivamente necessitam dessas funções. De onde vieram?

Por intermédio da deusa Lakshmi, Ramanujan relatou receber em sonhos suas complexas visões matemáticas:

Enquanto dormia, tive uma experiência incomum. Havia uma tela vermelha formada por sangue fluindo, por assim dizer. Eu estava observando isso. De repente, uma mão começou a escrever na tela. Prestei toda atenção. A mão escreveu várias integrais elípticas. Elas ficaram na minha mente. Assim que acordei as registrei por escrito.[27]

Como fervoroso seguidor do hinduísmo, Ramanujan era um adepto entusiasmado da interpretação dos sonhos. Ele simplesmente não via separação entre matemática e espiritualidade, pois seu contato com a descoberta não passava pela razão e sim pela revelação; não pela demonstração lógica dos símbolos, mas por sua beleza. É provável que a fértil relação de Ramanujan com a criação onírica, tão rara em matemáticos ocidentais, reflita aspectos particulares da matemática indiana, marcada por forte tradição oral, menor restrição simbólica para a formulação de conceitos e uma devotada relação com os deuses.

UMA INCERTEZA DUPLA

Embora os exemplos acima e muitos outros apontem para o papel importante do sono e dos sonhos na criatividade humana, desvendar cientificamente esse papel não é nada fácil. Do sonho pode-se esperar tudo, ou quase tudo. Se letras, números e livros são raros, tampouco pode-se dizer que não apareçam em sonhos. O matemático e filósofo britânico Bertrand Russell

(1872-1970), prêmio Nobel de literatura em 1950, expressou essa verdade com simplicidade: "Não acredito que esteja sonhando agora, mas não posso provar que não estou".[28]

Quando alguém atribui uma descoberta a um sonho, nos deparamos com uma dupla camada de incerteza. "O que será que o sonho quer dizer?" exige perguntar também: "Será que o sonhador realmente teve esse sonho?". O que foi que se perdeu? O que foi que se agregou? Qual a diferença entre experiência em primeira pessoa e relato para terceiros? Isso é relevante porque o relato de que alguma descoberta surgiu em um sonho a naturaliza, justifica e sobretudo legitima, encobrindo outros processos criativos e também, possivelmente, um plágio ou conflito de interesses. Por essa razão, todo o rico anedotário sobre sonhos e criatividade persistiu uma mera conjectura até que cientistas conseguiram abordar a questão empiricamente.

CAPTURANDO *EUREKA*

Como capturar e medir em laboratório um fenômeno tão fugidio quanto a súbita ocorrência de uma ideia nova durante o sono? O momento "Eureka!", a reestruturação de memórias capaz de transformar o mundo, é um evento imprevisível e singular que ocorre apenas uma vez em cada mente — depois disso já é repetição. A ideia nova surge com o potencial de se propagar para inúmeras outras mentes, mas na mente que a produziu ela já é velha, irreversivelmente já havida. Nas palavras do poeta brasileiro Arnaldo Antunes, "*o que (se) foi é (s)ido*".[29]

Em 2004 os neurocientistas alemães Jan Born, Ulrich Wagner e Steffen Gais conseguiram quantificar pela primeira vez em seres humanos a relação entre sono e insight. Os pesquisadores se valeram de um teste psicológico clássico em que a resolução do problema está criptografada como um palíndromo, isto é, uma sequência de símbolos que é a mesma quando lida de trás para a frente, ou de frente para trás. Os participantes não foram informados dessa estrutura e por isso começaram a tarefa tentando analisar toda a sequência, embora isso não fosse estritamente necessário. Entre os participantes que dormiram após realizar o teste, 60% apresentaram algum conhecimento da informação oculta quando retestados no dia seguinte, enquanto o mesmo aconteceu com apenas 20% dos participantes que não dormiram.[30]

Publicado na revista *Nature*, esse experimento foi a primeira demonstração convincente da estreita relação entre sono e criatividade, mas não permitiu saber qual fase do sono está mais relacionada com a criatividade, nem se há tipos diferentes de criatividade que sejam mais beneficiados por um tipo específico de sono. Nas últimas duas décadas, essas perguntas foram abordadas por uma série de experimentos realizados por Robert Stickgold, Matthew Walker e Sara Mednick. As evidências indicam que a resolução criativa de um problema — seja a geração de anagramas[31] ou a flexibilização da associação de palavras[32] — é favorecida pelo sono REM transcorrido entre a apresentação do problema e sua resolução.

REESTRUTURANDO MEMÓRIAS

Qual será a propriedade do sono REM que estimula a reestruturação de memórias? Além de apresentar mais atividade cortical do que o sono de ondas lentas, o sono REM se caracteriza por níveis reduzidos de sincronia entre os neurônios, com baixo grau de repetição das sequências de ativação. A ideia de que o sono introduz algum tipo de ruído informacional e que isso pode ser útil ao aprendizado motivou experimentos interessantes no pássaro mandarim. Machos dessa espécie começam a aprender a cantar duas semanas após o nascimento, tentando copiar o canto produzido pelo pai. A exposição precoce ao canto do adulto é suficiente para gerar uma memória por toda a vida. Mesmo uma breve exposição ao canto do pai, de outro tutor adulto, ou ainda numa gravação emitida por um pássaro de madeira, é suficiente para que se forme uma memória robusta que serve de modelo interno para a prática da imitação vocal.

Através de múltiplas repetições ao longo dos dois meses seguintes, o filhote desenvolve aos poucos uma imitação fidedigna do canto modelo. O canto emitido pelo filhote vai se modificando erraticamente ao longo do tempo até cristalizar-se numa sequência bastante semelhante à do canto modelo. O neuroetólogo israelense Ofer Tchernichovski e sua equipe no Hunter College CUNY estudaram esse fenômeno de forma intensiva, registrando todas as vocalizações emitidas por cada filhote desde a exposição ao modelo até a cristalização do canto.[33] A primeira descoberta que fizeram foi que os cantos se modificam gradualmente ao longo do dia, tornando-se cada vez mais parecidos ao modelo à medida que as repetições vão se sucedendo. A segunda descoberta é que os cantos produzidos na manhã do dia seguinte são menos parecidos com o modelo do que no final do dia anterior. Em outras palavras, a cada noite de sono ocorre uma deterioração da semelhança entre o canto produzido pelo filhote e o seu modelo. Os ganhos diurnos superam as perdas noturnas, de forma que o filhote galga a montanha da semelhança com o canto modelo, dois passos à frente e um atrás, dia após dia, até que as mudanças se estabilizam. O efeito ocorreu tanto no sono natural quanto no sono induzido por melatonina.

A terceira descoberta foi a mais surpreendente: os animais com maior índice de deterioração do canto entre o início da noite e a manhã do dia seguinte, aqueles que ao despertar mais tinham se afastado do canto modelo, foram justamente os que o copiaram melhor ao final do processo. Em outras palavras, os que tropeçaram mais durante o caminho tiveram mais sucesso na aprendizagem final.

Que tipo de mecanismo poderia explicar esse fenômeno? Em 2016, o neurocientista norte-americano Timothy Gardner, da Universidade de Boston, e uma equipe internacional de colaboradores publicaram estudos da atividade neuronal do núcleo HVC de mandarins durante a execução do canto e durante o sono. O HVC é uma região cerebral das aves canoras cuja ativação é essencial para iniciar a propagação elétrica que acaba por chegar ao órgão vocal siringe e ali converter-se em canto. Os pesquisadores injetaram um vírus no cérebro dos pássaros para fazer com que certos neurônios produzissem uma proteína que se torna fluorescente quando as células são ativadas eletricamente. Através de pequenos microscópios de três centímetros de espessura implantados no delicado crânio das aves, Gardner conseguiu visualizar a ativação noturna dos grupos de neurônios que codificam o canto. O resultado foi surpreendente: embora o canto seja estável de um dia para o outro, os padrões de ativação neuronal do HVC mudam bastante em noites consecutivas.[34]

É como se o cérebro, na busca da melhor organização sináptica para produzir um canto semelhante ao modelo, borrasse a cada noite de sono o canto construído ontem, para poder seguir na procura da melhor imitação possível. O sono parece impedir que o sistema se acomode numa solução subótima, adicionando ruído à memória a cada noite. O fenômeno se parece com os ciclos de aquecimento e resfriamento utilizados para temperar ligas de aço, num processo que primeiro endurece o metal e depois o flexibiliza. O desenvolvimento do canto do mandarim evoca o manto que Penélope, na *Odisseia*, tecia durante o dia e desfazia durante a noite, para ganhar tempo de espera por Ulisses. Parafraseando a canção da banda Chico Science & Nação Zumbi, é preciso primeiro desorganizar para poder organizar.

De que modo todo esse processamento neurofisiológico, que ocorre em nível celular e molecular, se reflete no conteúdo de um sonho? É impossível fazer essa pergunta ao pássaro mandarim, mas seres humanos são mais cooperativos — especialmente quando se trata de estudantes de graduação pagos para praticar um jogo eletrônico bem divertido. Quando Bob Stickgold se tornou autoridade mundial no recém-ressuscitado campo de pesquisa sobre processamento onírico de memórias, cheio de projetos de pesquisa bem financiados e integrante de conselhos consultivos de grandes empresas, não se fez de rogado e aplicou seu dinheiro num equipamento que ninguém mais teria coragem de colocar dentro de um laboratório: um enorme videogame interativo capaz de simular em três dimensões, de modo bastante verossímil, as emoções e situações do esqui alpino.

Os 43 participantes do estudo praticaram animadamente o jogo durante o dia no laboratório. À noite, em casa e equipados com um aparelho para mensuração de movimentos do corpo e dos olhos, dormiam. A intervalos de tempo que variavam entre quinze e trezentos segundos após o início do sono, os participantes foram automaticamente interrompidos e seus relatos de sonho foram registrados. A experiência multissensorial e interativa do esqui alpino virtual se mostrou extremamente apta a penetrar os sonhos dos participantes. Enquanto o jogo Tetris apareceu em cerca de 7% dos relatos, imagens relacionadas ao esqui virtual apareceram em 24% dos relatos. Curiosamente, o fenômeno também ocorreu com intensidade quase tão alta em participantes de um grupo controle que não jogou, mas assistiu atentamente outra pessoa jogar. A reverberação das memórias do jogo mostrou um nítido decaimento com o tempo: as imagens foram ficando cada vez mais abstratas, menos verídicas. Em contrapartida, mais e mais memórias antigas tenderam a aparecer, revelando um processo de intercalação de memórias recentes e remotas que parece refletir a incorporação das primeiras às segundas.

Relatos fidedignos do jogo, típicos dos primeiros segundos após o início do sono — como: "Eu recebo como flashes daquele... jogo na minha cabeça, jogo de esqui de realidade virtual..." — se tornam muito mais livres alguns minutos depois, embora mantendo conexão com o jogo — por exemplo: "Eu estava imaginando empilhar madeira dessa vez... senti como se estivesse fazendo isso em... uma estação de esqui à qual eu tinha ido antes, uns cinco anos atrás talvez".[35] O aumento da abstração nas imagens oníricas à medida que o sono progride talvez se deva ao aumento da atividade hipocampal, capaz de reativar memórias antigas que vão se mesclando às memórias recém-adquiridas e integrando os fatos novos da vida a tudo que aconteceu antes.

REPROGRAMAÇÃO ABRUPTA

Em situações de grande desadaptação, de verdadeira dificuldade cognitiva, podem ocorrer sonhos resolutivos com aparência de milagre. Um comportamento completamente novo e altamente adaptativo pode se instalar literalmente de um dia para o outro, produzindo grande espanto. Um neurocientista me relatou que durante o mestrado foi à Argentina realizar um curso intensivo de espanhol. Para seu horror, descobriu que simplesmente não conseguia se comunicar com ninguém, não entendia quase nada e muito menos conseguia falar algo compreensível. Após alguns dias de crescente constrangimento, certa noite sonhou que escrevia e lia fluentemente no idioma. No dia seguinte conseguiu fazê-lo, dando um verdadeiro salto na capacidade de utilizar novas palavras.

Outro caso expressivo de aquisição de habilidades motoras me foi relatado por um homem que quando criança não conseguia se equilibrar na bicicleta e tinha vergonha disso. Já adolescente, ciente de que as bicicletas praticamente andam sozinhas quando impulsionadas, resolveu tentar novamente. Fez pouco progresso durante dois dias de treinamento e então sonhou que montava a bicicleta e passeava com desenvoltura, pensando que aquilo era fácil. No dia seguinte teve sucesso logo nas primeiras tentativas. Havia aprendido a andar de bicicleta.

A capacidade que o sonho tem de subitamente transportar o sonhador até novas habilidades e conteúdos evoca o voo entre pontos distantes, uma verdadeira abdução. Aprendi com o escritor moçambicano Mia Couto que, em certas línguas de Moçambique, sonhar, imaginar e voar são a mesma palavra. Voo livre é uma descrição muito adequada ao colossal ganho de perspectiva que o sonho pode prover. Um dos exemplos históricos mais magníficos do repentino ganho de perspectiva permitido pelo voo onírico foi relatado pelo filósofo italiano Giordano Bruno (1548-1600), um ex-frade dominicano que se tornou conhecido em toda a Europa pela inteligência, erudição, ideias polêmicas, estilo mordaz e assombrosa capacidade de memorização — que alguns de seus contemporâneos atribuíam à magia, embora o próprio Bruno tenha descrito no livro *A arte da memória* os elaborados modelos mnemônicos que utilizava.[36]

Entre os vários livros de Giordano, um foi inteiramente dedicado à *Interpretação dos sonhos* — o mesmo nome escolhido por Freud quase três séculos depois para designar seu livro seminal. Quando tinha trinta anos, Giordano experimentou uma visão onírica que se tornaria célebre. Naquela época a grande maioria dos astrônomos ainda professava o antigo sistema ptolomaico, com a Terra no centro do sistema solar e uma abóbada celeste composta de estrelas fixas numa esfera transparente. A teoria heliocêntrica do astrônomo polonês Nicolau Copérnico (1473-1543) tinha poucos adeptos, mas mesmo no modelo copernicano o sistema solar permanecia sendo o centro do Universo. Giordano, entretanto, teve contato com textos cosmológicos da Antiguidade que assumiam a existência de múltiplos mundos. Também é possível que tenha lido obras do filósofo iraniano Fakhr al-Din al-Razi (1149-1209) e do astrônomo inglês Thomas Digges (1546-95), que se referiram de algum modo à infinitude do Universo.

Foi nesse contexto que Giordano teria experimentado seu sonho magno. No relato, seu espírito teria saído do corpo e se elevado pelo céu até se afastar da Terra. A série *Cosmos: uma odisseia do espaço-tempo*, em sua nova versão apresentada pelo astrofísico norte-americano Neil deGrasse Tyson, narrou assim a experiência de Giordano Bruno:

> Espalhei asas confiantes para o espaço e subi rumo ao infinito, deixando muito atrás de mim o que os outros se esforçaram para ver à distância. Ali, já não havia acima. Nem abaixo. Nem borda. Nem centro. Vi que o Sol era apenas mais uma estrela. E as estrelas eram outros sóis, cada uma escoltada por outras Terras como a nossa. A revelação dessa imensidão foi como se apaixonar.[37]

Lenda ou fato, o feérico relato onírico de Giordano Bruno atualizou o sonho de Cipião imaginado por Cícero mais de mil anos antes, ao repetir a jornada para longe da Terra, mas foi além para cruzar a barreira conceitual das esferas como tetos concêntricos e enfim explodir a perspectiva, chegando à infinitude em todas as direções. Girando no espaço e percebendo como somos minúsculos diante de tudo que há, Giordano teria entendido em seu próprio corpo sonhado que o Universo é vastíssimo e que o Sol nada mais é do que uma das suas inúmeras estrelas, cada uma delas rodeada por seus próprios planetas. O Sol não ocupa o centro do Universo, nem parece haver centro em torno do qual tudo orbita.[38]

Essa profunda verdade astronômica, expressa por Giordano no século XVI e rejeitada pelo astrônomo alemão Johannes Kepler, só começou a ser verificada quatro anos após a morte do primeiro, quando o astrônomo italiano Galileu Galilei observou pela primeira vez ao telescópio uma estrela da Via Láctea. Já a confirmação empírica da existência de múltiplas galáxias só foi alcançada trezentos anos depois, por meio de medidas espectroscópicas.

Algumas ideias de Giordano, como a pluralidade dos mundos e a vida em outros planetas, estavam muito à frente do seu tempo apesar de terem raízes antigas nas filosofias grega e islâmica.[39] Graças a seu estilo combativo, Giordano fez inimigos poderosos, sobretudo na Igreja. Seu pesadelo teve início em 1592, quando foi capturado em Veneza e entregue à Inquisição, que o levou preso a Roma e o processou por heresia, blasfêmia e conduta imoral. Ao longo do processo judicial, o filósofo teve chances de se retratar, mas preferiu manter-se coerente e inflexível quanto a aspectos fundamentais de sua doutrina.

Em 1600, após sete anos de masmorras e torturas, tendo se recusado categoricamente a abnegar suas ideias, o brilhante e insubmisso Giordano foi amordaçado, humilhado pelas ruas de Roma e queimado vivo em praça pública. Hoje, no Campo de' Fiori, onde esse crime bárbaro aconteceu, uma solene estátua de Giordano preside a feira de frutas e flores nas manhãs de domingo. Na base, a dedicatória comove:

Para Bruno
Da era que ele previu
Aqui onde o fogo ardeu.

MUTAÇÃO E SELEÇÃO DE IDEIAS

É curioso que Kepler, um pensador tão criativo e original quanto Bruno, tenha expressado numa carta a Galileu seu horror à noção de múltiplos sóis e planetas, espalhados sem hierarquia por um Universo infinito.[40] Não que ele fosse avesso aos sonhos, muito pelo contrário. Foi pioneiro em ficção científica com o livro *Somnium* (1634), em que um alter ego seu sonha com uma visita à Lua e descreve com detalhes como é a Terra vista de lá. Ainda que nesse caso a atividade onírica tenha sido um mero recurso narrativo, é impossível não notar a utilização do sonho para justificar um enorme ganho de perspectiva, conferido pelo ponto de vista lunar.

Durante o sono, o cérebro vive o embate entre fidelidade e flexibilidade cognitiva, cujos mecanismos são o fortalecimento e a reestruturação de memórias. Enquanto a fidelidade de ativação de memórias é um atributo do sono de ondas lentas — um estado fisiológico filogeneticamente muito antigo, que favorece a lembrança estrita dos contatos preestabelecidos com a realidade —, a reorganização de memórias parece ser um atributo do sono REM, um estado fisiológico mais recente, que facilita a resolução de problemas novos. Rearranjar memórias é uma capacidade muito adaptativa num ambiente desafiador, que muda o tempo inteiro e de modo imprevisível. Mas o excesso de criatividade onírica pode levar a ideias perigosas no mundo real, sendo mais seguro submetê-las ao crivo de uma simulação fiel da realidade.

A alternância entre sono de ondas lentas e sono REM ao longo da noite dá ao cérebro a oportunidade de realizar múltiplos ciclos de mutação e seleção de ideias. Na primeira metade da noite as memórias são reverberadas em ondas lentas, reforçando as mais importantes memórias novas e eliminando as demais. Na segunda metade da noite instalam-se episódios de sono REM cada vez mais longos e com níveis cada vez mais altos de cortisol (o hormônio do estresse), simulando os níveis de alerta da vigília. A desativação de regiões frontais do córtex cerebral durante o sono REM diminui a acurácia da tomada de decisões e da execução ordenada de planos, gerando uma descontinuidade na composição lógica da imagética onírica. Isso origina os deslocamentos, condensações, fragmentações e associações entre os elementos oníricos, recombinando memórias de formas inesperadas. A elevada e ruidosa atividade cortical observada durante o sono REM, ao gerar "erros de processamento" que afrouxam a sincronia neuronal, efetivamente cria caminhos novos para a propagação elétrica.

Conforme vimos, o sono REM promove a expressão de genes necessários à potencialização de longa duração, o que leva ao fortalecimento sináptico das memórias reestruturadas durante o adormecimento. Junto a dois talentosos neurocientistas computacionais, o cubano Wilfredo Blanco e o brasileiro César Rennó-Costa, utilizei simulações de circuitos neurais através do ciclo sono-vigília para demonstrar que a potencialização de longa duração provocada pelo sono REM, além de reforçar memórias, também causa sua reorganização. A mera potencialização de algumas conexões é suficiente para causar uma redistribuição das forças sinápticas, alterando direta ou indiretamente vastas porções da rede neuronal. Uma analogia ajuda a compreender o fenômeno: quando apertamos com a mão um balão cheio de ar, ele se deforma do outro lado, pois trata-se de um sistema fechado.

MEMÓRIAS CIGANAS

Mas como podem certas memórias permanecer estáveis por tantos anos, se até mesmo as células que lhes servem de arcabouço são substituídas ao longo do tempo? Memórias antigas tendem a ser muito mais resistentes ao esquecimento do que as recentes. Assim como os ciganos migram incessantemente sem território fixo nem retorno às origens, as memórias parecem nunca deixar de migrar para os confins da vastíssima rede cortical, enfurnando-se mais e mais ao longo da vida, cada vez mais extensas e resistentes a perturbações. Lembranças ricas em detalhes podem durar mais de um século na mente do ancião, mas não se pode dizer que tenham sido sempre as mesmas desde a infância. Ao contrário, as evidências experimentais apontam para uma constante transformação e migração intracerebral das memórias ao longo da vida, com um papel especial reservado ao sono como estado propiciador dessas mudanças.

Essa parte da história começa em 1942, quando Donald Hebb concluiu uma análise extensa de pacientes neurológicos com lesões do hipocampo.[41] Como esses pacientes apresentavam quadros amnésicos graves, com incapacidade de formar novas memórias declarativas, começou a ficar claro que o hipocampo está diretamente envolvido na aquisição de novas memórias. Na década seguinte, um caso de lesão cirúrgica tornou-se célebre e elucidou a questão. O paciente Henry Gustav Molaison, conhecido desde então pelas iniciais H. M., apresentava um grave quadro de crises convulsivas deflagradas bilateralmente nos hipocampos esquerdo e direito. Após a remoção completa desses focos epilépticos, o paciente ficou curado das convulsões, mas passou a apresentar amnésia para memórias declarativas, isto é, memórias que podem ser declaradas verbalmente sobre pessoas, coisas e lugares.[42]

H. M. era capaz de aprender o nome de uma nova pessoa por alguns minutos, mas logo depois o esquecia. Essa amnésia foi completa no sentido anterógrado, ou seja, após a cirurgia. Entretanto, a amnésia retrógrada, relativa aos fatos que precederam a cirurgia, foi apenas parcial. Enquanto os fatos recentes haviam sido completamente esquecidos, as memórias antigas, sobretudo as da infância, ficaram bem preservadas. H. M. foi intensamente investigado por toda sua vida pós-cirúrgica e seu quadro clínico não se alterou desde então. O estudo minucioso desse paciente deixou claro que o hipocampo é a porta de entrada para novas memórias declarativas. É ali que se codificam as relações entre os diferentes atributos perceptuais de cada memória — imagens, sons, texturas, cheiros e gostos característicos de cada objeto representado, todos codificados separadamente no córtex cerebral mas de início integrados através do hipocampo. Isso explica por que essa região tem papel essencial no mapeamento do espaço, que permite a navegação ambiental, e na codificação de eventos complexos, como a movimentação e a ação de múltiplos objetos e agentes numa sucessão de cenas.

Para que as memórias declarativas durem, é imprescindível ter um hipocampo intacto tanto no momento da aquisição quanto nas horas subsequentes. Entretanto, com o transcorrer do tempo, as memórias vão se tornando progressivamente menos representadas no hipocampo e mais no córtex cerebral, a ponto de sobreviverem sem maiores abalos em pacientes neurológicos que, seja por acidente ou por cirurgia, foram submetidos a uma completa remoção do hipocampo. A esse aumento progressivo do engajamento do córtex cerebral na codificação de memórias declarativas se chama corticalização, um fenômeno bem conhecido desde os anos 1950, mas cujos mecanismos permaneciam até recentemente ignorados.

CÉREBROS NA NEVE

Em 1999, formulei com Claudio Mello e Constantine Pavlides a hipótese de que é o sono que induz a corticalização de memórias. Aproveitando os últimos meses do final do doutorado, entre novembro e dezembro da virada do milênio, realizei experimentos para medir a expressão de genes imediatos no sono de ratos previamente submetidos a estimulação elétrica do hipocampo. O objetivo era implantar no hipocampo a memória artificial chamada "potencialização de longa duração" — e seguir seu rastro pelo cérebro durante o sono e a vigília subsequentes. Um experimento-piloto sugeria que a expressão inicial no hipocampo decaía rapidamente e aumentava no córtex após algumas horas. Desenhamos um experimento extenso para cercar os achados preliminares de bons controles e de um número adequado de animais por grupo experimental. Concluímos ser necessário fazer experimentos diários por oito semanas consecutivas. A neve caía incessantemente naqueles dias curtos, e as Torres Gêmeas do World Trade Center ainda estavam em seu lugar. Empreendi a tarefa pacientemente. Todos os dias, ao final do experimento, cada rato era abatido e seu cérebro, congelado a 80°C negativos para uso posterior.

Quando terminei de fazer os experimentos e coletar todos os cérebros, ainda restava seccioná-los em fatias finíssimas e tratá-los quimicamente para revelar os níveis de expressão gênica. Era 1º de janeiro de 2001 e eu estava de mudança para a cidade de Durham, na Carolina do Norte, para começar o pós-doutoramento na Universidade Duke. Resolvi levar os cérebros congelados comigo para processá-los na própria Universidade Duke, no laboratório de meu colega Erich Jarvis, neurobiólogo norte-americano que gentilmente ofereceu ajuda. Coloquei as dezenas de cérebros dentro de um isopor grande cheio de gelo-seco, vedei-os com fita adesiva e tomei um táxi para o aeroporto La Guardia, sob uma nevasca inclemente. O aeroporto estava um caos completo, com vários voos cancelados e pessoas dormindo no chão. Meu voo foi suspenso, mas houve transferência para outra companhia aérea. Na impossibilidade de levar comigo o isopor, despachei todos os cérebros para a Carolina do Norte, peguei meu cartão de embarque e torci para dar certo.

Não deu. Esperei em vão diante da esteira de malas até que a última bagagem fosse recolhida. Assim como eu, vários outros passageiros reclamavam do extravio de seus pertences naquela confusão gelada de início de ano. No balcão da companhia aérea descobri que o isopor havia sido transferido para outra empresa por causa dos voos cancelados. Prometeram-me que a bagagem seria localizada e chegaria no segundo e último voo da companhia naquela rota, dali a doze horas. Fui a Durham, comecei a me instalar e após o prazo estipulado voltei ao aeroporto, mas o isopor não veio. Prometeram que no dia seguinte viria e passei a noite com insônia, pensando no gelo-seco em sublimação lenta porém inexorável. No dia seguinte fui o primeiro a chegar ao balcão da companhia, mas nada do isopor.

A cena trágica se repetiu por três longos dias, com dois deslocamentos diários até o distante aeroporto e três longas noites maldormidas, dominadas pela imaginação cada vez mais pessimista sobre o estado do gelo-seco e dos cérebros dentro do isopor. Pela primeira vez entendi por que no mundo greco-romano se dizia que a insônia é o sonho com uma ideia fixa. Nem todos os deuses do Olimpo poderiam me ajudar agora que o desastre era inevitável. Rezei para meus orixás e entreguei o destino dos cérebros ao acaso.

Quando na quarta manhã entrei correndo pelo saguão do aeroporto e vi de longe o isopor, cheio de etiquetas dos vários aeroportos por onde tinha passado, imaginei o pior. Desenrolei freneticamente as fitas adesivas e quase caí para trás quando vi o interior: cérebros perfeitamente preservados sob uma boa camada de gelo-seco ainda intacto. Agradeci efusivamente aos vivos e aos mortos pela oportunidade de continuar pesquisando aquele material.

AS MEMÓRIAS MIGRAM DURANTE O SONO

Os resultados dessa pesquisa revelaram em detalhes um processo de migração de memórias para fora do hipocampo durante o sono REM.[43] Pudemos documentar uma sequência de três ondas distintas de regulação gênica após a estimulação do hipocampo. A primeira onda começa no próprio hipocampo meia hora depois da estimulação, atinge áreas corticais próximas ao local da estimulação após três horas de vigília e termina durante o primeiro episódio de sono de ondas lentas. Uma segunda onda começa durante o sono REM nas regiões corticais próximas do estímulo, se propaga para regiões cerebrais distantes durante a vigília subsequente e é encerrada durante novo episódio de sono de ondas lentas. Finalmente, uma terceira onda de regulação gênica começa durante o próximo episódio de sono REM em diversas regiões corticais — e não sabemos quando nem onde termina, pois o experimento parou ali.

O hipocampo apresentou uma diminuição gradual da expressão gênica da primeira onda até a terceira. As regiões corticais mais longínquas, distantes várias sinapses do local da estimulação elétrica inicial, mostraram um perfil oposto, com aumento gradual da expressão gênica à medida que as ondas se sucediam. Esses resultados forneceram a primeira evidência experimental de que o sono REM pode participar da transferência de memórias do hipocampo para o córtex cerebral através de ondas de plasticidade molecular que se aprofundam a cada ciclo de sono. Estudos subsequentes utilizando exploração de novos objetos em lugar de potencialização de longa duração confirmaram que os efeitos persistem no córtex, mas não no hipocampo.[44] Enquanto as mudanças sinápticas se renovam e propagam corticalmente, no hipocampo as mudanças cessam e as memórias decaem rápido.

É importante considerar que o hipocampo tem dimensões bem menores do que o córtex cerebral, com muito menos capacidade de codificar memórias. Durante o sono pós-aprendizado, ativam-se transitoriamente no hipocampo mecanismos de plasticidade que no córtex cerebral são persistentes. Por isso o hipocampo cede, pouco a pouco, sua participação em cada memória recém--adquirida, tornando-se cada vez menos relevante à medida que a memória amadurece. Em contrapartida a esse "esquecimento", o hipocampo renova a cada noite sua capacidade de aprender outra vez, liberando espaço de codificação para as novas memórias do dia seguinte.

As memórias não são de fato confiáveis. Perdem pedaços, recebem novas associações, se integram umas às outras, são depuradas e acrescidas de detalhes, atravessam filtros do desejo e da censura e sobretudo mudam de suporte biológico, passando a ser representadas em circuitos neuronais diferentes, gerando novas ideias, mas mesmo assim mantendo a aparência de estabilidade. Um primor de permanência em meio à transformação incessante, um prodígio de flexibilidade sem perda de identidade.

13. Sono REM não é sonho

Contemplar o funcionamento dos mecanismos descritos nos capítulos anteriores permite entender por que o sono é cognitivamente tão importante, mas não ajuda a decifrar o sentido íntimo e potencialmente significativo do ato de sonhar. Íons, genes e proteínas de fato têm uma história movimentada para contar através da noite, mas não precisamos saber da existência deles para que funcionem em nós. Tampouco saber deles explica o conteúdo onírico. Os eventos do sonho não ocorrem apenas no nível de moléculas, sinapses ou células isoladas, mas principalmente no âmbito de complicadíssimos padrões de atividade elétrica, propagados através de vastas malhas de neurônios que operam na representação dos objetos do mundo sob regras muito peculiares.

Quando dois neurônios se ativam sincronicamente a ponto de serem gerados disparos neuronais em um terceiro neurônio, ocorre uma associação no nível celular. Quando palavras se associam por congruência semântica, sintática ou fonética, ocorre uma associação de outra ordem, psicológica, que por sua vez é implementada através de uma pletora de associações celulares.

O espaço das representações mentais não se confunde com a malha neuronal porque é uma propriedade emergente dela, assim como o movimento sincronizado de um grande cardume resulta da interação de todos os peixes, mas não pode ser explicado pelo que se passa em cada peixe individualmente.

A mente opera através de leis simbólicas próprias — associação, deslocamento, condensação, repressão e transferência — que se ancoram microscopicamente nos mecanismos de plasticidade sináptica apresentados nos capítulos anteriores, mas decerto não se reduzem a eles.

QUANDO A CIÊNCIA NEGAVA O SONHO

Hoje já não resta dúvida de que, para além do papel do sono no processamento de memórias, os sonhos têm significados específicos para os sonhadores. Essa verdade tão evidente para quem presta atenção aos próprios sonhos foi negada, de múltiplas maneiras distintas, por diversos cientistas e filósofos antifreudianos que brandiram o sono REM como evidência cabal da irrelevância onírica. Por que perder tempo investigando relatos subjetivos de alucinações noturnas, quando existe um estado fisiológico mensurável ao alcance de qualquer pesquisador sério e minimamente equipado?

Por toda a segunda metade do século XX esse sofisma foi usado para esvaziar o entusiasmo da pesquisa onírica, cada vez mais reputada como não científica. O esvaziamento do sonho se deu em favor da investigação estritamente neurofisiológica das propriedades do sono REM. Como que num passe de mágica ao contrário, todo o mistério milenar dos sonhos deixou de ser problema digno de estudo. Sonhos seriam assunto para charlatões, cartomantes, sacerdotes, psicanalistas e outros profissionais da metafísica. O ganho secundário dessa opção pela ignorância foi tranquilizar o público quanto ao caráter bizarro e muitas vezes constrangedor do enredo onírico. Os sonhos seriam meros epifenômenos sem sentido do sono REM, subprodutos aleatórios de uma realidade subjacente estritamente fisiológica, e portanto sem qualquer significado psicológico.

O que aconteceu com o status da relação entre sono REM e sonho é apenas um exemplo particular de um fenômeno mais geral na ciência. No afã de enfrentar uma questão difícil, os cientistas muitas vezes caem no erro de proclamar sua inexistência. Isso acontece até hoje com o problema da consciência, que para muitos psicólogos e filósofos se resolve facilmente, reduzindo a subjetividade da consciência a um conjunto de operações neurais objetivas. Aconteceu também com a geneticista Barbara McClintock (1902-92), que descobriu a transposição de genes estudando a gigantesca variedade de padrões de coloração do milho. McClintock documentou em detalhes a existência de misteriosos saltos genéticos dentro do genoma do milho, com a inserção, deleção e translocação de genes entre cromossomos. Mesmo assim ela foi completamente desacreditada e parou de publicar seus resultados em 1953. Com o tempo as pesquisas convergiram para validar a transposição genética em animais, plantas, fungos e bactérias, tornando sua obra assunto obrigatório em qualquer livro-texto de genética. McClintock foi reconhecida em 1983 com o primeiro prêmio Nobel dado exclusivamente a uma mulher.

Mas voltemos à distinção entre sonho e sono REM. Ainda que ingênuo, o argumento da irrelevância de um diante do outro prosperou no campo biomédico e se espalhou amplamente pelo público leigo através da mídia, isolando as vozes discordantes que se manifestaram insatisfeitas com o empobrecimento da discussão. A posição reducionista se tornou hegemônica e assim se manteve até o final do milênio, quando precisou enfrentar a primeira contestação empírica.

A longa espera de quase um século após *A interpretação dos sonhos* de Freud valeu a pena, pois as novas evidências não poderiam ser mais esclarecedoras. A difícil tarefa de resgatar o sonho como fenômeno psicológico autônomo, expressão individual de processos adaptativos dignos de interesse científico, coube ao neurologista e psicanalista sul-africano Mark Solms. Nascido na Namíbia, pós-graduado na Universidade de Witwatersrand em Johannesburgo, treinado no Institute of Psychoanalysis e com longa experiência de pesquisa na University College London e no Royal London Hospital, Solms maturou por muitos anos uma pergunta excelente: existiriam pessoas incapazes de sonhar mesmo durante o sono REM?

Intrigado e incomodado com o viés ideológico do debate, Solms decidiu testar a hipótese de que sono REM e sonho são fenômenos distintos, e portanto devem corresponder a diferentes mecanismos cerebrais. Para isso, investigou casos neurológicos em busca de lesões cerebrais que, por azar do destino, fortuitamente pudessem dissociar o sono REM do sonho. Ocorre entretanto que as lesões neurológicas típicas não se parecem com as lesões cirúrgicas experimentais feitas em condições controladas de laboratório. São cicatrizes únicas, complexas e particulares, produzidas por acidentes tão idiossincráticos quanto a marca que deixam nos sobreviventes. Buscar um perfil de lesões capazes de abolir o sonho sem afetar o sono REM deve ter parecido a Solms tão difícil

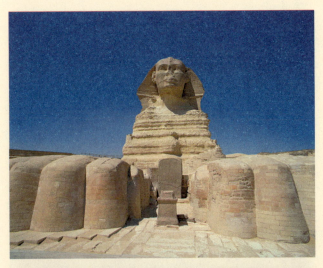

Estela dos Sonhos entre as patas dianteiras
da Grande Esfinge de Gizé.

José interpretando o sonho do Faraó (1894), de Arthur Reginald.

Vishnu sonhando o Universo. Templo Dashavatara, Deogarh, Índia.

A visão da Macedônia do Apóstolo Paulo. Mosaico na cidade grega de Veria, do lado esquerdo do altar erigido no local onde se acredita que Paulo pregou para uma multidão no ano 51.

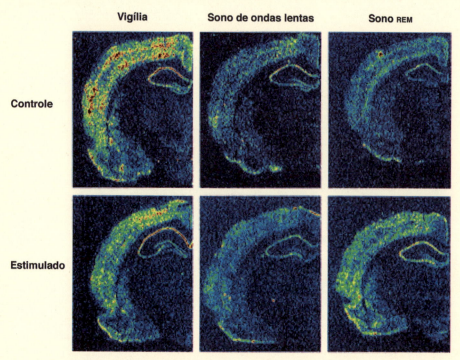

As impressões do dia: restos diurnos moleculares. Em animais controle, sem experiência com estímulos novos, a expressão do gene imediato Zif-268 decai durante o sono. Em animais submetidos a estímulos novos, a expressão do gene é reinduzida durante o sono REM. As imagens representam cortes frontais de um único hemisfério cerebral. A escala de cores vai do vermelho ao azul, respectivamente níveis elevados e reduzidos de expressão do gene.

O sonho torrencial de Dürer transformado em aquarela (1525). Nas artes plásticas, trata-se de um dos exemplos mais antigos de inspiração onírica explícita.

Chagall e *O sonho de Jacó*, 1966.

Dalí e *O sonho causado pelo voo de uma abelha ao redor de uma romã um segundo antes de despertar* (1944). O pintor perseguiu a multiplicidade de significados através de seu método paranoico-crítico, de inspiração freudiana.

Batalha de Little Bighorn retratada pelos lakotas. (A) Pintura de Coice de Urso (1898). À esquerda, a figura vestida de couro é Custer. As figuras apenas esboçadas de forma fantasmagórica na parte superior esquerda, por trás das figuras de soldados mortos, são os espíritos dos mortos na batalha. No centro estão as figuras de Touro Sentado, Chuva na Cara, Cavalo Louco e Coice de Urso. (B) Pintura de Amos Bad Heart Bull (*c.* 1890), retratando Cavalo Louco no centro da batalha, com pintas espalhadas pelo corpo.

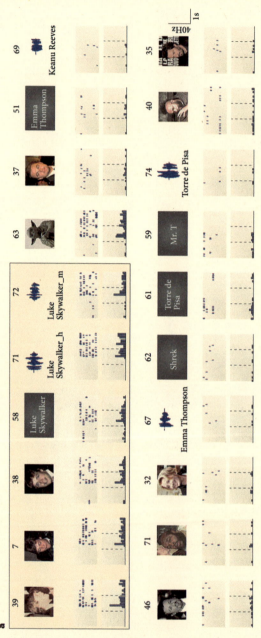

Criaturas da mente codificadas pela atividade de neurônios hipocampais. Um neurônio hipocampal, seletivo para o conceito "Luke Skywalker" apresentado como imagem, nome escrito ou som, também se ativa quando é apresentada a imagem do mestre jedi Yoda, professor e amigo de Luke.

quanto procurar uma agulha num palheiro. A multiplicidade de particularidades em cada caso há de ter sugerido a princípio a inexistência de qualquer ordem ou padrão. Para entender de onde Solms obteve a paciência e a visão panorâmica para gradualmente construir a resposta a sua pergunta, é preciso compreender melhor o personagem.

Além de desenvolver interesses acadêmicos e clínicos, Solms é um sonhador ativo no campo da engenharia social. Após a democratização da África do Sul ele voltou ao país e decidiu transformar em vinícola uma fazenda pertencente a sua família por mais de trezentos anos. Por compreender que a fazenda era habitada por camponeses descendentes de gerações de escravos, promoveu escavações para revelar o passado do território e compartilhou com todos os moradores sua propriedade. Com tanta firmeza de propósitos e imaginação, não é de espantar que Solms tenha coligido e comparado uma vasta coleção de casos neurológicos marcados por distúrbios da capacidade de sonhar — alguns deles clássicos bem conhecidos, outros verdadeiras raridades.

Solms observou que diversos tipos de lesão cerebral são capazes de alterar aspectos do sono ou dos sonhos.[1] Lesões profundas na ponte cerebral, capazes de reduzir ou mesmo eliminar o sono REM, quando não matam o paciente raramente abolem a capacidade de sonhar.[2] Lesões em regiões límbicas temporais causam descargas epilépticas, que por sua vez provocam pesadelos recorrentes e estereotipados. Lesões em regiões límbicas frontais resultam em uma síndrome estranha: os pacientes não só preservam a capacidade de sonhar como passam a sonhar excessivamente, até mesmo a noite toda. Entretanto, perdem a capacidade de distinguir realidade de sonho. Uma entrevista clínica ilustra esse quadro:

> PACIENTE: Eu não estava de fato sonhando de noite, mas meio que pensando em imagens. É como se meu pensamento se tornasse real — como se eu pensasse em algo e então visse isso acontecendo diante de meus olhos, e então eu ficava muito confusa e algumas vezes não sabia o que realmente tinha acontecido e o que eu estava pensando.
>
> MÉDICO: Você estava acordada quando teve esses pensamentos?
>
> PACIENTE: É difícil dizer. É como se eu não tivesse dormido nada, porque tanta coisa estava acontecendo comigo. Mas é claro que aquilo não estava realmente acontecendo, eu apenas sonhava aquelas coisas; mas também não eram como sonhos normais, é como se essas coisas estivessem realmente acontecendo comi-

go... [Um exemplo:] tive uma visão de meu [falecido] marido; ele vcio até meu quarto e me deu remédio, e falou algumas coisas carinhosas para mim, e na manhã seguinte eu perguntei a minha filha: "Me diga a verdade, ele está realmente morto?", e ela respondeu: "Sim, mamãe". Então deve ter sido um sonho... [Um outro exemplo:] Eu estava deitada na minha cama pensando, e então simplesmente aconteceu que o meu marido estava lá falando comigo. E então eu fui dar banho nas crianças, e de repente abri meus olhos e "Onde estou?" — e estava sozinha!

MÉDICO: Você tinha adormecido?

PACIENTE: Acho que não, é como se meus pensamentos se tornassem realidade.[3]

Após vários anos de pesquisa, Solms compilou 110 casos de pacientes com sono REM intacto do ponto de vista fisiológico, mas incapazes de relatar sonhos.* Os casos incluíam a síndrome de Charcot-Wilbrand, caracterizada pela dificuldade de reconhecer objetos e cenas visuais (agnosia visual) e pela perda da capacidade de imaginar ou sonhar imagens visuais. Descrita pioneiramente em pacientes com tromboses por Jean-Martin Charcot em 1883 e por Hermann Wilbrand em 1887, essa síndrome está associada a lesões temporo-occipitais e à preservação do sono REM.[4] Esses pacientes não são capazes de relatar pensamentos e imagens nem mesmo quando despertados no meio de um episódio de sono REM. Neles o sonho está substituído por um estado de profunda inconsciência.[5]

Exames neuropatológicos por tomografia ou histologia revelaram uma descoberta espetacular. Em sua ampla diversidade, as lesões cerebrais dos pacientes se dividiam em dois grandes tipos. O primeiro compreendia a região de junção entre os córtices parietal, temporal e occipital, conhecida por seu envolvimento no processamento visual, auditivo, tátil e semântico.[6] O segundo tipo envolvia axônios ou corpos celulares de neurônios produtores de dopamina, localizados em uma área pequena e profunda do cérebro, a área tegmental ventral (ATV) (Figura 14). Os neurônios dopaminérgicos dessa área distribuem seus axônios por vastas porções do cérebro e são os principais responsáveis pela sinalização neuroquímica que permite aos animais evitar a dor e buscar o prazer.[7] Estudos recentes em roedores sugerem que a aquisição, o processa-

---

* Em diversos casos a capacidade de sonhar retornou com o tempo, provavelmente por mecanismos de neuroplasticidade.

mento e a recuperação de memórias importantes para a sobrevivência do animal dependem da interação da ATV com o hipocampo e o córtex pré-frontal.[8]

A lesão da ATV ou de suas projeções axonais abole completamente o sonho sem afetar o sono REM. Essas lesões também são seguidas por perda de motivação, falta de prazer e redução da intencionalidade na vigília. Isso ocorre porque a ATV é parte essencial do sistema de recompensa e punição do cérebro, uma estrutura cerebral que nos habilita a perseguir objetivos, evitar estímulos aversivos, satisfazer a libido e aprender com as experiências positivas e negativas. Esse sistema efetivamente nos permite ter, satisfazer e frustrar expectativas, sendo crucial para a expressão do instinto que nos faz lutar com todas as forças para sobreviver, mesmo em situações desesperadas.

A formação da memória é um processo seletivo em que contingências de recompensa determinam qual memória será mantida e qual será esquecida. O sono desempenha um papel fundamental na manutenção da informação a longo prazo, beneficiando especificamente as memórias associadas à recompensa. A chave para a consolidação da memória durante o sono é a reativação de representações recém-codificadas, o que parece incluir neurônios dopaminérgicos.[9]

Para investigar os efeitos cognitivos da ativação do receptor de dopamina durante o sono, a equipe de Jan Born primeiro treinou voluntários de pesquisa a associar imagens visuais diferentes a recompensas grandes ou pequenas. Durante o sono subsequente, os pesquisadores administraram aos voluntários uma substância capaz de ativar o receptor de dopamina. Vinte e quatro horas depois os voluntários foram testados para verificar a recuperação das cenas já vistas quando mescladas com cenas novas, uma tarefa que requer hipocampos intactos para ser bem desempenhada. Quando receberam placebo, os participantes demonstraram aprender bem melhor as imagens associadas a grandes recompensas. Entretanto, quando o fármaco ativador do receptor de dopamina foi administrado, não se verificou nenhuma diferença entre as imagens associadas às grandes ou pequenas recompensas, gerando um déficit de aprendizado. Os resultados apoiaram a noção de que a consolidação preferencial das memórias associadas a grandes recompensas envolve uma seletiva ativação dopaminérgica do hipocampo.[10]

E assim, a pergunta improvável de Mark Solms acabou sendo respondida. Ao final desse processo, a agulha encontrada, de tão pontiaguda, furou e esvaziou o balão hiperinflado das teorias antifreudianas que igualavam o sonho ao

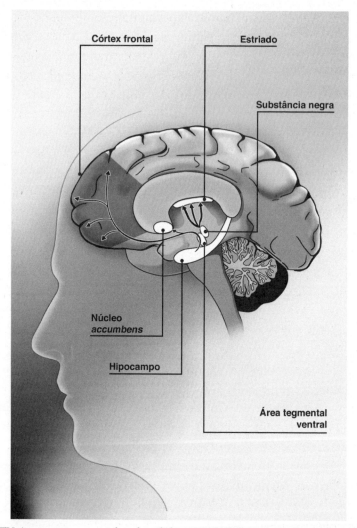

14. *A ATV é um pequeno núcleo de células que projeta axônios dopaminérgicos para vastas porções dos córtex frontal e medial, além de projetar para estruturas subcorticais como o núcleo accumbens. Lesões de ATV ou de suas projeções eliminam o sonho sem afetar o sono REM.*

sono REM. A descoberta da autonomia do sonho em relação ao sono REM — a despeito do papel da dopamina na gênese de ambos — completou o longo percurso de uma hipótese intuída no final do século XIX, mas sem solução possível naquele momento em que os mecanismos químicos e anatômicos ainda eram completamente ignorados.

A proposição freudiana de que o desejo é o motor do sonho é muito mais factual do que seus críticos admitem. A aparência poética provavelmente contribuiu para mascarar a precisão cirúrgica da hipótese, pois foram necessários cem anos de acúmulo de conhecimento sobre os mecanismos neurais da motivação até que a frase fizesse sentido biológico. O que a arguta observação clínica de Freud revelou, apenas pela análise dos comportamentos e memórias exteriorizadas por seus pacientes, foi a provável existência dos mecanismos que Solms afinal identificou. Sonho "é" desejo porque ambos "são" dopamina. Essa conclusão tem relação com o fato de que a dopamina é essencial para a própria ocorrência do sono REM, como vimos anteriormente. O envolvimento do sistema dopaminérgico de recompensa e punição na gênese do sonho representa uma refutação solene ao ataque de Karl Popper a Freud: definitivamente a teoria psicanalítica é testável.

A partir dos achados empíricos de Solms, perderam fôlego diversos argumentos antifreudianos repetidos ao longo do século XX como bordões com verniz científico. Já não é mais possível, por exemplo, trivializar o significado rico e intrigante dos sonhos como inútil subproduto do sono REM. Tampouco é possível seguir aceitando que o sonho represente um encadeamento aleatório de imagens. A evidência aponta para um encadeamento imagético organizado pelo sistema dopaminérgico de recompensa e punição, um processo capaz de ensaiar, valorar e selecionar comportamentos adaptativos sem no entanto submeter o corpo a riscos, pois tudo é simulado no ambiente seguro e inofensivo da própria mente.

SIMULACRO DA VIDA

Essa teoria permite compreender melhor de onde provém a qualidade subjetiva dos sonhos, sempre ocupados com pessoas e coisas interagindo em cenários complexos e nunca com os pedaços constituintes dessas representações. Ninguém sonha com uma cor específica sem forma, determinado ângulo em abstrato, certo contraste e nada mais. Isso indica que a experiência subjetiva do sonho não se explica apenas por ativação do córtex visual primário, que é a primeira parte do córtex cerebral a receber estímulos visuais e que processa atributos muito básicos da imagem, como posição espacial, contrastes de brilho, orientações e ângulos.

O componente visual, dominante para a maioria das pessoas, pode gerar experiências subjetivas belíssimas, marcadas por cores e movimentos mesmerizantes. Apesar da hegemonia da visão, os sonhos podem envolver experiências mentais relacionadas a todos os sentidos, combinados de diversas maneiras segundo regras ainda pouco compreendidas. Sonhos auditivos, gustativos, táteis e olfativos existem e são notáveis, como se o espanto de sonhar fosse maior quando invade domínios para além da luz. Também existem sonhos caracterizados por forte sensação de movimento, associados à representação motora e ao sistema vestibular, responsável pelo equilíbrio do corpo. Pelo potencial de refletir todas as dimensões da experiência da vigília, o sonho é um desconcertante simulacro da realidade.

Um sonho típico tampouco costuma apresentar partes de corpos com autonomia e protagonismo: ninguém costuma sonhar com testas, narizes, lábios ou cotovelos separadamente. Sonhamos quase sempre com objetos inteiros, sejam pessoas, animais ou coisas, ainda que por vezes quimerizadas com pedaços emprestados de alguma outra representação completa de objeto, ou partida por evento dramático da própria narrativa. Se a forte reverberação elétrica durante o sono REM é a principal causa da vividez do sonho, sua ocorrência em diversas áreas corticais envolvidas na representação complexa de objetos visuais explica a qualidade igualmente complexa das imagens oníricas. O sonho não apresenta todos os níveis possíveis de representação sensorial, mas apenas os mais elaborados. O substrato neural dos sonhos são as regiões mais remotas do cérebro, aquelas mais distantes da periferia sensorial e motora e portanto mais capazes de associar e integrar informações oriundas dos sentidos. Essas regiões compreendem vastas porções multissensoriais do córtex cerebral, bem como uma intricada circuitaria subcortical que inclui o hipocampo e a amígdala,[11] respectivamente envolvidos na aquisição de memórias declarativas e na valoração dessas memórias como recompensa ou punição.

REDE DE MODO PADRÃO

São tantas as regiões ativadas durante o sono REM que é mais útil pensar nelas não como uma coleção de partes separadas, mas como um grande e complexo circuito cerebral. Curiosamente, esse circuito se sobrepõe com o que se conhece pelo nome de rede de modo padrão (em inglês *default mode network,* DMN).[12] Pessoas que sofrem lesões no córtex pré-frontal medial, uma região muito importante da DMN, apresentam grande prejuízo na capacidade de sonhar.[13] Essa rede foi descoberta em 2001 pela equipe do neurologista norte-americano Marcus Raichle, da Universidade Washington no Missouri, sendo originalmente descrita como o conjunto de regiões que reduzem sua atividade durante a realização de tarefas voltadas para alcançar objetivos, mas se ativam quando o cérebro "descansa",[14] como um motor de carro em ponto morto. Durante a vigília, a rede DMN se ativa quando a pessoa está distraída, "sem fazer nada". Já durante o sono, os efeitos dependem do estado considerado, pois a atividade da rede DMN diminui durante o sono de ondas lentas e aumenta durante o sono REM.[15] A atividade da DMN durante o sono REM se alterna com a atividade de áreas corticais anatomicamente mais próximas dos órgãos sensoriais.[16] Além disso, padrões semelhantes de atividade da DMN, ainda que atenuados e parciais, são observados durante o devaneio da mente desperta.[17] Esses avanços da última década dão um sabor estranhamente refrescante ao verso 58 do *Bhagavad Gita*, obra-prima da literatura védica, datada entre os séculos v e ii a.C., em plena Era Axial: "Aquele que é capaz de retrair seus sentidos dos objetos dos sentidos, como a tartaruga retrai seus membros dentro do casco, deve ser considerado como verdadeiramente estabelecido no conhecimento".[18] Quando retraímos nossos sentidos para sonhar, a parte do cérebro que se ativa é a DMN.

Seria então de se esperar que modelos farmacológicos do sonho, como a ayahuasca ou o LSD, aumentassem a atividade da DMN? Essa pergunta motivou a neurocientista Fernanda Palhano, à época doutoranda no laboratório de Dráulio de Araújo, a investigar sinais de ressonância magnética funcional registrados de pessoas sob o efeito da ayahuasca enquanto descansavam. Os dados publicados em 2015 na revista *PLoS One* foram bastante claros: no estado de quietude em vigília sob o efeito da ayahuasca, *diminuiu* a atividade da DMN, bem como a força da conexão funcional entre as regiões que a compõem.[19] Como um dos pesquisadores que participaram do estudo, fiquei bastante surpreso com o resultado, mas um resultado quase igual usando psilocibina já fora publicado na revista *PNAS* pela equipe britânica de Robin Carhart-Harris, David Nutt e a grande pioneira da neurociência psicodélica, a condessa Amanda Feilding.[20] Cerca de um ano depois os mesmos pesquisadores demonstraram fenômeno bastante semelhante usando o LSD.[21] Curiosamente, o enfraquecimento da DMN se correlacionou positivamente com a diminuição das "viagens no tempo" realizadas pela mente.[22]

Araújo e Palhano acreditam que a chave para entender esse aparente paradoxo é a comparação com estados meditativos, que também reduzem a atividade da DMN.[23] Os psicodélicos e a meditação compartilham muitas características psicológicas, como o aumento da introspecção e da autopercepção no momento presente.[24] A meditação foi descrita pelo monge budista Yongey Mingyur Rinpoche como "a prática do descanso da atenção sobre o que estiver passando pela mente, sem a tentativa de interferir ou apegar-se ao fluxo de pensamentos e emoções".[25] A diminuição da atividade da DMN durante a meditação tem sido associada a uma diminuição do devaneio.[26] Esse não é caso com psicodélicos, já que usuários experientes mostram mais devaneio, não menos.[27] Por outro lado, a consciência do devaneio fica alterada em ambos os estados. A atividade da DMN aumenta durante períodos de devaneio, mas diminui com a consciência de que a mente devaneou,[28] como nas experiências psicodélicas. A experiência onírica parece ser mais relacionada com viagens no tempo autobiográfico, a mais ruminativa das experiências do passado, do que as experiências psicodélicas ou meditativas. É como se tais experiências de contemplação levassem a uma alteração do ponto de vista, mudando a perspectiva de ator para espectador atento — o que diverge da situação onírica.

O fato de que a geração de sonhos depende do funcionamento do sistema de recompensa e punição reforça a teoria de que os sonhos são simulações de situações relevantes para o sonhador. Sonhar com a conquista do objeto do desejo é um aspecto importante da vida onírica desde a mais tenra infância, como ilustra bem o sonho frustrado de ganhar um velocípede que relatei no capítulo 5, ou o sonho alegre e simples do menino Dean na banheira, no mesmo capítulo. Ambos são exemplos bem definidos do conceito freudiano de "satisfação do desejo", em que a narrativa onírica representa a obtenção de alguma recompensa. A maior parte dos sonhos que temos, entretanto, se caracteriza pela busca frustrada da satisfação do desejo, em que a simulação da busca de objetivos vários se dá através de tentativas incompletas, imperfeitas e sobretudo malsucedidas. É notável a ocorrência de desejos frustrados nos enredos oníricos, como nos sonhos de ataque à geladeira em pessoas sob dieta alimentar, de consumo de drogas aditivas em pessoas sob abstinência, de liberdade no caso de pessoas encarceradas.[29]

SONHAR E IMAGINAR SÃO PROCESSOS CEREBRAIS SEMELHANTES

Imaginar-se como personagem de um evento futuro tornou possível planejar ações eficazes sobre o que ainda vai acontecer. Experimentos realizados por vários grupos de pesquisa em psicologia, como o do norte-americano Daniel Schacter na Universidade Harvard, mostraram que a capacidade de imaginar o futuro está fortemente relacionada à capacidade de rememorar o passado. Essa descoberta remonta ao início dos anos 1980, quando Schacter, que havia concluído o doutorado na Universidade de Toronto sob a supervisão do psicólogo russo Endel Tulving, conduzia pesquisas sobre memórias episódicas em pacientes amnésicos por causa de lesões cerebrais.

Um dia apareceu para fazer o exame psicológico um paciente amnésico conhecido apenas pelas iniciais K. C. O paciente apresentava uma vasta lesão nos lobos temporal e frontal e era completamente desprovido de memória episódica, incapaz de reportar qualquer acontecimento ocorrido em lugar e momento específicos. Para espanto de Tulving e Schacter, K. C. também se mostrou incapaz de imaginar o futuro:

PESQUISADORES: Vamos tentar novamente a questão sobre o futuro. O que você vai fazer amanhã?
(Pausa de quinze segundos. Um leve sorriso.)
K. C.: Não sei.
PESQUISADORES: Você se lembra da pergunta?
K. C.: Sobre o que vou fazer amanhã?
PESQUISADORES: Sim. Como você descreveria seu estado mental quando tenta pensar sobre isso?
(Pausa de cinco segundos.)
K. C.: Em branco, eu acho.[30]

O quadro neurológico do paciente K. C. foi o primeiro de uma série de casos semelhantes e bastante surpreendentes, por contradizerem a intuição largamente disseminada de que passado e futuro são antônimos. Surpresa ainda maior se instalou em 2007, quando Dan Schacter e Donna Addis publicaram o primeiro estudo de imageamento cerebral comparando tarefas de prospecção do futuro e de rememoração do passado. Ficou claro que as regiões cerebrais usadas para ambos os processos são praticamente as mesmas: hipocampo, pré-

-cúneo, córtex retroesplenial, córtex temporal lateral, córtex parietal lateral e córtex pré-frontal medial. É por isso que pacientes com lesões nessas regiões apresentam déficits tanto de memória episódica quanto de imaginação de situações futuras.

REPROGRAMAÇÃO INCONSCIENTE DE MEMÓRIAS

Em princípio, tal processo de simulação não precisaria ser consciente para gerar alterações adaptativas de comportamento. Em algum momento na evolução dos mamíferos, o sonho começou a ser positivamente selecionado como reprogramador inconsciente de lembranças, um mecanismo biológico capaz de reativar, reforçar e editar memórias para depois testá-las em simulações da realidade bastante fidedignas. Muito tempo depois, já na linhagem dos nossos ancestrais hominídeos falantes, a capacidade de sonhar passou a ser ainda mais favorecida evolutivamente pela repercussão de sua rememoração verbal consciente sobre as ações da vigília, não apenas do sonhador, mas de todo o grupo familiar exposto à narrativa matinal sempre renovada. Na relativa monotonia do Paleolítico, com a rotina da feitura de pedras lascadas e o transcorrer alongado das caçadas migratórias, os relatos oníricos devem ter sido um dos momentos mais estimulantes e esperados do cotidiano, plenos de esperança, mas também de pavor. Inúmeras são as culturas que solicitam e propiciam sonhos reveladores ou curadores, gerando expectativas em toda a comunidade que rodeia o sonhador. O imperativo coletivo de uma sociedade que crê na utilidade dos sonhos decerto facilita a sua lembrança e interpretação.

O grande atraso da civilização urbana e tecnológica em reconhecer que os sonhos são adaptativos, isto é, que facilitam a adaptação do indivíduo, decorre da demora da ciência em se debruçar seriamente sobre o tema. Foi apenas em 2010 que Stickgold e seu grupo demonstraram quantitativamente que sonhar com uma tarefa nova se correlaciona a um melhor desempenho subsequente nessa tarefa. Os participantes exploraram um labirinto virtual e mediu-se o tempo necessário para completar o trajeto. Em seguida, metade dos participantes foi dormir e a outra metade permaneceu em vigília. Cada um desses grupos foi subdividido pela ocorrência ou não, durante o período, de imagens mentais relacionadas ao labirinto. Após cinco horas, cada participante navegou novamente o labirinto, e os tempos para completar a tarefa foram comparados com as medidas anteriores.

Para os que permaneceram acordados houve pouca melhora no desempenho, independentemente do conteúdo imagético do devaneio, ou seja, o aparecimento espontâneo de imagens relacionadas ao jogo foi irrelevante para os resultados. Entretanto, para os que dormiram, o conteúdo das imagens fez muita diferença. Aqueles que reportaram imagens oníricas relacionadas à navegação do labirinto completaram sua navegação bem mais rápido do que antes de dormir. Em contraste, participantes que não reportaram sonhos relacionados com a tarefa não tiveram nenhuma melhora no desempenho. Esse experimento foi a primeira demonstração de que o conteúdo do sonho, e não simplesmente o tempo transcorrido em sono REM, promove adaptação ao ambiente.[31] Xamãs e psicanalistas sempre souberam disso?

Na atualidade urbana, lembrar-se do sonho ao despertar exige bem mais do que mera vontade de lembrar. Durante o sono REM, os níveis cerebrais do neurotransmissor noradrenalina são praticamente zero. A noradrenalina fortalece a evocação voluntária de memórias e por essa razão não é surpreendente que despertemos do sono REM com grande dificuldade de lembrar dos sonhos. Como vivemos numa sociedade que nada pede nem oferece a eles, levantamos da cama já com a necessidade de satisfazer desejos, sejam de fazer xixi ou de tomar café. Abandonamos o fio da meada das lembranças dos sonhos recém-havidos e imediatamente pensamos para a frente na linha do tempo, começamos a projeção para o futuro, que consiste em examinar mentalmente o que precisamos fazer nesse novo dia. As memórias usadas para simular nossos planos de ação são fortalecidas pela liberação de noradrenalina, diretamente envolvida no processo de prestar atenção aos estímulos sensoriais aos quais somos expostos incessantemente durante a vigília. Assim, no intervalo entre a cama e o banheiro, se esvai a possibilidade de resgatar o sonho. Quando chegamos ao dentifrício, alguns minutos depois, a oportunidade de rememorar o último sonho da manhã já está completamente desperdiçada.

A ARTE DE SONHAR

O sonho é um construto fisiológico, uma trajetória específica de ativações mnemônicas orientada firmemente pela bússola do desejo, mas nem sempre capaz de gerar um encadeamento narrativo vigoroso, emocionante ou belo. Cada sonho é um ensaio em si mesmo, uma possibilidade de representações que pode fracassar na primeira imagem, tropeçar na primeira cena, ou seguir em fabricação dinâmica até formar uma catedral de significados, com imensa liberdade de variações que vão desde o sonho das imagens imperfeitas e mortiças, bailado de sombras desandado em associações reprováveis, que pode causar sustos terríveis ou levar a situações tristes e lamentáveis, como também tecer enredos de profunda ressonância com as emoções vitais do sonhador, cheios de detalhes que se encaixam comoventemente para gerar uma composição autoral e verdadeira sobre si.

Por vezes o sonhador interrompe o sonho, seja para atender seu bebê ou ir ao banheiro, e retoma a mesma narrativa onírica que vinha sonhando antes como se fosse uma novela, uma sequência longa, complexa e articulada de cenas caracterizadas pela ação de personagens relacionados entre si, com missões e propósitos próprios. Nesses casos fica evidente que existem coerência e organização entre as partes dispersas no tempo onírico, além de uma memória interna da experiência, de modo que o final do sonho pode remeter a propósitos definidos no início. Longe de ser um fenômeno bizarro, a retomada do fio da meada do sonho indica que ele é altamente não aleatório e possui emoções dirigentes que não mudam de um momento para outro. Um sonho bem formado é uma simulação adequada da busca bem-sucedida de uma recompensa inicialmente desejada, ou da fuga bem-sucedida de uma punição inicialmente temida, sem esquecimento no meio do caminho, sem perda de controle da volição, sem dissolução do desejo nem do temor durante toda a trajetória.

CAVALO LOUCO SONHA SEU DESTINO

A heroica e trágica história do povo lakota exemplifica de forma emocionante a importância de alcançar sonhos bem formados. O início da narrativa lakota remonta ao século IX, quando construtores de montes de barro com propósitos funerários e residenciais ocuparam os vales dos rios Mississippi e Ohio. Entre os séculos XVI e XVII esse povo avançou em direção às grandes pradarias entre o rio Missouri e as montanhas Rochosas,[32] um imenso corredor repleto de búfalos do Canadá ao México. Ao sul, os apaches, navajos e comanches se tornaram hegemônicos. Ao norte, os siouxs, cheyennes, arapahos, crows, crees, kiowas, pawnees e vários outros grupos dividiram belicosamente o território. Todos se aliaram e combateram entre si e sobretudo contra os invasores brancos — franceses, espanhóis, ingleses e finalmente cidadãos dos Estados Unidos da América, num caótico processo de atrito cultural que pouco a pouco reduziu a maior parte das poderosas etnias ameríndias a escombros.

As notáveis exceções foram os indígenas que aprenderam a dominar o cavalo, detentores de forças montadas comparáveis às dos hunos e mongóis: apaches, comanches e siouxs. Este último é um nome pejorativo que significa "pequena serpente" ou "inimigo", usado pelos brancos e por outros grupos indígenas para designar os lakotas e seus primos dakotas e nakotas. Na primeira metade do século XIX os lakotas conquistaram grande parte do território setentrional. Sua cultura de combate e honra, marcada por ataques volantes para roubar cavalos e escalpos, era chefiada por guerreiros que frequentemente integravam sociedades secretas e praticavam uma religiosidade centrada em sacrifícios e visões oníricas.

O início da guerra com o governo dos Estados Unidos aconteceu no forte Laramie em 1854, meros três anos após a assinatura de um tratado de cessão de terras com oito diferentes povos indígenas. Naquela ocasião, uma minoria de chefes mais velhos, entre os quais o venerável Urso Conquistador, fora usada pelo governo para tentar legitimar uma demarcação prejudicial aos lakotas e aos cheyennes. Esses povos jamais reconheceram os territórios cedidos aos crows nesse tratado, uma vasta extensão de terras que incluía o vale do rio Little Bighorn. A tensão reprimida entre os lakotas e os brancos explodiu depois que um índio matou uma vaca pertencente a um colono. À frente de 29 soldados, um tenente chamado John Grattan invadiu um acampamento com milhares de lakotas para demandar agressivamente a entrega do responsável pela morte da vaca. Urso Conquistador tentou apaziguar os soldados enfurecidos, mas foi um dos primeiros a morrer fuzilado. A violência transbordou, e em poucos minutos todo o pelotão jazia trucidado.

O Massacre de Grattan passou à história como a primeira vez que os lakotas entraram em conflito aberto com o exército dos Estados Unidos. Muito provavelmente foi também a primeira vez que o poderoso guerreiro Nuvem Vermelha matou um homem branco. Representou ainda um excruciante batismo de sangue para um menino tímido chamado Entre as Árvores, que testemunhou todo o conflito de olhos bem abertos e ficou fadado a partir desse episódio a desempenhar um papel crucial naquela guerra. Nas semanas seguintes, as tropas retaliaram barbaramente, traumatizando cada vez mais o menino de pele clara e cabelos cacheados, até que por fim ele fez sua escolha: o caminho da vingança. O pai de Entre as Árvores o levou então até um lago sagrado para empreender uma jornada solitária de quatro dias, jejuando no cume de um pico rochoso em busca de uma visão do próprio destino. Sonhou com um guerreiro a cavalo saindo de um lago, como se flutuasse. O guerreiro usava roupas simples, não tinha pintura facial e usava como adornos apenas uma pena no cabelo e um seixo marrom atrás da orelha. Atravessava uma chuva de balas e flechas sem ser atingido, mas depois uma tempestade o engolfava e o povo erguia os braços para segurá-lo. Ao final do sonho, o guerreiro se desvencilhava, e então um relâmpago o atingia, riscando seu corpo com granizo e sua face com um raio.

Alce Negro relatou que seu primo Entre as Árvores

sonhou e foi para o mundo onde não há nada além dos espíritos de todas as coisas. Esse é o mundo real que está por trás deste, e tudo o que vemos aqui é como uma sombra desse mundo. Ele estava em seu cavalo naquele mundo, e o cavalo e ele e as árvores e a grama e as pedras e tudo eram feitos de espírito, e nada era rígido, e tudo parecia flutuar. Seu cavalo ainda estava parado lá, e ainda assim dançava como um cavalo feito apenas de sombras, e foi assim que ele conseguiu seu nome, o que não significa que seu cavalo fosse louco ou selvagem, mas que em sua visão ele dançava ao redor daquele jeito estranho. Foi essa visão que lhe deu o seu grande poder, pois quando ele entrava em combate, só tinha que pensar naquele mundo para estar nele novamente, para que pudesse passar por qualquer coisa e não se machucar.[33]

A incrível visão de Entre as Árvores foi interpretada por seu pai como evidência de que um dia o menino seria um grande guerreiro intocado por flechas e balas, desde que evitasse adornos, buscasse a simplicidade e nada tirasse de seu povo, nunca almejando as recompensas da glória militar. Ao regressar ao convívio de seu povo, o menino adotou o nome de Cavalo Louco. Nos anos seguintes ele cresceria e se fortaleceria até se tornar um dos mais fortes pilares da resistência indígena nas pradarias do Norte. Para combater, cobria o corpo com pintas brancas como granizo. Em sinal de humildade e devoção jamais usava cocar, e sim uma pena única. Com o tempo Cavalo Louco se tornou o braço direito de Nuvem Vermelha e veio a ter papel central nas principais batalhas dos lakotas contra a avalanche de invasores civis e militares. Movido por violentas emoções, Cavalo Louco virou o pior pesadelo dos brancos.

SIGNIFICADOS ÍNTIMOS

A narrativa desenvolvida até aqui fornece ao leitor vários pontos de vista diferentes para a interpretação onírica. Embora não seja possível nem desejável reduzir sonhos a mecanismos biológicos como a reverberação elétrica, ao decifrar símbolos sonhados é importante ter em mente que eles são gerados pelos níveis elevados de atividade elétrica do sono REM, mas regidos pelas expectativas e desejos do sonhador à medida que representações sensoriais e motoras são reativadas. Também é preciso lembrar que os enredos oníricos são inscritos no banco de memórias através da expressão gênica disparada pelo sono REM. Mantendo todos esses níveis em perspectiva, autônomos em seus próprios termos, mas articulados causalmente entre si, fica mais fácil entender por que a compreensão da motivação de um sonho exige o entendimento do contexto subjetivo do sonhador no tempo presente. Apenas nesse contexto é possível a interpretação onírica. Símbolos costumam ter significados muito privados, dados pelas redes de associação que unem sentidos por semelhanças conceituais ou fonéticas, por signos polissêmicos individuais que não se prestam ao uso de chaves gerais, comuns a diferentes pessoas ou culturas. O sonho é um objeto particular.

Um ambíguo sonho histórico ilustra bem as armadilhas da interpretação onírica, pois um oráculo mal decifrado pode levar a pistas erradas e resultados catastróficos. Pompeu Magno (106-48 a.C.) foi um poderoso general e cônsul romano que construiu um novo e imponente teatro para o povo e foi comparado a Alexandre Magno pelo biógrafo romano Plutarco.[34] Em 59 a.C. Pompeu aliou-se ao promissor político e militar Júlio César (100-44 a.C.) e casou-se com sua filha Júlia. No início, sogro e genro se ajudaram mutuamente, mas com o passar dos anos o poder de Júlio César cresceu, o de Pompeu decaiu, e os dois líderes se afastaram. A morte inesperada de Júlia desfez o laço familiar que ainda unia os generais. Pompeu aliou-se aos senadores conservadores contra o populismo de Júlio César e começou a incubar-se a guerra civil. Quando César cruzou o rio Rubicão e marchou em direção a Roma, Pompeu fugiu com suas tropas para a Macedônia. Entretanto, um ano depois, Júlio César atravessou o mar Adriático no encalço dos fugitivos, até encontrá-los na Grécia central.

Do alto de uma ampla colina os 45 mil soldados de Pompeu, descansados, bem equipados e supridos de víveres, observaram na planície abaixo os 22 mil soldados de Júlio César, cansados e esfomeados da viagem. Mesmo assim, Pompeu considerou evitar o combate aberto e simplesmente matar o inimigo de fome. Na noite anterior à batalha decisiva, o velho general tivera uma poderosa visão onírica que o deixara hesitante. Sonhou que estava no interior do teatro que havia construído em Roma, oferecendo despojos de guerra à Vênus Victrix, a deusa da vitória, sob aplauso intenso da multidão. Embora o sonho aparentemente prenunciasse uma retumbante vitória, Pompeu não dormiu tranquilo. Afinal, não era da própria Vênus que a família de Júlio César alegava descender? Seriam os despojos de guerra uma representação não do que o sonhador conquistaria em combate, mas daquilo que estava prestes a perder para sempre?

Ao amanhecer, sem saber se o sonho era augúrio divino ou satisfação de um desejo desesperado, Pompeu vacilou em dar a ordem para iniciar a luta fatal. A batalha quase não chegou a ocorrer porque Júlio César, reconhecendo a superioridade numérica do inimigo, começou a retirar suas tropas. Entretanto, a sorte já estava lançada, ao menos nos corações e mentes dos seguidores de Pompeu, que já se ocupavam festivamente da partilha de cargos da República. Ávidos pelos despojos de guerra e embriagados da confiança cega nos números, empurraram Pompeu para o conflito. Subitamente seus homens deixaram suas posições estratégicas sobre a colina e iniciaram o ataque, mas apesar de contarem com o dobro dos soldados de infantaria e sete vezes mais cavaleiros, foram fragorosamente derrotados pelos duríssimos veteranos de César. Em pânico, Pompeu abandonou seus próprios homens no campo de batalha e fugiu disfarçado a bordo de um navio. Ao desembarcar em Alexandria, foi assassinado a punhaladas por um centurião romano e prepostos do rei egípcio Ptolomeu XIII, que estava ansioso por agradar o lado vencedor. Quando César chegou a Alexandria, recebeu a cabeça de seu ex-genro num saco. Ao contrário do que esperava o governante egípcio, o romano recusou-se a abri-lo e mandou executar os responsáveis pelo crime; em seguida, depôs Ptolomeu XIII e teve um filho com Cleópatra, irmã do rei deposto. Ordenou que a cabeça de Pompeu fosse enterrada sob o templo da deusa Nêmesis, incumbida de punir a arrogância, e regressou a Roma para assumir mais poder. Foi o começo do fim para a República romana.

14. Desejos, emoções e pesadelos

A riqueza simbólica dos sonhos históricos muitas vezes camufla enredos simples e viscerais de luta pela sobrevivência. Para compreender melhor um relato de sonho específico de determinada pessoa, é fundamental começar pela imaginação dos repertórios oníricos de outros mamíferos. Isso permite distinguir, entre os elementos sonhados, quais refletem componentes atávicos e ancestrais — de imensa importância para o indivíduo, ligados à ecologia da vida sob o impiedoso reinado da Mãe Natureza — daqueles aspectos próprios da cultura humana, com toda sua opulência, complexidade e, por que não dizer, futilidade.

Mas como inferir o repertório onírico de outros animais sem incorrer em especulação fantasiosa? Podemos assumir que os sonhos típicos dos mamíferos refletem seus problemas cotidianos mais imediatos e importantes, renovados a cada dia por toda a vida: as necessidades inescapáveis de alimentar-se, evitar predação e encontrar parceiros sexuais para deixar a prole fértil. Esses são os problemas absolutos de qualquer ser vivo sexuado, os imperativos darwinistas da evolução. Embora os confortos da vida contemporânea permitam ao indivíduo de classe média manter baixa ansiedade relativa aos problemas da alimentação e da predação, o mesmo não se pode dizer da eterna luta pelo amor verdadeiro. Sonhos de fome e assassinato não são frequentes no divã do psicanalista, mas a expectativa, a satisfação e a incompletude do desejo amoroso ainda marcam com nitidez os sonhos da atualidade. Por outro lado, a enorme massa de miseráveis e refugiados do planeta, tão longe do divã quanto se pode estar, ainda tem sonhos desesperadores sobre não ter o que comer ou ser executado por grupos de extermínio.[1] São sonhos intimamente ligados à sobrevivência simples e crua, não muito distantes do que se esperaria em outros mamíferos livres na natureza, pois a luta para manter-se vivo é diária e acontece muito perto do limiar da morte.

Se não podemos perguntar às capivaras do Pantanal se sonham com onças toda noite, podemos perguntar como são os sonhos de pessoas submetidas repetidamente a perigo iminente, como soldados numa zona de guerra. A resposta é que sonham com frequência com a possibilidade de serem atacados, ou com ataques propriamente ditos e suas consequências. Esses sonhos apavorantes revivem eventos particularmente violentos, mas também simulam possíveis catástrofes, mesclando passado e futuro numa espiral de memórias que se alimentam do medo e tomam vida própria. A cada reativação elétrica a expressão gênica é mobilizada, criando ondas de plasticidade que vão esculpindo a mente em prol de uma insistente disjuntiva: matar ou morrer, matar ou morrer, matar ou morrer... Com a repetição do sono a cada noite, tais memórias se tornam tão fortes que causam pesadelos recorrentes por muitos anos após o fim do perigo. Tais pesadelos são um dos sintomas mais característicos da síndrome do estresse pós-traumático.

Como terá sido o primeiro de todos os sonhos, presumivelmente sonhado pelo ancestral comum a todos os mamíferos hoje existentes, há cerca de 200 milhões de anos? Tratava-se de um animal do tamanho de um camundongo, provavelmente noturno e dependente de esconderijos subterrâneos para sobreviver às terríveis condições impostas pelos donos inquestionáveis do planeta à época, os dinossauros.[2] A ocupação assustada desse nicho ecológico tão estreito sugere que o primeiro sonho tenha sido um pesadelo.

Por caminhos bem diferentes, o psicólogo e filósofo finlandês Antti Revonsuo, professor nas Universidades de Skövde e Turku, chegou a conclusão semelhante. Com base na comparação de sonhos infantis coletados em países culturalmente semelhantes, mas muito diferentes no grau de violência (por exemplo, Faixa de Gaza e Galileia), Revonsuo e sua colega Katja Valli verificaram uma maior prevalência de pesadelos em sociedades violentas. Isso os levou a propor a teoria de que o sonho prototípico, o pai de todos os sonhos na origem da consciência tipicamente mamífera, foi justamente o pesadelo.[3] Por ser capaz de simular possíveis perigos a serem evitados na vida real, o pesadelo pode preparar o sonhador para enfrentar os perigos do dia seguinte, treinando roteiros de ação ou simplesmente aumentando o alerta.

A TEORIA DE SIMULAÇÃO DE AMEAÇAS

A principal predição da teoria de simulação de ameaças é que em situações de máximo estresse, no limite entre a vida e a morte, o enredo onírico se relaciona diretamente às ameaças da vida real. De todos os sintomas que podem aparecer em distúrbios do sono, talvez os pesadelos repetitivos da síndrome do estresse pós-traumático sejam os mais perturbadores do ponto de vista psíquico. Essa síndrome, reconhecida sistematicamente em combatentes de guerra e sobreviventes de genocídio, pode ocorrer em qualquer pessoa que passe por um estresse agudo forte o suficiente para deixar uma cicatriz emocional. Um estudo longitudinal com veteranos da guerra do Vietnã, publicado em 2015 no periódico *JAMA Psychiatry*, concluiu que a síndrome do estresse pós-traumático, mesmo transcorridos quarenta anos desde o fim do conflito, ainda afeta cerca de 270 mil ex-combatentes.[4]

Experiências de grande violência, como lutas de vida ou morte, acidentes graves e abuso sexual, podem ser seguidas de distúrbios comportamentais que se parecem mas não se confundem com um ataque de pânico. A síndrome inclui flashbacks em que o trauma é revivido com sintomas como taquicardia, transpiração intensa, pensamentos intrusivos assustadores, aversão a lugares, eventos, objetos, pensamentos ou sentimentos relacionados ao evento traumático, facilidade de assustar-se, tensão permanente, dificuldade de dormir, explosões de humor, dificuldades de lembrar-se das principais características do evento traumático, prevalência de pensamentos negativos sobre si mesmo ou sobre o mundo, sentimentos de culpa, falta de interesse por atividades prazerosas e — claro — distúrbios do sono REM.[5]

Além de todos esses sintomas, uma das marcas mais características do trauma é a repetição de pesadelos relacionados ao evento causador ou às circunstâncias a ele associadas.[6] Na baixa Idade Média há registro de um nobre francês chamado Pierre de Béarn (1343-1419) que passou a sofrer de graves distúrbios do sono depois de um trauma num combate corpo a corpo com um grande urso dos Pirineus. Durante o sono o homem se agitava, urrava e brandia sua espada ameaçadoramente, sendo por isso abandonado pela família.[7] Hoje, estudos científicos demonstram que veteranos de guerra sonham com eventos traumáticos por décadas a fio, com riqueza e repetição de detalhes.[8] Pessoas submetidas a perseguições, abusos e torturas também apresentam pesadelos recursivos.[9]

O DESESPERO DE DUMUZID

Não é por acaso, portanto, que o primeiro sonho registrado na história seja o pesadelo de um homem mítico acossado por assassinos impiedosos. Trata-se de Dumuzid, o Pastor, quinto rei pré-dinástico da Suméria, que teria reinado no período lendário antes do dilúvio, há cerca de 5 mil anos. Diz a tradição que Dumuzid foi o esposo da deusa Inanna, com quem viveu um idílio erótico seguido de trágico desfecho, conforme registrado anonimamente em caracteres cuneiformes sobre tábuas de argila antiquíssimas. No início do poema *O sonho de Dumuzid*,[10] aos prantos e desesperado, ele chama por sua sábia irmã Gestinanna para que interprete a visão assustadora que teve:

> Um sonho, minha irmã! Um sonho! Em meu sonho, juncos estavam se levantando contra mim, juncos crescendo à minha frente, uma única haste balançava sua cabeça para mim, juncos gêmeos — um estava sendo separado de mim. Árvores altas na floresta subiam juntas sobre mim. Água foi derramada sobre meu braseiro sagrado, a tampa de minha manteigueira sagrada foi removida, minha taça sagrada foi derrubada da cavilha de onde pendia, meu cajado de pastoreio desapareceu. Uma coruja tomou um cordeiro do curral de ovelhas, um falcão pegou um pardal na cerca de junco, meus bodes arrastavam suas barbas escuras na poeira por mim, meus carneiros arranhavam a terra com suas robustas pernas por mim. As manteigueiras estavam deitadas de lado, nenhum leite era servido, os copos estavam deitados de lado, Dumuzid estava morto, o curral estava assombrado.

No repetitivo estilo dos primeiros textos da humanidade, Gestinanna interpreta o sonho como um claro presságio de morte:

Meu irmão, seu sonho não é favorável, não me conte mais nada! Dumuzid, seu sonho não é favorável, não me conte mais! Os juncos que se levantam contra você, que continuaram crescendo contra você, são bandidos que se levantam contra você em uma emboscada. A haste solitária de junco que balança a cabeça para você é sua mãe que o pariu, balançando a cabeça para você. Os juncos gêmeos dos quais um estava sendo separado de você somos você e eu — um será separado de você. As árvores altas na floresta que se levantam sobre você são os homens malvados que o alcançarão dentro dos muros. A água derramada sobre as brasas sagradas significa que o curral de ovelhas se tornará uma casa de silêncio.

Gestinanna segue especificando o significado aterrador de cada elemento do sonho, até que percebe a iminência do ataque. O que segue é a mais pura expressão do pânico de quem é caçado: "Meu irmão, seus demônios estão vindo para você! Esconda a cabeça na relva!". Ele suplica: "Minha irmã, vou esconder a cabeça na relva! Não me revele a eles! Vou esconder minha cabeça na relva baixa! Não revele meu paradeiro a eles!". Gestinanna responde: "Se eu revelar seu paradeiro, que seu cão me devore! O cão preto, seu pastor, o cão nobre, seu cão senhorial, que seu cão me devore!".

A mera descrição dos inimigos de Dumuzid inspira o terror milenar de ser predado por desconhecidos sem nenhum tipo de negociação ou compaixão: "Aqueles que vêm contra o rei [...] não conhecem comida, não sabem beber, não comem farinha, não bebem água vertida, não aceitam presentes agradáveis, não apreciam os abraços da esposa, nunca beijam as queridas crianças pequenas...". Dez homens de cinco cidades diferentes cercam a casa gritando: "Homem corre atrás de homem". Na verdade, são demônios que vieram buscar Dumuzid para levá-lo ao inframundo dos mortos. Os demônios tentam subornar Gestinanna para revelar o esconderijo de Dumuzid, mas ela se recusa a colaborar. Eles então tentam corromper um amigo do fugitivo, que acaba por traí-lo ao revelar seu paradeiro. Capturado, atado e alvejado, Dumuzid chora e implora pela clemência de seu cunhado Utu, deus do Sol, irmão de Inanna, para que transforme suas mãos e pés em patas de gazela e assim possa fugir de seus captores. Utu aceita as lágrimas como oferenda e concede o pedido. Dumuzid foge para outra cidade, mas os demônios novamente o encontram. Essa desdita se repete três vezes até que Dumuzid se esconde no curral sagrado de sua irmã Gestinanna, onde então cada parte da profecia onírica se realiza e Dumuzid encontra seu triste fim. Quando o último demônio entra em cena, "os copos estavam deitados de lado, Dumuzid estava morto, o curral estava assombrado".

FERIDAS DA VIDA

Não é difícil entender de onde vêm os pesadelos da pessoa traumatizada. Por ter sido codificada com tanta força, a memória do evento violento é excessivamente intensa, possui conexões sinápticas muito fortes, o que as faz capturar e monopolizar a atividade elétrica gerada durante o sono. Mas nem todo pesadelo é motivado por um trauma específico. Sonhos muitas vezes possuem teor negativo, desde os pesadelos mais assustadores até sonhos de frustração e ansiedade, que chegam a ocorrer semanalmente entre 4% e 10% da população urbana.

Culturas tradicionais não parecem diferir. Entre camponeses mexicanos da cidade de Tzintzuntzan, em Michoacán, México, acredita-se que a má nutrição na infância torne a pessoa propensa a pesadelos. Cerca de um terço dos sonhos dessa população apresenta teor abertamente desagradável, assustador e mesmo ameaçador, desde brigas fatais entre vizinhos até torrentes súbitas capazes de tirar um homem de sua própria cama. Impotência sexual e solidão também aparecem em cerca de 10% dos relatos.

Apesar de prevalentes, os pesadelos podem ser contornados por pessoas experientes no sonhar, como neste sonho relatado pelo xamã Davi Kopenawa, integrante da orgulhosa e numerosa etnia yanomami, na fronteira entre o Brasil e a Venezuela:

> Também costumava ser aterrorizado em sonho por uma enorme onça. Ela seguia minhas pegadas na floresta e se acercava cada vez mais. Eu corria o mais rápido possível, mas não conseguia despistá-la. Acabava tropeçando na vegetação emaranhada e caía diante dela, que então pulava sobre mim. Mas bem no instante em

que ela ia me comer eu acordava, chorando. Às vezes, eu tentava fugir dela trepando numa árvore. Mas ela vinha atrás de mim, subindo pelo tronco com suas garras afiadas. Amedrontado, eu me escondia nos galhos mais altos. Não tinha mais para onde escapar. A única coisa que eu podia fazer para me salvar era me jogar do alto da árvore na qual eu tinha me refugiado. Desesperado, eu agitava os braços no vazio, como asas, e, de repente, conseguia voar! Planava em círculos, bem alto acima da floresta, como um urubu. No final, me via de pé, numa outra floresta, noutra margem, e a onça temida não podia mais me alcançar.[11]

À medida que o sonho simula a satisfação de desejos e antidesejos, as emoções de almejar, realizar e frustrar-se estão frequentemente sendo reativadas na experiência onírica. Essa constatação psicológica tem respaldo nos estudos de imageamento funcional durante o sono REM. Nesses experimentos se verificou uma forte ativação da amígdala, região subcortical diretamente envolvida na valoração emocional da interação com o mundo.[12] Isso reforça a noção de que o sonho é uma simulação de comportamentos capazes de provocar recompensa ou punição. Um mundo tutorial, virtual e imaginário, no qual o animal pode testar estratégias essenciais à sua sobrevivência sem correr riscos reais. Na medida em que se aplicam ao futuro indeterminado, trata-se de um oráculo probabilístico.

A ideia de que os sonhos são pintados com as cores da emoção provocada pela satisfação ou insatisfação do desejo tem apoio na psicanálise e na neurologia. Por outro lado, os conteúdos oníricos relatados por sujeitos sadios muitas vezes mostram uma surpreendente neutralidade afetiva mesmo diante de elementos assustadores, grotescos ou bizarros. É provável que esse efeito decorra da desativação, durante o sono REM, de regiões do córtex cerebral pré-frontal que atuam na tomada de decisões e na execução ordenada de planos. Tal redução causa déficit na memória de trabalho, que pode explicar simultaneamente as descontinuidades na composição lógica dos sonhos* e o entorpecimento do alarme de incongruências — que na vida real produz reação de

---

* Embora se acredite que o encadeamento onírico de memórias seja intrinsecamente menos coerente do que durante a vigília, é possível que a trajetória do sonho seja lógica e coerente, mas que os déficits de memória do sono REM não permitam reportá-la. Os métodos de decodificação neural descritos no capítulo 17 têm potencial para elucidar esse enigma.

ataque ou fuga. O afrouxamento do encadeamento de memórias — que leva à bizarrice — é também um afrouxamento da crítica e da censura. Se no sonho tudo é possível, tudo pode ser também aceitável.

Esse raciocínio é compatível com os resultados neuropsicológicos obtidos por Matthew Walker, da Universidade da Califórnia em Berkeley, e Jessica Payne, da Universidade de Notre-Dame. Esses pesquisadores norte-americanos mostraram independentemente que o sono REM desempenha um papel-chave no processamento de memórias emocionais e na atenuação do impacto de experiências aversivas após uma noite de sono. As evidências indicam que o sono REM recalibra as conexões entre diversas regiões do sistema nervoso envolvidas com o processamento emocional, como o córtex cingulado anterior, a amígdala, o hipocampo e o sistema autônomo. Na falta de sono REM, o excesso de ativação nessas regiões pode levar à irritabilidade e à diminuição da memória. Para a maior parte das pessoas, ficar uma noite inteira sem dormir faz com que tenham muita dificuldade de regular adequadamente as emoções, sobretudo as negativas.

Mas para que servem os pesadelos? A simulação de comportamentos e imagens conjurada nos sonhos nos dá a possibilidade de experimentar sem risco, de modo sustentado e sem despertar, situações que seriam potencialmente danosas na vida real. Como exploração do espaço de probabilidades, é uma ferramenta inestimável para inibir comportamentos impulsivos dominados pela emoção. Considere o simples e revelador exemplo a seguir.

Um pesquisador despertou cedo e rumou para o laboratório no intuito de utilizar o carro de uso comum, reservado com antecedência, para realizar um experimento na estação de campo, a duas horas de distância da universidade. Frustrou-se ao não encontrar as chaves do carro no escritório. Desceu à garagem e seu temor se confirmou: o carro não estava lá. Um telefonema bastou para descobrir que um colega mais novo havia levado o carro no dia anterior e ainda não voltara. Perdeu o dia de trabalho e teve muita raiva. Naquela noite, o pesquisador sonhou que se encontrava com o colega pela manhã e que explodia com ele, transmitindo sua indignação aos gritos e palavrões. O colega, com quase dois metros de altura, passou a agredi-lo com socos e pontapés. Ao despertar pela manhã, o doutorando sentiu menos raiva do que medo. Logo se deu conta de que precisava ser diplomático. Ao se encontrar com o colega grandalhão, foi gentil e aceitou suas desculpas.

Muitas vezes o pesadelo tem um significado protetivo imediato, alertando contra um perigo iminente. A função de prevenção de acidentes fica patente mesmo quando a premonição se realiza parcialmente. Voltando para casa de uma festa, exatamente um ano depois da morte de uma grande amiga num acidente de carro, uma mulher adormeceu ao volante e sonhou com imagens da batida do carro em baixa velocidade, subindo o meio-fio e colidindo com um muro. Só no dia seguinte notou que o início do sonho realmente aconteceu, pois chegou a subir o meio-fio, mas não bateu o carro no muro.

Noutros casos, a quase ocorrência de um acidente grave motiva uma reverberação persistente, motivada pelo temor do que poderia ter acontecido. Dois casais de amigos, cada qual com seu filho pequeno, se hospedaram numa pousada tropical para passar um fim de semana relaxado à beira-mar. Num fim de tarde, brincando na margem de um rio, uma correnteza súbita levou as crianças para bem longe. Os pais nadaram furiosamente e conseguiram salvar as crianças, para alívio de todos. Na noite seguinte ao incidente, um dos pais teve vários pesadelos reiterando o perigo, verdadeiras réplicas da situação.

UM DIA DA CAÇA, OUTRO DO CAÇADOR

O medo de perder os filhotes é irmão gêmeo do medo da predação, mas a linha divisória entre predador e presa é tênue, pois a vitória é volátil. É essencial investigar o registro bélico de nossa espécie para entender o papel concreto que o medo e os pesadelos desempenham numa situação de conflito. Em 1865, o governo dos Estados Unidos iniciou a construção, sem permissão nem aviso, de três novos fortes em pleno território indígena.[13] As fortificações profanavam campos de caça tradicionais entre as montanhas Bighorn e as montanhas sagradas de Paha Sapa, que para os brancos representavam apenas um obstáculo rumo às minas de ouro do Oeste, mas para os indígenas eram *o coração de tudo que existe.*[14]

Quando oficiais do governo finalmente se reuniram com chefes lakota e cheyenne para negociar, mais de mil soldados já marchavam na região sob o comando do coronel Henry Carrington. Enfurecido, Nuvem Vermelha abandonou a reunião e passou a organizar ataques contra os brancos, exigindo incondicionalmente o abandono dos fortes. Foi nessa época que o jovem Cavalo Louco se aproximou do líder lakota, quase vinte anos mais velho.

Desde a construção do forte Phil Kearny os ataques se tornaram uma rotina letal.[15] Nem os militares nem os civis estavam preparados para as terríveis condições daquele forte remoto, a cem quilômetros do apoio militar mais próximo. As construções claustrofóbicas de madeira estavam sempre quentes ou frias demais — e não se podia escapar dos odores nauseabundos. Embora o fluxo de colonos rumando para o oeste fosse constante, o número de soldados diminuía mês a mês devido a baixas em combate, missões de acompanhamento e deserções rumo às montanhas cheias de ouro além do poente.

Carrington requisitou reposições de tropas, que foram prometidas mas praticamente não vieram. Como o batalhão dispunha apenas de armas antiquadas, munição escassa e um punhado de bons cavalos, Carrington hesitou em atacar os índios. Entretanto, mesmo escondidos atrás dos altos muros do forte, os soldados sofriam a ira de Nuvem Vermelha. De junho a dezembro houve cinquenta ataques com setenta mortos. O cemitério cheio de cruzes começou a transtornar os 360 homens do 2º Batalhão do 18º Regimento de Infantaria. Embora as baixas indígenas também fossem altas, o avanço do outono semeou um medo irrefreável nas tropas isoladas.

Mas havia exceções. Em novembro de 1866 chegou ao forte Phil Kearny o capitão William Judd Fetterman, um veterano da Guerra Civil. Fetterman percebeu a frustração crescente no comando de Carrington e enxergou uma oportunidade de se destacar. Em poucos dias já se mostrava abertamente crítico do superior nas rodas de uísque, desdenhoso do comandante que se recusava a combater o inimigo. Ansioso por provar sua supremacia em batalha, Fetterman proclamou uma frase que se tornaria célebre: "Me dê oitenta homens e cavalgarei por toda a nação sioux".[16] Era apoiado em suas bravatas pelo segundo-tenente George Grummond, outro jovem veterano da Guerra Civil. Ambos viam a revolta de Nuvem Vermelha como uma chance única de fama rápida e glória perene. Contudo, para as famílias dos soldados e civis, para todos que não queriam ganhar medalhas e também para Carrington, a escalada de violência era motivo de extrema preocupação. Os ataques constantes e o acúmulo de feridos levaram o grupo a decidir que, se o pior viesse a acontecer, se matariam uns aos outros para não cair nas mãos do inimigo.

Ficou bem registrado para a posteridade o tormento de Frances Grummond, esposa de dezenove anos de George Grummond, que havia chegado grávida ao forte. Foram meses de provação através de péssimas e perigosas estradas até que finalmente, em setembro de 1866, a jovem avistou com alívio a paliçada. Quando o carroção que transportava sua família já se aproximava dos portões, teve que ceder passagem a uma ambulância que transportava o torso de um homem separado de sua cabeça escalpelada. Além do profundo corte de machadinha nas costas, o corpo trazia outras marcas da selvageria: o cadáver fora estripado e fogo havia sido ateado na cavidade abdominal. Naquela noite Frances entrou em pânico e não conseguiu dormir.

O dia amanheceu sob uma grossa camada de neve. Carrington ordenou que duas colunas saíssem do forte para resgatar um carroção de lenha fustigado pela guerrilha de Nuvem Vermelha. Ao perseguirem os índios que fugiam, os soldados viram com espanto um bravo de cabelos cacheados desmontar do cavalo para examinar uma pata, como se estivesse machucada. Era Cavalo Louco.

Calmamente, deixou que os soldados se aproximassem. Quando já estavam bem perto, montou e galopou em disparada. Os soldados americanos morderam a isca, abandonaram a formação defensiva e se embrenharam nas escarpas furiosamente. Quando por fim chegaram reforços, verificou-se o desastre: um tenente empalado num arbusto, um sargento com o crânio partido e cinco outros soldados feridos.

O terror se espalhou pelo forte quando as colunas regressaram com a notícia. Frances registrou os pesadelos que teve naquela noite:

A apreensão da qual pareci estar consciente todo o tempo desde minha chegada ao forte se aprofundou a partir daquele momento. Nenhum sono veio aos meus olhos cansados, exceto intermitentemente, por muitas noites. E mesmo assim, em meus sonhos, eu podia ver [meu marido] cavalgando loucamente para longe de mim com os índios a persegui-lo.[17]

SIMULAÇÃO DA REALIDADE

Poucos dias antes, com a chegada dos primeiros flocos de neve, batedores do povo crow haviam avistado um grande acampamento a cem quilômetros de distância. Era ninguém menos do que Nuvem Vermelha à frente de uma formidável coalizão de 2 mil guerreiros lakotas, arapahos e cheyennes do norte. Mesmo avisado por seus batedores do perigo que se avizinhava, Carrington decidiu seguir com os planos de inaugurar o poste de bandeira do forte, um portento de quarenta metros de altura, última parte que faltava para concluir a edificação. No gramado em frente à paliçada os soldados em formação escutaram as cornetas da banda do batalhão, os discursos e uma salva de tiros de canhão que romperam o gélido silêncio ao redor.

Carrington ignorava que o acampamento de Nuvem Vermelha se movera para o outro lado da serra à frente do forte, a poucos quilômetros de distância. Antes retraído, Cavalo Louco agora era a mais eloquente voz a favor do golpe final. Na tarde do dia 20 de dezembro de 1866 um adivinho foi convocado por Nuvem Vermelha para prever o futuro. Quantos soldados matariam na batalha que se avizinhava? Após realizar vários galopes rituais com um cobertor sobre a cabeça, o adivinho afirmou ver em seus punhos mais de cem soldados mortos. Era tudo que Nuvem Vermelha precisava saber.

O dia 21 amanheceu com sol brilhante e ar seco. Logo cedo um carroção cheio de soldados saiu do forte para buscar lenha e, como de costume, foi atacado. Pressionado por Fetterman e Grummond, Carrington decidiu enviar um destacamento de oitenta homens para dar uma punição exemplar aos indígenas. Já prestes a disparar pelos portões do forte liderando a tropa, Fetterman recebeu ordens explícitas de seu comandante para não ultrapassar a crista da serra, a fim de manter contato visual contínuo com o forte. O destacamento galopou para fora do forte em busca do conflito.

Ao meio-dia era possível ver os soldados exatamente sobre a crista, perseguindo um grupo de índios que ia e vinha no limite do raio de tiro, provocando e fustigando os americanos. Mas estes detinham seu avanço, hesitando entre cumprir a proibição de Carrington e ceder ao impulso de ensinar uma lição aos selvagens insolentes. Nesse momento surgiu o jovem guerreiro oglala, de cabelos cacheados e pena de falcão, montado em seu cavalo baio de focinho e patas brancas. Cavalo Louco gritava ofensas em inglês, desmontava para examinar uma pata de seu cavalo e ignorava os tiros que zuniam bem perto de seus pés. Quando os soldados se aproximavam, montava e se afastava novamente, parando pouco depois. Chegou a fazer fogo, agindo como se pretendesse entregar-se aos soldados em sacrifício. Mesmo assim, apesar de todas as provocações, os soldados não ousaram avançar para o outro lado da montanha.

E foi então que o intrépido guerreiro lakota tentou seu último truque: baixou as calças e mostrou as nádegas aos soldados estupefatos. A ofensa funcionou perfeitamente. Desobedecendo as ordens de Carrington, Fetterman ergueu o sabre e ordenou uma carga de cavalaria, comandando o galope furioso de todo o destacamento para além da crista da montanha. Entraram no vale prontos para massacrar seus inimigos, apenas para descobrir que estavam cercados por todos os lados, aguardados por centenas de guerreiros indígenas escondidos. Fetterman e seus oitenta homens — tudo de que precisava para "cavalgar por toda a nação sioux" — foram aniquilados. Carrington entregou à viúva Frances Grummond apenas um envelope selado com um cacho dos cabelos de George. Seu pior pesadelo tinha se tornado realidade.

Seis dias depois do massacre o *New York Times* noticiou com estardalhaço que os mortos representavam 8% de todas as baixas militares dos Estados Unidos em conflitos indígenas até aquele momento. Foi a maior derrota sem sobreviventes do exército americano até então. Ainda que os primeiros três dias tenham sido de luto amargo no acampamento indígena, no quarto dia os indígenas fizeram uma celebração eufórica da vitória na batalha dos "cem soldados em cada punho". Em sinal de respeito por sua destacada liderança em combate, Cavalo Louco foi convidado a sentar-se perto do fogo, junto aos chefes mais velhos.

Assombrados com o poderio dos selvagens, os generais em Washington perceberam que haviam perdido aquela guerra. Em agosto os fortes foram desocupados e Nuvem Vermelha foi queimá-los pessoalmente, acompanhado de seus guerreiros. Ainda se passaria mais de um ano até que o grande chefe lakota aceitasse por fim assinar um acordo de paz com os brancos.[18] Em 6 de novembro de 1868, pela primeira vez o governo dos Estados Unidos assinou um acordo nos termos dos índios, comprometendo-se a retirar todas as tropas da "grande reserva sioux", imenso território que vai das montanhas Bighorn a oeste até o rio Missouri ao leste, do paralelo 46 ao norte até o limite dos estados de Dakota e Nebraska ao sul. Eram terras que o governo dos Estados Unidos julgava desprovidas de valor, mera passagem para as minas de ouro nas montanhas Rochosas. Mas para os indígenas das pradarias setentrionais aquelas eram as terras mais preciosas do mundo, em torno das montanhas sagradas de Paha Sapa. Nuvem Vermelha havia vencido sua guerra e o sonho de autodeterminação indígena permaneceu vivo.

NARIZ ROMANO DESCRÊ

Se a história de Cavalo Louco sugere que crer é ser, a trajetória de Nariz Romano demonstra a maldição de não crer. Morto em combate na flor da idade, o principal guerreiro dos cheyennes do norte usava para sua proteção contra as balas do adversário um cocar sagrado, um artefato único preparado ritualmente para ele pelo xamã Touro Branco.[19] O cocar foi feito com base num sonho que Nariz Romano tivera quando jejuou por quatro dias em busca de visões, numa ilha em Montana. Relatou encontrar num sonho uma serpente com um único chifre em sua cabeça. Por isso, seu cocar não possuía dois chifres laterais como era costume entre os cheyennes, mas apenas um imponente chifre central, com uma longa cauda que chegava quase ao chão quando Nariz Romano montava a cavalo.

Durante a feitura do cocar, o xamã havia evitado o contato com qualquer objeto oriundo do mundo dos brancos. Quando ofertou o cocar a Nariz Romano, estabeleceu uma série de restrições alimentares e sociais que o chefe deveria seguir para preservar a mágica, proibindo-o de apertar as mãos de qualquer pessoa e de ingerir qualquer comida "contaminada" por metal, sob pena de morrer na batalha seguinte. Para poder usar os poderes mágicos do artefato, Nariz Romano precisava também observar rituais estritos para usá-lo e guardá-lo, levantando-o repetidamente no sentido dos quatro pontos cardeais. O uso do cocar era acompanhado da pintura sagrada para a batalha: vermelho sobre o nariz, amarelo na parte de cima da cabeça, negro na mandíbula. Nariz Romano jamais recebeu um ferimento sério até sua batalha final. Para terror de seus adversários e em aparente contradição com as restrições de Touro Branco, vestia um casaco azul com dragonas douradas da cavalaria, símbolo da submissão militar do inimigo. Pintado e paramentado com seu poderoso cocar, o imponente chefe de dois metros de altura, musculoso, de ombros largos e nariz aquilino, causava forte impressão nos guerreiros que liderava. A seu lado, também se sentiam invencíveis.

Enquanto viveu, Nariz Romano se opôs vigorosamente à assinatura de tratados de paz com os brancos, atacando caravanas, postos militares, estações ferroviárias e linhas de telégrafo. O guerreiro cheyenne se igualava a Cavalo Louco em bravura e ojeriza ao mundo dos brancos. Ambos sonhavam com a completa expulsão do inimigo e o retorno à vida pura dos ancestrais. Em setembro de 1865, num ataque cheyenne e lakota que Nariz Romano pediu para liderar, os dois guerreiros travaram uma incrível competição de coragem diante de centenas de soldados inimigos. Cavalo Louco causou entusiasmo e frenesi ao galopar ao longo das fileiras de soldados para esvaziar suas armas. Nariz Romano então repetiu a manobra várias vezes, rodopiando e empinando a montaria como se imune ao intenso tiroteio, emitindo gritos de guerra e deixando seus guerreiros completamente siderados. Persistiu nas manobras debaixo de uma chuva de balas disparadas pelos soldados cada vez mais assustados, até ter seu cavalo alvejado e sair intacto do campo de batalha. A façanha foi amplamente reconhecida como prova de invulnerabilidade e, portanto, da eficácia do cocar onírico.

Mas o sonho de Nariz Romano ruiu em 17 de setembro de 1868, quando foi mortalmente atingido num leito seco do rio Arikaree, no estado do Colorado. Poucos dias antes os lakotas haviam oferecido um festim para homenagear os mais importantes combatentes cheyennes. Nariz Romano se esqueceu de enfatizar suas restrições alimentares. Quando lembrou-se de perguntar se as cozinheiras haviam utilizado utensílios de metal, a resposta foi positiva. Antes que pudesse realizar todos os rituais de purificação requeridos pela situação, batedores do exército dos Estados Unidos foram avistados por vigias lakotas e uma expedição foi enviada para destruí-los. Vários chefes convocaram Nariz Romano para a luta, mas ele pediu que esperassem, pois acreditava que morreria caso não se purificasse. Durante a maior parte do dia, os combates se desenrolaram em sua ausência. Os batedores estavam munidos de rifles de repetição, uma novidade tecnológica que os indígenas mal conheciam e que os fez perder vários homens sem conseguir romper a linha inimiga.

Quando Nariz Romano finalmente apareceu no campo de batalha, montado num cavalo branco com seu magnífico cocar tremulando ao vento, ainda hesitava em lutar, pois não havia concluído os rituais necessários. Ao fim da tarde, repetidamente instado e até provocado pelos chefes indígenas, o gigante cheyenne cedeu ao fatalismo e comandou seu último ataque aos brancos. Recebeu tiros no quadril e se retirou ainda montado, mas com a coluna vertebral atingida por uma bala. Morreu ao pôr do sol com cerca de quarenta anos e a certeza de haver perdido a fé. O cocar sagrado de inspiração onírica havia perdido seus poderes mágicos.

A PIOR DOR

Uma das categorias mais bem definidas de sonho, com uma longa trajetória que remonta à pré-história, são os sonhos de luto. A morte, tanto a própria quanto a dos entes queridos, é o limite mais absoluto que alguém pode encontrar. A perda de uma pessoa amada implica o desaparecimento não apenas do objeto externo, mas do objeto interno, isto é, da representação mental daquela pessoa. Com o falecimento, esse objeto interno tanto pode morrer como ser preservado e transformado. Aceitar a morte repentina é o maior desafio emocional do ser humano, especialmente quando é violenta. Quando alguém amado morre, ou se acidenta, ou recebe notícia de doença terminal, a necessidade de simular a não morte pode chegar às raias do absurdo, revelando uma aparentemente inesgotável exploração de hipóteses alternativas para o desaparecimento, em nítida satisfação do desejo de vida.

Isso fica bem claro no testemunho de Crimeia Alice Schmidt de Almeida, militante comunista e ex-presa política torturada barbaramente no sétimo mês de gravidez durante o regime militar brasileiro. Integrante da Comissão de Familiares de Mortos e Desaparecidos Políticos, Crimeia viu seu marido André Grabois pela última vez em 1972, quando deixou a guerrilha do Araguaia para buscar supervisão médica em São Paulo, por problemas na gestação. Assim como tantos outros, André Grabois nunca foi encontrado. A falta do corpo mantém dolorosamente acesa a chama da esperança, revelada na fantasia onírica. Nas palavras de Crimeia, "é irracional, mas acontece, nos sonhos: e se ele ainda não morreu? E se ele ainda está sendo torturado? E se ele perdeu memória? São perguntas que torturam".

Mesmo quando as relações são mais distantes, a morte evoca sentimentos oníricos de estranhamento e inadequação. Uma senhora de sessenta anos leu num jornal notícia sobre um assassinato a facadas e reconheceu entre as vítimas uma colega de trabalho e o marido. Ela não pôde comparecer à missa de trinta dias e pouco depois sonhou que ia ao velório e encontrava uma festa com doces. O marido da colega havia morrido, mas ela seguia viva, sorridente e elegante. Aos poucos a sonhadora foi se dando conta de que ninguém mais no velório podia ver a vítima ressuscitada, apenas ela. Perguntou diretamente à colega o que estava havendo e esta desconversou, disse que estava aposentada.

Os sonhos simulam as possibilidades presentes no contexto de um desejo dominante. Diante de fatos irreversíveis como a morte, o desejo atua no sonho como força condutora da reverberação elétrica de memórias, chegando a inverter a realidade para satisfazer-se na simulação de uma realidade impossível. Quando muda completamente o sentido dos fatos, revivendo pessoas mortas ou relacionamentos encerrados, o sonho produz uma reação de grande decepção no momento do despertar, pois a morte ou a separação são reais e a ressuscitação em sonho faz com que seja necessário aceitar de novo a morte. Isso provavelmente funciona como uma punição da rede neural que foi ativada durante o "sonho bom", diminuindo sua probabilidade de ocorrência no futuro. Por essa razão, o sonho de satisfação do desejo cujo objeto é o próprio objeto perdido é típico apenas das fases iniciais do luto.

O FIM DO LUTO

É comum que as pessoas mais próximas de alguém que morreu não consigam sonhar com ela por dias, meses e até anos. O desaparecimento do objeto externo da representação causa enorme desarranjo no mundo mental dos familiares e amigos mais próximos, levando muitas vezes a uma supressão consciente ou repressão inconsciente das memórias associadas ao ente perdido. Mas aquilo que foi reprimido acaba por retornar. À medida que o processo avança, os sonhos com os falecidos, sejam reais ou simbólicos, dão às pessoas viúvas ou separadas a oportunidade de uma despedida ou de um acerto de contas. No documentário *Jogo de cena*, do cineasta brasileiro Eduardo Coutinho (1933-2014), uma mãe conta ter deixado um luto de cinco anos pelo filho assassinado por causa de um sonho em que ele apareceu e lhe disse para ser feliz, "pois ele agora é um anjo". O fim do luto da mãe se explica pelo prazer que ela sentiu ao despertar, que deve ter reforçado positivamente o circuito neural que associou o símbolo de anjo ao do filho morto. O sonho de conteúdo extremamente positivo não colidiu com a realidade no momento do despertar, pois não negou a morte, e sim a sublimou numa fantasia irrefutável. O novo circuito neural, fortalecido pelo sonho bom, se instaurou como a representação mais forte e passou a dominar o fluxo de consciência. Aquilo que antes era só ruminação intrusiva e recorrente de pensamentos horríveis relacionados ao assassinato do filho agora tinha a chance de desembocar na conclusão benigna de que o filho seguia alegre, imortal e infinitamente bom. Uma conversão de morto para algo divino, não muito diferente da deificação de pessoas falecidas que ocorreu durante toda a Antiguidade e ocorre ainda hoje em sociedades de caçadores e coletores.

Mas nem sempre a interpretação redentora domina o enredo do sonho. Memórias negativas intensas funcionam como atratores da atividade elétrica, reiterando a ruminação traumática, cavando mais profundamente a cada pesadelo. O medo de ter pesadelos causa pesadelos. Nesses casos a psicoterapia é essencial para interromper o ciclo vicioso, revisitando o trauma múltiplas vezes em contexto ameno e inofensivo, até ressignificá-lo pela associação com outros símbolos, pelo processamento consciente das memórias negativas e pela evocação de conteúdos positivos concorrentes.

A série de sonhos a seguir exemplifica a dinâmica sucessiva de reiteração e ressignificação do trauma. Uma jovem mulher sofreu um sequestro e ficou doze horas em poder de seus captores armados, sendo depois libertada numa região remota. Nos meses que se seguiram, a jovem teve inúmeros pesadelos que replicavam quase perfeitamente a situação vivida durante o sequestro. Com o passar do tempo os pesadelos começaram a se tornar mais abstratos, com variações cada vez maiores. Começou então uma fase em que outros sonhos se instalavam e desenvolviam, mas eram subitamente interrompidos para dar lugar ao sonho do sequestro. Nessa fase a sonhadora era literalmente abduzida de seus sonhos rumo ao pesadelo. Após algum tempo a sonhadora já não podia experimentá-lo sem lembrar de que nada daquilo era real. Pouco a pouco o sonho foi perdendo sentido e tornando mais disfuncional aquela previsão de futuro mau, baseada na repetição cada vez menos plausível de um evento negativo passado. Mas a superação da série de pesadelos traumáticos só se deu plenamente quando Tânatos deu lugar a Eros. Após ver numa livraria de aeroporto um best-seller erótico para o público feminino, a mulher teve o primeiro sonho prazeroso desde o dia do sequestro. Comprou todos os livros da série e por uma semana inteira fartou-se de sonhos eróticos. E depois, assim como chegaram, esses sonhos deliciosos foram repentinamente embora. Livrou-se dos pesadelos.

IMPERATIVOS DARWINISTAS E CULTURA

A teoria de simulação de ameaças se apoia em múltiplos fatos biológicos e psicológicos, mas ainda assim não pode pretender dar conta da totalidade do enredo onírico. A diversidade do sonho exige ampliar seu escopo para incluir também o lado positivo da motivação, feito de apetite, recompensas e prazer. Por lógica estrita, o pesadelo do predador é o sonho gozoso da presa — e vice-versa. Na savana, leoas e zebras devem sonhar enredos quase idênticos, corridas desabaladas e desesperadas com saltos e chutes para trás, sangue e suor, dentes quebrados, gargantas laceradas e mais sangue e carne e gordura e ossos. Sonhos de conteúdos idênticos, mas com afetos invertidos e objetos trocados.[20] A taxa de sucesso dos grandes predadores é normalmente inferior a 20%. Quando a zebra consegue escapar, o que acontece frequentemente, leoas exaustas e famintas devem ter pesadelos com cascos, listras e inanição. Livre na natureza diante de presas e predadores, o enredo onírico típico dos humanos corresponde ao repertório de preocupações de qualquer outro animal nas mesmas condições: matar para comer, sobreviver e procriar.

Mas os sonhos da espécie humana na civilização refletem muito mais do que os imperativos darwinistas. É seguro afirmar que nosso repertório onírico se diversificou à medida que o aperfeiçoamento da linguagem, das ferramentas e dos saberes aumentou a distância diária da morte. Enredos violentos e apetites ferozes provavelmente dominaram os sonhos de nossos ancestrais até o desenvolvimento da pecuária e da agricultura, que possibilitaram pela primeira vez a abundância estável de alimentos. Nos últimos 10 mil anos foram criadas as tecnologias que nos permitiram conhecer a segurança alimentar. Pesadelos de fome se tornaram menos frequentes, mas nunca deixaram de ocorrer, pois a desnutrição persiste até hoje entre os mais pobres. Além disso, guerras e perseguições marcaram todo o desenvolvimento da civilização.

O sonho de Dumuzid exprime um pavor ancestral da civilização, a revolta de homens malvados e famintos capazes de perseguir uma pessoa implacavelmente, obrigando-a a se esconder como um bicho até executá-la friamente. Não há de ser muito diferente do medo que move os indígenas mundurukus em sua luta de resistência contra a construção de barragens no rio Tapajós, ou os jurunas — outrora o povo mais numeroso na região do rio Xingu, quase completamente dizimado por seringueiros no século XIX — que denunciam os impactos da hidrelétrica de Belo Monte, megabarragem cuja construção açodada devastou enorme área da Floresta Amazônica e desalojou mais de 20 mil pessoas. Medo ainda maior porque acreditam que o sonho é uma extroversão involuntária para um mundo onírico tão concreto e até mais perigoso que o mundo experimentado na vigília. A íntima associação ameríndia entre sonho, metamorfose e morte tem a ver com essa crença.

A MULTIPLICIDADE DOS PEQUENOS DESEJOS

Ainda que o pesadelo arcaico da presa desesperada diante de predadores letais descreva o cotidiano de tantas minorias e populações periféricas em todo o globo, com destaque para os refugiados de guerra,[21] é inegável que a urbanização posterior à invenção da agricultura, que deu a nossos ancestrais a segurança de abrigos para passar a noite, com lares murados e guardados por vigias armados, possibilitou a diminuição da violência.[22] Ao arrefecer o medo cotidiano da morte, aumentou o espaço mental e a disponibilidade emocional para sonhar e criar. Os enredos oníricos se complexificaram em paralelo com a cultura.

Já não sonhamos corriqueiramente com leoas a nos perseguir, mas os desafios da vida real que se fazem iminentes e relevantes surgem com nitidez no panorama onírico. Como vimos, um tipo de sonho bastante frequente, descendente remoto dos sonhos de caçadas paleolíticas, diz respeito à realização de provas acadêmicas no futuro próximo. Muitas vezes esses sonhos apenas emulam o medo de que algo dê errado e a prova não possa ser feita. Sonha-se com a caneta estourada, com o atraso para chegar ao local de aplicação da prova, com a falta de roupas para o exame e até mesmo com o completo esquecimento da matéria no momento do teste. Mas também existem sonhos especificamente relacionados à execução do teste. Em todo o mundo, estudantes sonham com o teorema de Pitágoras, com a herança genética de Mendel e com a tabela periódica de Mendeléiev.

A marcação com bastante antecedência de provas altamente estressantes pode revelar uma faceta curiosa dos sonhos: a programação prévia e inconsciente para um desafio específico. Uma estudante de doutorado havia agendado com bastante antecedência sua defesa de tese, mas a remarcou para alguns meses depois. Na noite subsequente à data originalmente prevista para a defesa, teve um longo e intenso pesadelo em que apresentava sua pesquisa sem no entanto sentir-se preparada. Foi como se o sonho expressasse o programa deflagrado há tempos, encenando e atualizando o desafio futuro.

Se é verdade que algumas tentativas de explicar os sonhos conflitam com fatos da introspecção, como a teoria de Crick e Mitchison sobre a aleatoriedade dos sonhos, outras tentativas muitas vezes se perdem em perspectivas injustificadamente antropocêntricas ou etnocêntricas. O filósofo norte-americano Owen Flanagan, por exemplo, alcançou notoriedade ao escrever que os sonhos não podem ter nenhuma função adaptativa, pois ele, Flanagan, jamais tivera um sonho que o ajudasse a resolver algum problema da vida real. É bastante provável que a vida de um professor titular da Universidade Duke, imersa em privilégio e livre de estressores maiores, não seja a melhor candidata a revelar as primitivas funções oníricas. Com base na monotonia de seus próprios sonhos, o antifreudiano Flanagan concluiu que o sonho é desprovido de sentido ou função: "Os sonhos são o subproduto do sono".[23]

Por outro lado, a tradição freudiana foi criticada e até mesmo ridicularizada por insistir que os sonhos são tentativas de cumprir desejos, e por considerar a censura de pensamentos obscenos uma função universal dos sonhos. Hoje sabemos que essa censura exacerbada era uma marca cultural específica da sociedade conservadora vienense em que Freud viveu e produziu sua obra.[24] De todo modo, é claro que a revolução científica e industrial dos séculos XVI a XIX relativizou enormemente os principais problemas humanos, sobretudo para as classes média e alta. No século XX, o aumento do tempo livre somou-se ao aparecimento do cinema e da televisão, o que provocou uma explosão combinatorial dos enredos oníricos possíveis. Se a onça do Pantanal sonha mil modos diferentes de abater a capivara, ainda assim são todos sonhos de caça, muito semelhantes entre si. Conosco não. As múltiplas necessidades da espécie humana criaram condições para que os sonhos se tornassem coleções desordenadas de imagens, colchas de retalhos de quereres. O sonho típico de nosso tempo é um liquidificador de sentidos, um caleidoscópio de vontades, fragmentado pela multiplicidade de desejos de nossa era.

15. O oráculo probabilístico

Se percorreu atentamente o caminho até aqui, o leitor está equipado para compreender por que o sonho foi considerado divinatório em tantas civilizações antigas e culturas atuais distintas. Desde que nossos ancestrais começaram a registrar por escrito seus pensamentos, há cerca de 4,5 mil anos, documentou-se abundantemente o enredo onírico sobre o que ainda vai acontecer, bem como sobre como proceder para interferir no futuro mediante comportamentos representados em sonho.

Ao reverberar memórias do passado, o sonho reflete as expectativas do sonhador quanto ao futuro. Reflete, sobretudo, suas chances de sucesso ou insucesso nas pequenas e grandes aventuras privadas deflagradas pelo desejo. Essas expectativas não incorporam apenas aquilo que o sonhador pondera conscientemente, mas também — e talvez principalmente — sua percepção inconsciente do contexto completo em que se encontra, com seus meandros, promessas e abismos. É o somatório amplo e difuso de impressões, colhidas tanto acima quanto abaixo do limiar de consciência, que forma a base da intuição e que dá vida ao sonho.

Nas palavras de Jonathan Winson, "o sonho é o que está lhe acontecendo agora", mas um agora determinado pelas contingências já vividas e embebido das possibilidades do porvir. A chave prática para interpretar qualquer sonho são seus elementos passados e futuros, pois o tempo presente do cérebro é impregnado de lembranças e simulações. Dois sonhos de grande importância histórica permitem ilustrar esse ponto diretamente.

"COM ESTE SIGNO VENCERÁS"

Os sonhos desempenharam papel fundamental em todas as fases de Roma, inclusive as mais tardias. No século III, o gigantesco Império mergulhou numa grave anarquia militar que quase o desagregou definitivamente. A crise arrefeceu com a ascensão do imperador Diocleciano, que conseguiu administrar o imenso território através de uma tetrarquia compartilhada com outros três augustos ou césares sob sua autoridade. Por muitos anos Diocleciano governou na Ásia Menor, enquanto seu braço direito, Maximiano, governava a Itália, Constâncio reinava na Inglaterra e Galério travava guerras no Oriente. Quando Constâncio morreu, seu filho Constantino foi proclamado augusto pelas tropas ocidentais. Em Roma, entretanto, o filho de Maximiano, Maxêncio, foi coroado imperador. O conflito entre ambos permaneceu latente até que Constantino invadiu a Itália e sitiou Roma.

Encastelado na capital com suas numerosas tropas, Maxêncio preparava-se para romper o cerco do exército de Constantino ao amanhecer, animado pela predição oracular de que um inimigo de Roma pereceria naquele dia. Mais cedo, entretanto, marchando com suas tropas, Constantino teria tido uma visão impressionante, um halo solar com aparência de cruz e uma inscrição em grego: "Com este signo vencerás". À noite Constantino sonhou que Jesus Cristo o instruía a marcar os escudos de seus soldados com as letras gregas *chi* e *rho*, iniciais de seu sagrado nome. Ao raiar do dia 28 de outubro de 312, sob estandartes militares encimados por *chi* e *rho*, o exército de Constantino dizimou sobre a ponte Milvio as forças de Maxêncio, que morreu afogado no rio Tibre. A guerra acabou, Constantino abraçou publicamente a nova fé, e a crença dos cristãos oprimidos se tornou a ideologia oficial do Estado romano. Um sonho imperial mudou a história.

SONHAR COM COISAS NUNCA ANTES FEITAS

Sonhos premonitórios também estiveram no centro da guerra entre indígenas e brancos na América. Após a vitória de Nuvem Vermelha sobreveio uma paz tênue que durou apenas um ano. A nordeste, o chefe lakota hunkpapa Touro Sentado deixou claro que não assinara acordo nenhum com os brancos, atraindo a simpatia de Cavalo Louco. Os militares continuaram a pressionar para que os indígenas vivessem ao leste e apenas caçassem a oeste — onde estava o ouro. Após a suspensão de trocas comerciais e a restrição de rações alimentares, Nuvem Vermelha decidiu ir reclamar diretamente com o Grande Pai Branco, o presidente Ulisses Grant. No longo trajeto de trem, Nuvem Vermelha testemunhou o fluxo de milhares de colonos, as enormes cidades e o exuberante poderio militar que os anfitriões fizeram questão de exibir. A percepção aguda da morte em escala industrial destruiu seu ímpeto de luta. Regressou a sua reserva decidido a nunca mais pegar em armas contra os brancos.

O desapontamento de Cavalo Louco com o grande chefe oglala não poderia ser maior. Convencido de que todo contato com os brancos era pernicioso, cada vez mais ele se afastava das reservas definidas pelos brancos, decidido a fortalecer as tradições de seu povo e ocupar livremente o território de seus ancestrais. Em 1874, entretanto, grandes veios de ouro foram descobertos nas Black Hills, que até então o governo dos Estados Unidos julgava sem valor. Cresceu a pressão sobre as terras, mas emissários tentando comprá-las foram rechaçados por Touro Sentado e Cavalo Louco: "Não se vende a terra sobre a qual caminha o povo". Foi então que o secretário do Interior dos Estados Unidos lançou um ultimato: todos os lakotas teriam que retornar para as reservas até janeiro de 1876, sob pena de serem considerados hostis.

O inverno chegou e se foi, e os lakotas não cederam. Inexoravelmente, a brutal máquina de guerra da civilização branca começou a mover-se. Colunas com milhares de soldados foram mobilizadas para cercar os indígenas quase exclusivamente armados de arcos e flechas. Pressionados por conflitos em diversos pontos de seu próprio território, milhares de lakotas, cheyennes do norte e arapahos se reuniram no território cedido pelos brancos aos inimigos crows e acamparam no vale do rio Little Bighorn, em Montana. Quando o verão finalmente chegou, os lakotas estavam encurralados. Diante dos fuzis de repetição, metralhadoras, morteiros e canhões, precisavam aprender novas formas de combate, mais eficazes e letais do que todas as armas dos brancos. Necessitavam com urgência de ações milagrosas para evitar o desastre iminente.

Uma semana antes da famosa Batalha de Little Bighorn, Cavalo Louco liderou uma série de ataques perturbadores contra uma coluna de mil soldados comandados pelo general George Crook, veterano da Guerra Civil. Cavalo Louco afirmou ter usado naquele dia várias táticas de guerrilha experimentadas pela primeira vez em sonhos. Nas palavras do escritor norte-americano Dee Brown, "nesse dia, 17 de junho de 1876, Cavalo Louco sonhou consigo no mundo real e mostrou aos sioux como fazer muitas coisas que eles nunca haviam feito antes".[1] A luta se estendeu até o anoitecer. Quando o sol nasceu, o general Crook havia batido em retirada e a soberania lakota havia sobrevivido um dia mais.

"DOU-LHE ESSES PORQUE NÃO TÊM ORELHAS"

O conflito chegou ao clímax em 25 de junho de 1876. Uma semana antes o acampamento dobrara de tamanho, chegando a cerca de mil *tipis* e uma população de quase 7 mil pessoas, entre as quais cerca de 2 mil guerreiros. Um dos maiores promotores da reunião de tantos grupos diferentes era Touro Sentado. Ele integrava as sociedades do Búfalo e do Pássaro Trovão, duas organizações secretas de sonhadores distinguidos pelo espírito totêmico que lhes aparecia em visões. Depois da morte trágica de Nariz Romano, os atônitos cheyennes do norte encontraram em Touro Sentado um substituto à altura, tanto em seu desprezo pelos brancos quanto na estrita observância dos sacrifícios religiosos necessários para proteger os combatentes. Pelas mesmas razões, Cavalo Louco e seus guerreiros lakotas oglalas passaram a enxergar Touro Sentado como líder.

Dias antes do ataque de Custer, Touro Sentado participou da Dança do Sol, um ritual de purificação realizado no solstício após a última caçada de búfalos, a fim de propiciar visões e proteção divina. Jejuou, dançou, sacrificou pedaços de carne tirados de seus braços, dançou, sofreu e dançou mais até que sonhou. Viu cair uma chuva de soldados despencando do céu como gafanhotos sobre a relva verde, tombando com a cabeça para baixo e perdendo seus chapéus enquanto uma voz tonitruante repetia: "Dou-lhe esses porque não têm orelhas". A interpretação do sonho era evidente. Quantas vezes já haviam avisado aos homens brancos que não tolerariam a invasão de seus territórios de caça? Definitivamente os homens brancos não ouviam: estavam "sem orelhas" e isso seria o seu fim.

Inspirados pela visão de Touro Sentado, os chefes retiraram seus guerreiros do enorme acampamento, mobilizando-os secretamente numa ravina atrás de uma colina próxima. Informado por seus batedores crows da enorme concentração às margens do rio Little Bighorn, Custer liderou seus setecentos homens através de um terreno praticamente desconhecido, determinado a infligir uma derrota inesquecível aos indomáveis siouxs e seus aliados. Ao se aproximarem, os batedores confirmaram que havia poucos guerreiros no acampamento: era verão, e os homens adultos deviam estar todos caçando bisões. Diante do acampamento esvaziado, Custer ordenou um ataque arrasador, esperando encontrar apenas velhos, mulheres e crianças.

E então a profecia se realizou. Quando o tropel feroz de espadas desembainhadas invadiu a multidão de tendas cônicas, ao som de cornetas estridentes e gritos selvagens, os casacos azuis definitivamente não encontraram o que esperavam. Enquanto mulheres e crianças se retiravam, guerreiros surgiam por cima da colina como um enxame de abelhas enfurecidas. O regimento que havia planejado massacrar sem resistência viu-se rapidamente cercado e ferrenhamente combatido por avalanches de bravos guerreiros que não paravam de chegar. Os soldados finalmente se desesperaram e romperam fileiras, fugindo em pânico por terreno aberto. A partir desse momento foi tudo muito rápido. Em poucos minutos o desordenado núcleo do 7º Regimento de Cavalaria foi circundado e chacinado. Morreram 268 militares, incluindo Custer, dois de seus irmãos, um sobrinho e um cunhado.

O evento foi narrado com horror pelos mesmos jornais que nos meses anteriores haviam glorificado os extermínios sangrentos que Custer comandara contra os índios das pradarias. Embriagado do frenesi da imprensa e do público, o ambicioso e vaidoso comandante de cabelos longos morreu no auge da fama, vitimado pelo sonho de um sábio pele-vermelha. Custer talvez tivesse tido melhor sorte se houvesse desistido do ataque covarde após ter um pesadelo com Cavalo Louco.

PROSPECÇÃO DO INCONSCIENTE

Para os mamíferos vivendo livremente na natureza e para grupos humanos mais próximos dela, sonhar continua a ser uma função biológica essencial para alertar contra perigos, mapear desfechos possíveis para os problemas prevalentes na vida do sonhador, selecionar estratégias adaptativas e integrar aprendizados sucessivos num todo coerente. O sonho é um momento privilegiado para prospectar o inconsciente, agregando pistas sobre os riscos e oportunidades do ambiente, muitas delas subliminares mas ainda assim passíveis de serem integradas numa impressão geral do que pode vir a ocorrer. Com base em ontem o cérebro simula como será amanhã. O sonho pode, portanto, ser considerado um teste de hipóteses em ambiente de simulação, com ciclos de fortalecimento seletivo de memórias durante o sono de ondas lentas, estocagem genômica disparada no início do sono REM e reestruturação de memórias em longos episódios de sono REM. Realizando a cada noite vários ciclos consecutivos de mutação e seleção de memórias, o cérebro adormecido consolida as melhores estratégias que é capaz de conceber em sonho.

As evidências convergem para a noção de que os sonhos de mamíferos são simulações probabilísticas de eventos passados e expectativas futuras. A principal função dessas simulações seria testar comportamentos inovadores específicos contra uma réplica de memória do mundo, em vez do próprio mundo real, levando ao aprendizado sem risco. Esta conjectura é uma generalização da teoria da simulação onírica de ameaças de Revonsuo e Valli, segundo a qual os sonhos podem simular ações que levam a consequências indesejáveis e, portanto, devem ser evitadas no mundo real (por exemplo, sofrer predação). É necessário estender o raciocínio às ações que levam a um resultado desejável e, portanto, devem ser realizadas no mundo real (por exemplo, encontrar alimentos ou parceiros sexuais férteis). Uma investigação de conteúdos mentais durante o sono REM revelou que mais de 70% dos relatos incluíam emoções, com uma proporção equilibrada entre emoções positivas e negativas. A noção de que os pesadelos evoluíram como uma forma de modular negativamente as simulações de comportamentos perigosos, enquanto os sonhos prazerosos correspondem à associação de prazer (recompensa) com as simulações de comportamentos especialmente adaptativos, é análoga aos conceitos de Eros e Tânatos propostos por Freud como pulsões de vida e morte.

Diante da enorme quantidade de variáveis não controladas, a simulação onírica frequentemente erra suas "previsões". Vez por outra, entretanto, a simulação calha de coincidir com a realidade, e aí o sonhador constata que o oráculo de fato pode, sob certas condições, fazer predições corretas. O sonho funciona, portanto, como um oráculo probabilístico, não muito diferente do que se acreditava na Antiguidade em termos de suas consequências para o sonhador, mas bastante diferente quanto a sua natureza: no lugar da certeza motivada por hipotéticos mecanismos externos de geração do sonho, de caráter divino ou espiritual, a incerteza inerente a sua natureza biológica. As imagens oníricas não revelam, portanto, o destino do sonhador amanhã, mas apenas seu rumo aparente hoje.

AS MELHORES CHANCES

Como reverberação perceptual e motora, o sonho engendra intenções, ações e consequências, num simulacro de situações ecologicamente relevantes encenadas como videoclipes imaginários. Como narrativa associativa, o sonho expressa com seus símbolos explícitos ou implícitos não apenas o que o sonhador deseja, mas suas próprias avaliações de risco. Usando essa lente psicobiológica, como podemos compreender o que teria ocorrido a Constantino e Touro Sentado?

Seria uma tautologia dizer que seus sonhos previram o futuro, pois provavelmente só os conhecemos porque o futuro lhes sorriu. Oráculos probabilísticos funcionam a posteriori e evidentemente tendem a ser mais lembrados quando calham de "dar certo". Mais do que antecipar uma vitória por intervenção divina, o sonho de Constantino propunha uma prova de fé na nova religião, através do uso da insígnia do filho de seu poderoso Deus único. Para entender os benefícios militares dessa conversão, é importante considerar que o cristianismo já era bastante influente entre os soldados e oficiais do exército romano quando Constantino se converteu. Aderir à religião das próprias tropas, na iminência de uma batalha decisiva contra um inimigo mais numeroso, foi uma resposta bastante adaptativa para o imperador duramente contestado em longas e custosas guerras civis.

A elucidação de qualquer sonho passa pela identificação do desejo dominante do sonhador. Constantino ansiava ardentemente a tomada de Roma para começar a unificar o Império conflagrado. Às portas da capital do mundo, ele necessitava mais do que nunca do furor místico de suas legiões. O sonho expressou, portanto, a aposta no caminho arriscado e ainda assim mais provável para a vitória: um oráculo baseado não na certeza do sucesso, mas nas suas melhores chances.

O mesmo pode ser dito de Touro Sentado: seu sonho indicava a alta probabilidade de um evento que em outras circunstâncias seria improvável. A invasão rápida de território inimigo quase desconhecido, seguida do ataque surpresa contra um grande acampamento indígena, parece uma tática suicida. Entretanto, essa mesma tática foi implementada com grande êxito por diversos comandantes militares americanos nas guerras contra os índios, como o coronel John Chivington no massacre de Sand Creek em 1864, o general Ranald Mackenzie no ataque ao cânion Palo Duro em 1874, e o próprio Custer na batalha do rio Washita em 1868. Os arikaras chamavam Custer de "Pantera Rastejante que Vem à Noite". Entre os crows, o general era o "Filho da Estrela da Manhã que Ataca ao Amanhecer".

O vale do rio Little Bighorn se localizava em território altamente contestado. Para os lakotas e cheyennes, a região das Black Hills eram Paha Sapa, as montanhas sagradas pertencentes a seus povos por gerações. Mas os crows também reivindicavam as terras, com base no Tratado de Laramie de 1851, que era sistematicamente desrespeitado pelos mineradores e colonizadores brancos atraídos pela descoberta de ouro nas montanhas do oeste, bem como pelos lakotas e cheyennes, que simplesmente não o reconheciam. Com tantas disputas territoriais, em plena corrida do ouro e com o anúncio feito em 1874 por Custer de novas jazidas do metal precioso nas Black Hills, não era difícil prever o comportamento exacerbadamente agressivo dos soldados americanos, violentos, impulsivos, ansiosos por riquezas e incapazes de ouvir. Era razoável e até lógico prever um ataque imprudente. Touro Sentado desejava ardentemente unificar o heterogêneo e fragmentado conjunto de guerreiros reunidos no Little Bighorn para defender o território. Era possível sonhar com uma vitória completa. O sonho de Touro Sentado foi uma expressão dessa probabilidade.

Avaliar o sucesso do sonho premonitório de Touro Sentado depende do intervalo de tempo considerado. No verão de 1876, o sonho pareceu a expressão de um destino manifesto do povo das pradarias, um sinal claro da proteção do Grande Espírito contra os belicosos invasores. Touro Sentado e Cavalo Louco experimentaram o gosto de conseguir aquilo em que tantos outros povos indígenas fracassaram: barrar a invasão. O domínio do combate montado permitiu aos lakotas sonhar com a vitória sobre o invasor de uma forma que nem os incas nem os astecas passaram perto de conseguir. Com seus mustangues ariscos, flechas certeiras, escassas armas de fogo e mística coragem, os lakotas jogaram contra os brancos a sagacidade da raposa, a audácia do urso e a sabedoria do texugo. Mas poucos meses depois da Batalha de Little Bighorn, sob rigoroso inverno, foi a mão pesada do grande Pai Branco em Washington que se fez sentir dolorosamente. Se Nuvem Vermelha venceu a primeira guerra dos lakotas contra os brancos, Touro Sentado venceu a última — pois tudo que veio depois foi a desgraça de seu povo.

O Congresso americano respondeu à derrota humilhante de Custer com a Lei de Dotações Indígenas, que cortou todas as rações alimentares até que terminassem as hostilidades e que as Black Hills fossem definitivamente cedidas. Paha Sapa foi invadida por grandes contingentes militares deslocados para derrotar a insurreição. Enregelados, fustigados e famintos, muitos indígenas pereceram ao longo de um inverno duríssimo. Menos de um ano após a batalha de Little Bighorn, na primavera de 1877, os principais chefes lakotas e cheyennes do norte já haviam se rendido. Em maio, Cavalo Louco se entregou e Touro Sentado fugiu para o Canadá com centenas de seguidores. Em setembro, sob custódia, Cavalo Louco foi assassinado por um soldado.[2]

O sonho de Touro Sentado teve perfeita validade premonitória no dia da batalha, com consequências aparentemente auspiciosas para os índios por algumas semanas, seguidas por um verdadeiro pesadelo. Após anos de fome nas pradarias geladas do Canadá, desprovidas de bisões pela matança indiscriminada promovida pelos caçadores de pele com seus rifles de longa distância, Touro Sentado e seu povo regressaram aos Estados Unidos e se renderam, aceitando viver dentro de uma reserva.[3]

Mesmo velho e derrotado, Touro Sentado continuou a ser um estorvo para as autoridades, viajando pelos Estados Unidos como estrela dos shows do Velho Oeste de Buffalo Bill, sempre disposto a declarar publicamente sua avaliação sobre a deplorável civilização branca. Ficava chocado com a abundância de pessoas sem teto nas ruas das grandes cidades e foi visto dando esmolas a mendigos famintos. Em 1890, aos 59 anos, foi preso e assassinado sob custódia, atingido por tiros disparados por policiais indígenas.[4] Em retrospectiva, o sonho de Touro Sentado não teve nenhuma validade para além daquele dia fatídico no vale do rio Little BigHorn. Mirando a trajetória ameríndia em perspectiva, da chegada de Colombo até nossos dias, os sonhos dos lakotas não tiveram destino diferente dos sonhos comanches, mapuches, mundurukus, guaranis... a lista é longa.

Já o sonho premonitório de Constantino resistiu solidamente ao tempo. O Império Romano se manteve cristão por quase toda sua existência posterior, a cristandade se espalhou pelo globo, e hoje 2,2 bilhões de pessoas, mais de 30% da população total da Terra, se dizem cristãs. Se o papa Francisco tiver sucesso em sua modernização da Igreja, com a ordenação de mulheres e o acolhimento dos homossexuais, é possível que a Igreja dure mais mil anos. É claro que nada disso estava nos planos de Constantino. Afinal, é impossível prever o futuro longínquo muito além do próprio contexto histórico. Provavelmente o desejo do imperador era apenas entusiasmar suas tropas e derrotar o inimigo do dia. O oráculo probabilístico evoluiu no contexto da sobrevivência cotidiana.

Mas sobrevivência de quem? Terá Constantino realmente sonhado com o símbolo cristão, ou teria o sonho sido forjado por ele (ou por seus biógrafos) com intuitos militares, religiosos e políticos? Essa questão diz respeito tanto à imperfeição do registro histórico quanto à inconfiabilidade intrínseca do relato onírico, que se presta a todo tipo de uso secundário. A história é cheia de exemplos em que relatos de sonho foram usados para fins políticos.

Públio Cornélio Cipião Africano, um dos maiores generais de todos os tempos, vencedor da Segunda Guerra Púnica contra Cartago, ascendeu ao poder ainda bem jovem graças à manipulação política de relatos oníricos. Nas eleições para edil em 213 a.C., o irmão de Públio era candidato. Como este não parecia ter muito apoio popular, Públio relatou a sua mãe dois sonhos proféticos em que ambos os irmãos eram eleitos. A mãe abraçou a suposta revelação com fervor e apoiou a candidatura de Públio através de sacrifícios aos deuses e da entrega ao filho de uma toga branca. Públio foi aclamado no Fórum ao lado do irmão e ambos foram eleitos. Públio continuou a espalhar que os deuses falavam diretamente com ele em sonhos, manipulando tal crença em momentos decisivos de sua trajetória.

O historiador grego Políbio deixou testemunho do uso calculado que Públio fazia das crenças religiosas:

[...] [Não devemos acreditar que] Públio entregou à sua própria pátria um império, como fez, guiado por sugestões de sonhos e presságios. Pelo contrário, uma vez que [...] [acreditava] que a maior parte dos homens não aceita com facilidade o que é extraordinário nem tem a coragem de enfrentar perigos sem o beneplácito dos deuses, [...] Públio garantiu que os homens sob seu comando fossem os mais corajosos e prontos para enfrentar empreendimentos arriscados convencendo-os de que seus planos eram inspirados pelos deuses.[5]

Se Cipião Africano manipulou a crença nos sonhos para galgar os escalões da administração romana, os sonhos de Júlio César parecem ter sido apropriados a posteriori. Plutarco relatou um sonho impressionante que Júlio teria tido pouco antes de cruzar o rio Rubicão e penetrar a Itália com uma única legião, desafiando ordens expressas do Senado para não se aproximar com as tropas vitoriosas na campanha da Gália. Essa invasão do próprio território foi o início de uma irresistível tomada de poder, que Júlio exerceu sucessivamente através dos cargos de tribuno, ditador e finalmente cônsul.

Segundo Plutarco, Júlio César teria sonhado fazer sexo com a própria mãe na véspera de cruzar o Rubicão, ato inicial de um processo que culminou na destruição da República e na criação do Império.[6] Embora inicialmente a reação de Júlio ao próprio sonho tenha sido de constrangimento, adivinhos logo produziram uma interpretação extremamente auspiciosa: o grande homem literalmente se preparava para possuir sua terra "mãe". Ocorre que o mesmo sonho foi relatado por Suetônio[7] como tendo ocorrido dezoito anos antes, quando Júlio tinha 33 anos e era questor na Hispânia. O sonho teria ocorrido depois de Júlio visitar o templo de Hércules e lamentar-se diante de uma estátua de Alexandre Magno — que conquistou o mundo antes de morrer aos 33 anos — por não ter até então conseguido fazer nada parecido.

A discrepância entre os relatos de Suetônio e Plutarco sugere a despudorada manipulação política de relatos oníricos para a construção de uma biografia. Ambos os escritores usaram e abusaram dos sonhos como suposta causa de importantes eventos históricos. No caso da cópula materna de Júlio César, é mais provável que tenha sido Plutarco o manipulador, ao atribuir o sonho ao momento histórico em que seria mais impactante. Com que propósito teria sido feita essa manipulação? Favorecer Júlio César na demonstração de um destino anunciado? Ou mostrá-lo como um homem sem escrúpulos capaz de tudo? Ou ainda, simplesmente, apimentar o enredo de uma narrativa já saborosa? Plutarco costumava atribuir aos sonhos múltiplos significados, o que lhe permitia delinear com mais liberdade os traços característicos dos biografados. Talvez a pergunta mais relevante a fazer seja outra: o que têm os sonhos de tão fantástico que a eles pode ser atribuída qualquer crença? Como evoluiu esse oráculo cego mas, ainda assim, tão direto e certeiro quando convém?

A GÊNESE CULTURAL DO ORÁCULO

Façamos uma retrospectiva rápida. Há centenas de milhões de anos os sistemas nervosos se tornaram capazes de lembrar o que ocorre ao organismo como um todo. Isso permitiu que eles evoluíssem no sentido de simular, na vigília e em tempo real, o futuro mais provável no que concerne às necessidades fundamentais do indivíduo. A capacidade de prever o futuro imediato fica evidente no sapo que pega o mosquito em pleno voo por antecipação de seus movimentos. Mas o sapo muito provavelmente não tem consciência disso, no sentido de ter uma representação do eu capaz de comentar continuamente seus próprios sucessos e insucessos e assim criar uma narrativa da própria vida, aberta à edição da vaidade, orgulho, receio, ironia, compaixão ou objetividade fleumática.

A despeito da existência de sono REM em répteis e aves, tudo indica que foi apenas nos mamíferos que se expandiu o estado mental do sonho como "espaço de trabalho" ativo por muitos minutos no animal que dorme, capaz de simular as ações do eu sonhador sem despertar o corpo. Na medida em que realiza ou não o desejo dominante, a simulação onírica permite reforçar ou inibir comportamentos com base em seus prováveis efeitos no ambiente. Ao simular objetos de desejo e aversão, o sonho passou a representar ocasionalmente o que de fato acontecia. Esse "oráculo biológico", cego para o futuro e clarividente quanto ao passado, mas mesmo assim capaz de simular futuros possíveis, é tão mais certeiro quanto menor o número de variáveis envolvidas e maior a relevância da predição. Em outras palavras, o oráculo funciona melhor quando o número de futuros alternativos é restrito, mas a importância dos possíveis desfechos é grande.

Mamíferos que têm muito sono REM — primatas, felinos, canídeos — se caracterizam por ocuparem posições elevadas na cadeia alimentar, seja por grande potencial de predação (tigre), seja por organização social cooperativa (chimpanzés), ou ambos (lobos). Animais que ocupam posições baixas na cadeia alimentar dormem menos e têm menos sono REM do que os predadores. É difícil dedicar muito tempo ao sono quando se é caçado.[8]

Além de sono REM muito longo, primatas, felinos e canídeos se caracterizam pela ocorrência, especialmente até a fase juvenil, de jogos com objetos e outros animais. Esses jogos, que identificamos de imediato com o comportamento humano da brincadeira, são simulações aumentadas da realidade, representações interativas de algo ausente como se estivesse presente. Se no sonho o faz de conta é a totalidade da experiência, nas brincadeiras da vigília — que tanto crianças quanto filhotes de leão adoram — a imaginação da realidade é apenas parcial. A grande capacidade de brincar e a imaturidade do sistema nervoso ao nascimento se combinam para permitir aos mamíferos o treinamento seguro de muitas habilidades específicas que são perigosas na vida real. O filhote de tigre não aprende a caçar búfalos caçando búfalos, mas sim brincando de caçar com seus companheiros de ninhada. A imaginação é um espaço mental, protegido, particularmente útil para aprender habilidades arriscadas. Os filhotes dos mamíferos mais inteligentes e criativos são também os que levam mais tempo programando o cérebro, antes de expor-se aos riscos da vida adulta.

A capacidade de imaginar nos deu uma decisiva vantagem evolutiva e está na origem da consciência humana. Uma área cortical essencial para a imaginação é BA 10, no lobo frontal. Trata-se da maior área histologicamente bem definida do córtex cerebral humano, que sofreu acelerada evolução na história de nossa espécie, sendo proporcionalmente bem maior em humanos do que em outros símios.[9] A área BA 10 é necessária para realizar várias tarefas ao mesmo tempo, mantendo em espera atos imaginários que depois podem se tornar reais.[10]

A capacidade de imaginar nos permitiu expandir e aprofundar a simulação fidedigna dos estados mentais de vários outros indivíduos, uma capacidade bem desenvolvida nos primatas em geral, mas levada a extremos de sofisticação nos hominídeos. Imaginar com sucesso o que os outros sentem e pensam depende de ter um modelo mental de cada pessoa em particular, uma representação dinâmica das imagens e ações típicas daquele indivíduo, com probabilidades de ocorrência definidas pelas experiências pregressas com aquela pessoa. Isso deu aos bandos de primatas bípedes uma articulação sem precedentes do comportamento grupal, tão importante na caçada quanto na fuga.

Levando às últimas consequências essa conjectura evolutiva, a gênese do oráculo da noite deve ter ocorrido em três etapas distintas. Num primeiro momento ocorreu a evolução de mecanismos eletrofisiológicos e moleculares capazes de promover a reverberação das memórias e seu armazenamento de longa duração, através do sono de ondas lentas e do sono REM, respectivamente. A promoção da reestruturação de memórias depende da interação desses mecanismos e deve datar da mesma época. Considerando o que sabemos sobre os animais atualmente existentes, é quase certo que isso aconteceu bem no início da evolução dos vertebrados terrestres, há cerca de 340 milhões de anos. Em razão do funcionamento desses mecanismos, ao despertar do sono o animal estava mais adaptado ao ambiente, de forma inconsciente mas eficaz.

Num segundo momento, possivelmente no início da evolução dos mamíferos há 160 milhões de anos, evoluiu o prolongamento do sono REM por muitos minutos, chegando em algumas espécies a durar trezentas vezes mais do que em aves ou répteis. Isso criou as condições para a ativação elétrica de longas sequências de memórias, substratos biológicos dos enredos oníricos. O oráculo começou a tomar forma, pois a reverberação de memórias durante o sono REM reflete tanto as experiências já vividas quanto as desejadas. Nessa segunda etapa, compartilhada por todos os mamíferos em maior ou menor grau, o oráculo ainda era inconsciente; mas seu impacto na vigília tornou-se potencialmente grande, por causa das lembranças da realidade onírica carregadas para o interior da vigília. O sonho dos mamíferos, em contraste com o de pássaros e répteis, tornou-se um espaço mental para a fusão, fissão e evolução de memes, um caldeirão de recombinações simbólicas capaz de verdadeiramente simular futuros possíveis. Nas palavras do neurocientista Jonathan Winson, "embora os sonhos não tenham sido projetados para ser lembrados, são a chave para quem somos".

Esse estágio do funcionamento mental corresponde ao conceito de "consciência primária", definido pelo biólogo norte-americano Gerald Edelman (1929-2014), prêmio Nobel de medicina e fisiologia em 1972 por suas descobertas fundamentais sobre a estrutura química dos anticorpos, convertido, na segunda metade de sua carreira, em influente neurocientista. A consciência primária é a representação mental do *agora*, com suas sensações, percepções e emoções passageiras, plenamente alerta ao tempo presente, mas com acesso apenas difuso ao passado ou futuro. É o modo de funcionamento mental prevalente entre os mamíferos, estrutural e comportamentalmente muito diversos mas todos providos de circuitos neurais para a percepção sensorial, ação motora e processamento de memórias de curto prazo.[11] Esses circuitos também incluem a DMN, cuja ativação é crucial para a experiência do sonho.

Edelman postulou que o cérebro é o produto dinâmico de uma constante competição entre grupos de neurônios e suas sinapses, que são positiva ou negativamente selecionadas segundo a experiência com o meio. Essa visão recebeu o nome de *darwinismo neural*, sendo francamente inspirada em mecanismos análogos aos que atuam no sistema imunológico e nas interações ecológicas.[12] Para Edelman, o cérebro era mais parecido com uma selva do que com um computador. Um aspecto importante dessa concepção do sistema nervoso é que os neurônios competem entre si por acesso à atividade neural e por substâncias necessárias ao metabolismo. Cria-se assim a base para enxergar o desenvolvimento e o amadurecimento do sistema nervoso como produtos da competição entre distintas populações neurais. Daí para a noção de que os pensamentos também competem entre si é um pulo.

Na concepção de Edelman, os outros animais são desprovidos da consciência secundária que nos caracteriza, um modo de funcionamento mental baseado na interação de representações de si e dos outros para gerar simulações contrafactuais, futuros alternativos possíveis ou prováveis.[13] Essa habilidade nos permite ir muito além do presente, pois podemos não apenas passar pela experiência, como planejá-la e avaliá-la continuamente. Se a imaginação é um sonho direcionado pela volição consciente mas de baixa intensidade, um sonho desperto mantido tênue pela barragem de percepções, o sonho propriamente dito pode ser muito mais intenso, mesmo sem ser direcionado pelo desejo consciente. Mas afinal, o que é a consciência?

Em busca de compreender os mecanismos que geram a experiência consciente, os neurocientistas franceses Stanislas Dehaene, Lionel Naccache e Jean Pierre Changeux realizaram uma série de experimentos extremamente reveladores que se tornaram clássicos. Eles mostraram que quando uma pessoa é estimulada com imagens muito tênues, no limite entre a percepção e a não percepção, o que determina se uma imagem específica será vista consciente-

308

mente ou não é o espalhamento da ativação neuronal para regiões bastante distantes da região de entrada de informações no córtex cerebral.[14] Durante os primeiros duzentos milissegundos após o estímulo, o processamento neuronal ocorre em redes de processamento espacialmente restritas, bem específicas da modalidade sensorial do estímulo (visão, audição etc.). No intervalo de tempo seguinte, chegando a quase um segundo depois do estímulo, a ativação pode diminuir até desaparecer ou, ao contrário, espalhar-se. Quando desaparece, a imagem nunca chega a ser conscientemente percebida, e dizemos que o estímulo foi subliminar. Entretanto, quando ocorre o espalhamento da atividade por praticamente todo o córtex cerebral, a imagem passa a ser percebida conscientemente. Curiosamente, em pacientes esquizofrênicos o processamento subliminar está preservado, mas o acesso consciente é reduzido.[15]

Entre as várias teorias que tentam explicar a consciência, a hipótese do espaço neuronal global, formulada pelo neurobiólogo holandês Bernard Baars[16] e estendida por Dehaene, Naccache e Changeux[17] é a que explica a maior quantidade de achados experimentais.[18] Segundo essa teoria, a experiência consciente corresponde à "ignição" de um vasto circuito de neurônios distribuído por todo o córtex, correspondendo a uma transição de múltiplos processamentos isolados em paralelo para um único processamento global, em que todas as partes têm acesso a informações do todo. O conceito emula as grades computacionais desenvolvidas a partir dos anos 1990, em que máquinas conectadas remotamente podem compartilhar informações e realizar processamento cooperativo, recrutando outras máquinas segundo sua disponibilidade. No cérebro esse trabalho é realizado por neurônios das camadas mais superficiais do córtex, que possuem axônios extremamente longos, capazes de rapidamente disseminar ativação. Quando o limiar de espalhamento cortical da atividade é cruzado e a consciência se instala, torna-se possível estabilizar qualquer objeto mental enquanto for necessário, através da retroalimentação de atividade neuronal que amplifica seletivamente as informações relevantes.

Se a diferença entre pensamentos conscientes e inconscientes é o maior ou menor espalhamento cortical da atividade elétrica, como interpretar o fato de que durante o sono REM ocorre enorme espalhamento dessa atividade no córtex cerebral,[19] bem mais do que se pensava até recentemente? Essa descoberta apoia a hipótese de que o sono REM teve um papel central na passagem da consciência primária para a secundária. Foi um trajeto evolutivamente longo, pois há mais coisas em comum entre um polvo e um leopardo do que entre esses animais e nós. Ainda que sejamos muito mais próximos de um mamífero que de um molusco, nosso software mental difere de todos eles pela presença da consciência secundária.

FALAR E OUVIR

As definições de Edelman para consciência primária e secundária são essencialmente as mesmas propostas por Freud entre 1900 e 1917,[20] em associação com os conceitos de id e ego, respectivamente. A influência psicanalítica não foi acidental nem inconsciente, a despeito do enxovalho sofrido por Freud no ambiente biomédico. Isso é atestado na dedicatória de *Bright Air, Brilliant Fire*, importante obra de Edelman publicada em 1993: "À memória de dois pioneiros intelectuais, Charles Darwin e Sigmund Freud, com muita sabedoria, muita tristeza". Darwin explicitou nossa continuidade evolutiva com os outros animais,[21] inclusive nas emoções.[22] Freud observou que a passagem da consciência primária à secundária ocorre sobretudo através da verbalização, isto é, na passagem da representação das coisas para a representação dos nomes das coisas: da imagética à semântica.

O Evangelho segundo João afirma que no início era o Verbo... de onde afinal vieram as palavras? Ainda que a comunicação vocal seja amplamente disseminada entre vertebrados terrestres, apenas grupos muito específicos de animais conseguem aprender os signos usados nessas interações. Chimpanzés livres na natureza produzem complexas misturas de sons e gestos que pouco a pouco a ciência começa a desvendar.[23] Em cativeiro, nossos primos mais próximos aprendem a usar signos arbitrários para se referir a dezenas de objetos e ações diferentes,[24] expandindo enormemente sua capacidade de comunicação com os seres humanos. No entanto, alguns céticos argumentaram que isso não representa uma verdadeira comunicação simbólica, mas sim uma comunicação funcional baseada na aprendizagem das contingências específicas do cenário experimental.[25]

Estudos de campo clássicos sobre a comunicação espontânea dos macacos-verdes (*Cercopithecus aethiops*), nossos primos distantes nas savanas africanas, foram os primeiros a mostrar que não há razão para duvidar da presença de símbolos fora da espécie humana. Macacos-verdes apresentam naturalmente três tipos de chamados de alarme, que correspondem à presença de predadores terrestres, aéreos ou rastejantes. Ao ouvir os chamados de alarme proferidos por um adulto, outros adultos reagem prontamente para se proteger, escondendo-se acima das árvores no caso de predadores terrestres, abaixo das árvores no caso de predadores aéreos, ou afastando-se com um salto para rastrear o chão ao redor, no caso de serpentes. Macacos-verdes adolescentes são capazes de emitir as mesmas vocalizações, mas fazem isso fora do contexto adequado, não produzindo nenhuma reação de fuga nos adultos. Experimentos de campo demonstraram que o sistema de alarmes dos macacos-verdes preenche os critérios de símbolo no sentido estritamente semiótico do termo, tal como concebido há mais de um século pelo filósofo e matemático norte-americano Charles Sanders Peirce (1839-1914).

Na semiótica de Peirce, o interpretante de um signo é informado a respeito do objeto correspondente de acordo com três e apenas três possibilidades de representação: ícone, índice ou símbolo. Ícones informam por similaridade com o objeto, índices informam por contiguidade espaçotemporal com o objeto, e símbolos informam por convenção social.[26] Para informar o objeto "leão" usando apenas um ícone seria necessário mostrar uma foto, filme ou desenho de um leão, ou tocar seu rugido, ou espalhar seu cheiro. Para usar exclusivamente um índice, seria necessário apontar para um leão. Para usar somente símbolos, poderíamos falar ou escrever "*ngonyama*", "*libaax*", "*simba*", "*león*", "*lion*" ou "leão", respectivamente nas línguas xhosa, somali, suaíle, espanhola, inglesa e portuguesa. Enquanto ícones e índices de leão são de compreensão geral e possuem algo de intrinsecamente leonino, os símbolos podem ser totalmente arbitrários e funcionam apenas entre as pessoas que compartilham o código para decifrá-lo.

O sistema de comunicação vocal dos macacos-verdes africanos é um exemplo bastante nítido do uso de símbolos em animais diferentes do ser humano. Nos macacos jovens observa-se um aprendizado gradual do contexto de uso adequado das vocalizações, através de múltiplas repetições do pareamento entre estímulo visual/ olfativo do predador e estímulo auditivo dos chamados de alarme emitidos por indivíduos maduros e vigilantes — seguidas da fuga do bando. Os alarmes pareados com predadores específicos inicialmente funcionam como índices de suas presenças, mas com o tempo e através de muitas repetições, os jovens pouco a pouco introjetam a convenção social dos mais velhos para interpretar os alarmes.

E então acontece a passagem para o simbólico. Já não é necessária a imagem ou o cheiro do predador para que o animal busque abrigo: um aviso vocal é suficiente. Isso foi demonstrado em estudos de campo clássicos realizados há quatro décadas pelos etologistas norte-americanos Dorothy Cheney e Robert Seyfarth, professores eméritos da Universidade da Pensilvânia. Usando alto-falantes para reproduzir chamados de alarme em plena savana africana, Cheney e Seyfarth documentaram que macacos-verdes adultos reagem corretamente de acordo com o tipo de vocalização apresentada, mesmo sem a presença de qualquer predador. Esse fato demonstra a natureza simbólica dessa comunicação, pois o significado é transmitido na ausência do objeto.[27]

Desde a descoberta inicial em macacos-verdes de chamadas simbólicas para alertar contra predadores, publicada em 1980, sistemas de alarme semelhantes foram encontrados em outros primatas africanos, como macacos Diana, macacos de Campbell e chimpanzés, além de uma grande variedade de espécies não primatas, incluindo mangustos anões, cães-de-pradaria, esquilos, galinhas e suricatos. Além disso, golfinhos nariz-de-garrafa são capazes de aprender a interpretar gestos humanos como símbolos das partes de seus próprios corpos.[28]

Simulações computacionais de criaturas artificiais representando as interações de presas vocalizadoras com predadores de três tipos — terrestres, rastejantes e aéreos — sugerem que o código que atribui significado específico a cada tipo de chamado surge espontaneamente em populações providas de múltiplas vocalizações, através de variações aleatórias do pareamento estímulo-vocalização que acabam por se estabelecer e manter no longo prazo.[29] Porém isso só ocorre quando a proporção entre presas e predadores é grande o bastante para que a população de presas sobreviva tempo suficiente para disseminar o código referencial.

ARGUMENTOS, NARRATIVAS E CONSCIÊNCIA

O uso de símbolos não é, portanto, exclusivamente humano. A comunicação referencial em diversas espécies não humanas corresponde na semiótica peirciana ao conceito de símbolo dicente, que funciona "como um índice porque seu objeto é um geral interpretado como um existente".[30] Pela repetição do índice na presença física do predador ("um existente"), eventualmente forma-se a memória da associação entre vocalização e predador, que permite evocá-lo simbolicamente mesmo em sua ausência ("um geral"). No âmbito da semiótica, o que distingue a linguagem humana dos sistemas de comunicação de outras espécies é nossa incrível capacidade de concatenar símbolos a outros símbolos, criando cadeias potencialmente infinitas de representação da representação da representação, correspondendo a um símbolo composto que Peirce chamou de "argumento".

Embora inúmeras espécies animais usem vocalizações sequenciais para se comunicar, existem poucas evidências de atribuição de significado à ordem das vocalizações. A capacidade de gerar argumentos complexos pela combinação de vocalizações mais simples parece ser extremamente rara e talvez exclusivamente humana, se não contarmos os exemplos de sufixos e outros modificadores sequenciais encontrados em animais africanos, como pássaro zaragateiro e alguns primatas, inclusive o chimpanzé.[31]

O desenvolvimento paulatino do nosso repertório de vocalizações icônicas (onomatopeias), indiciais (pronomes demonstrativos) e simbólicas (substantivos, verbos) levou centenas de milhares de anos em lenta evolução, até nos converter nos mais temíveis predadores do planeta. Não foram dentes e garras superiores que nos conferiram esse posto, mas sim nossa comunicação eficaz, nossa organização social e nossas armas. A caçada em bando com lanças e flechas exigia excelente coordenação à distância, que nossos ancestrais realizavam através de vocalizações e gestos.

O papel da linguagem na evolução humana é inegável, mas é óbvio que ainda faltam muitas peças desse quebra-cabeça até compreendermos o percurso acelerado pelo qual repertórios simbólicos muito restritos em seus significados deram origem à explosiva riqueza referencial das línguas atuais. De "leão" e "zebra" até nomes próprios como "En-hedu-ana", de verbos simples como "andar" até palavras como "por que", "alma", "zero" e "internet", transcorreu uma enormidade de processos mentais comprimida num intervalo de tempo bastante curto em comparação com a evolução anatômica da espécie. A passagem do mundo dos ícones e índices para o uso dos símbolos arbitrários e seus sofisticados argumentos correspondeu à atribuição de peso cada vez maior à opinião alheia. Não é preciso ver o leão, basta escutar a vocalização emitida por quem o viu. O significado dos signos tornou-se cada vez mais dependente do consenso social, criando uma sobrevalorização humana das crenças coletivas. Foi o princípio da capacidade de simular e predizer os estados mentais de outros indivíduos, aquilo que em jargão neurocientífico chama-se "teoria da mente".[32]

O salto cognitivo da linguagem simbólico-argumental mudou para sempre nossa interação com o mundo, alterando radicalmente nossa relação com o sonhar. Em algum momento do Paleolítico surgiu o relato das experiências vividas pelas pessoas, tanto na vigília quanto no sonho. O que antes era uma experiência estritamente privada, capaz de influenciar as emoções e atos do sonhador sem que ninguém mais pudesse saber ou entender, paulatinamente passou a constituir uma experiência grupal. A reunião em torno do fogo para compartilhar experiências da vigília e do sonho gradativamente alavancou a expansão do vocabulário, o crescimento da empatia e o início da memorialização da trajetória do grupo, a partir das crônicas de realizações dos antepassados. Os memes se tornaram cada vez mais longos e complexos, formando vastos conglomerados de memórias que incluíam representações cada vez mais rebuscadas de eventos passados e futuros, de palavras novas e de pessoas já falecidas. Essa foi uma condição fundamental para o surgimento do conceito de linhagem familiar, base afetiva da linha do tempo que relembra a origem do clã.

Aqui chegamos enfim ao terceiro momento crítico para a erupção de nossa consciência: o nascimento de um novo universo mental envolvido não apenas com o presente, mas com o passado e o futuro, habitado pelos ancestrais e por espíritos de animais muitíssimo perigosos mas muito saborosos, seres desejados e temidos, abatidos ou por abater, capazes de mobilizar a atenção de nossos ancestrais a ponto de serem obsessivamente retratados nas pinturas rupestres.

QUEBRANDO PEDRAS

Todo animal tem como horizonte de futuro a próxima refeição, o próximo ataque do predador, o próximo acasalamento. Mas os hominídeos deram um salto quando começaram a operar com pensamentos sobre pensamentos, a usar objetos mentais como ferramentas para operar sobre outros objetos mentais e assim simular não apenas a realidade, mas sua ação sobre ela. Antecipando os movimentos de grandes herbívoros migratórios no curso das estações do ano, as caçadas paleolíticas muitas vezes envolviam o encurralamento dos animais ou sua condução temerária até serem empurrados para a morte nas bordas de falésias.

Também foi a capacidade de imaginar o futuro e recombinar objetos mentais que permitiu o desenvolvimento da tecnologia da pedra lascada que permitia confrontar, abater, limpar e cortar a caça. O trabalho extenuante de construir armas de pedra exige ao menos quatro tipos de coisas imaginadas: o formato desejado da pedra, o movimento do corpo necessário para atingir esse formato, o movimento do corpo necessário para matar com tal arma e o efeito final de tudo isso: a alimentação do grupo. A atividade de coleta de vegetais, moluscos e insetos também exige imaginar como encontrá-los e retirá-los de seus invólucros ou tocas. Macacos-prego usam pedras para quebrar cocos. Gravetos são usados como ferramentas por todos os símios, bem como por corvos. Golfinhos usam esponjas. A novidade que apareceu na linhagem humana foi o acoplamento sucessivo de ferramentas, a polimáquina. Inicialmente esse processo foi lento, e o acúmulo cultural de uma geração para outra, quase imperceptível.

É difícil apreciarmos a descomunal extensão de tempo necessária para essa passagem, pois toda a história da espécie cabe numa nota de rodapé da Pré-História. Das rudimentares pedras lascadas de tecnologia Oldowan, iniciada há cerca de 2,6 milhões de anos, até os machados de mão bifaciais que caracterizam a tecnologia Acheuliana, iniciada há cerca de 1,7 milhões de anos, coube uma imensidão de horas em que o acúmulo cultural entre gerações sucessivas foi quase nulo. Daí para a tecnologia Mousteriana, caracterizada pela elaborada produção de pontas afiadas e múltiplas superfícies cortantes, iniciada há cerca de 160 mil anos, foi despendida outra quase eternidade no trabalho duro de lascar pedras para obter ferramentas. Mas assim mesmo, apesar de tamanha inércia cultural, o avanço ocorreu. Formas de pensamento cada vez mais complexas foram evoluindo lentamente, transformando o viver humano para sempre. A descoberta de que as pinturas rupestres no interior das cavernas ocorrem em locais acusticamente distintos segundo o tipo de animal representado, com atenuação dos sons no caso de predadores e amplificação dos sons no caso de presas com cascos,[33] sugere uma sofisticada combinação de arte, técnica e magia para, através da manipulação dos ecos, motivar nossos ancestrais paleolíticos a empreender suas perigosas caçadas.

Das primeiras pedras brutas de 3 milhões de anos atrás até as finas pontas encontradas pouco antes do advento da metalurgia, há cerca de 40 mil anos, transcorreu um longo processo de aquisição de movimentos manuais específicos, capazes de gerar superfícies cortantes, perfurantes e concussivas. Inúmeras vezes a cultura de grupos individuais se perdeu na escuridão da derrota para a predação e a escassez de alimentos. A persistência e aprimoramento da técnica ocorreram nas idas e vindas da transmissão cultural do Paleolítico, nos primórdios da catraca cultural humana.

A otimização da tecnologia de pedra lascada levou cerca de 3 milhões de anos para acoplar-se a uma vara, transformando-a em lança. Deve ter sido enorme a dificuldade de estabilizar a pedra na ponta, tão firme a ponto de poder furar o couro resistente de um auroque, enorme ancestral dos bovinos extinto há menos de quinhentos anos. A invenção da lança e o desenvolvimento da comunicação verbal rica e flexível, capaz de organizar caçadas em tempo real, mas também de planejá-las, utilizando o relevo como parte de armadilhas produzidas por gritos, movimentos e fogo, levaram nossos ancestrais ao topo da cadeia alimentar. Os humanos se tornaram tão letais que sobrou pouco, hoje em dia, da megafauna do Pleistoceno.

Depois que inventaram a lança, nossos ancestrais demoraram 400 mil anos para chegar a outra ferramenta revolucionária, em que pelo menos três elementos precisam funcionar juntos: o arco de madeira, a corda esticada e a flecha certeira. Quem terá tido essa ideia pela primeira vez? As evidências mais antigas remontam a pelo menos 10 mil anos atrás. Foi sonho noturno ou devaneio diurno? Nunca saberemos... O fato é que a ideia se espalhou rapidamente por quase todos os continentes.

Recapitulando: a trajetória humana se caracteriza pela complexificação das ferramentas e dos estados mentais internos que as conceberam. Nesse longo trajeto desenvolvemos uma rica linguagem vocal baseada na geração de signos novos pela combinação e justaposição de elementos. O eu humano é muito mais transformador da realidade em seu entorno do que o eu dos outros mamíferos. Ainda que a capacidade de sonhar tenha criado as bases para alguma consciência do eu em diversas espécies, foi a capacidade de descrever as próprias experiências, advindas tanto da vigília quanto dos sonhos, para si mesmo e para os outros, que originou a narrativa de coesão do grupo, com seus eventos originais, repertório de histórias exemplares e comentários do cotidiano.

A função do sonho como oráculo probabilístico data desse terceiro momento, há talvez centenas, talvez dezenas de milhares de anos, em que nossos ancestrais hominídeos se encontraram equipados com vastos conglomerados de memórias transmitidas de geração em geração — os memes. A experiência passou a ser herdada culturalmente na forma de representações das pessoas e dos saberes a elas associados, por meio de relatos orais, cantos, imagens tumulares, estátuas e outros ícones. Foi a reverberação dessas representações durante o sono e depois durante a vigília que originou os sonhos divinatórios, cujos efeitos na realidade provinham tanto da reverberação intrusiva quanto da lembrança voluntária.

UM ESTADO MENTAL CAPAZ DE SIMULAR A VIDA

A capacidade de sonhar, em paralelo com a vigília, possibilitou simulações imagéticas com escalas de tempo variadas e, o que é mais importante, desacopladas do aparato musculoesquelético; um espaço interno e oculto para o trabalho mental, capaz de simular conquistas de objetivos, situações e probabilidades de desfecho, com segurança e sem interferência no comportamento real, sem limites para a complexificação das relações naturais ou sociais envolvidas, sem limites para o horizonte de futuro considerado. Aquilo que chamamos de comportamento intencional ou voluntário nada mais é do que um comportamento guiado a cada instante por simulações antecipatórias que permitem tomar decisões com base nos resultados esperados. Circuitos dorsais e ventrais no córtex cerebral implementam o fluxo incessante de atividade que integra e sustenta essas simulações. Quando esse processo funciona bem, gera comportamentos mais bem adaptados e portanto mais propensos a serem transmitidos de uma geração a outra.

Como terá sido importante imaginar a semente germinar para começar a semear intencionalmente! Como terá sido importante imaginar as estações vindouras e as fases da lua para escolher o tempo de plantar e de colher! A fartura de ideias e bens materiais iniciou o reinado das pequenas necessidades. Os sonhos se tornaram simbolicamente mais ricos, mas o oráculo onírico passou a ter muito mais dificuldades para adivinhar o futuro imediato, justamente pela explosão combinatorial de possibilidades. Por outro lado, começaram a florescer os oráculos conscientes fundados nos relatos de sonho compartilhados e interpretados à luz do acúmulo cultural já existente. A tomada de consciência dos conteúdos oníricos permitiu a nossos ancestrais construir modelos do mundo visível e invisível, a fim de tentar reduzir os erros de previsão do futuro.

É importante lembrar que a reverberação elétrica é intrinsecamente ruidosa e os circuitos neurais operam com associações de diversos tipos, inclusive simbólicas. Por isso o conteúdo manifesto de um sonho raramente é igual ao seu conteúdo latente. Isso faz com que sejam raros os sonhos de interpretação direta e inequívoca, e frequentes os sonhos indiretos e ambíguos. À medida que a cultura se desenvolvia, com o crescimento do léxico e a elaboração de memes cada vez mais ricos e diversificados, o escopo da vida se expandia, e o oráculo onírico precisava considerar uma quantidade cada vez maior de variáveis. Por outro lado, o conteúdo que era inconsciente no momento do sonho podia ser rapidamente trazido para a consciência e compartilhado para elaboração coletiva pelos integrantes do grupo, podendo ser falado, resenhado, pintado, desenhado e — a partir de 4,5 mil anos atrás — registrado em palavras escritas.

Foi nessa terceira etapa que os sonhadores passaram a ter consciência do oráculo, puderam nomeá-lo e pedir revelações através dele. Foi somente nessa terceira etapa que o sonho se tornou objeto central não apenas da atenção humana, mas também da sua comunicação. Foi através das narrativas sobre o passado e o futuro que acumulamos e disseminamos a cultura humana, essa maravilha monstruosa em franca evolução, imensa força do saber que nos tirou das cavernas em poucos milhares de anos e ameaça nos levar a Marte sem que tenhamos ainda aprendido a habitar nosso próprio planeta em paz. E entre todas essas narrativas, as mais valiosas, ansiadas e respeitadas foram os sonhos com ancestrais, divindades e animais totêmicos.

CRIATURAS DA MENTE NO HIPOCAMPO

Em que parte do cérebro estão representados tais seres sobrenaturais? O hipocampo recebe informações de múltiplos sentidos e desempenha um papel determinante na codificação de representações complexas. Embora já se tenha demonstrado a existência de representações do espaço e do tempo no hipocampo de roedores, bem como respostas específicas a outros indivíduos da mesma espécie, em seres humanos a questão é bem mais difícil de ser abordada, sobretudo pelos obstáculos práticos e burocráticos para se obter registros neuronais em humanos. A questão permaneceu enigmática até 2005, quando o neurocientista argentino Rodrigo Quian Quiroga, da Universidade de Leicester, fez uma descoberta fundamental em pacientes epilépticos. É comum internar esses pacientes por vários dias para monitorar sua atividade cerebral, a fim de mapear detalhadamente os focos epilépticos para que possam ser cirurgicamente removidos com o mínimo possível de dano neural. Aproveitando essa janela de oportunidade, Quiroga e sua equipe investigaram a atividade de neurônios do lobo temporal — que inclui o hipocampo — em pacientes estimulados com fotos de pessoas, animais, objetos e edifícios. Os pesquisadores descobriram que uma parte das células registradas se ativava vigorosamente quando os pacientes eram estimulados com imagens de objetos e principalmente de pessoas ou personagens específicos, como Bill Clinton, Halle Berry, Luke Skywalker ou mesmo Bart Simpson.[34]

O fenômeno aconteceu apesar da grande variedade de posturas e vestimentas nas imagens, bem como da multiplicidade de elementos complementares. Além disso, também era possível evocar as respostas preferenciais através dos nomes dos personagens, tanto escritos quanto falados. As células descobertas por Quiroga se mostraram capazes de aprender, tornando-se sensíveis a novos estímulos por associação com o estímulo favorito. Isso parece um mecanismo plausível para explicar a associatividade do fluxo de pensamentos em que uma imagem leva a outra e assim sucessivamente, através de caminhos bastante idiossincráticos.

A pesquisa de Quiroga foi a primeira demonstração de que neurônios do lobo temporal humano podem ter sua atividade vinculada a pessoas específicas, reais ou fictícias. Os resultados sugerem a existência de um mecanismo sofisticado para representar pessoas e objetos de forma ampla e flexível. O fato de que essas representações são invariantes a diferentes contextos de apresentação indica que possuem um grande grau de autonomia e consistência interna, configurando verdadeiras "criaturas da mente". O "lado de dentro" também tem um "lado de fora" representado internamente.[35]

As diversas áreas corticais ativadas durante a imaginação participam da codificação das diferentes qualidades dos objetos imaginados, bem como da intenção de evocá-los. Em conjunto, esses circuitos hipocampo-corticais permitem recombinar memórias de forma flexível, para imaginar tanto passados alternativos como possibilidades do porvir. Algumas dessas mesmas regiões, notadamente o hipocampo e o córtex pré-frontal medial, são também ativadas durante o sono REM. O sonho habita a interface entre ontem e amanhã, com potencial para impactar fortemente o sonhador a cada despertar. É portanto plausível que a consciência propriamente humana, com sua imensa capacidade de narrar o passado para imaginar o futuro, derive de uma invasão da vigília pelo sonho. O primeiro espaço mental para a simulação de ideias deve ter sido o sonho, muito tempo antes de nossos ancestrais aprenderem a fazer isso acordados.

A expansão gradual da capacidade de contar histórias e viajar mentalmente no tempo foi o combustível da explosão cultural humana nos últimos milênios. Diferentemente dos outros símios, que têm noção limitada da dimensão temporal, nossos antepassados se tornaram progressivamente mais capazes de prever a melhor hora para uma caçada, o melhor dia para a coleta de frutos, o melhor mês para plantar ou colher. O fato é que, em algum momento de nossa história recente, começamos a ser capazes de formular pequenas narrativas de futuro com base no passado. A capacidade de lembrar e relatar cadeias cada vez mais longas de pensamentos, acoplada à imaginação ativa que simboliza com facilidade, permitiu elaborar planos cada vez mais complexos com a simulação de cada vez mais variáveis, cada vez mais distante no futuro. A narração da existência humana foi expandindo a capacidade de memorização das pessoas, repertórios de memes cada vez mais ricos foram sendo construídos, e a cultura foi se fazendo e expandindo pelos relatos da vida e morte das pessoas.

NECROFILIA E CIVILIZAÇÃO

Visto em retrospectiva, o percurso de macaco a homem teve muito de necrofílico. Ainda que a norma social do luto humano tenha variado amplamente no tempo e no espaço, a lamentação e a admiração diante da morte são comportamentos amplamente prevalentes em nossa espécie.[36] Sua origem possivelmente remete aos antepassados comuns entre *Homo sapiens* e outros primatas, e talvez até muito antes, pois há descrições do fenômeno mesmo em elefantes e golfinhos.[37] No entanto, são chimpanzés e gorilas que mostram com mais nitidez a hesitação e a tristeza envolvidas no ato de separar-se dos cadáveres de familiares. Corpos naturalmente mumificados de bebês e crianças chimpanzés podem receber atenção materna por dias e até semanas após a morte, sendo transportados e cuidados como se estivessem vivos. As mães dividem com os filhos falecidos seu espaço no ninho e mostram angústia evidente quando separadas dos cadáveres. Mortes violentas de adultos costumam causar frenesi, enquanto o definhamento natural de indivíduos idosos pode ser acompanhado de cuidados pré-morte, inspeções frequentes do corpo, busca de sinais de vida, agressão ou limpeza do cadáver, permanência prolongada da prole perto do corpo e evitação do lugar onde ocorreu a morte.[38] Comportamentos semelhantes porém mais simples aparecem em primatas mais distantes de nós, como o gelada,[39] robusto macaco africano semelhante ao babuíno. Esses comportamentos se assemelham muito às respostas de seres humanos quando se deparam com a morte de uma pessoa amada, o que indica continuidade filogenética no luto primata.

Entretanto, diferentemente do que acontece em outros animais, entre seres humanos é comum que os mortos fiquem perto dos vivos por anos e décadas, enterrados ou guardados nos lares ou seus entornos, nos altares e santuários, no interior das aldeias ou em seus perímetros, bem como em acidentes geográficos especiais, as árvores, pedras, cavernas, cachoeiras e montanhas sagradas que abrigam seres imaginários. A capacidade de imaginar o que os outros sentem e pensam foi projetada em animais, plantas e outras coisas, configurando uma teoria da mente livre para atribuir intencionalidade a qualquer objeto, animado ou inanimado. Cercados de predadores perigosos e presas necessárias à sobrevivência, nossos ancestrais começaram a despertar a consciência humana através de narrativas cosmogônicas que frequentemente misturavam homens e bichos para explicar os acontecimentos.

Os mitos sobre a origem do mundo, muito recentes na evolução da espécie, derivam da expansão sem precedentes de nossa capacidade de representar entidades reais e imaginárias, humanas e feras, sincretizadas aos ancestrais. A facilidade neurofisiológica de recombinação de memes nos sonhos há de ter contribuído para esse zoomorfismo — a mistura de pessoas com animais — observado desde então em nossa cultura. Foi quase inevitável a mistura com outros seres, plantas e acidentes geográficos, pois durante o sonho nada impede que essas representações se fundam. Naturalmente essa fabulosa fauna mental se apresentou em inúmeras manhãs à consciência vígil de nossos ancestrais boquiabertos. A consequência foi a ampla prevalência do zoomorfismo na cultura humana, animais misturados a pessoas como o Senhor das Feras paleolítico, o poderoso deus egípcio Anúbis, a Grande Esfinge de Gizé, o Minotauro de Creta, o deus hindu Ganesh ou o Sagitário do zodíaco (ou "círculo de animais"). Mas não se trata de traço primitivo sem correspondência contemporânea, pois o zoomorfismo também impera entre mascotes de times de futebol, jogos de azar e personagens de Walt Disney. Desde que somos gente, somos bicho.

DA SAUDADE NASCE A SUBJETIVIDADE

Segundo o antropólogo brasileiro Eduardo Viveiros de Castro, do Museu Nacional da Universidade Federal do Rio de Janeiro, "os conceitos amazônicos sobre os 'espíritos' não apontam para uma classe ou gênero de seres, mas para uma síntese disjuntiva entre o humano e o não humano".[40] Os primeiros deuses foram provavelmente combinações de ancestrais e animais, gerando o animismo, o totemismo e os mitos genealógicos de tantas culturas tradicionais.[41] Diante da escassez de dados objetivos sobre esse estágio da evolução mental humana, é necessário investigá-lo em populações atualmente existentes de caçadores-coletores, cujas autodesignações são quase sempre sinônimo de "gente verdadeira". Esse modo de viver predominou desde os hominídeos bípedes mais antigos, há 7 milhões de anos, até muito recentemente, entre 11 mil e 7 mil anos atrás, quando a coleta de grãos selvagens se desenvolveu em agricultura. Os caçadores-coletores de hoje, nômades ou seminômades, muitos deles praticantes sazonais ou opcionais da agricultura, guardam chaves essenciais para compreender a emergência da consciência humana. Seu modo de vida, mais antigo do que a mais antiga medida de tempo, atravessa integralmente nossa passagem de bicho a gente.

Em culturas ameríndias e siberianas acredita-se que os xamãs são capazes de mudar de forma, assumindo corpos de pantera, lobo ou pássaro. Entre os huaoranis da Amazônia equatoriana, por exemplo, o xamã adota um espírito-jaguar e com ele se encontra perigosamente em sonhos — durante o sono ou após a ingestão de ayahuasca — para receber orientações sobre caçadas.[42] Esses encontros ocorrem no âmbito do que a antropologia denomina perspectivismo, segundo o qual o mundo é habitado por uma enorme variedade de sujeitos humanos e não humanos com pontos de vista muito distintos e recíprocos.[43] Nem os animais seriam todos simples e igualmente dotados de espíritos, como no conceito original de animismo,[44] nem a humanidade de cada povo terminaria em suas fronteiras, como quis o etnocentrismo mais radical. Cada espécie seria um centro de consciência com uma perspectiva própria, de modo que os mesmos critérios usados pelos membros de um povo para se distinguir de outros povos seriam aplicados pelos animais aos humanos e outros animais.[45] Assim, do mesmo modo como um indígena se percebe humano ou onça enquanto caça porcos-do-mato, uma onça se perceberia reciprocamente onça ou mesmo humana[46] ao caçar um indígena — que para ela seria um porco-do-mato.

Nas palavras de Viveiros de Castro, em diversas culturas ameríndias "é sujeito [...] quem tem alma, e tem alma quem é capaz de um ponto de vista":[47]

> Os animais são gente, ou se veem como pessoas. Tal concepção está quase sempre associada à ideia de que a forma manifesta de cada espécie é um mero envelope (uma "roupa") a esconder uma forma interna humana, normalmente visível apenas aos olhos da própria espécie ou de certos seres transespecíficos, como os xamãs. Essa forma interna é o espírito do animal: uma intencionalidade ou subjetividade formalmente idêntica à consciência humana, materializável [...] em um esquema corporal humano oculto sob a máscara animal. [...] A noção de "roupa" é uma das expressões privilegiadas da metamorfose — espíritos, mortos e xamãs que assumem formas animais, bichos que viram outros bichos, humanos que são inadvertidamente mudados em animais. [...] Esse perspectivismo e transformismo cosmológico [...] se acha também [...] nas culturas das regiões boreais da América do Norte e da Ásia, e entre caçadores-coletores tropicais de outros continentes.[48]

Nessas culturas semi ou pré-agrícolas, a predação aparece como a principal chave para a construção do eu e de suas relações sociais, através de apropriações físicas ou simbólicas para ganho pessoal. Porém, estando o mundo dominado por relações predatórias, existe sempre a possibilidade de inversão da perspectiva, isto é, o caçador sempre pode virar caça. Sendo a vida concebida como luta constante para impor o próprio ponto de vista a seres dotados de espírito e com ponto de vista próprio, acredita-se que o laço entre predador e presa persista após o evento violento, com consequências para ambos. É comum que o caçador realize rituais para aplacar o espírito da presa abatida, evitando sua vingança. Se não há propriamente culpa, existe o medo da retaliação, o pânico de passar de predador a presa pela ação daquele morto ainda vivo na imaginação. O xamã Davi Kopenawa afirma que

> os animais também são humanos. Por isso se afastam de nós quando são maltratados. No tempo do sonho, às vezes ouço suas palavras de desgosto quando querem se negar aos caçadores. Quando se tem mesmo fome de carne, é preciso flechar a presa com cuidado, para que morra na hora. Assim, ela ficará satisfeita por ter sido morta com retidão. Caso contrário, fugirá para bem longe, ferida e furiosa com os humanos.[49]

Assim como na caçada e na guerra, no sonho identifica-se frequentemente o risco de imposição da perspectiva do outro. Para um índio juruna, um sonho com porcos abatidos significa que sua alma teve sucesso na caça e portanto o caçador desperto também a encontrará. Por outro lado, um sonho com porcos correndo livremente pela mata significa que inimigos perseguiram a alma e portanto surgirão no caminho do caçador. Isso o levará a se resguardar por alguns dias, sem narrar o sonho a ninguém.[50] Entre os yudjás do Parque do Xingu, um sonho com urubus perto de uma pessoa é sinal de que ela vai morrer mesmo tendo aparecido viva no sonho, porque "urubu só come carniça". O sonho é particularmente aberto à imposição da perspectiva alheia, no caso a perspectiva dos urubus.[51]

É muito provável que a crença nos deuses e espíritos tenha surgido num contexto semelhante. De início nada mais do que a atribuição de vida e poderes diversos às memórias dos parentes falecidos e das presas abatidas, memórias com as quais nossos ancestrais dialogavam intensamente em sonhos. Com o desenvolvimento das civilizações, a atividade onírica passou a ser vista como portal mágico de acesso àquilo que hoje na umbanda se chama o reino de Aruanda: a dimensão espiritual em que habitam os ancestrais, embrião do mundo dos deuses, eternizados na lembrança de múltiplas gerações. Numa amostra de 68 sonhos coletados pelo antropólogo Franz Boas entre os indígenas kwakiutls, 25% se referiam a parentes mortos ou cenas fúnebres.[52] Nas palavras de um indígena pirahã: "Quando sonhamos, ficamos perto, ficamos junto aos mortos".[53]

16. Saudade e cultura

O papel fundante da memória dos mortos para o desenvolvimento da cultura teve algo de acidental, pois o mecanismo poderoso de propagação dos hábitos, ideias e comportamentos dos ancestrais foi o afeto. A lembrança de quem partiu, bem visível nos chimpanzés que se enlutam quando perdem um ente querido, tornou-se uma marca indelével de nossa espécie. Isso não aconteceu sem contradições, é claro. Com o amor pelos mortos surgiu também o medo deles. Do Egito à Papua-Nova Guiné, em distintos momentos e lugares, floresceram rituais para neutralizar, apaziguar e satisfazer os espíritos desencarnados. Na Inglaterra medieval, temia-se tanto os mortos que cadáveres eram mutilados e queimados para garantir sua permanência nas covas. Entre os yanomamis, a queima dos pertences é uma parte essencial dos rituais fúnebres. A Igreja católica até hoje considera que os restos mortais dos santos são valiosas relíquias religiosas.

A propagação dos memes de entidades espirituais foi portanto impulsionada pelos afetos positivos e negativos em relação aos mortos. Foi a memória das técnicas e conhecimentos carregados pelos avós e pais falecidos que transformou esse processo em algo adaptativo, um verdadeiro círculo virtuoso simbólico. Não é exagero dizer que o motor essencial da nossa explosão cultural foi a saudade dos mortos. A crença na autoridade divina para orientar decisões humanas levou a um acúmulo acelerado de conhecimentos empíricos sobre o mundo, sob a forma de preceitos, mitos, dogmas, rituais e práticas. Ainda que apoiada em coincidências e superstições de todo tipo, essa crença foi o embrião de nossa racionalidade. Causas e efeitos foram sendo aprendidos pela corroboração ou não da eficácia dos símbolos religiosos.

O culto aos mortos se desenvolveu desde o Paleolítico, atravessou o Neolítico e culminou na Idade do Bronze, com seus majestosos legados tumulares e o início do registro simbólico de todo esse acúmulo cultural. As religiões em suas inúmeras vertentes são portanto derivadas de uma tecnologia de autorregulação psicológica e fisiológica que foi selecionada pela otimização da capacidade reprodutiva e da coesão do grupo,[1] um modo de funcionamento mental altamente adaptativo cujo sucesso se evidencia na hegemonia das civilizações teístas em todo o planeta.[2]

Há cerca de 4,5 mil anos, começou o registro histórico que mudou radicalmente a velocidade de evolução da nossa espécie. O nascimento da literatura ocorreu na Afro-Eurásia no início da Idade do Bronze, no contexto da primeira grande fusão civilizacional, que envolveu populações indo-europeias e semíticas. O crescimento populacional, as migrações e as conquistas militares começaram a unir grupos cada vez maiores de pessoas em torno de núcleos culturais similares. Ao motivar a preservação do conhecimento de uma geração a outra, o acoplamento entre o amor pelo conhecimento e o amor entre pais e filhos — memorializados através da deificação — transformou-se numa força tão possante que literalmente nos expeliu para além da estratosfera. Mas assim como nos primeiros foguetes a cápsula principal prossegue à medida que se livra de estágios fundamentais, para chegarmos à *Apollo 11* tivemos que deixar para trás, há relativamente pouco tempo, boa parte do software mental que usamos para iniciar o grande voo. Para compreender como os deuses nos tiraram das cavernas é preciso entender como eles nos abandonaram — e vice-versa.

DE AQUILES A ULISSES

As línguas proto-indo-europeias, originadas na Ásia central entre 9 mil e 6 mil anos atrás,[3] já se espalhavam na Era Axial por uma extensão geográfica que vai da Irlanda à Índia. E em todas essas línguas, para todos esses povos, nomes com raízes semelhantes foram pronunciados para ligar sonho e morte. Se os deuses são memes de ancestrais mortos, donos de toda a sabedoria e senhores de todo o destino, é fácil entender por que despontou o uso dos sonhos para fazer necromancia e divinação. Comprovadamente durante a Idade do Bronze, mas provavelmente bem antes disso, as pessoas passaram a consultar entidades espirituais em sonhos. Por isso mesmo, os antigos sabiam bastante bem que os sonhos não são necessariamente confiáveis. Enquanto alguns são bem formados, emocionantes e por vezes úteis, outros são canhestros, malformados e frustrantes.

Na *Ilíada*, composta entre os séculos VIII e VII a.C., Aquiles é visitado em sonho pelo espírito de seu grande amigo Pátroclo, abatido em combate pelo príncipe troiano Heitor. Aquiles faz um gesto para abraçar o companheiro, mas Pátroclo desaparece no chão fazendo ruídos estranhos. Esse sonho de final tão decepcionante se revela como um mero construto mental inacabado, só desapontamento. Já na *Odisseia* os sonhos surgem tanto como engano quanto como fontes de auxílio providencial. No canto IV, quando os pretendentes de Penélope planejam assassinar seu filho Telêmaco, a deusa Palas Atena aparece num sonho da rainha, tranquilizando-a sobre seu filho. No canto VI, Atena aparece em sonho para a princesa Nausica para induzi-la a achar Ulisses, que se encontra dormindo e precisa de ajuda. No canto XI, quando Ulisses entra no mundo dos mortos de Hades para ouvir as profecias de Tirésias, acaba encontrando sua mãe falecida, que lhe dá conselhos. Por três vezes tenta abraçá-la, mas três vezes abraça apenas uma ilusão — o que parecia ser um sonho divinatório termina em decepção. Finalmente, no canto XIX, quando Penélope é assediada pelos pretendentes que dão Ulisses por morto e este aparece disfarçado de mendigo, ela lhe revela um sonho da véspera em que uma águia identificada com Ulisses mata vinte gansos que representam os pretendentes. O falso mendigo confirma que Ulisses regressará e no dia seguinte cumpre a profecia, eliminando todos os rivais a flechadas.

Como vimos no capítulo 3, a transição da mentalidade de Aquiles para a de Ulisses representa a passagem para uma consciência semelhante à que temos hoje. Aquiles não tem nem nostalgia do passado nem planos de futuro. Tudo que ele deseja é a glória da batalha presente e, para atingi-la, deixa-se conduzir completamente pelos comandos de Atena. Enquanto Aquiles é guiado por vozes alheias, Ulisses frequentemente dialoga consigo mesmo e inverte a causalidade em sua esfera de ação. Em vez de apenas reagir a estímulos como Aquiles, antecipa situações e faz o futuro acontecer como ele deseja. Por entender como os troianos sentem e pensam, por compreender suas crenças e sua trajetória, Ulisses antecipa que interpretarão o imenso cavalo de madeira como uma oferenda feita a Palas Atena pelos gregos, para poderem regressar em segurança a seus lares. Ulisses antecipa também que os troianos levarão o cavalo para dentro de sua inexpugnável cidade, como maravilhoso troféu de guerra. Com essa simulação do futuro em mente, Ulisses esconde dentro do cavalo os guerreiros gregos que abrirão os portões de Troia.

Mesmo que ocasionalmente conte com ajuda sobrenatural, não é com inspiração divina que Ulisses vence a guerra, mas com sua lúcida capacidade de viajar dentro de si para se imaginar no lugar do outro. Ulisses imagina que os troianos possuem uma mente semelhante à dele e devem reagir à oferenda de modo previsível. Apenas tendo uma teoria da mente, imaginando o que pensam outras pessoas, é possível a Ulisses mentir e enganar, pois para isso é necessário presumir que os outros — os troianos — são psicologicamente semelhantes a ele, embora não saibam o que ele sabe.

A narrativa homérica da guerra de Troia, talvez reflexo de um cerco específico durante o século XII a.C. na Anatólia, talvez amálgama de múltiplas incursões micênicas pela Ásia Menor, é um marco importante do extenso colapso civilizacional que marcou o fim da Idade do Bronze e o início da do Ferro. No intervalo de apenas três séculos, poderosas cidades-estados e impérios inteiros desapareceram temporária ou definitivamente na Afro-Eurásia, incluindo Troia, Cnossos, Micenas, Ugarit, Megido, Babilônia, Egito e Assíria. O ordenamento divino foi sacudido pela superpopulação, por armas mais letais, guerras mais frequentes, invasões marinhas, migrações terrestres, queda nos níveis de alfabetização, pestes mortíferas, escassez de alimento, fome e caos social. O arcaico sistema de crenças nos deuses, dotado de raízes paleolíticas e há milhares de anos apoiado numa causalidade supersticiosa, começou a ruir.

Nessa situação de profunda crise social, os oráculos oníricos já não podiam prover respostas adaptativas aos inúmeros e cada vez mais imprevisíveis problemas da realidade, mistura dos multifacetados problemas daquelas sociedades complexas com a árida lógica tripartite dos novos tempos à frente: matar, sobreviver e procriar. Reis e generais se viram desprovidos de orientação para suas ações, pois deixaram de ouvir mais as vozes sábias de seus ancestrais deificados. A reverberação neural dos memes divinos foi ainda mais solapada pela disseminação da palavra escrita, capaz de viajar no tempo e no espaço e conversar com o leitor sem que este precise alucinar vozes sobrenaturais. A literatura do final da Idade do Bronze documenta fartamente as lamentações pelo silêncio dos deuses. Antes tão dispostas a comandar, as vozes divinas se calaram e o homem se viu só em sua própria mente. Foi somente após esse colapso, durante a Era Axial (800-200 a.C.), que despertou a consciência humana semelhante à que temos hoje. Em 326 a.C., quando Alexandre invadiu o Norte da Índia, as línguas indo-europeias e afro-asiáticas já evoluíam com noções compartilhadas de religião, governo, comércio, dinheiro e literatura. Desde então ganhamos cada vez mais controle racional sobre o mundo, e os sonhadores começaram a perder intimidade com a realidade onírica. Pouco a pouco, passamos a enxergar bizarrice e constrangimento onde antes havia apenas encantamento e mistério.

O ORÁCULO RESISTE

Não que o sonho tenha perdido todo o seu status rápida e completamente. Durante toda a Antiguidade, o oráculo da noite manteve lugar de destaque na vida privada e na gestão pública, como demonstra fartamente a cultura greco-romana. Os sonhos exemplares de Júlio César e Calpúrnia na noite anterior ao assassinato de César, de capital significância para a organização política de Roma, foram ambos precognitivos em seus próprios termos: o dele, uma metafórica ascensão aos céus para o convívio com Júpiter, êxtase e sublimação de todas as preocupações mundanas. O dela, um pavor de concretude: vaticínio perfeito, profecia cruel, um sonho teoremático na rica terminologia de Artemidoro.

A fé no poder divinatório dos sonhos não se restringe a sociedades extintas ou ditas primitivas. Ainda hoje, entre a maioria das pessoas, tanto na cidade quanto no campo, é difícil não encontrar quem interprete um sonho como aviso ou premonição digna de orientar casamentos, viagens, compra e venda de imóveis, contratos e apostas a dinheiro. No Brasil, é amplamente disseminado o costume de apostar no jogo do bicho quando se sonha com algum animal. Buscando no Google a combinação dos termos "sonho" e "jogo do bicho", encontrei mais de 350 mil documentos relevantes. Uma notícia publicada num dos principais jornais do estado do Pará, com grande penetração na Amazônia, ajuda a entender a febre:

> O autônomo Paulo Roberto da Silva, 46 anos, joga no bicho todos os dias [...]. Tudo vira bicho no imaginário do apostador. "Eu sonho com qualquer coisa, traduzo o sonho e venho jogar. Tudo serve de inspiração para as apostas, até as nuvens, dependendo do formato. [...] Já ganhei R$ 1.200 uma vez e espero repetir o feito."[4]

De modo nenhum trata-se de um fenômeno restrito às classes populares. No final de 1913, quando viajava de trem para visitar uma parente perto de Zurique, Jung teve uma visão onírica perturbadora: enxergou toda a Europa imersa num mar de sangue, uma enchente monstruosa salpicada de cadáveres. Foi somente no ano seguinte, quando eclodiu a carnificina da Primeira Guerra Mundial, que Jung percebeu o quanto aquele sonho havia sido precognitivo.[5] Décadas depois, num déjà-vu assombroso, Jung anteciparia a ascensão de Hitler e a hegemonia catastrófica do nazismo pela análise dos sonhos de seus pacientes alemães.[6] Esses relatos sugerem que a história cultural pode ser prevista, pois se desenvolve pela atualização de memes arquetípicos através dos séculos. Nas palavras de Jung, "as fantasias, os eventos psíquicos, são fatos do mundo interior".

Se o mundo de dentro é tão real quanto o de fora, então é preciso enxergar os sonhos premonitórios como fatos naturais — o que não significa dizer que suas interpretações também sejam naturais. Negar a eficácia do oráculo probabilístico é tão arriscado quanto acreditar piamente em suas premonições. A rede BBC noticiou que Florin Codreanu, um romeno residente no Reino Unido e que tinha pesadelos recorrentes, estrangulou a própria esposa ao despertar furioso de um sonho em que ela o traía. Apesar de citar o sonho como motivação do crime, o homem foi condenado à prisão perpétua em 2010.[7]

Numa pesquisa realizada pelas universidades Carnegie Mellon e Harvard, a maioria dos participantes inqueridos declarou que os sonhos têm real impacto em seu cotidiano, afetando suas decisões e relações sociais.[8] Em 68% dos casos, essa influência foi justificada pela crença de que os sonhos podem prever o futuro. Solicitou-se aos entrevistados que imaginassem ter um bilhete aéreo e lhes foi indagado se alterariam seus planos de viagem diante de quatro cenários alternativos: um aviso de risco de ataque terrorista, um pensamento intrusivo da vigília sobre a possibilidade de um acidente aéreo, um sonho sobre o mesmo tema, ou uma notícia de jornal também com o mesmo teor. É notável que, em comparação com todos os outros cenários, os entrevistados tenham majoritariamente declarado ter mais chances de cancelar a viagem após o sonho.

O INFINITO QUEBRA-CABEÇA

Recapitulando nosso trajeto até aqui, primeiro é preciso reconhecer que no mundo natural os problemas dos animais são sempre os mesmos: não morrer, matar algo para comer e procriar. Nesse mundo duríssimo, em que cada dia é uma batalha e os grandes problemas são sempre variações dos mesmos temas, os sonhos evoluíram como uma função adicional do sono, capaz de simular comportamentos antes de testá-los na vida real. Para situações-limite, verdadeiramente perigosas, os sonhos são criadores da vida que escapa da morte. Entretanto, para o ser humano vivendo em sociedade e provido de condições materiais para existir, em vez de três grandes problemas existem milhares de pequenos aborrecimentos, limitações e desejos frustrados. Nessas circunstâncias, o sonho se torna uma tessitura muito mais ambígua e complexa, como vários quebra-cabeças sendo montados ao mesmo tempo, uns sobre os outros, um palimpsesto de narrativas. Isso apenas aumenta a necessidade de separar e interpretar os diferentes fios narrativos entremeados na experiência onírica.

É portanto crucial reconhecer o potencial benigno da tomada de consciência possibilitada no sonho, que se apresenta como uma oportunidade ímpar de prospecção do próprio inconsciente. Narrar e decifrar sonhos foi e continua sendo a base das terapêuticas tradicionais, seja através de indivíduos especializados nessa função, como os intérpretes de sonhos mapuches, seja através da ampla socialização da capacidade de experimentar e explicar sonhos, como no caso dos xavantes. Personagens, narrativas e enredos oníricos são vivenciados coletivamente. Como num retrato-falado, cada história é feita da recombinação das peças do passado para tentar compreender o futuro. Na análise dos sonhos, psicoterapeutas em geral — e psicanalistas em particular

— agem como colegas legítimos dos xamãs, utilizando mais ou menos os mesmos recursos para fiar e desfiar o que se passou, embora dando explicações bem diferentes para os fenômenos experimentados.

Se para os psicoterapeutas o sonho é a principal fonte interior de símbolos, em diversas culturas tradicionais a experiência onírica não remete apenas a outra realidade mental, mas a uma realidade material, concreta e perceptível. Para pessoas imersas nessas culturas, a oposição entre vigília e sonho não corresponde a nenhuma distinção entre material e imaterial, ou entre orgânico e psíquico. O antropólogo brasileiro Antonio Guerreiro, da Universidade Estadual de Campinas, explica que entre os kalapalos do Alto Xingu a alma que navega em sonhos equivale "ao potencial de cada ser poder ser percebido sob o ponto de vista de outros seres (inimigos, espíritos etc.) e de se relacionar com eles segundo as lógicas que lhes são próprias". Nessa chave explicativa, o sonho não representa um mergulho em si mesmo, mas o embarque — voluntário ou não — numa viagem potencialmente recompensadora e ameaçadora. Entre os índios wayuus do deserto da Guajira, na fronteira norte entre Colômbia e Venezuela, é comum dizer antes de dormir: "Nos veremos amanhã se você tiver bons sonhos".[9] A frase denota que sonhar pode ser perigoso para os wayuus, pois acreditam que durante os sonhos os espíritos dos mortos vagam pelo mundo, anunciando eventos e causando enfermidades entre os desprevenidos.

PALAVRAS CIRÚRGICAS

Nos consultórios psicoterapêuticos em todo o mundo, o perigo que pode aparecer nos sonhos é revisitado num lugar seguro. O psiquiatra e psicanalista austríaco Ernest Hartmann (1934-2013) foi um dos primeiros a defender a noção de que os sonhos funcionam em si mesmos como psicoterapia, permitindo que o sonhador integre pensamentos que normalmente estão dissociados na vigília, fazendo conexões em um lugar seguro.[10] Entretanto, em inúmeras culturas o momento do sonho não é nada seguro. É apenas depois de dormir, nas rodas de conversa matinal, sobre redes e com largos bocejos, que essa segurança pode ser alcançada — num espaço em que é possível falar e ouvir, narrar e renarrar até ressignificar. Assim na taba como no divã.

Depois de décadas sob crítica implacável, a psicanálise começa a experimentar o resgate de alguns de seus mais importantes pressupostos. Assim como outros métodos chancelados pela ciência para atenuar memórias traumáticas, o método psicanalítico de livre associação em ambiente seguro e relaxado promove a rememoração amena do trauma, algo de grande valor terapêutico para reduzir o estresse e lidar com suas consequências. O tratamento do transtorno de estresse pós-traumático atualmente abrange vários tipos de psicoterapia, entre as quais diversas técnicas de relaxamento, meditação, habituação ao relato traumático, reinterpretação cognitiva em contexto não ameaçador, estimulação sensorial repetitiva e administração de drogas — todas voltadas para enfraquecer a memória traumática após sua reativação voluntária.[11]

Mesmo no caso de pacientes psicóticos, é mais eficaz associar o tratamento farmacológico à psicoterapia do que depender exclusivamente das drogas.[12] Isso ocorre porque os pacientes adquirem conhecimento sobre a própria doença, o que permite cultivar a crítica das alucinações e delírios que os acometem. Com o treino, o paciente consegue atenuar ou até mesmo bloquear o impacto das perturbações mais intrusivas, como a escuta de vozes. O diálogo entre paciente e terapeuta, que na visão da medicina hegemônica é tecnicamente apenas um placebo, aumenta a eficácia até de tratamentos em princípio distantes do campo simbólico, como a estimulação elétrica leve para tratar lombalgia crônica.[13] Todo paciente sabe a diferença entre um médico com ou sem empatia. Ainda que explicitamente rejeitada ou desconhecida por tantos médicos clínicos, a tríade psicanalítica de livre associação de pensamentos, interpretação das palavras ditas e transferência de afetos entre paciente e terapeuta se imiscui nos tratamentos pela necessidade humana de compreensão e acolhimento.

Jung utilizou a metáfora da cirurgia para se referir à psicoterapia, talvez porque a tomada de consciência de conteúdos reprimidos, quando bem-sucedida, parece fechar e cauterizar feridas psíquicas. Mas assim como uma cirurgia de bisturi e gaze, a psicoterapia pode ser bem ou mal realizada. No segundo caso, frequentemente assomam cicatrizes causadas pelo tratamento em si. Além disso, memórias de forte teor emocional simplesmente não se apagam. Para ficar nas analogias entre ramos distantes da medicina, melhor seria dizer que a psicanálise é um tipo de fisioterapia das emoções, de massagem das memórias, de tomada de consciência dos pensamentos e do corpo, dos limites e dos desejos, capaz de rearrumar as memórias e desinflamar a mente. Ou então, para fazer uma metáfora ainda mais suave: a cura pela palavra é como um desembaraçar de cabelos que desfaz os nós.

RECONSOLIDAÇÃO E PSICOTERAPIA

As bases moleculares para esses poéticos efeitos terapêuticos, a rigor ainda desconhecidas, podem ter começado a ser desvendadas com a descoberta da reconsolidação de memórias, o processo pelo qual memórias já adquiridas e consolidadas podem ser posteriormente alteradas ao ser relembradas. O experimento clássico dessa linha de pesquisa foi realizado durante o pós-doutoramento do neurobiólogo egípcio-canadense Karim Nader no laboratório do neurobiólogo norte-americano Joseph LeDoux, na Universidade de Nova York. Durante o inverno de 1999, Nader tomou conhecimento de que alguns estudos dos anos 1960 sugeriam a possibilidade de modificar memórias através de sua reativação seguida de algum tipo de manipulação. LeDoux foi implacável: "Não perca seu tempo, isso nunca vai funcionar". Mesmo assim, decidido a revisitar a ideia herética, Nader treinou ratos com um sinal sonoro seguido de um choque elétrico fraco. Essa sequência de eventos fez com que os ratos se lembrassem de que o som precede o choque, imobilizando-os. Nader então esperou 24 horas e voltou a apresentar o sinal sonoro, só que dessa vez não houve choque, e sim a injeção no cérebro de uma substância que inibe a produção de novas proteínas. A injeção ocorreu na região cerebral da amígdala, envolvida na codificação do medo de estímulos específicos. Quando os ratos foram testados um dia depois, ou mesmo duas semanas depois, já não ficavam imóveis ao escutar o som — haviam "esquecido" a sua relação com o choque.[14]

A despeito de grande resistência inicial dos especialistas da área, o fenômeno da reconsolidação de memórias foi replicado de muitas formas diferentes em modelos animais distintos. A pesquisa valeu a Nader uma merecida notoriedade e o cargo de professor titular de psicologia na Universidade McGill. Hoje sabemos que as memórias não são consolidadas de uma única vez, logo após serem adquiridas. Ao contrário, elas se tornam novamente maleáveis toda vez que são relembradas, recuperadas, reativadas. Essa renovação da maleabilidade da memória depende dos mesmos mecanismos de regulação de genes e produção de proteínas que são ativados na vigília durante uma situação de aprendizado. A cada vez que uma memória é relembrada, ela é parcialmente reconstruída.[15] Mesmo memórias sólidas e antigas, que passaram pelo teste do tempo e são consideradas estáveis, podem sofrer edições de conteúdo e emoções associadas. Nas palavras de Mark Solms,

> o propósito de aprender não é manter registros, mas gerar previsões. Previsões bem-sucedidas permanecem implícitas; apenas erros de previsão ("surpresas") atraem a consciência. Era isso que Freud tinha em mente quando declarou que "a consciência surge no lugar de um traço de memória". O objetivo da reconsolidação e da psicoterapia é melhorar as previsões sobre como atender às nossas necessidades no mundo.[16]

Na medida em que revisitam e modificam experiências já vividas, os sonhos podem ser vistos como oportunidades especialmente potentes para reconsolidar memórias.

Mas isso ainda soa pouco para dar conta do grandioso impacto que um sonho pode causar na mente do sonhador. Ainda há um longo caminho a ser percorrido até compreendermos de que forma os fenômenos moleculares e celulares deflagrados pelo sono se relacionam com o sonho como experiência psicologicamente transformadora, de grande relevância para o processo de individuação do eu. Esse caminho passa pelo resgate ativo de memórias do inconsciente, pela conscientização dos próprios instintos e pulsões (sobretudo os que colidem com as normas sociais), e pela melhor percepção do *chiaroscuro* que somos sempre, mas do qual quase nunca nos damos conta. Os símbolos oníricos não devem ser interpretados como isso ou aquilo, e sim como isso *e* aquilo, dada a mais franca multiplicidade de sentidos possível, derivados das tantas associações fonéticas e semânticas, inclusive polissemias intra e interlinguísticas. Codificadas nesse amplo espaço linguístico, as relações compartilhadas de ideias e afetos permitem a construção de uma experiência autobiográfica que combina a educação formal e informal na gênese de pessoas únicas. Perspectivas originais, sujeitos de fato, verdadeiros pontos de vista. O espaço mental não é infinito, apenas vastíssimo.

17. Sonhar tem futuro?

Quando os povos védicos acreditaram que Vishnu sonha o Universo em realidade, legaram uma metáfora poderosa do que fazemos quando sonhamos, imaginamos, planejamos e realizamos. Sonhar sem intencionalidade é necessidade e circunstância humana, mas sonhar com intencionalidade é uma opção radical de vida. Opção que pode ser vivida de muitas formas diferentes dependendo do objetivo do sonhador, desde a mais elevada busca de propósito através da devoção mística, investigação científica e imersão na infinitude até as emoções fortes de um esporte radical interior. Penetrar a inefável luz em busca do saber, seja em sono REM intenso, girando sem parar num ritual sufi ou sob efeito das secreções psicodélicas do sapo *Bufo alvarius*, é um caminho para buscar no interior da mente algum estado que esclareça, inspire, emocione, transforme ou cure.

Os métodos para obter tais estados de transe onírico podem envolver jejuns, privação de sono, provações físicas ou simplesmente adormecer. Isso não é absolutamente privilégio de xamãs indígenas, iogues asiáticos ou hippies californianos. Para ficar num exemplo familiar: nas religiões neopentecostais que se disseminam pelo Brasil e diversos outros países, experiências de transe místico são altamente valorizadas. Na rádio FM, programas da Igreja Universal do Reino de Deus preconizam vigílias, propósitos, doações e humilhações a fim de atingir o êxtase com o Espírito Santo. Não é à toa que essas igrejas crescem tanto, pois prometem um transe real e poderoso aos que trabalham e sofrem na dura realidade de todo dia.

Anunciada por sacerdotes de todo o globo, a promessa de estado alterado de consciência se apresenta em muitos sabores, compreendendo todas as deusas e deuses, todas as entidades, todas as drogas enteógenas, todas as ondas. A despeito de sua enorme variedade, todos esses estados mentais são caracterizados por uma mesma verdade: evocam o que não é para permitir a fuga do que é. O sonho acontece no alheamento da realidade para imaginar o que poderia ser. No espaço confessional, diante de um observador discreto, ou na intimidade da conversa com Deus, ajoelhado na beirada da cama, o fiel tenta fugir de sua realidade opressiva e almeja um contato numinoso, que dê sentido à vida.

Na iminência da fome no subártico canadense, os sonhadores do Povo do Castor relatam entrar em transe onírico para descobrir onde se encontra a caça. Na Floresta Amazônica, caçadores jívaros propiciam o sucesso de sua jornada bebendo ayahuasca. Se a vigília é o tempo presente, ao transe onírico pertencem o futuro e o passado, tudo que não foi ou que ainda pode ser, o horizonte de futuros possíveis: o mundo dos contrafactuais.

O SONHO DECIFRADO

Apesar dos importantes avanços da ciência onírica, ainda há muito por descobrir sobre a natureza do sonho e seu papel no comportamento humano. Mesmo questões extremamente básicas sobre o fenômeno permanecem enigmas de recente resolução ou ainda abertos. Até poucos anos atrás, alguns dos mais importantes pesquisadores da área de sono e memória acreditavam que o relato de um sonho não reflete uma vivência do próprio sono, mas apenas uma rápida elaboração realizada pelo cérebro já desperto, imediatamente após o final do sono. Esse argumento foi originalmente formulado pelo médico francês Louis Alfred Maury (1817-92) em contraposição às ideias defendidas por seu contemporâneo, o marquês D'Hervey de Saint-Denys.[1] Em 1956 o filósofo norte-americano Norman Malcolm (1911-90) retomou o tema com base na incongruência lógica de referir-se a um estado de consciência não consciente.[2] Para Malcolm, o sonho seria um engano linguístico, um fenômeno mental sem existência presente, sobre o qual sabemos algo apenas por causa de um relato feito na vigília. Em vez de considerar que o relato onírico é uma evidência da existência pretérita do sonho, seria mais parcimonioso considerar que se trata de um fenômeno da própria vigília.

Vinte anos depois um outro filósofo norte-americano, Daniel Dennett, atualmente na Universidade Tufts, reativou o argumento: se o sonho é um evento que só conhecemos a posteriori, como descartar a possibilidade de que ele de fato não represente uma "experiência subjetiva" durante o sono, com algum grau de consciência, mas sim o acúmulo inconsciente de modificações sinápticas que se tornam uma experiência subjetiva apenas após o despertar?[3]

Dennett considerou ser impossível refutar a noção de que a formação do sonho se dá exclusivamente após o despertar. Nem mesmo a simultaneidade entre sonho e sono manifestada durante o sonho lúcido foi aceita como evidência, pois a verificação objetiva da existência do sonho lúcido também se apoia em relatos subjetivos de sonhos já havidos. Ecoando a concepção freudiana centenária de que o sonho só pode ser conhecido pelo relato verbal do próprio sonhador, Dennett liderou o ceticismo onírico mais empedernido — aquele que se recusa a aceitar a própria existência do sonho.

Entretanto, métodos revolucionários para decodificar imagens mentais colocaram essa opinião em xeque. Na última década as equipes dos pesquisadores norte-americanos Jack Gallant, da Universidade da Califórnia em Berkeley, e Tom Mitchell, da Universidade Carnegie Mellon, inventaram algoritmos e procedimentos experimentais capazes de revelar, pelo imageamento da atividade cerebral por ressonância magnética funcional, o que uma pessoa secretamente enxerga ou pensa.[4] O método, de dar água na boca no escritor de ficção científica Isaac Asimov, se baseia na coleta extensiva de dados do indivíduo enquanto é exposto repetidamente a estímulos variados. Em seguida, tecnologias de aprendizado de máquina são usadas para detectar informações relevantes. A vasta biblioteca de padrões de atividade cerebral pareados com estímulos correspondentes é assim usada para prever novos estímulos com base na atividade neural concomitante.

O método tem resultado em descobertas assombrosas, como a demonstração de que as representações semânticas de diferentes categorias de objetos apresentados visualmente (pessoas, animais, carros, edifícios, ferramentas) se encontram mapeadas de forma distribuída por todo o córtex cerebral. Isso significa que os conceitos estão mapeados no cérebro como as nacionalidades no mundo globalizado: em todos os países há pessoas das principais nações. Mais do que sobrepostas, as representações de distintas categorias de objetos parecem ser adjacentes. Entretanto, quando o sujeito experimental é instruído a buscar uma categoria específica no filme que serve de estímulo visual, grande parte dos voxels (pixels em três dimensões que são a unidade espacial de medida na ressonância magnética funcional) ajustam sua resposta no sentido da categoria assistida. Isso faz com que se expanda a representação da categoria específica (por exemplo, homem) bem como das categorias semanticamente relacionadas (por exemplo, mulher, pessoa, atleta, pedestre, criança, animal, placentário). Em contrapartida, a representação das categorias muito distintas da categoria alvo foram comprimidas (por exemplo, texto, bebida). A atenção para uma categoria específica deforma o mapa de representações como um todo, de acordo com as relações semânticas entre os objetos representados.[5]

Além de revelar aspectos inéditos da organização das memórias no cérebro, os resultados do novo campo da decodificação têm profundas implicações existenciais, pois superam a inviolabilidade do pensamento. Ainda que de forma incipiente, já é possível "ler" a mente de uma pessoa através da tecnologia. E essa abordagem vai além: a primeira aplicação aos sonhos dos métodos de decodificação foi publicada em 2013 na revista *Science*. A equipe liderada pelo neurocientista japonês Yukiyasu Kamitani conseguiu decodificar categorias de conteúdo mental durante o estado inicial do sono N1 (sono hipnagógico), bastante semelhante ao sono REM em termos eletrofisiológicos. São sonhos geralmente curtos, mais parecidos com cenas isoladas do que com cinema. Usando sinais de regiões cerebrais mais distantes dos órgãos sensoriais, Kamitani e seus colaboradores conseguiram decodificar características oníricas específicas (por exemplo, carro e homem) em 70% das vezes.[6] Embora ainda incipiente, o estudo foi suficiente para testar a hipótese de que os sonhos se formam imediatamente após o despertar. Os resultados mostraram que a máxima correlação entre sinal neural e conteúdo mental ocorreu cerca de dez segundos *antes* do despertar, com decaimento subsequente (Figura 15). Em outras palavras, o sonho não é formado após, mas durante o sono.

Mais recentemente, Giulio Tononi e sua equipe obtiveram resultados semelhantes investigando ondas elétricas cerebrais. Eles decodificaram sonhos com sucesso, separando-os segundo a ativação das regiões cerebrais envolvidas na representação de categorias mentais específicas, como faces, lugares, movi-

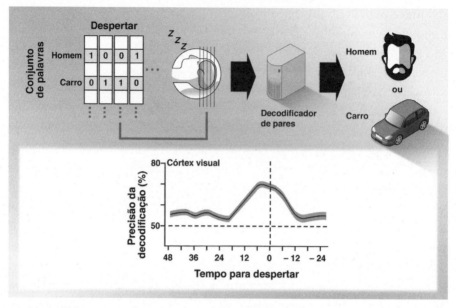

15. Decodificação de imagens visuais durante o sonho. A figura mostra um pico de decodificação no córtex visual no intervalo de dez segundos antes do despertar (área marcada em cinza). As setas indicam o máximo de acurácia da decodificação.

mentos e fala.[7] O advento da decodificação neural permitiu finalmente descobrir aspectos gerais do sonho alheio, motivando a expectativa de prescindir por completo da elaboração secundária — o relato feito sobre o sonho, e não o sonho em si —, de modo a acessar o conteúdo onírico "diretamente". Em tese isso permitirá ter acesso ao material bruto do sonho, absolutamente livre de associações, repressão ou censura.

A decodificação da sequência específica de imagens experimentada durante o sonho parece revelar um objeto científico efetivamente novo para a ciência, talvez comparável ao avanço obtido pelos primeiros químicos a isolar substâncias puras. Os avanços da neurociência soam como o começo do fim para a suposta inconfiabilidade que sempre marcou o relato onírico, fonte do justificado ceticismo quanto aos sonhos autocomplacentes de Júlio César, Constantino, Frederico, Kekulé e tantos outros. No futuro será cada vez mais difícil justificar golpes de Estado, conversões religiosas, ambiguidades políticas e originalidade duvidosa pela simples alusão conveniente a um sonho. Aproxima-se talvez uma era de transparência onírica.

Mas é preciso ter paciência, pois todo esse avanço é muito recente. Ainda se discute se as pioneiras decodificações de sonhos de fato abrem caminho para compreendermos o fenômeno de forma objetiva. Convém não esquecer que o próprio método exige do sonhador que relate seu sonho, gerando uma elaboração secundária que servirá de amostra para a avaliação dos resultados do imageamento cerebral. Além disso, a decodificação requer a construção de um vasto banco de imagens visuais e respectivas respostas cerebrais, com etiquetagem verbal de cada estímulo feita por pesquisadores, e não por máquinas. É necessário apresentar uma grande quantidade desses pares imagem-resposta a uma rede computacional para torná-la capaz de reconhecer e classificar padrões especificamente relacionados a conceitos. Se o experimento todo parece um tanto circular é porque de fato o é — o que deve dar aos filósofos o que ruminar por várias décadas ainda.

Que sorrisos dariam Freud e Jung se tivessem vivido para conhecer tais fatos e ideias? Que expressão de assombro veríamos nas faces de uma sacerdotisa acádia ou de um xamã siberiano se pudessem observar, com seus próprios olhos, um sonho revelado por ressonância magnética funcional? Seus olhos certamente brilhariam e então talvez suas pálpebras se fechassem para sonhar um sonho louco.

NASCE UMA NOVA PSIQUIATRIA

A nova ciência da mente lança as bases para uma nova psiquiatria, voltada para o futuro mas conectada ao passado, mais bem equipada farmacologicamente e muito mais atenta à introspecção e à preparação do ambiente terapêutico. É cada vez mais evidente que o cuidado profissional da doença mental precisa incorporar os conhecimentos das práticas xamânicas tradicionais. Dormir e sonhar melhoram a saúde do corpo e aumentam a plasticidade neural. Isso converge com a demonstração recente de que os psicodélicos serotoninérgicos clássicos estão entre as substâncias que melhor emulam o estado onírico,[8] fortalecendo processos de consciência primária.[9]

É preciso reconhecer a crise da supermedicalização na psiquiatria. Apesar de serem corriqueiramente indicados para tratamento diário sustentado por meses, anos e décadas, os antidepressivos encontrados nas farmácias apresentam efeitos positivos bem modestos, pouco acima dos obtidos com placebo e com eficácia comprovada apenas nos dois primeiros meses do tratamento.[10] Em face dos preocupantes efeitos colaterais desses fármacos, que incluem o risco de depressão crônica refratária a tratamento,[11] a psiquiatria tradicional se aliou aos interesses da indústria farmacêutica e lavou as mãos.[12]

Esse quadro decepcionante contrasta, por exemplo, com os efeitos da psilocibina, principal composto psicoativo do cogumelo *Psilocybe cubensis*, que reduz a depressão e ansiedade por vários meses quando administrada em duas doses durante sessões de psicoterapia.[13] Pacientes deprimidos refratários a outros tratamentos mostraram um aumento da sensação de "aproximação com a natureza" e um decréscimo na externalização de "visões políticas autoritárias",[14] com melhoria significativa no reconhecimento de emoções alheias.[15] É importante notar que a qualidade da experiência psicodélica — se deliciosa ou assustadora — e também sua quantidade — se avassaladora ou sutil — determinam os resultados de longo prazo.[16] O percurso da viagem determina o porto de chegada.

Quando o sofrimento psíquico está relacionado a traumas do passado, gerando por exemplo a síndrome do estresse pós-traumático, a melhor solução clínica parece ser a psicoterapia auxiliada por MDMA.[17] Esse é o princípio ativo do ecstasy, que provoca intensa liberação de serotonina produzida pelo próprio cérebro quando não contaminado por outras substâncias. O efeito psicológico de uma dose adequada de MDMA, com as pessoas certas, no local certo, com a luz correta e a música idem, é extremamente agradável: uma sensação de fim da ansiedade e de amor intenso pelas pessoas, uma felicidade imensa de ser gente que se revela principalmente pelo tato. Esse estado de graça chega a durar várias horas e pode persistir sutilmente por vários dias após a ingestão da substância.

O MDMA foi usado para terapia de casais nos anos 1970, mas foi proibido por Nixon apesar de ser mais seguro do que quase todas as principais drogas psicoativas.[18] Ao contrário de outros psicodélicos, o MDMA não provoca grandes alterações perceptuais nem alucinações na maior parte das pessoas. Quando administrado a pacientes traumatizados, como é o caso dos milhares de veteranos norte-americanos das guerras do Afeganistão, Iraque e Vietnã, o MDMA apresentou resultados positivos impressionantes. Em maio de 2018 foi publicado na prestigiosa revista *The Lancet Psychiatry* o resultado de um rigoroso ensaio clínico dos efeitos do MDMA em 26 pacientes sofrendo de estresse pós--traumático por no mínimo seis meses, incluindo veteranos de guerra e socorristas. O estudo randomizado, duplo-cego e com avaliação de dose-resposta foi conduzido por uma equipe liderada pelo casal de psiquiatras norte-americanos Michael e Ann Mithoefer e pelo doutor em políticas públicas Rick Doblin, fundador e diretor executivo da Associação Multidisciplinar de Estudos Psicodélicos (MAPS), uma das principais organizações promotoras da legalização e regulamentação do uso medicinal de psicodélicos. Os resultados mostraram que duas sessões de tratamento com MDMA e psicoterapia foram suficientes para reduzir significativamente os sintomas do estresse pós-traumático, mesmo quando medidos um ano após o tratamento.[19] Definitivamente, a ajuda está a caminho.

Embora a psilocibina, o MDMA e outras moléculas puras estejam bem perto de ser aceitos pela psiquiatria tradicional, talvez o mais eficaz dos antidepressivos psicodélicos venha a ser, um dia, a complexa beberagem amazônica chamada ayahuasca. Estudos preliminares mostraram que esse chá tradicional reduz a depressão de modo rápido e duradouro, começando quarenta minutos depois da ingestão e podendo chegar a quinze dias após uma única dose.[20]

Um rigoroso experimento, randomizado e controlado por placebo, com 35 pacientes internados e monitorados por vários dias através de EEG, ressonância magnética funcional e diversos testes psicológicos, confirmou recentemente o grande efeito antidepressivo da ayahuasca. Não é nada trivial realizar um ensaio clínico com psicodélicos dentro de um hospital público brasileiro e com pacientes de baixa renda. Por um lado, é preciso lidar com impactos simbólicos negativos da proximidade com o sofrimento humano, que pode levar a qualidade da experiência psicodélica para o lado das emoções negativas. Por outro lado, os efeitos experimentais podem ser mascarados por um surpreendente efeito placebo, com significativa melhora dos sintomas depressivos, pelo simples fato de o paciente se sentir bem cuidado, em ambiente mais salubre do que sua casa.

Para coordenar essa pesquisa o neurocientista Dráulio de Araújo, do Instituto do Cérebro da Universidade Federal do Rio Grande do Norte, precisou montar uma verdadeira força-tarefa de talentos e habilidades específicas. A equipe multidisciplinar que realizou o estudo incluiu desde Fernanda Palhano, neurocientista e autora principal do trabalho, até os médicos Sérgio Mota Rolim e João Paulo Maia, responsáveis pela polissonografia e triagem psiquiátrica. Os resultados justificaram todo o esforço, pois o efeito antidepressivo de uma única dose de ayahuasca, já presente minutos após a ingestão, se sustenta por no mínimo sete dias, o que não ocorre com o efeito placebo.[21] Confirmando a importância do contexto de uso e da condução psicoterapêutica da experiência, os pesquisadores verificaram que quanto mais intensa a experiência psicodélica, mais forte é o efeito antidepressivo.[22]

Efeitos tão rápidos e duradouros não poderiam existir se não houvesse a mobilização de mecanismos moleculares e celulares capazes de transformar mudanças sinápticas de curto prazo em mudanças morfológicas de longo prazo. As primeiras demonstrações do enorme potencial plástico dos psicodélicos datam de 2016. Impulsionada pela bióloga sérvia Vanja Dakic e liderada pelo neurobiólogo brasileiro Stevens Rehen da Universidade Federal do Rio de Janeiro e do Instituto D'Or, uma equipe da qual Araújo e eu participamos demonstrou que a harmina contida na ayahuasca e o 5-MEO-DMT encontrado na secreção do sapo de Sonora aumentam os níveis de proteínas relacionadas a sinaptogênese e neurogênese em culturas de neurônios humanos.[23] Um outro estudo conduzido pelo neurobiólogo brasileiro Richardson Leão e pelo doutorando Rafael Lima mostrou que uma dose única de 5-MEO-DMT estimula a proliferação celular e a sobrevivência neuronal no hipocampo de camundongos.[24] Um grupo de pesquisa totalmente independente, coordenado pelo químico norte-americano David Olson, da Universidade da Califórnia em Davis, demonstrou fenômenos semelhantes tanto in vitro quanto in vivo, após tratamento com LSD ou N,N-DMT.[25] Isso significa que a ingestão de psicodélicos escancara as portas da plasticidade neural, permitindo a transformação de uma experiência subjetiva de algumas horas numa cura psíquica capaz de persistir por meses e anos. Esses dados se tornam ainda mais interessantes se considerarmos o uso dos psicodélicos clássicos e da maconha para tratar o abuso de substâncias mais perigosas, como álcool, tabaco, crack e cocaína.[26]

Diante das novas descobertas científicas que embasam o uso benigno dos psicodélicos, é preciso considerar que o uso só é verdadeiramente seguro quando alguns cuidados importantes são observados. Assim como os esportes radicais, a psiconáutica — navegação da própria mente através dos psicodélicos — propicia experiências profundamente transformadoras e emocionantes, capazes de dar novo sentido à vida se forem praticadas de modo adequado por pessoas bem preparadas. A viagem psicodélica exige tanta técnica, sabedoria e precaução quanto voar de parapente entre as nuvens ou mergulhar nas profundezas do mar. Tal como nos esportes radicais, deve ser totalmente evitada a iniciação de novatos sem a supervisão de guias qualificados. Tal como nos esportes radicais, integrantes de grupos de risco específicos devem se abster da psicodelia. Tal como naqueles esportes, o contexto de uso determina em grande medida o percurso da viagem.

Natural ou farmacologicamente induzido, o sonho cada vez mais se apresenta como terapia para cérebros adoecidos pelo excesso de estresse ou abuso de quaisquer substâncias. É também uma imensa oportunidade de aprendizado para enfermos e sãos. Em abril de 2017, 3 mil pessoas de diversos países se reuniram em Oakland, na Califórnia, para participar do congresso Psychedelic Science, promovido pela MAPS e pela Fundação Beckley. Em contraste com edições anteriores de eventos semelhantes, em que hippies vestidos como personagens de J. R. R. Tolkien disputavam espaço com alguns pesquisadores e seus estudantes, saltava aos olhos a grande presença de cientistas, alguns deles de renome, além de jornalistas, documentaristas, fundações e empresas interessadas em financiar pesquisas sobre o uso medicinal de psicodélicos.

O encontro foi, sobretudo, uma oportunidade de refletir sobre os terríveis cismas do século XX, que criminalizaram plantas e fungos sagrados, estigmatizaram colegas e afinal prejudicaram a eficácia terapêutica e a tolerância ideológica entre os diferentes ramos da psicologia e da psiquiatria. Numa sessão sobre o futuro da psiquiatria psicodélica, o psiquiatra norte-americano Thomas Insel, que por catorze anos dirigiu o Instituto Nacional de Saúde Mental (NIMH) dos Estados Unidos, constatou publicamente o fracasso da psiquiatria tradicional na resolução do sofrimento psíquico e reconheceu o imenso potencial dos psicodélicos quando utilizados no contexto adequado.

Suas palavras, profundamente reveladoras da hipocrisia farmacêutica que se especializou em vender ilusões, ainda reverberam em minha mente:

Muitos de nós [psiquiatras] têm a experiência de que estamos muito mais esperançosos hoje do que éramos vinte ou trinta anos atrás para tratar pacientes com tipos semelhantes de problemas. E, no entanto, os dados não mostram isso. A taxa de suicídio é maior agora, com tendência de aumento em relação ao que era dez, vinte, trinta, quarenta anos atrás […] as medidas de morbidade em oposição a mortalidade são maiores, e não menores. Então, por critérios de saúde pública, não estamos indo muito bem. [...] Precisamos acordar para a ideia [...] de que a complexidade vai exigir uma abordagem de rede, uma abordagem abrangente. [...] Estou realmente impressionado com a abordagem aqui. As pessoas não falam simplesmente em administrar psicodélicos, elas falam sobre psicoterapia assistida por psicodélicos. Você sabe, eu nunca ouvi ninguém falar sobre psicoterapia assistida por antidepressivos [...] acho que é uma abordagem realmente nova [...] para realmente fazer uma mudança na vida de alguém [...] [mas] como você consegue tramitar isso através de um canal regulatório, o que o FDA diria sobre isso, ou o EMA? Quer dizer, eles nem abordam psicoterapia isoladamente![27]

Seria mesmo uma abordagem diferente, realmente nova? Está mais para inovação milenarmente antiga, um resgate e sobretudo uma reinvenção de conhecimentos ancestrais sobre a enorme importância do contexto de uso dos psicodélicos para determinar seus efeitos. Será que a falta de curiosidade do sistema de saúde internacional em investigar a fundo as propriedades benignas dos psicodélicos tem a ver com a baixa lucratividade de tratamentos baseados em muito contato humano e poucos remédios, em comparação com o modelo muito mais lucrativo de pouco contato humano e muitos remédios?

O RENASCIMENTO DA PSICOLOGIA PROFUNDA

O nascimento da nova psiquiatria coincide também com o resgate de suas origens históricas. Com a perspectiva do tempo, Freud e Jung cada vez mais se firmam como verdadeiros pioneiros da etologia humana, honoráveis cumpridores da profecia feita por Konrad Lorenz logo após o fim da Segunda Guerra Mundial: por mais que fosse difícil aceitar suas teorias, seria impossível ignorar suas descobertas.

É instrutivo listar aquelas já verificadas pela ciência. Não apenas id, ego e superego correspondem a processos cerebrais distintos,[28] como essa concepção tripartite da mente inspirou a concepção original de inteligência artificial.[29] A psicoterapia pela palavra, introspectiva e reflexiva, é clinicamente eficaz e imprescindível na maior parte dos casos.[30] Os sonhos não se reduzem ao sono e refletem traços de memórias adquiridas na vigília.[31] Memórias podem ser suprimidas.[32] Sem a atividade de circuitos dopaminérgicos envolvidos no desejo não existe sonho.[33] Relatos de sonho são particularmente informativos do estado psiquiátrico do paciente.[34] A sexualidade começa na infância e pode persistir por toda a vida.[35] Traumas podem marcar indelevelmente o comportamento futuro, inclusive da prole.[36]

Somos uma mistura de impulsos de vida e morte, repletos de emoções e desejos contraditórios. Por isso mesmo, o que mais importa não é tanto o que se pensa, mas o que se faz. Sonhos emergem do inconsciente de modo a descrever situações presentes e possíveis alternativas futuras, podendo também expressar padrões coletivos de pensamento. Ao longo da vida atravessamos fases características da relação com o próprio corpo, com as pessoas mais próximas e com os objetos do mundo, marcadas por estágios sucessivos de descoberta, desenvolvimento, amadurecimento e senescência das representações mentais. Narrar sem inibições ajuda a navegar a trajetória de frustrações e a mitigar a dor — não apenas através das inúmeras psicoterapias de autoconhecimento, mas crescentemente, explosivamente, pelo uso febril de Facebook, Instagram, Twitter, blogs, vlogs e todo um novo universo de formas de contar histórias. Inflama-se e gira cada vez mais rápido a catraca cultural que iniciamos em torno da fogueira, nossa fábrica desgovernada de narrativas.

Freud e Jung criaram as bases de toda essa compreensão. Em suas obras surpreendentemente coesas, jogaram luz nos recessos de nosso próprio comportamento pelo exercício magistral da indução, dedução e abdução. Sua inclusão no panteão dos grandes cientistas da humanidade não exige apenas compreender e valorizar seu legado, mas também defendê-los de diversas acusações a eles imputadas com maior ou menor justificativa, muitas delas de cunho moral. Se Freud e Jung forem medidos com a mesma régua aplicada a outros gênios da humanidade, sua defesa fica fácil, pois excluir todos os outros seria simplesmente desastroso. Por luxúria e comportamento obsceno, perderíamos Mozart e Caravaggio. Por prejudicar inimigos e gostar de dinheiro, adeus Isaac Newton. Por misticismo, daríamos adeus a Johannes Kepler e Hans Berger. Por mudar de ideia e fazer ajustes teóricos, nada de Albert Einstein ou Stephen Hawking. Por apologia do uso de drogas, ficaríamos sem Aldous Huxley e Carl Sagan. É preciso separar as descobertas científicas das condutas imperfeitas dos descobridores, inerentes à condição humana. Se Freud e Jung não foram titãs da ciência da mente, quem terá sido?

A SOCIEDADE DA MENTE

Mirando mais longe, o desenvolvimento do método de decodificação de sonhos deve em breve permitir testar a hipótese de que o sonho extrapola o ponto de vista específico do sonhador. É completamente possível que não tenhamos um único sonho por vez, mas sim uma multidão de sonhos em paralelo a cada instante, habitados pelas diferentes representações autônomas que carregamos, as "criaturas da mente" que parecem ganhar vida própria quando sonhamos. Marvin Minsky propôs que a personalidade humana não é unitária, mas sim composta de uma sociedade de memes que habitam um espaço virtual criado pelo cérebro. O filósofo britânico Aldous Huxley concordou:

> Tal qual a girafa e o ornitorrinco, as criaturas que habitam essas regiões mais remotas da mente são extremamente improváveis. Ainda assim, elas existem, pois são fatos observáveis que, como tais, não podem ser ignorados por qualquer pessoa que esteja tentando entender honestamente o mundo em que vive.[37]

As criaturas da mente que às vezes nos impressionam como divindades e outras vezes nos desapontam como retratos-falados ruins são o que Jung chamou de imago: imagens mentais com graus variados de complexidade, representações individuais com distintos níveis de verossimilhança e independência. Jung deixou registrada em detalhes sua relação com uma figura onírica chamada Philemon, um pagão egípcio helenizado que lhe apareceu pela primeira vez num sonho em 1913 e que veio a ser um guru gnóstico para o jovem psiquiatra. Em suas palavras,

> Philemon e outras figuras de minhas fantasias deixaram claro a compreensão crucial de que existem coisas na psique que não produzo, mas que se produzem a si mesmas e têm vida própria. Philemon representava uma força que não era eu mesmo. Nas minhas fantasias tive conversas com ele, e ele disse coisas que eu não tinha conscientemente pensado. Observei claramente que era ele que falava, não eu. Ele disse que eu tratava os pensamentos como se eu mesmo os tivesse gerado, mas na sua opinião os pensamentos eram como animais na floresta, ou pessoas em uma sala, ou pássaros no ar, e acrescentou: "Se você vir pessoas em

348

uma sala, você não pensaria que fez essas pessoas, ou que é responsável por elas". Foi ele quem me ensinou a objetividade psíquica, a realidade da psique.[38]

Fauna mental é uma descrição bastante apta para a miríade de objetos e relações sociais mapeadas em nossas mentes, com simulação de comportamentos alheios e surpreendente autonomia dos personagens, que ecoam a fauna muito mais hierárquica do passado recente, quando a palavra dos ancestrais era lei e o patriarcado não admitia contestações. Entre pessoas, entidades e divindades vivas ou mortas, trazemos na cabeça, em potência explosiva de imagens, emoções e associações, toda a legião heráldica de nosso passado, do misterioso Senhor das Feras do Paleolítico superior a Godzilla, de Aquiles a Muhammad Ali, de En-Hedu-Ana a Barbara McClintock, de Innana a Amy Winehouse: de nossos avós a nossos filhos. Como nossos pais.

É com os imagos, com todos e apenas com eles que contracenamos nos sonhos, embora cada um seja apenas a fração filtrada e editada da totalidade daquela pessoa ou personagem externamente existente. Não é apenas o ego que habita o córtex temporoparietal, é toda nossa fauna interna. Durante a vigília, os circuitos do córtex pré-frontal fazem o controle inibitório que filtra todas as vozes dissonantes de nossa democracia mental para gerar uma ação única. Mas durante o sono o freio é perdido, as jaulas são abertas e todas as feras saem para passear.

Segundo essa hipótese, a sensação de termos um sonho único vem da presença da autorrepresentação do sonhador num único sonho por vez, assim como a presença de um ator em um cenário específico não impede que o estúdio possa rodar vários filmes simultaneamente. Parafraseando um ditado lakota sobre memória, um sonho é como percorrer uma trilha à noite com uma tocha iluminada. A tocha só ilumina até certa distância... e além disso é a escuridão.[39]

Lembro-me de sonhos em que os personagens não entravam ou saíam de cena simplesmente, mas em que cenários e elencos inteiros eram mudados de repente com grande atropelo, como se meu eu sonhador tivesse saído de seu próprio sonho e entrado noutro, um curto-circuito de narrativas feitas do mesmo material, pura reverberação elétrica de memórias, mas com a particularidade de que o segundo sonho parecia ter se iniciado e desenrolado na ausência do eu sonhador, como se já existisse antes do momento em que eu invadia o sonho ao lado.

Para o mal ou para o bem, nunca houve tantas oportunidades para a replicação de memes, que em alguns segundos podem alcançar milhões de pessoas em todo o planeta. Hoje, quando uma pessoa morre, é normal que inúmeras impressões dela sobrevivam em fotos, textos, sons, palavras e narrativas, representações parciais que potencialmente persistirão através do tempo no vastíssimo inconsciente coletivo da nuvem digital e seus usuários. Estamos inventando a vida eterna, não apenas de pessoas de carne e osso, mas também de personagens. No bazar das representações digitais e cerebrais, a antiga deusa suméria Inanna quase desapareceu. Em algumas mentes ela ainda vende orações e mendiga atenção nas portas dos templos de Babilônia. Talvez mesmo, num punhado de eruditos, a deusa brilhe fulgurante por onde passa, evocando suas manifestações renomeadas como Ishtar, Afrodite e Vênus. Mas na maioria das mentes ela nem existe mais e são suas herdeiras que vicejam: Marilyn Monroe, Madonna, Anitta... E essas representações evidentemente interagem e competem com todos os outros memes, de Mickey Mouse a Pelé, de John a Paul, num acúmulo transcultural de relações cruzadas que de tão inédito desafia a compreensão.

Temos ainda diante de nós o desafio de construir os sonhos dos robôs. Já sabemos simular em computadores alguns mecanismos deflagrados durante o sono, mas ainda estamos longe de construir androides capazes de sonhar com carneiros elétricos — título do livro que inspirou o filme *Blade Runner*, uma narrativa distópica em que a distinção entre homem e máquina já não é aparente. Existe extraordinária promessa na combinação e maximização *in silico* da indução (imensos bancos de dados), dedução (cálculos velocíssimos) e abdução (simulações probabilísticas). Na corrida para desenvolver as inteligências artificiais com personalidade jurídica que governarão o planeta no primeiro século do novo milênio, é provável que já tenhamos sintetizado nossos novos deuses — mesmo sem nos darmos conta disso. Como nas crenças umbundos, as almas vão morar nas coisas.

18. Sonho e destino

Quando os relógios da meia-noite prodigarem
Um tempo generoso,
Irei mais longe que os vogas-avante de Ulisses
À região do sonho, inacessível
À memória humana.
Dessa região imersa resgato restos
Que não consigo compreender:
Ervas de singela botânica,
Animais um pouco diferentes,
Diálogos com os mortos,
Rostos que na verdade são máscaras,
Palavras de linguagens muito antigas
E às vezes um horror incomparável
Ao que nos pode conceder o dia.
Serei todos ou ninguém. Serei o outro
Que sem saber eu sou, o que fitou
Esse outro sonho, minha vigília. E a julga,
Resignado e sorridente.

Jorge Luis Borges[1]

*No que diz respeito ao prognóstico,
os sonhos geralmente estão em uma posição
muito mais favorável do que a consciência.*
Carl Jung[2]

Onde está Deus, mesmo que não exista?
Fernando Pessoa, *Livro do desassossego*[3]

As próximas décadas trarão uma compreensão integrada do que o sonho pode voltar ou vir a ser: sofisticada engrenagem psicobiológica capaz de promover adaptação comportamental contínua, recrutada na medida da necessidade; quando bem calibrado, poderoso computador de possibilidades, oráculo da soma de (quase) acasos que pode estimar para onde aponta a bússola do destino — não o destino como futuro inescapável e determinado, mas o lugar ou estado para onde tudo conflui. Destino é para onde sopra o vento, para onde flui o rio, por onde caminham desejos e circunstâncias. Nossa maravilhosa e multifacetada máquina cerebral de extração de probabilidades, construída por genes e memes no transcorrer da evolução da espécie, se alimenta das preocupações e emoções conscientes, mas também da quase insaciável capacidade que temos de nos interessarmos pelo mundo.

O sonho exprime o destino, mas não garante a chegada, como alguém que viaja com rumo certo mas pode parar antes, acelerar ou seguir rotas alternativas. Destino é para onde estamos indo, mas não necessariamente para onde vamos. Os sonhos bem sonhados vislumbram nosso destino através de simulações dos possíveis trajetos e desfechos. Sonhar é como tatear o quarto escuro com uma nesga de luz, quando as paredes são o próprio futuro.

Descendemos de povos sonhadores desde a aurora dos tempos. Se nas civilizações urbanas o sonho deixou de ser essencial ao funcionamento da sociedade, em muitas culturas autóctones essa passagem jamais se deu. O sonho vive e ilumina ainda hoje a mente dos caçadores-coletores, representantes contemporâneos do modo de vida adotado por quase todos os nossos ancestrais. Compreender a perspectiva onírica desses povos é muito importante para esclarecer nossa trajetória até aqui e os desafios diante de nós.

OS SONHOS DOS ÍNDIOS

De modo geral, além do tempo e do espaço, esses povos reconhecem nos sonhos a capacidade de prever o futuro, seja de forma regularmente acessível ao sonhador comum, seja por meio de sonhos reveladores em momentos de vida especialmente significativos, ou ainda através de sonhos xamânicos estimulados por ritos de iniciação, cura ou orientação espiritual. Cultivam sonhos de grande potência e importância perene, capazes de inspirar, iniciar, aconselhar, ensinar e amadurecer pessoas. É através desses sonhos formativos que os jovens decidem percorrer os caminhos distintos que a vida adulta apresenta, como o do xamã ou o do guerreiro caçador.

Os primeiros relatos europeus sobre os povos do Novo Mundo deixaram registrada a relevância social do acontecimento onírico ameríndio. Hans Staden, soldado alemão do século XVI que naufragou na costa brasileira e foi mantido em cativeiro pelos tupinambás, relatou que antes de partir para a guerra os indígenas eram instados pelos pajés a perscrutar atentamente seus sonhos. Se tivessem visões da própria carne sendo moqueada, desistiam de combater e permaneciam na aldeia. Mas se tivessem visões do inimigo sendo assado, armavam-se, festejavam e guerreavam.[4] Missionários jesuítas dos séculos XVII e XVIII relatam que os iroqueses do Nordeste dos Estados Unidos e Sudeste do Canadá entendiam os sonhos como viagens enigmáticas para satisfazer os desejos da alma.[5] A fim de dar consequência às revelações oníricas, o sonhador iroquês as narrava publicamente até que se chegasse a uma interpretação metafórica capaz de orientar a melhor ação a ser tomada. Paralelas à teoria psicanalítica, tais crenças equivalem ao Sonho Grande de Jung.

Quase trezentos anos depois, entre jívaros achuar do Equador, documentou-se a crença nos sonhos como metáforas relativas ao futuro, fortemente determinadas por relações de predação. Os sonhos são classificados pelos achuars em três tipos básicos. Sonhos de bom agouro para a caça são imagéticos e silenciosos, devendo ser interpretados sigilosamente para não afugentar as presas. Tal interpretação deve observar homologias e inversões, de modo que uma pescaria onírica, por exemplo, pode ser interpretada como uma boa oportunidade para caçar aves. O sonho de bom agouro é condição necessária, mas não suficiente, para a caçada: não garante o sucesso porém sugere ao sonhador como agir para alcançá-lo. O segundo tipo compreende os sonhos de mau agouro para o sonhador ou seus parentes. São também imagéticos e silenciosos, mas muito assustadores, por apresentarem pessoas inimigas na forma de animais. O terceiro tipo é o "sonho verdadeiro" com ancestrais e espíritos, caracterizado pela ocorrência de mensagens verbais. Nesses sonhos é possível invocar espíritos específicos para realizar tarefas adequadas a suas características. Para induzir essa demiurgia de criaturas da mente, os sonhos são propiciados por diversas abstinências e pela ingestão de tabaco e plantas psicodélicas.[6]

Os jívaros aguarunas do Peru utilizam a mesma palavra para referir-se ao sonho e ao transe induzido pela ayahuasca. Acreditam que sob o efeito dela é possível contemplar eventos em curso, ainda não consumados, mas com distintas probabilidades de ocorrer. O sonho não é portanto um presságio de futuro inexorável para os aguarunas, mas uma oportunidade de moldar o futuro magicamente, pela intenção e sobretudo pela ação onírica.[7]

Entre os pirahãs, indígenas do Amazonas, sonha-se para capturar canções, guerrear ou fazer alianças com os espíritos.[8] Nas palavras do antropólogo brasileiro Marco Antonio Gonçalves, do Museu Nacional da Universidade Federal do Rio de Janeiro, "se o sonho pode produzir um acontecimento, o acontecimento pode produzir um sonho. Ou seja, o que acontece no sonho irá acontecer no mundo como repetição, e o que se passou no estado de vigília acontece no sonho como representação".[9]

Entre os waujás do Alto Xingu, considera-se o sonho como fenômeno semelhante ao transe, ao adoecimento, aos rituais e aos mitos. Nesses estados a alma realiza uma viagem e consegue entrar em contato com seres extra-humanos, arcanos e monstruosos, bem próximos dos animais. Da difícil negociação com esses seres pode vir o conhecimento útil, como o magnífico repertório waujá de desenhos geométricos recebidos em sonhos.[10]

Entre os parintintins do rio Madeira, no sudeste do Amazonas, os sonhos são narrados pela manhã, com vistas a prever o futuro. Assim como no caso dos mitos, formas gramaticais específicas são empregadas para relatar as experiências oníricas.[11] Já entre os kalapalos, não parece existir uma palavra específica para designar o sonho, que é interpretado como expressão dos desejos de quem sonha, de suas metas e possibilidades futuras. Os kalapalos desconfiam da elaboração verbal do sonho, mas acreditam na veracidade da imagem onírica. Por essa razão, grande esforço é despendido na busca das melhores palavras para relatar as ações oníricas.[12]

Entre os mehinakus do Alto Xingu, os sonhos também são objeto de narrativa e interpretação cotidiana logo ao despertar, enquanto os sonhadores ainda se encontram na rede e podem relatar aos vizinhos mais próximos as viagens empreendidas à noite pela alma (ou sombra) do olho. Os sonhos podem ter relevância direta para o futuro, mas não podem determiná-lo, embora forneçam pistas sobre como proceder para obter efeitos desejados.[13] Os mehinakus também valorizam as interpretações metafóricas dos sonhos. Sonhar com formigas voadoras, por exemplo, pode ser interpretado como morte de parentes, pois tais formigas têm vida curta.

OS XAVANTES SONHAM SEU FUTURO

Cerca de trezentos quilômetros a sudeste do Xingu, entre os xavantes — que a despeito da pequena separação geográfica são linguisticamente muito distantes dos mehinakus — os sonhos desempenham um papel ainda mais central na vida social do grupo. A história de como os xavantes usaram seus sonhos para sobreviver ao atrito com os brancos e ser hoje um dos mais numerosos povos indígenas sul-americanos, com mais de 18 mil indivíduos,[14] justifica a apresentação detalhada de seu caso.

Na cultura xavante o sonho não é privilégio de pajés e xamãs, pois todos podem ter visões oníricas divinatórias com três funções principais. A primeira é relacionada à caça, à guerra e à doença; a segunda diz respeito ao sonho como exploração de outros povos; a terceira consiste na revelação de cantos, lamentos, danças e rituais destinados a ser cultivados por toda a comunidade.[15]

As revelações oníricas não são eventos passivos para os xavantes. Ao contrário, é preciso muita concentração para trazê-las à vigília. Sonhos mágicos são aguardados e ritualmente propiciados com grande emoção.

> Você tem sempre que colocar atenção nas coisas que você quer sonhar, você tem que concentrar, na música ou alguma festa. Você não pode dormir despreparado… não pode ficar só na espera, você tem que ter uma esperança, de tanto se esforçar; […] os espíritos e algumas pessoas que conviveram antigamente, antes do contato, da aldeia — vão ver que você é esforçado, e mais tarde você vai sonhar com uma música bonita ou você vai receber alguma música para alguma festa…[16]

A prática onírica é necessária ao bom funcionamento da sociedade xavante. "Com o sono eu sonho, durmo e sonho. Os outros vão cantando. Eu sonho para tornar felizes os outros que cantarão meu sonho."[17]

Segundo o escritor indígena Kaka Werá Jecupé,

> dos antigos povos Tapuia, os que mais preservaram a tradição do Sonho foram os Xavante. O sonho é o momento sagrado em que o espírito está livre e em que ele realiza várias tarefas: purifica o corpo físico, sua morada; viaja até a morada ancestral; muitas vezes, voa pela aldeia; e, algumas vezes, através [do] Espírito do Tempo, vai até as margens do futuro. [...] Uma aldeia xavante é semicircular [...]. No centro fica o pátio das atividades: cerimônias, festas, roda do conselho e roda do sonho. Foi no pátio que se narrou, a partir do sonho, o início da história do amansamento do branco.[18]

Os xavantes estão entre os povos mais antigos a ocupar a América do Sul. Desde tempos imemoriais habitaram o Planalto Central do território brasileiro, onde hoje se localiza o estado de Goiás, senhores altivos de uma terra povoada por onças, tatus, antas, tamanduás, tucanos, papagaios e araras. Entretanto, a partir de meados do século XVII, bandeirantes em busca de ouro e escravos começaram a invadir seu território na margem direita do curso d'água cujo nome resume a natureza do contato: rio das Mortes. Foram cem anos de conflitos sangrentos com garimpeiros e tropas militares, que buscavam "amansar" os xavantes pela submissão à força.

E então algo surpreendente aconteceu: os indomáveis xavantes desapareceram. Terão debatido essa mudança radical de estratégia numa roda de sonho? Não há registro histórico da decisão. O fato é que entre 1844 e 1862 o grupo partiu rumo ao oeste, cruzando para a margem ocidental do rio Araguaia e migrando em direção à serra do Roncador, no atual estado do Mato Grosso.[19] Uma expedição de busca chegou a ser enviada para localizá-los, mas em vão. Desapareceram no vasto cerrado do Planalto Central, tornando-se invisíveis em suas veredas e chapadões. Na sua longa diáspora de atrito cultural e êxodo para regiões cada vez mais remotas, os xavantes foram bem-sucedidos em isolar-se. Seja pela distância, por sua agressividade ou pelas magias obtidas em sonhos às quais atribuíam sua invisibilidade, os xavantes conseguiram passar o século seguinte sem ser perturbados pelos brancos.

Entretanto, com o passar do tempo a fronteira entre os dois mundos novamente avançou. Nos anos 1930 conflitos violentos voltaram a acontecer, mas agora havia bem menos espaço para fugir. Em 1938 o ditador Getúlio Vargas lançou a Marcha para o Oeste, uma campanha oficial do governo para ocupar o Brasil central. Em busca de representações pátrias de pureza racial, Vargas elegeu certos povos indígenas como símbolos do vigor nacional. O Serviço de Proteção aos Índios (SPI), tantas vezes conivente com a invasão das terras indígenas e com a exploração ou genocídio de seus povos, experimentou nos últimos anos da ditadura Vargas um retorno transitório aos românticos dias de seu fundador, o marechal Cândido Rondon (1865-1958), que espalhara linhas de telégrafo pelos sertões brasileiros sem recorrer à violência contra os índios. Vargas visitou os karajás na ilha do Bananal para gravar imagens de propaganda, sobrevoou o território xavante e ordenou expedições de contato.

O encontro inicialmente não foi fácil. No final de 1941 o engenheiro Genésio Pimentel Barbosa liderava uma equipe composta por funcionários do SPI e intérpretes xerentes para criar um posto de atração próximo aos xavantes, na margem direita do rio das Mortes.[20] Embora as ofertas iniciais de presentes tivessem sido aceitas, no dia 6 de novembro os xavantes mataram Pimentel Barbosa e vários membros de sua equipe a golpes de borduna.

Felizmente, naquele momento o SPI decidiu não utilizar a violência. Gravado na entrada do cemitério da vila que hoje existe no local do ataque, um lema anunciava outra atitude: "Morrer se preciso for, matar nunca". Em 1943 o governo brasileiro criou uma missão oficial para mapear as áreas ocupadas pelos xavantes e outros grupos indígenas, a célebre expedição Roncador-Xingu. Em 1946 o sertanista Francisco Meireles liderou uma expedição a cavalo através dos campos e alagados, transpondo o cerrado cheio de buritizais até chegar bem perto da serra do Roncador. Esperaram um dia e uma noite, fizeram sinais de fogo e foguete, mas ninguém apareceu. Deixaram presentes e regressaram ao rio das Mortes.

E então, alguns dias depois, os objetos ofertados foram aceitos. Mais uma vez a estratégia dos xavantes havia mudado: eles agora buscavam o intercâmbio pacífico com os brancos. Após estremecimentos seguidos de flechadas e contatos furtivos nas barrancas do rio das Mortes, os xavantes baixaram suas bordunas e em troca receberam facões, machados, anzóis, utensílios domésticos de aço, armas de fogo, munição, roupas, espelhos e remédios. O personagem indígena fundamental para legitimar o projeto de amansamento mútuo foi o cacique Apoena ("aquele que enxerga longe"). Segundo a tradição xavante, Apoena teria executado uma estratégia prevista em sonhos por seu avô, relacionada ao início de um novo ciclo no mundo espiritual. A violência e a fuga já não eram soluções viáveis, era preciso fazer algo novo. Em 1949, Meireles foi finalmente recebido por Apoena em sua aldeia. O intercâmbio fortaleceu o chefe indígena nas lutas internas dos xavantes e definiu um novo modelo de contato, centrado na integração controlada à economia dos brancos, capaz de mesclar o consumo de suprimentos providos pelo governo com a manutenção do estilo de vida seminomádico.

Entretanto, apesar dos esforços diplomáticos de Apoena, as terras xavantes demoraram para ser demarcadas. A criação do Parque do Xingu ao norte das terras xavantes, fruto do esforço dos sertanistas Orlando e Cláudio Villas--Bôas, parecia aos militares e empresários das metrópoles brasileiras concessão mais do que suficiente. Espremidos pela crescente pressão fundiária, desafiando colonos e políticos, os xavantes só começaram a ter suas terras oficializadas — e mesmo assim reduzidas em seus limites — no final dos anos 1960. O contato crescente com os brancos em plena explosão populacional induzia os xavantes a deixar suas aldeias rumo às cidades ou missões religiosas. Invasões e sobrevoos rasantes de aviões se tornaram comuns, doenças e fome se espalharam, e a população xavante começou a diminuir. Havia risco real de desagregação da etnia.

Foi então que Apoena demonstrou uma vez mais sua visão de longo alcance. Em estratégia de amansamento inspirada em sonho e acordada com a comunidade, Apoena enviou oito de seus netos para viver em Ribeirão Preto com famílias brancas ligadas a um dos raros fazendeiros amigos nas vizinhanças. O objetivo era incorporar as práticas da cultura branca, mas também impregná-la com a cultura xavante. Para complementar a estratégia, ao mesmo tempo que enviava aprendizes-embaixadores ao misterioso mundo exterior, os xavantes fecharam as fronteiras de suas aldeias a fim de estancar o processo de aculturação. Era 1973, auge da ditadura militar, mas deu certo. O fechamento das fronteiras deu tempo para que os netos de Apoena pudessem crescer como verdadeiros membros das famílias que os adotaram, criando vínculos de solidariedade que protegem os xavantes desde então. Apoena morreu em 1978 sustentando altivo o sonho utópico da pacificação.

Será que Apoena sonhou mesmo tudo isso? Não existe documentação antropológica que possa responder a essa pergunta, e talvez isso nem tenha importância. Mais do que saber se foi ou não em sonho que Apoena visualizou suas ações políticas, é fundamental compreender que o relato que as embasou foi narrado e renarrado como sonho até se espalhar por toda a comunidade xavante e muito além — como agora, neste exato instante, enquanto você lê. Através da reiteração da narrativa, o desejo individual se transformou em desejo coletivo.

Hoje os netos de Apoena desempenham um papel essencial na relação dos xavantes com o mundo exterior, filtrando informações, defendendo seus direitos e preservando sua identidade cultural. As novas lideranças têm formação universitária e registram em vídeo e áudio as tradições de seu povo, criando documentos aos quais velhos e jovens assistem mesmerizados, replicando a própria cultura com a tecnologia dos brancos. Filmadas em câmeras digitais portáteis, as aldeias agora são centros difusores da cultura xavante por todo o planeta.

O importante ritual Wai'á rini, realizado a cada quinze anos e até recentemente secreto, foi filmado em detalhes pelo cineasta xavante Divino Tserewahú. Nesse ritual os meninos buscam um desmaio através de danças, rituais, conflitos encenados e extenuantes provas físicas que incluem correrias, privação de água e olhos fixos no sol. Quando finalmente desmaiam e entram em transe, recebem visões e são iniciados na vida adulta segundo a orientação de seus ancestrais. O filme narra como adquirem poderes de cura, canto e interpretação onírica:

> O sonho é muito importante para a vida do homem xavante. Através do sofrimento e do desmaio durante a celebração ele pode ver o que vai acontecer no futuro. Quando ele conta o que sonhou, acontece mesmo. Ele também pode encontrar os mortos através do sonho. Por isso é importante sofrer e desmaiar muito durante a celebração do Wai'á rini. Quem sofre mais, sonha mais, e tem mais poder.[21]

Os sonhos continuam sendo essenciais na política de relações exteriores dos xavantes. Quando são convocados a Brasília para discutir questões de demarcação de terras, os anciãos se reúnem para debatê-las e depois buscam sonhar com seus ancestrais e entidades criadoras para pedir aconselhamento. Por vezes são transportados até a capital para vivenciar em sonho as reuniões propostas. Quando o resultado não é bom ou quando não sentem confiança nos negociadores brancos, nem se dão ao trabalho de fazer a viagem no mundo real.

MAIS REAL QUE A REALIDADE

A utilização dos sonhos para orientação política diante de inimigos poderosos também marcou a história dos mapuches da Patagônia chilena e argentina. Desde a invasão espanhola no século XVI, passando pelas independências nacionais até o presente, os mapuches resistiram à expropriação de seu território com guerras, rebeliões e lutas messiânicas.[22] Ao longo desse processo foi intenso o conflito entre o individualismo dos colonos europeus, capazes de um pragmatismo brutal, e o coletivismo mapuche baseado em igualitarismo, socialização comunitária, reciprocidade e cordialidade. A tomada de terras indígenas foi e continua sendo a tônica do conflito. Até o início do século XX, em ambos os lados da cordilheira austral ainda se pagava bom dinheiro por uma cabeça de índio.

Diante de tamanho pesadelo, não é surpreendente que a resistência mapuche tenha passado diretamente pelo trabalho onírico. Para esse povo o sonho (*pewma*) é uma viagem que a alma realiza enquanto dorme, concepção pan-ameríndia encontrada na maior parte das etnografias do continente. Tradicionalmente os mapuches discerniam entre sonhadores, responsáveis pela recepção de mensagens dos espíritos, e intérpretes de sonhos (*pewmafes*), tipicamente mulheres, longamente preparadas para decifrar relatos oníricos.[23] Entre os anos 1910 e 1930, o líder mapuche Manuel Aburto Panguilef, um grande sonhador profético de seu povo, liderou um movimento de independência com forte orientação onírica. Panguilef — que significa puma veloz — organizou vários congressos nos quais os mapuches podiam cantar, bailar, rezar, relatar sonhos e discutir política em sua própria língua.[24] Em 1921 foi criada a Federação Araucana, que Panguilef presidiu até sua dissolução nos anos 1940. Apesar do sincretismo das crenças indígenas com o cristianismo, a Federação pregava o afastamento dos costumes dos brancos e a aderência às tradições mapuches, bem como o uso da sua língua, o *mapudungun*, no lugar do idioma espanhol. Em 1931, Panguilef propôs a criação de uma república autônoma mapuche, mas posteriormente sua liderança messiânica perdeu força e deu lugar a diversos outros movimentos de resistência, quase todos violentamente reprimidos.

Às vésperas do golpe militar brutal que derrubou o presidente chileno Salvador Allende, em 11 de setembro de 1973, o líder mapuche Martín Painemal teve um sonho premonitório:

> Sonhei, vi naquele momento milhões de pássaros que estavam em guerra. Os pássaros rasgavam-se entre si. Era incontrolável, milhares e milhares de pássaros se destruíam como numa guerra. Os pássaros eram despedaçados para derrubar Allende. Eu sonhei antes que acontecesse, continuei pensando e descobri que era isso, era um aviso.[25]

Alertado para o desastre iminente, Painemal tomou diversas precauções para escapar à perseguição das forças golpistas. Escondeu-se e sobreviveu.

VIAGENS E MAPAS

Com múltiplas variações sobre o mesmo tema, as culturas ameríndias tipicamente atribuem ao sonho um lugar essencial de tempo condensado, presente e futuro juntos num imenso e intenso gerúndio. Nas perambulações da alma pelo horizonte de futuros possíveis, o sonhador e sobretudo o xamã tentam diagnosticar a situação em curso e controlar o sonho para inverter a causalidade dos eventos. Em lugar de simplesmente ver o que aconteceu ou acontecerá, tentam criar uma nova realidade através das próprias ações.[26] É comum a narrativa do xamã que parte em busca de uma cura ou solução através dos sonhos.

Um mito dos índios jurunas diz que um jovem chamado Uaiçá saiu para caçar e encontrou uma árvore com vários bichos mortos ao redor. Dormiu e sonhou com animais da floresta, com pessoas cantando e com Sinaá, o deus jaguar antepassado dos jurunas, com quem conversou longamente. Uaiçá despertou com o sol se pondo e voltou para casa. No dia seguinte resolveu jejuar. Por bastante tempo regressava diariamente à árvore e os sonhos sempre se repetiam, até que o próprio Sinaá ordenou o fim das visitas. Quando Uaiçá despertou, fez um chá com a casca da árvore, bebeu, embriagou-se e assim iniciou um processo xamânico de aquisição de poderes: pegava peixes com as mãos, tirava doenças de dentro das pessoas e tinha olhos na nuca. Quando dormia, viajava até Sinaá e trazia do mundo dos sonhos tudo que os jurunas queriam. Tornou-se um importante pajé.[27]

Kaká Werá Jecupé dá um depoimento valioso sobre a importância social dos sonhos ameríndios:

> O sonho é o momento em que nós estamos despidos da estrutura racional de pensar. Nós estamos no puro estado de espírito, no *awá*, no ser integral. É um momento em que a gente entra em conexão com a nossa realidade mais profunda. No sonho literalmente o seu espírito viaja e pode ser direcionado para onde quiser ou para o momento que quiser. Isso exige um treinamento, como aprender a falar. [...] Entre alguns povos existe uma coisa que se faz pela manhã que se chama Roda do Sonho. Eles reúnem cinquenta pessoas, fazem uma roda e começam a contar os sonhos. E aqueles sonhos vão dando uma direção para o cotidiano da aldeia. [...] Os povos lidam com o sonho como um momento de liberdade do espírito, quando o espírito vê tudo por todos os ângulos.[28]

Os sonhos grandes são almejados, obtidos e reverenciados por toda a América indígena, do extremo sul ao extremo norte. O antropólogo britânico Hugh Brody relatou em 1981 impressionantes caçadas oníricas entre indígenas dane--zaas, o Povo Castor do subártico canadense. Trata-se de uma tradição antiga que já se perdia naquela época, conhecida apenas pelos mais velhos. Nesses sonhos especiais o caçador fazia uma jornada para descobrir onde estavam os animais que buscava — e tinha a chance de escolher qual animal especificamente deveria ser sacrificado. Ao despertar, confeccionava um mapa que indicava sua localização. O mapa dos sonhos descrito por Brody tinha sido guardado dobrado por muitos anos. Era tão grande quanto o tampo da mesa de jantar e estava coberto com milhares de marcas pequenas, firmes e coloridas. Houve um convite para que os visitantes brancos se reunissem ao redor da mesa para examinar o mapa.

> [Os aborígines] Abe Fellow e Aggan Wolf explicaram: "Aqui está o céu. Esta é a trilha que deve ser seguida. Aqui está uma direção errada. É aí que seria péssimo

ir. E ali estão todos os animais". Eles explicaram que tudo isso foi descoberto nos sonhos. Aggan também disse que era errado abrir um mapa de sonhos, exceto por razões muito especiais.[29]

O TEMPO DENTRO DO TEMPO

A noção de que o sonho é um portal para a comunicação com outro mundo talvez atinja o seu ápice entre aborígines arandas da Austrália central, descendentes dos primeiros imigrantes humanos a explorar aquele árido território há pelo menos 65 mil anos. Creem na Alcheringa, um plano espiritual primordial que existia antes de o sonhador nascer e continuará a existir depois de sua morte, onde toda a ancestralidade habita desde o início numa superposição de passado, presente e futuro que Jung não hesitaria em chamar de inconsciente coletivo: a coleção de memes de uma cultura inteira. A experiência da Alcheringa parece alcançar graus tão elevados de vividez que os arandas chegam a acreditar viver no mundo de lá. Em diferentes subgrupos, culturalmente diversos mas geneticamente semelhantes, as distintas palavras empregadas para dizer "sonho" — *alchera, bugari, djugur, meri, lalun, ungud* — são sinônimos do tempo primordial de criação do mundo, que se popularizou no Ocidente com o nome inglês de *dreamtime*.[30]

Nessa dimensão fundamental da existência não se vive o tempo do "uma-coisa-após-a-outra", mas o tempo do "tudo-ao-mesmo-tempo-agora". Em alguns grupos trata-se de um tempo anterior ao presente; em outros, um tempo dentro deste; em outros ainda, um tempo paralelo a este.[31] Na Alcheringa são preservados os segredos iniciáticos, a cosmogonia e a ontologia dos aborígines, bem como o vasto repertório de conhecimentos práticos que permitem habitar um ambiente tão inóspito, com recursos tão escassos e predadores tão letais. Vêm da Alcheringa as técnicas de caça, culinária e pintura, mas também os mapas dos caminhos sagrados que permitem trafegar com segurança pela maior ilha do mundo, usando acidentes geográficos específicos para balizar excursões e percursos. Também provêm da Alcheringa os ensinamentos dos mais velhos para os mais novos na forma de canções, danças e histórias que explicam onde encontrar água, caça, abrigo e materiais para construir ferramentas de pau e pedra. Segredos totêmicos são revelados na Alcheringa, razão pela qual se diz que certa pessoa tem especificamente um sonho de canguru, formiga de mel, tubarão ou texugo. Alguns mistérios só são transmitidos na velhice, quando os sonhadores se tornam suficientemente maduros.

Na Alcheringa ocorre a identificação mítica com o passado dos ancestrais, matriz renovada do presente e referência canônica para situações e atitudes que nunca são exatamente novas, pois repetem padrões arcanos. Os sonhos permitem assim conversar com os antepassados e outros espíritos em busca de conhecimento e referência existencial, num encontro tão emocionante e inspirador como deve ter sido para os gregos da Era Axial sonhar com os heróis homéricos da Idade do Bronze.

Na cultura aranda a natureza é um vastíssimo templo e a vida é uma experiência continuamente numinosa, pois espíritos dotados de intencionalidade habitam a flora, a fauna e o mundo mineral. Seu animismo é intenso e arcaico, talvez a mais antiga religião ininterruptamente praticada em todo o planeta. Imersos nela, os arandas se identificam livremente com qualquer objeto natural, tanto no sonho quanto na vigília. "Tudo sou eu porque tudo está em minha mente... e só assim me apercebo de tudo." A Alcheringa permite viver dormindo uma vida inteiramente diversa com espíritos de todo tipo, inclusive animais e plantas e múltiplas gerações de antepassados, numa experiência tão plena e aumentada, que voltar à vigília é como regressar a um sonho e adormecer é como despertar.

SAIR DO CORPO

Os monges do Tibete, ao contrário, entendem que o sonho é um mero construto, uma ilusão sujeita às manipulações da vontade, aos limites da técnica e às intenções do sonhador. Consideram que cada adormecimento é uma preparação para a morte e são praticantes do *milam*, a ioga dos sonhos. Essa disciplina lhes permite alcançar estados de elevada lucidez em que aprendem a controlar o sonho sem dificuldade nem medo, sabedores de que se trata de uma realidade estritamente interna.

O *milam* é aprendido em etapas sucessivas, com pequenas variações segundo as distintas linhagens tradicionais. Para começar, o sonhador precisa aprender a reconhecer que está sonhando, isto é, precisa aprender a tornar-se lúcido dentro do sonho. Inicialmente é muito difícil estabilizar a consciência de estar sonhando, sendo comum ganhar e logo em seguida perder a lucidez onírica, por puro esquecimento da suspeita de que nada daquilo é real. A capacidade de sustentar essa crítica da realidade é essencial para que se inverta a causalidade das relações oníricas, de modo que os eventos oníricos deixem de simplesmente acontecer ao sonhador e passem a ser provocados por sua vontade.

Na segunda etapa o sonhador precisa libertar-se de todo medo causado pelos conteúdos do sonho, tornando-se consciente de que nenhum evento ali, por mais terrível que pareça, pode causar danos verdadeiros. Esse aprendizado é necessário porque o umbral da lucidez onírica abriga uma legião de coisas espantosas que podem se apresentar ao sonhador incauto, um exército de sustos incubados, nutridos, elaborados e colhidos ao longo de toda a vida. Exercícios típicos dessa etapa incluem atear fogo ao próprio corpo onírico para verificar que isso não causa dor nem marcas.

Na terceira etapa o sonhador deve contemplar o fato de que todas as coisas, tanto em sonho quanto em vigília, estão em permanente mutação e são meras ilusões, impressões fugazes e vazias de substância. Quando um ente querido aparece ou desaparece em sonho é essencial saber que se trata apenas de uma casca, uma aparência incompleta daquela pessoa, uma coleção imperfeita de representações. Extasiantes ou repulsivas, as imagens oníricas são puras quimeras.

A aceitação profunda desse fato permite que o praticante do *milam* se inicie na etapa seguinte, em que o sonhador aprende a transformar objetos oníricos segundo sua vontade, alterando de forma controlada seu tamanho, peso ou forma. No espaço mental do sonho as leis naturais são apenas convenções, adquiridas pela experiência da vigília e plenamente violáveis pela imaginação ativa. Ainda que nos sonhos da maior parte das pessoas os objetos oníricos caiam ao chão quando são derrubados, eles não estão de fato submetidos à lei da gravidade e podem flutuar se assim o sonhador quiser — ou melhor: se assim souber desejar. A expansão dessa incrível habilidade também permite determinar o cenário do sonho, bem como seus personagens. O progresso nesta etapa do *milam* exige um aumento da força volitiva do sonhador, pois é através do desejo robusto, da volição intencional e voluntária, que o sonhador se liberta do papel de personagem do sonho para se tornar seu criador.

Quando dominam a arte de moldar objetos e cenas oníricas, os praticantes do *milam* são treinados na arte de transformar o próprio corpo, aumentando ou diminuindo seu tamanho, modificando-o ou mesmo retirando-o completamente de cena sem que o sonho acabe. Nessa etapa fica explícita a diferença entre o corpo sonhado — mera representação do eu com um ponto de vista particular no interior da atividade onírica — e o sonho como um todo, construção de uma mente que abriga o eu, mas é muito maior do que ele.

Finalmente, na etapa mais avançada, o sonhador deve aprender a unir seu sonho com a "divina luz do vazio", visualizando em estado de lucidez onírica um Buda ou outra divindade. É claro que o significado transcendental dessa etapa está além da compreensão de quem não a alcançou. Mas não é preciso conhecer tal significado para entender que o *milam* é um caminho de autoconhecimento que expande as capacidades mentais do sonho.[32] Com algumas diferenças importantes, a *ioga nidra* hindu propõe um percurso semelhante de autoconhecimento pelo exercício dos desdobramentos do corpo na transição entre sono e vigília.

DESPERTAR PARA DENTRO

Enquanto tradições em torno do Himalaia ou na América do Sul utilizam a meditação para alcançar visões, muitas outras culturas ao redor do mundo preconizam o sofrimento, o jejum e a penitência para fins semelhantes. Da Dança do Sol nas pradarias dos Estados Unidos aos desmaios xavantes, do suplício católico medieval à caminhada sobre brasas do faquir hindu, a saída do corpo e a busca de visões também se fizeram pela aceitação e superação da dor. Que revelações terão acometido Giordano Bruno quando enfrentou em silêncio as labaredas da Inquisição? Estaria sentindo a mesma dor que sentem todas as pessoas? Ou estaria em transe místico e lúcido, realidade interna completamente dissociada, mente sagrada muito além do próprio corpo imolado?

Assim como a dor é um caminho para o transe, estados oníricos também podem ser alcançados pelo prazer. Imagine o delicioso estado alterado de consciência atingido pelos sufis islâmicos com seus giros repetitivos e música hipnótica. A atitude de voltar-se para o interior da mente está no cerne de diversas técnicas envolvendo meditação, visualização, posturas, mantras, recitações e cantos. Hoje já existem programas de estimulação sonora para produzir alterações da experiência visual. Também é possível atingir visões através de mas-

366

sagens e sexo tântrico. E ainda mais incríveis são as arrebatadoras visões obtidas pelo controle da respiração, seja através da prática do pranaiama e outros métodos tradicionais do Oriente, seja através de técnicas ocidentais desenvolvidas nas últimas décadas, como a respiração holotrópica do psiquiatra tcheco Stanislav Grof.

Bruce Lee, grão-mestre do kung fu, ressaltou a importância do estado de iluminação: "Satori — no despertar de um sonho. Despertar e autorrealização e ver o próprio ser — estes são sinônimos".[33] Tão enraizada no Oriente através do zen-budismo e outras práticas, a introspecção ainda se depara no Ocidente com resistência e ceticismo. Somos praticamente cegos aos órgãos e processos internos. Tente mexer o polegar esquerdo. Fácil, não é? Agora tente ativar seu hipocampo direito... A insensibilidade para quase tudo que acontece normalmente dentro do corpo talvez seja o estado psicológico padrão do ser humano, mas técnicas como o chi kung chinês ou os ássanas hindus alteram enormemente essa experiência. Sua prática torna possível escutar o próprio coração bater, controlar a temperatura do corpo e sentir as vísceras. São assuntos no limiar entre ciência e metafísica, lugares que os cientistas ainda não visitaram o suficiente para mapear sem preconceitos os fenômenos que ainda não entendem. Os poucos estudos científicos sobre o assunto indicam que tais habilidades são reais.[34]

Se o despertar para dentro pode ser visceralmente fisiológico, nada o impede de ser profundamente simbólico. Tanto no *milam* quanto na *ioga nidra*, todas as ações e não ações do praticante ocorrem num estado mental de liberdade interna, aquilo que a ciência conhece pelo nome de sonho lúcido. Trata-se de um estado normalmente associado ao sono REM tardio, já no final da madrugada ou mesmo entrando pela manhã, quando o corpo já dormiu bastante e por isso entra num estado muito especial com pouca pressão para dormir, elevados estoques de neurotransmissores e abundante sono REM. É nesse momento, em que o cérebro sonha vigorosamente mas já está pronto para despertar, que, por vezes, quase milagrosamente, ele o faz para dentro de si.

O SONHO LÚCIDO

Povos ameríndios, aborígines australianos, iogues tibetanos e monges cristãos são mestres da navegação onírica. Estar consciente de estar sonhando é uma condição necessária para iniciar jornadas transformadoras. Entre os mapuches, sonhar que se está sonhando indica muita vitalidade da alma. São sonhos de profundo impacto emocional, com fortalecimento da sensação de autonomia e grande empoderamento do sonhador.

O curso normal do sono REM tipicamente desemboca em duas situações antagônicas: despertar rapidamente e logo regressar ao estado onírico, ou então despertar e sustentar a vigília. Entretanto, a prática persistente permite ao sonhador equilibrar-se no limiar sutil entre sono REM e vigília, expandindo a consciência de forma a dominar o processo de simulação mental do sonho. Esse tipo de sonho é muito impressionante e adiciona uma dimensão totalmente nova à vida mental. Nem mais nem menos daquilo que havia antes, mas sim um eixo novo, completamente diferente. É o sonho de lucidez exacerbada, em que o sonhador sabe que está sonhando e pode exercer controle total ou parcial sobre tudo o que compõe o enredo onírico.

Quando transformado em portal para a ação onírica voluntária, o sonho se torna um espaço privilegiado para aprender, treinar, amar, viajar e contemplar. Torna-se também um espaço propício para encontrar e interagir com as criaturas da mente: parentes, amigos, ancestrais, entidades, deuses e o próprio Deus. Em vertentes do cristianismo Nova Era, acredita-se que os principais fenômenos da gnose cristã podem se realizar no espaço do sonho lúcido, dando aos praticantes um caminho concreto para alcançar elevados estados místicos, descritos como "ver a luz".[35] Embora normalmente o sonho lúcido se desenvolva a partir de um estado onírico não lúcido, relatos tradicionais e contemporâneos indicam que também é possível alcançar a lucidez onírica a partir da vigília.

Reconhecido por Aristóteles, Galeno e Santo Agostinho, o sonho autoconsciente foi objeto de um volumoso tratado filosófico do marquês Léon d'Hervey de Saint-Denys (1822-92), intitulado *Os sonhos e os meios para dirigi-los*.[36] Motivado pelas ideias do marquês, pelo termo *rêve lucide* (sonho lúcido, em francês) e por suas próprias experiências, o psiquiatra holandês Frederik van Eeden (1860-1932) reportou cientificamente o fenômeno em 1913:

> Só posso dizer que fiz minhas observações durante um sono normal e profundo e que, em 352 casos, tive uma lembrança completa da minha vida diária, e que poderia agir de forma voluntária, embora estivesse tão adormecido que nenhu-

ma sensação corporal penetrou minha percepção. Se alguém se recusar a chamar esse estado mental de sonho, pode sugerir algum outro nome. De minha parte, era apenas um tipo de sonho, que chamo de sonhos lúcidos.[37]

Ainda que contundente, o relato de Van Eeden não convenceu muita gente. Se o estudo dos sonhos comuns já se fragiliza pela dependência do relato de terceiros, como levar a sério um supersonho em que o sonhador alega ter plena consciência de si? Por décadas os descrentes no sonho lúcido disseminaram a interpretação de que se tratava na verdade de um estado de vigília em repouso, em que o corpo ficava imóvel mas desperto. Foi somente nos anos 1970 que surgiu uma resposta empírica a essa objeção, estabelecendo bases fisiológicas convincentes para o estudo científico do espaço interno instaurado pelo sonho lúcido. Em 1978 o psicólogo inglês Keith Hearne demonstrou em sua tese de doutorado ser possível sinalizar a entrada em lucidez através dos olhos, normalmente ativos durante o sono REM e portanto uma "janela para a alma" que sonha.[38] O mesmo foi demonstrado durante o doutorado do neurocientista norte-americano Stephen LaBerge, concluído em 1980 na Universidade Stanford sob a orientação de William Dement.[39] Em ambos os casos os pesquisadores se valeram da ocorrência de movimentos oculares durante o sono REM, a despeito da completa atonia muscular do resto do corpo, para driblar o dogma de que seria impossível sinalizar a ocorrência de um sonho lúcido sem despertar de imediato. Investigando voluntários de pesquisa treinados para entrar facilmente em lucidez onírica, os pesquisadores pediram que realizassem movimentos oculares pré-combinados para informar sobre o início e o fim de cada episódio de sonho lúcido. A ausência concomitante de tônus muscular corporal confirmava que se tratava de sono REM, e não de vigília. Em outras palavras, os voluntários conseguiam mexer os olhos voluntariamente, mesmo sonhando. Ponto para os iogues.

Ao longo dos anos 1980, LaBerge realizou diversos estudos fundamentais para a compreensão dos sonhos lúcidos. Mostrou que o sonho lúcido é uma habilidade voluntária que pode ser sugestionada verbalmente, treinada e estimulada por sinais luminosos. Mostrou também que nesse estado é possível controlar voluntariamente a respiração e que os sonhos lúcidos ocorrem tipicamente durante períodos do sono REM governados pelo sistema simpático, gerando um "supersono REM" com alto metabolismo cardiorrespiratório e abundância de movimentos oculares.[40]

Inicialmente negligenciadas, as descobertas de LaBerge e Hearne foram confirmadas e estendidas nos últimos vinte anos. Hoje sabemos que o sonho lúcido é um estado intermediário entre a vigília e o sono REM, um estado híbrido em que a atenção está voltada "para dentro" como no sono, mas com a consciência intencional que caracteriza a vigília. Apesar de raro, o sonho lúcido ocorre espontaneamente ao menos uma vez na vida na maioria das pessoas, sobretudo em mulheres, com decaimento da frequência após a adolescência.[41] A maioria das pessoas gostaria de voltar a ter um sonho assim, mas quase ninguém sabe como repetir a experiência. Recentemente, o psicólogo norte-americano Benjamin Baird se juntou a Stephen LaBerge para demonstrar que o sonho lúcido pode ser induzido por galantamina. Essa substância, utilizada para melhorar a cognição em pacientes idosos, aumenta as respostas neuronais à acetilcolina, que tem sua liberação elevada durante o sono REM. Sonho extremamente vívido, marcado pela concentração, foco e tomada voluntária de decisões.[42]

OS CORRELATOS NEURAIS DO SONHO LÚCIDO

O que permite ao sonhador lúcido bem treinado adquirir autoria sobre o enredo onírico é o controle volitivo da imaginação, o desejo direcionado que manda e desmanda nas ações e cenas do sonho. Sem temer nem se deixar levar pela própria capacidade de gerá-las, o praticante dessa loucura controlada consegue dominar a vertigem de acessar o inconsciente e pode navegá-lo voluntariamente. O uso de funções executivas durante o sonho lúcido permite supor que o córtex pré-frontal, em geral inativo no sono REM, deva estar ativado durante o sonho lúcido.

Em concordância com essa hipótese, Allan Hobson e a neurocientista alemã Ursula Voss mostraram em 2009 que o sonho lúcido é acompanhado por uma intensificação de ondas cerebrais rápidas no córtex pré-frontal, em comparação com o sono REM não lúcido.[43] Combinando o registro de EEG com medidas de ressonância magnética funcional, o neurocientista alemão Martin Dresler do Instituto Max Planck de Psiquiatria, em Munique, demonstrou que o sono REM lúcido, em comparação com o sono REM não lúcido, apresenta maior ativação em regiões cerebrais relacionadas com tomada de decisões e intencionalidade (córtex pré-frontal), visão (córtex occipital e cúneo), consciência reflexiva (pré-cúneo), memória (córtex temporal) e espaço (córtex parietal).[44] Os mesmos pesquisadores mostraram que uma tarefa motora realizada durante o sonho lúcido — abrir e fechar os punhos — provoca robusta ativação no córtex sensório-motor normalmente ativado pelo mesmo movimento quando realizado durante a vigília.[45] Foi a primeira visualização da representação neural de um conteúdo onírico.

Para testar a hipótese de que um aumento artificial da ativação pré-frontal durante o sono REM pode causar a transição para o sonho lúcido, duas equipes diferentes de cientistas realizaram experimentos de estimulação do córtex pré-frontal durante o sono REM. Em 2013 o lituano Tadas Stumbrys e os alemães Michael Schredl e Daniel Erlacher demonstraram que os relatos de lucidez aumentaram após estimulação, mas apenas em sonhadores lúcidos experientes.[46] Em 2014, Voss e sua equipe mostraram aumento da lucidez durante estimulação transcraniana em altas frequências, mesmo em pessoas sem experiência prévia com esse tipo de sonho.[47] Embora ainda se debata o quanto a lucidez onírica depende de treinamento ou propensão inata, ninguém mais se anima a negar sua existência.

MONGES E NEUROJEDIS

Se o sonho lúcido já é um fato bem estabelecido, o que dizer de sua suposta utilidade para o treinamento de habilidades relevantes na vida real? Seria possível recriar em laboratório a essência dos sonhos epifânicos de Cavalo Louco, nos quais "sonhou consigo no mundo real e mostrou aos siouxs como fazer muitas coisas que eles nunca haviam feito antes"?[48] Seria possível usar o sonho lúcido como um espaço virtual para construir habilidades especiais, como o personagem Neo no filme *Matrix*, que aprende kung fu sem medo de se machucar? Será que programadores de computador podem escrever código sonhando? Será que é possível treinar dormindo?

Essas perguntas estão longe de ser respondidas, mas os cientistas avançam em sua direção. Um estudo com 840 atletas alemães sobre a lucidez onírica mostrou que 57% experimentaram ao menos um sonho lúcido na vida e que 24% eram sonhadores lúcidos frequentes, com pelo menos um episódio mensal. O dado mais interessante é que 9% dos atletas capazes de ter sonho lúcido declararam usar esse estado para praticar suas habilidades esportivas, pois tinham a impressão de que assim melhoravam seu desempenho na vida real. Os pesquisadores resolveram perseguir a pista fornecida pelos atletas de forma mais prosaica, mas não menos interessante, investigando o treino onírico de habilidades motoras tão simples quanto acertar moedas em copos posicionados a distâncias crescentes, ou acertar dardos em alvos. Os resultados demonstraram que o treino durante o sonho lúcido leva a um aumento significativo da acurácia na vida real.[49]

Também foi pesquisada a relação entre o tempo percebido no sonho lúcido e o tempo percebido na vigília. Para tarefas mentais que não envolvem movimento ou esforço corporal há equivalência entre tempo sonhado e tempo real, mas no caso de tarefas motoras, como caminhar ou fazer ginástica, o tempo para realizar a tarefa sonhando chega a ser 40% maior do que o tempo usado durante a vigília. Ainda não se sabe se esse aumento da duração de tarefas motoras quando realizadas dentro do sonho lúcido reflete uma eventual lentidão do processamento motor durante o sono REM, ou a falta de sinais musculares capazes de retroalimentar o movimento sonhado. Por mais despretensiosas que sejam as tarefas investigadas até aqui, a promessa até agora mantida é a de uma arena ilimitada para treinamento mental. Um estudo recente feito por LaBerge, Baird e o neurocientista Philip Zimbardo, da Universidade Stanford, mostrou que os movimentos oculares realizados durante o sonho lúcido se parecem mais com aqueles realizados durante a percepção de olhos abertos do que durante a imaginação visual de olhos fechados. Cresce a evidência científica de que o sonho lúcido é, de fato, uma vigília para dentro de si.[50]

UM CONVITE SEDUTOR

As experiências mais significativas da vida só podem ser avaliadas por quem as viveu diretamente. Explicar os filhos para quem nunca os teve é uma impossibilidade existencial. Do mesmo modo, é impossível transmitir em palavras a emoção e a aventura da lucidez onírica. Sonhos lúcidos são tipicamente deliciosos por revelarem o vastíssimo espaço interno das representações mentais, expressão consciente do imenso baú de memórias de toda a mente. Um lugar onde é possível satisfazer quase qualquer desejo. Se você nunca teve um sonho assim, este é um ótimo momento para aprender a ter.

Não há uma metodologia única para o treinamento do sonho lúcido, mas alguns protocolos podem ajudar. O primeiro passo é retomar o sonhário recomendado no primeiro capítulo, um ótimo treino para rememorar e relatar os próprios sonhos. Além disso, é importante aplicar técnicas capazes de elevar a percepção do estado onírico, como o hábito de indagar-se frequentemente, no transcorrer do dia: "Será que estou sonhando?". Essa pergunta pode acompanhar a visão de um objeto específico, como a própria mão. Um breve período de autossugestão antes de dormir também facilita o aprendizado do sonho lúcido, através da mentalização da experiência que se quer incubar. É ainda mais útil despertar de madrugada para realizar a autossugestão na iminência dos últimos episódios de sono REM da noite. Com o aumento da compreensão sobre o que ocorre no cérebro durante o sonho lúcido, é provável que mais e mais pessoas no mundo tenham acesso a esse poderoso modo de autocontrole. Para alcançar a lucidez podem ser úteis as máscaras eletrônicas vendidas na internet, capazes de sinalizar o início do sono REM com luzes e sons e assim criar uma estimulação externa de baixa intensidade que pode facilitar a transição para a lucidez onírica. É bem possível que estimuladores transcranianos sejam lançados no mercado para ajudar a induzir sonhos lúcidos até nos céticos mais renitentes.

Uma vez dominada a entrada no sonho lúcido, o que fazer? Quase tudo. Reencontrar entes queridos, viver um grande amor, aventurar-se perigosamente, viajar para os confins do universo imaginado, treinar manobras arriscadas na vida real e realizar livremente o desejo sem culpa nem obstáculos. A interpretação do fenômeno da lucidez onírica depende do ponto de vista. Para os místicos, esse tipo de sonho é a porta para a exploração do mundo dos espíritos, um estado que permite desdobrar e projetar o corpo astral a fim de empreender jornadas em outros planetas e dimensões. Para os materialistas, o sonho é a chave para navegar o amplo oceano do inconsciente, a coleção absolutamente individual de memórias adquiridas durante a vida e suas combinações.

Além dos fascinantes experimentos centrados nas capacidades e limitações do sonhador lúcido, avança-se pioneiramente na experimentação sobre a cognição dos personagens que aparecem durante os sonhos lúcidos, aqueles seres mágicos reverenciados por monges tibetanos, psicanalistas junguianos e pajés xavantes. Estudos de campo e de laboratório mostraram que esses personagens são capazes de escrever, desenhar, rimar, proferir palavras desconhecidas para o sonhador e até propor soluções criativas para charadas metafóricas, mas possuem uma fragilidade curiosa: têm grandes dificuldades com problemas de lógica e aritmética.[51] É como se as criaturas evocadas durante o sonho lúcido estivessem mentalmente limitadas pela dificuldade humana de sonhar com letras e algarismos.

EM QUE DIREÇÃO EVOLUI O SONHO?

A perspectiva materialista do sonho lúcido atualiza um dilema moral de dezesseis séculos atrás. Santo Agostinho isentou as pessoas dos pecados cometidos em sonhos porque considerava que estes não são controlados pelo sonhador, mas algo que lhes acontece. A possibilidade de agir com intencionalidade para afetar o curso do enredo onírico coloca em xeque esse argumento. O sonho lúcido permite matar outros personagens e realizar todo tipo de ato repulsivo. O que para inúmeras tradições ancestrais seria uma heresia se transforma, na mente de hedonistas sem culpa nem responsabilidade, num parque de diversões tão amoral quanto uma sessão de videogame.

Há vários modos de banalizar o sonho lúcido. A emulação de personagens específicos apenas para fartar-se de sexo ou, o que é chocante, para praticar tortura ou cometer assassinato ilustra os extremos desse alvoroço autoestimulante, cultivado privadamente. Navegar o próprio inconsciente como se fosse uma simulação computacional não seria aprovado nem pelos aborígines australianos nem pelos psicanalistas, por acreditarem ser importante manter a integridade dos espíritos ou de suas representações mentais.

Psicanalistas costumam enxergar no uso hedonista do sonho lúcido um temerário desvio da função onírica, pois a gratificação da fantasia de controle interno em detrimento da ação no mundo pode estimular traços nocivos da personalidade. Segundo essa visão, o sonho lúcido funcionaria como um narcótico, recompensando o sujeito não por conquistas no mundo real, mas por sucessos imaginários. A realização do desejo sem consequências na realidade seria particularmente perversa, pois desconectaria desejo de responsabilidade, ocluindo a válvula de escape das tensões normais provida pelo inconsciente.

Iogues e neurocientistas tendem a ser mais otimistas quanto ao potencial benigno do controle dos sonhos, mas esse potencial depende das escolhas feitas pelo sonhador no ato de sonhar.[52] Se o sonho lúcido é uma forma sofisticada de reprogramar o cérebro com intencionalidade, seus efeitos devem depender das imagens e ações selecionadas para compor a experiência. Em outras palavras, se o sonho lúcido reverbera memórias e regula a expressão gênica — como ocorre durante o sono REM não lúcido —, seus efeitos devem ser semelhantes aos de realizar aquelas ações no mundo real.

Essa consideração baliza uma ética — ou deveria dizer higiene mental? — da navegação lúcida. Ela também celebra os sonhos de diagnóstico e cura, desde o culto de Asclépio aos *pewmafes*, os intérpretes mapuches do sonho. Há evidência preliminar de que os sonhos lúcidos podem debelar pesadelos recorrentes e dores crônicas. Por outro lado, a sugestão feita há alguns anos de que sonhos lúcidos podem tratar psicoses não se sustenta. A lucidez onírica é psicologicamente segura para pessoas não psicóticas, mas em pacientes psicóticos essa prática pode reforçar delírios e alucinações, dando à realidade interna ainda mais aparência de realidade.[53]

Nas palavras de Mariano Sigman,

> o sonho lúcido é um estado mental apaixonante porque combina o melhor dos dois mundos, a intensidade pictórica e criativa do sonho com o controle da vigília. E também é uma mina de ouro para a ciência. [...] Talvez o sonho lúcido seja um modelo ideal para estudar a transição entre a consciência primária e a secundária. Estamos agora nos primeiros esboços desse fascinante mundo recém-surgido na história da ciência.[54]

UMA PORTA PARA O FUTURO DA CONSCIÊNCIA

Em que direção estamos evoluindo? Aonde chegará nossa consciência? Seria o sonho lúcido o embrião de uma nova mente humana? O encontro com os ancestrais, de máxima importância para tantas civilizações, é apenas uma das muitas experiências impossíveis tornadas possíveis nesse estado. O movimento para dentro cria espaço para descobertas científicas, através da intuição perceptual de coisas que hoje só têm expressão matemática, como a possibilidade de existirem muitas dimensões da realidade além das quatro que conhecemos. Terá sido lúcido o voo onírico de Giordano Bruno para fora do sistema solar?

Se a invasão da vigília pelo sonho foi crucial para a evolução de nosso modo de pensar, a evolução de nossa mente daqui para a frente talvez esteja ligada à capacidade de despertar dentro do sonho — e assim expandir os modos de consciência conhecidos. Para além dos mecanismos neurais desse despertar que apenas recentemente começamos a desvendar, é impossível negar que esse estado representa uma fronteira de grande assombro em nossa vertiginosa evolução cognitiva. Num tempo em que as pessoas dependem cada vez mais da virtualidade computacional para estocar memórias e simular ideias, a navegação virtual pelo mundo dos símbolos, à disposição consciente do sonhador em sua pseudoinfinitude de representações recombinadas, sinaliza uma renovação de nosso futuro em carne e osso. O desbravamento da lucidez onírica abrirá novos caminhos para a criatividade, a invenção e a descoberta humanas, com riquíssimas possibilidades ainda por explorar.

Já não podemos dizer que somos os mesmos. Aqueles que como eu nasceram antes do advento da internet, podem e devem se considerar ciborgues 1.0, humanos que aprenderam a delegar às máquinas quase todas as suas memórias e atividades cotidianas básicas. Nossos filhos e netos, os ciborgues 2.0, já nasceram no admirável mundo novo em que os computadores e a internet são tão normais quanto uma goiabeira. (Aliás, para a maior parte das crianças do mundo, bem mais normais.) Essa geração e as próximas não terão nenhuma dificuldade para aceitar as novidades tecnológicas que embarcarão a tecnologia de comunicação virtual no próprio corpo, em lentes de contato eletrônicas ou nanoimplantes de vários tipos que permitirão acessar arquivos e navegar a rede como se fosse telepatia. Mas é preciso perguntar: equipados com tanta tecnologia, saberemos sobreviver a nós mesmos?

Entre indígenas norte-americanos, o princípio da "sétima geração" postula que toda decisão individual ou coletiva precisa considerar não apenas os efeitos no momento presente, mas também e principalmente no futuro, simbolizado por sete gerações consecutivas. Descrito dessa forma, é chocante que não seja um princípio universal. Pensando nas consequências de longo prazo dos nossos atos até onde alcança a imaginação, podemos simular cadeias de ação e reação que frequentemente revertem as intenções da ação original. Esse princípio embasa a "Grande Lei de Paz" da confederação iroquesa (constituição oral de suas seis nações), e atualmente serve de orientação para as lutas pan-indígenas nos Estados Unidos, Canadá e México. Se não imaginarmos o futuro, corremos o risco de comprometê-lo irremediavelmente.

O Painel Intergovernamental para Mudanças Climáticas da ONU (IPCC, na sigla em inglês) reportou em outubro de 2018 que o planeta ruma para um aumento da temperatura superficial de 3°C a 4°C até o final do século XXI. Podemos esperar grandes oscilações climáticas, extremos de calor e frio, enormes tempestades, secas e inundações. A aceleração da subida do nível do mar ecoa o dilúvio do Ziusudra sumério e do Noé hebreu. Segundo o Painel, será necessária uma transformação radical da economia, "sem precedentes em escala", para evitar o caos climático global. Drásticas mudanças geopolíticas nos esperam, pois a tundra ártica vai se tornar fértil, enquanto as massas continentais do hemisfério sul, concentradas perto do equador, devem se desertificar inexoravelmente.[55]

O aviso da ONU de que o tempo para evitar o desastre está se esgotando reverbera profundamente entre os caçadores-coletores da Amazônia, que em sua resistente diversidade ainda representam um dos modos de viver mais bem-sucedidos da espécie. Vai ser preciso muita expansão de consciência para escapar da armadilha de símbolos que inventamos, essa mescla perigosa de alta tecnologia e baixos instintos. Em seu livro seminal *A queda do céu*, o xamã Davi Kopenawa alerta:

> Os *xapiri* [espíritos] já estão nos anunciando tudo isso, embora os brancos achem que são mentiras. Com a imagem de *Omama* [demiurgo], repetem para eles a mesma coisa: "Se destruírem a floresta, o céu vai quebrar de novo e vai cair na terra!". Mas os brancos não ouvem. Sem ver as coisas com a *yãkoana*,* a engenhosidade deles com as máquinas não vai torná-los capazes de segurar o céu e consolidar a floresta. Mas eles não têm medo de desaparecer, porque são muitos. Contudo, se nós deixarmos de existir na floresta, jamais poderão viver nela; nunca poderão ocupar os rastros de nossas casas e roças abandonadas. Irão morrer também eles, esmagados pela queda do céu. Não vai restar mais nada. Assim é.

O sombrio alerta da iminente queda do céu sobre nossas cabeças ecoa o medo atávico da aniquilação coletiva. As palavras de Davi Kopenawa ecoam o pesadelo sumério de Dumuzid, semelhante ao que devem ter vivido os xavantes fugindo sertão adentro, os lakotas perambulando pelas pradarias geladas à espera do tropel assassino, os mapuches com a cabeça a prêmio na Patagônia:

---

* Rapé psicodélico feito de *Virola theiodora*, planta rica em 5-MEO-DMT.

Quando sonhava, não parava de ver garimpeiros me atacando [...]. Diziam: "Precisamos nos livrar desse Davi, que quer nos impedir de trabalhar na floresta! Ele sabe nossa língua e é nosso inimigo. Estamos cheios dele, está nos atrapalhando! Esses Yanomami são sujos e preguiçosos. Têm de desaparecer para podermos procurar ouro em paz! É preciso enfumaçá-los de epidemias!" [...]. O Exército também estava contra nós naquela época. Queria retalhar nossa terra em pedaços para deixar entrar os garimpeiros. Então via as imagens de espíritos soldados, com seus chapéus de ferro e seus aviões de guerra, tentando me pegar para me trancafiar e me maltratar. Meus espíritos [...] desciam em meu sonho para combater os espíritos soldados. Arrancavam seus caminhos para carregá-los para o peito do céu. Depois os cortavam de repente e todos despencavam no vazio.[56]

Nada garante que o futuro do sonho humano não seja, como provavelmente foi em sua origem, um sombrio pesadelo. No caótico Brexit, ecoa presciente o verso da banda punk Sex Pistols: "Não há futuro nos sonhos da Inglaterra". Em tempos de neodistopia nuclear, com os solavancos que a eleição de Trump trouxe a um planeta já bastante intoxicado e conflagrado, cada dia que amanhece é um suspiro de alívio, uma renovação da esperança como a que o povo maia experimentava diariamente no milênio passado, por temer a cada poente que o sol não nascesse no dia seguinte para interromper a noite. Se sobrevivermos ao holocausto atômico é provável que ainda assim percamos o sono, pois o aquecimento global deve reduzir bastante as horas de sono noturno.[57]

Também causa preocupação o aumento vertiginoso de nossa capacidade de comunicação virtual, que esgota o tempo para interações reais e nos enreda no relativismo absoluto das opiniões. Medidas da repercussão de rumores no Twitter entre 2006 e 2017 mostram que as postagens mais disseminadas são justamente as mais ficcionais. Robôs em versão algoritmo, "almas sem corpo" em plena atividade, já vencem eleições com plataformas extremistas nos Estados Unidos, na Inglaterra e no Brasil, através do impulsionamento massivo e automático de memes falsos que contagiam as pessoas até elas acharem que as narrativas mentirosas foram tecidas por elas mesmas. Por excesso de informação e falta de critérios, corremos o risco de perder a confiança no conhecimento acumulado e vivenciar uma nova torre de Babel, um cacarejar de vozes dissonantes sem qualquer possibilidade de harmonização. É natural que o macaco se machuque com os brinquedos novos que inventa. Macacos adolescentes lançam alarmes falsos o tempo todo e são ignorados. Falar com milhares de pessoas ao mesmo tempo é um poder incalculável que ainda não aprendemos a usar direito.

Para evitar que nossa catraca cultural avance sem controle rumo ao colapso global, precisamos ampliar nossa perspectiva. Precisamos urgentemente recuperar a capacidade de imaginar as piores consequências de nossos hábitos mais arraigados. A ciência dos biólogos, químicos e físicos precisa caminhar de braços dados com a sabedoria dos xamãs e iogues, jamais contra ela. Em sua amplidão, o sonho lúcido tem potencial para ser o espaço mental que nos permitirá imaginar soluções para os problemas mais desafiadores, da destruição dos mananciais à dicotomia entre mente e cérebro, da epidemia de suicídio ao desmatamento acelerado das florestas que restam, da desigualdade extrema à corrupção generalizada, do vício mais destrutivo de todos — o dinheiro — até o acúmulo de microplásticos, da hecatombe da criação e do abate cruel de animais até o fim de quase todos os empregos, muito em breve, quando os robôs concluírem sua chegada triunfal.

Finalmente, se evitarmos o cataclismo, talvez seja justamente no campo de imaginação ativa, em pleno sonho lúcido, que se encontre o local mental adequado para indagar a maior pergunta de todas: por que existe a realidade? Estamos vivendo num sonho, numa simulação? Daquilo que ocorreu antes do Big Bang, o papa sabe tanto quanto o melhor astrofísico: nada. Alguns insistem em dizer que essa pergunta nem faz sentido, pois antes do Big Bang não existiria o tempo. Como é que do nada veio tudo? Nascemos, vivemos e morremos em absoluta perplexidade metafísica, pois simplesmente não temos respostas. Provavelmente, quase certamente, jamais teremos, mas talvez, apenas talvez...

É possível que a compreensão de fenômeno tão misterioso e arbitrário quanto a própria existência do espaço-tempo e dos objetos do Universo exija, além de viagens intergalácticas, uma viagem interior muito mais profunda. Olhar para dentro, em destemida abdução, rumo ao vertiginoso abismo da consciência, talvez seja tão revelador quanto olhar para fora pelas lentes dos microscópios e telescópios. No futuro, sonhar será cada vez mais clarão.

Epílogo

O pesadelo recorrente com as bruxas no campo de concentração desapareceu, e a vida seguiu. Passei a sonhar com meu pai ocasionalmente. Ao longo de décadas esses sonhos exploraram muitas possibilidades de retorno: corpo morto que anda, homem saudável renascido ou simplesmente um trânsfuga que foi viver em outro lugar. Desde que tivemos Ernesto não sonhei mais com ele. O segundo filho leva seu nome. Esteve vivo em mim todo esse tempo, criatura da minha mente. E agora minha mãe também mora lá. Ainda não sonhei com ela — ainda. Desejo uma noite ou dia ter o sonho pleno com ambos, reencontrar no reino de Aruanda o que de melhor guardei e que será passado adiante, em nome da sétima geração depois de nós.

Lá onde ele mergulha como Cousteau ao lado do tubarão gigante e corre pelas pradarias da Alcheringa como Cavalo Louco montado num tigre-de--bengala. Lá onde ela lê à vera todos os livros da biblioteca de Babel da minha cabeça, guardados à distância pelos lanceiros da rainha Ginga perfilados no horizonte, protegidos pelos guerreiros de Apoena carregando as toras de buriti dos ancestrais através do futuro sem fim, explorando livremente os oceanos, campos e montanhas que esculpi por toda a infância brincando no chão, na árvore, no mar e na imaginação, em livros, discos e gibis, na televisão, no cinema e na internet, viajando intensamente pelas veredas de dentro muito antes de tentar explorar o mundo enorme lá fora.

Casa boa de morar, feita de experiências luminosas, abrigo de toda a família pelo devir que nos permita seguir. Lar de mim mesmo onde cabem as yanomamis e os lakotas, os alienígenas e as almas, os robôs e as mentes artificiais, o que chegará e não demora. *Imagine all the people* dentro da sua cabeça. A fauna de personagens e enredos. O zoológico da mente. Virá.

Agradecimentos

Este livro tem sua origem em 1992, quando Varela e Maturana fizeram minha cabeça na ilha de Chiloé. A decisão de pesquisar os sonhos veio em 1995, em Nova York, no início do doutorado na Universidade Rockefeller. O texto propriamente dito começou a ser planejado em 2001, durante o pós-doutorado na Universidade Duke em Durham. Em 2007 prometi à Editora Globo um livro sobre sonhos, mas não o escrevi e afinal fui gentilmente liberado do compromisso. As ideias foram amadurecendo até que, em 2015, o convite irrecusável da Companhia das Letras fez o projeto decolar.

Desde então o texto teve inúmeras versões, escritas no Brasil (Natal, Brasília, Pirenópolis, Rio de Janeiro, São Paulo, Cotovelo, Camurutaba, Tamandaré e Taíba), Áustria (Salzburgo), Chile (San Pedro de Atacama, Santiago, Antofagasta, Punta Arenas), Argentina (Buenos Aires, El Calafate, Luján), Colômbia (Cartagena de Índias), Sicília (Erice), França (Paris), Estados Unidos (Nova York, Oakland e Santa Barbara) e Japão (Kyoto e Tsukuba), além de muitos aviões e trens. Ao longo dos anos contei com todo o apoio que se pode desejar do Instituto do Cérebro da Universidade Federal do Rio Grande do Norte (UFRN), onde leciono e pesquiso. Isso inclui meus alunos e colegas. A todas essas pessoas, lugares e instituições que me inspiraram e abrigaram em paz — com ou sem silêncio —, meu profundo agradecimento.

Várias pessoas contribuíram diretamente para a realização deste livro. A influência mais determinante veio da excepcional equipe da Companhia das Letras. Inicialmente contei com o auxílio de Otávio Marques da Costa e Rita Mattar, que generosamente me ajudaram a organizar as ideias. Depois passei a contar com a revisão atenta de Ricardo Teperman, cujas observações e sugestões melhoraram substancialmente tanto o texto quanto a estrutura dos capítulos, além de eliminar inconsistências. O livro teve então o privilégio de ser minuciosamente lido por Luiz Schwarcz, que me guiou com paciência na superação do hermetismo biológico, em prol da escrita mais fluida. Me nutri também das palavras de encorajamento de Lilia Schwarcz e da estética de ambos. Para fechar com chave de ouro, contei com a iconografia cuidadosa de Paula Souza e Erica Fujito, bem como com a primorosa preparação do texto por Joaquim Toledo Júnior e Lucila Lombardi, e a checagem meticulosa de Érico Melo. Do início ao fim, foi um prazer e uma honra trabalhar com esses craques.

Além do meticuloso suporte editorial, contei com a leitura atenta e crítica de colegas, amigos e familiares. Na impossibilidade de ranqueá-los, listo seus nomes em ordem alfabética para agradecer penhoradamente por seu tempo, saber e sensibilidade: Alexandre Pontual, Cecília Hedin-Pereira, Dráulio Barros de Araújo, Luciana de Barros Jaccoud, Fernando Arthur Tollendal Pacheco, Joaci Pereira Furtado, Joshua Martin, Leonardo Costa Braga, Luís Fernando Tófoli, Pedro Roitman, Sergio Arthuro Mota-Rolim, Stevens Rehen e Vera Lúcia Tollendal Gomes Ribeiro.

Além destes, contribuíram com preciosos relatos de sonho e vigília, conversas, fontes, dúvidas e toques: Amy Loesch, Ana Lúcia Mello, Beatriz Labate, Carolina Damasio dos Santos, Caterina Strambio de Castillia, Celina Roitman, Claudio Maya, Claudio Mello, Constantine Pavlides, Criméia Almeida Schmidt, Eduardo Barreira Gomes Ribeiro, Edson Sarques Prudente, Ernesto Mota Ribeiro, Fernando Antonio Bezerra Tollendal, Flavio Lobo, Gina Poe, Guilherme Brockington, Guillermo Cecchi, Isaac Roitman, Jan Born, Janaina Pantoja, Jeremy Luban, Julio Tollendal Gomes Ribeiro, Luisa Tollendal Prudente, Luiz Fernando Gouvêa Labouriau, Marco Marcondes de Moura, Mariano Sigman, Mário Lisbôa Theodoro, Mauro Copelli, Mireya Suárez, Natália Bezerra Mota, Paulo Câmara, Pedro Barreira Gomes Ribeiro, Robert Stickgold, Roy Crist, Ronaldo Santos, Samuel Telles dos Santos, Sérgio Barreira Gomes Ribeiro, Sergio Mota Ribeiro e Silvio de Albuquerque Mota.

De modo difuso, mas não menos influente, este livro se alimentou das palavras, gestos e exemplos e contraexemplos trocados com Adalgisa Maria Vieira do Rosário, Adrián Ocampo, Adriana de Barros Jaccoud, Adriana Ragoni, Adriano Tort, Akaline Araújo, Albert Libchaber, Aldo Paviani, Alejandra Carboni, Alejandro Maiche, Alessandra Oberling, Alex Filadelfo, Alexander Henny, Alexandra Dimitri, Alexei Suárez Soares, Alice Mallet, Alírio Barreira, Allan Kardec de Barros, Alvamar Medeiros, Álvaro Cabaña, Álvaro Ferraz, Álvaro Monteiro, Alyane Almeida de Araújo, Amanda Feilding, Amy Loesch, Ana Beatriz Presgrave, Ana Claudia Ferrari, Ana Cláudia Silva, Ana Elvira Oliveira, Ana Lucia Amaral, Ana Maria Bonetti, Ana Maria Olivera Fuentes, Ana Palmeira, Ana Palmira, Ana Paola Amaral, Ana Paola Ottoni, Ana Raquel Torres, Ana Sofia Mello, André Luis Lacé Lopes, André Maya, André Pantoja, André Sant'anna, Andréa Araújo, Andréa Deslandes, Andrea Galassi, Andrea Goldin, Andrea Moro, Andrea Wolfe, Andrei Suárez Soares, Andrei Queiroz, Andrew Meltzoff, Ângela Maria Paiva Cruz, Angela Naschold, Angelita Araújo, Anibal Vivacqua, Aniruddha Das, Ann Kristina Hedin, Annie da Costa Souza, Antonio Battro, Antônio Celso Rodrigues, Antonio Fortes, Antônio Galves, Antonio Lopes de Alencar Junior, Antonio Pereira, Antonio Prata, Antonio Roberto Guerreiro Júnior, Antonio Roque da Silva, Antonio Sebben, Antonio Teixeira, Aparecida Vilaça, Ariadne Paixão, Armando Santos, Armenio Aguiar, Arthur Johnson, Arthur Omar, Artur França, Artur Jaccoud Theodoro, Artur Tollendal, Arturo Alvarez-Buylla, Arturo Zychlinsky, Ary Pararraios, Asif Ghazanfar, Augusto Buchweitz, Augusto Schrank, Áureo Miranda, Ava LaVonne Vinesett, Bárbara Mendes, Beatrice Crist, Beatriz Labate, Beatriz Longo, Beatriz Stransky, Beatriz Vargas, Benilton Bezerra, Benjamín Alvarez-Borda, Belinha, Beto Almeida, Bira Almeida, Bonfim Abrahão Tobias, Bori, Bradley Simmons, Brian Anderson, Bruna Koike, Bruno Caramelli, Bruno Gomes, Bruno Lobão, Bruno Torturra, Bryan Souza, Caio Mota Marinho, Cajal@babel, Carl Ebers, Carlos Alberto Guedes Corá, Carlos Eduardo da Silva Pereira, Carlos Fausto, Carlos Medeiros, Carlos Morel, Carlos Roberto Jamil Cury, Carlos Schwartz, Caroline Ang, Caroline Barreto, Cássio Yumatã Braz, Catia Pereira, Cecilia Inés Calero, Ceiça Almeida, Célia Maria Costa Braga, Celio Chaves, Celso Furtado, Cesar Ades, Cesar Rennó-Costa, Charbel El-Hani, Charles Gilbert, Christian Dunker, Christiane Barros, Christiane Brasileiro do Valle, Cícero Alves do Nascimento, Cilene Vieira, Cintia Barros, Claire Landmann, Clancy Cavnar, Clara

Suassuna, Clarissa Maya, Claudia Domingues Vargas, Claudia Masini d'Avila-
-Levy, Claudia Tollendal, Claudine Veronezi Ferrão, Cláudio Almeida, Claudio
Angelo, Cláudio Bellini, Claudio Cabezas, Claudio Daniel-Ribeiro, Claudio
Maya, Cláudio Queiroz, Cláudio Serfaty, Claudio Tollendal, Clausius Lima,
Clecio Dias, Constance Scharff, Cristiana Schettini, Cristiano Maronna, Cris-
tiano Porfírio, Cristiano Simões, Cristine Barreto, Cristoph Glock, D'Alembert
de Barros Jaccoud, Daiane Ferreira Golbert, Dalva Alencar, Dalva Gomes Ribeiro, Damien Gervasoni, Daniel Brandão, Daniel Gomes de Almeida Filho,
Daniel Herrera, Daniel Martim-de-Souza, Daniel Shulz, Daniel Takahashi, Da-
niela Uziel, Danilo Silva, Dante Chialvo, Dario Zamboni, Dartiu Xavier, David
Bryson, David Klahr, David Vicario, Débora Koshiyama, Denis Russo Burgier-
man, Derek Lomas, Desider Kremling Gomez, Desmond Dorsett, Diana Bezerra, Diego Fernández-Slezak, Diego Golombek, Diego Laplagne, Diego Mauricio Canencio, Dilene Almeida, Dimitri Daldegan, Diva Rodrigues da Silva
Pereira, Donald Katz, Dora Ventura, Dr. Maurício, Dráulio Barros de Araujo,
Durval Mazzei, Edgar Morya, Edgard Altszyler, Edileuza Rufino de Melo, Edil-
son Silva, Edsart Besier, Edu Martins, Eduarda Alves Ribeiro, Eduardo Bouth
Sequerra, Eduardo Faveret, Eduardo Martins Venticinque, Eduardo Schen-
berg, Edward de Robertis, Edward MacRae, Ehud Kaplan, Elena Pasquinelli,
Eli Guimarães, Eliane Volchan, Elida Ojopi, Elisa Dias, Elisa Elsie, Elisabeth
Ferroni, Elisaldo Carlini, Elisangela Xavier Sousa, Eliza Nobre, Elizabeth Spel-
ke, Ellen Werther, Ellie Walter, Elta Dourado, Emilio Nabas Figueiredo, Enide
Riedel, Ennio Candotti, Enzo Tagliazucchi, Erich Jarvis, Erico dos Santos Jú-
nior, Erivan Melo, Ernesto Soares, Estrela Santos, Fabian Borghetti, Fabiana
Alvarenga, Fabio Presgrave, Fabricio Pamplona, Facundo Carrillo, Felipe Cini,
Felipe Farias, Felipe Pegado, Fernanda Camargo, Fernanda Tovar-Moll, Fer-
nando Louzada, Fernando Mendes, Fernando Mineiro, Fernando Moraes, Fer-
nando Nottebohm, Fernando Tollendal Pacheco, Fidélis Guimarães, Fiona
Doetsch, Flávia Ribeiro, Flávia Soares, Flavia Vivacqua, Flávio Torres, Francis
Clifton, Francisco Alves, Francisco Inácio Bastos, Frank Wall, Frederico Horie,
Frederico Prudente, Gabriel Crist, Gabriel Elias, Gabriel Lacombe, Gabriel
Marini, Gabriel Mindlin, Gabriel Silva, Gabriel Soares, Gabriel Vidiella Sala-
berry, Gabriela Costa Braga, Gabriela Mamede Roitman, Gabriela Moncau,
Gabriela Simabucuru, Gabriela Tunes, Gaetano Luban, Gandhi Viswanathan,
George Nascimento, Ghislaine Dehaene-Lambertz, Gildo Lemos Couto, Giles

Harrison-Conwill, Gilson Dantas, Glacia Marillac, Glaucia Leal, Gláucio Ary Dillon Soares, Glaucione Gomes de Barros, Glauco Barros, Glenis Clarke, Glória Accioly, Grace Moraes, Grace Santana, Gregorio Duvivier, Guadalupe Marcondes, Guilherme Brockington, Guilherme Coelho, Guillermo Cecchi, Gustavo de Oliveira Castro, Gustavo Oliveira Corá, Gustavo Stolovitzky, Hallison Kauan, Harumi Visconti, Heather Jennings, Helena Bonciani Nader, Helena Borges, Helena Rodrigues, Hélio Barreira, Helio Rola, Henrique Carneiro, Henrique Pacheco, Hernando Santamaría García, Herton Escobar, Hindiael Belchior, Hiroshi Asanuma, Hynek Wichterle, Ichiro Takahashi, Iduna Lobo de Alvarenga, Ignacio Sánchez Gendriz, Ildeu de Castro Moreira, Ilona Szabó, Irani Martins Dantas, Íris Roitman, Isabel Prudente, Isabelle Cabral, Ismael Pereira, Ivan de Araújo, Ivan Izquierdo, Ivana Bentes, Izabel Hazin, Jacobo Sitt, Jacques Mehler, Jáder Marinho-Filho, Jaime Cirne, James Hudspeth, James Shaffery, Jan Nora Hokoç, Janaina Weissheimer, Jaques Andrade, Jean Faber, Jeferson de Souza Cavalcante, Jeffrey Hirsch-Pasek, Jeny Veitsmann, Jerome Baron, Jessica Payne, Joana Prudente, João Alchieri, João Bosco Alves da Silva, João Emanuel Evangelista, João Felipe Souza Pegado, João Fontes, João Franca, João Maria Figueiredo da Silva, João Oliveira dos Santos, João Paulo Costa Braga, João Queiroz, João Ricardo Lacerda de Menezes, João Telésforo, John Bruer, John Fontenele Araújo, Jonathan Winson, Joost Heeroma, Jordi Riba, Jorge Macarrão, Jorge Martinez Cotrina, Jorge Medina, Jorge Moll, Jorge Muñoz, Jorge Quillfeldt, José Accioly, José Ballestrini, José Carmena, José Daniel Diniz Melo, José de Paiva Rebouças, José Eduardo Agualusa, José França, José Geraldo de Sousa Júnior, José Henrique Targino, José Ivonildo do Rego, José Luis Reyes, José Luiz Ramos, José Morais, José Pliego, Joselo Zambelli, Joshua White Carlstrom, Josione Batista, Josy Pontes, Joyse Medeiros, Juan Manuel Rico, Juan Valle Lisboa, Julia Otero Santos, Julia Todorov, Juliana Barreto, Juliana Guerra, Juliana Pimenta, Juliana Rossi, Julien Calais, Julija Filipovska, Julio Delmanto, Julio Gomes Ribeiro, Julita Lemgruber, Jurandir Accioly, Justin Halberda, Kafui Dzirasa, Karen Gomes Shiratori, Karin Moreira, Karla Rocha, Katarina Leão, Katherine Hirsch-Pasek, Katie Almondes, Kerstin Schmidt, Koichi Sameshima, Larissa Queiroz, Laura Greenhalgh, Laura Oliveira, Laurent Dardenne, Lauro Morhy, Leilane Assunção, Lena Palaniyappan, Leni Almeida, Leo Mamede Roitman, Leonardo Mota, Leopoldo Petreanu, Letícia Tollendal Barros, Lia Luz, Lili Bruer, Linda Wilbrecht, Loreny Gimenes

Giugliano, Lotus Lobo de Alvarenga, Luana Malheiros, Lucas Centeno Cecchi, Lúcia Barreira Accioly, Lúcia Santaella, Luciana Boiteux, Luciana Zaffalon, Luciano Roitman, Luciano Ribeiro Pinto Júnior, Lucile Maria Floeter Winter, Ludmila Queiroz, Luís Carlos Lisbôa Theodoro, Luis Fernando Verissimo, Luís Otávio Teles Assumpção, Luiz Alberto Simas, Luiz Carlos Silveira, Luiz Grande, Luiz Paulo Ferreira Nogueról, Luziania Medeiros, Mailce Mota, Maite Greguol, Malu Vianna, Manoel dos Reis Machado, Manuel Carreiras, Manuel Muñoz, Manuel Schabus, Marcela Peña, Marcello Dantas, Marcelo Almeida, Marcelo Tollendal Alvarenga, Marcello Barcinsky, Marcelo Bizerril, Marcelo Falchi, Marcelo Gonçalves Lima, Marcelo Lasneaux, Marcelo Leite, Marcelo Magnasco, Marcelo Roitman, Marcelo Spock, Márcio Flávio Moraes Dutra, Marco Antonio Raupp, Marco Freire, Marco Marcondes de Moura, Marcos Antonio Gomes de Carvalho, Marcos Frank, Marcos Romualdo Costa, Marcos Serra Xavier, Marcos Trevisan, Marcus Vinicius Goulart Gonzaga, Maria Angelica Comis, Maria Augusta Mota, Maria Bernardete Cordeiro de Sousa, Maria Brígida de Miranda, Maria Ceiça da Silva, Maria Cerise do Amaral, Maria Cristina Dal Pian, Maria Digessila Dantas Beserra, Maria do Carmo Miranda, Maria Elizabeth Mori, Maria Emilia Yamamoto, Maria Helena Bezerra, Maria Helena da Silva Oliveira, Maria José da Silva, Maria Léa Salgado Labouriau, Maria Luban, Maria Rita Kehl, Maria Sílvia Rossi, Maria Sonia de Oliveira Morais, Mariana Madeira, Mariana Medeiros, Mariana Muniz, Mariana Alves Ribeiro, Marilene Vainstein, Marília Barreira, Marília Zaluar Guimarães, Marilia Marini, Mariluce Moura, Marina Antongiovanni da Fonseca, Marina Farias, Marina Jaccoud Theodoro, Marina Nespor, Marina Ribeiro, Marina Pádua Reis, Mário Fiorani, Marisa Mamede, Marisa von Bullow, Marise Reis de Freitas, Marise Tollendal Alvarenga, Mark A. McDaniel, Marlene Queiroz, Marta Nehering, Martha Barreira, Martín Cammarota, Martín Correa, Martin Hilbert, Martin Hopenhayn, Matias López, Matteo Luban, Matthew Walker, Mauá, Mauricio Dantas, Maurício Fiore, Maurício Guimarães, Mauro Copelli, Mauro Pires Salgado Moraes, Mauro Refosco, Mércia Greguol, Mércio Gomes, Mia Couto, Michael Lavine, Michael Posner, Michael Wiest, Michel Laub, Michel Rabinovitch, Miguel Angelo Laporta Nicolelis, Milon Barros, Mitchel Nathan, Mizziara de Paiva, Moa do Catendê, Mohammad Torabi-Nami, Monique Floer, Mrs. Taylor, Nair Bicalho, Naomar Almeida, Natal Tollendal Pacheco, Natalia Bonavides, Nathalia Lemos, Nathália Oliveira, Nelson Lemos,

Nelson Vaz, Nestor Capoeira, Neuza Barreira, Nivaldo Antonio Portela de Vasconcelos, Nivanio Bezerra, Norma Santinoni Veras, Nuno Sousa, Ofer Tchernichovski, Olavo Amaral, Onildo Marini Filho, Orlando Bueno, Orlando Jimenez, Osame Kinouchi, Otávio Velho, Otom Anselmo de Oliveira, Pablo Fuentealba, Pablo Meyer Rojas, Pablo Torterolo, Patricia Bado, Patricia Kuhl, Patricia Schaeffer, Patrícia Tollendal Pacheco, Patrick Cocquerel, Paula Marcela Herrera Gomez, Paula Tiba, Paulo Abrantes, Paulo Amarante, Paulo Cesar Silva Souza, Paulo Fontes, Paulo Lima, Paulo Mello, Paulo Roberto Petersen Hoffman, Paulo Saraiva, Pearl Hutchins, Pedro Bekinschtein, Pedro Bial, Pedro Celestino, Pedro Maldonado, Pedro Melo, Pedro Petrovitch Maia, Pedro Roitman, Pelicano Vilas Bôas, Perla Gonzalez, Petterson Silva, Philippe Peigneux, Phillippe Rousselot, Pierre Hervé-Luppi, Pierre Pica, Pietra Rossi, Porangui, Priscila Matos, Queijo Formággio, Rafael Linden, Rafael Scott, Raimundo Alvarenga, Raimundo Furtado, Raíssa Ebert, Raquel Nunes, Raphael Bender, Raul Santiago, Rebeca Lerer, Rebeka Nogueira da Silva, Regina Helena Silva, Reginaldo Freitas, Régine Kolinsky, Reinaldo Lopes, Reinaldo Moraes, Renata Santinoni Veras, Renata Veras, Renato de Mendonca Lopes, Renato Filev, Renato Lopes, Renato Malcher Lopes, Renato Rozental, Renzo Torrecuso, Ricardina Almeida, Ricardo Cambeta, Ricardo Chaves, Ricardo Ferreira, Ricardo Gattass, Ricardo Lagreca, Ricardo Lindemann, Ricardo Nemer, Rivane Neuenschwander, Ricardo Paixão, Ricardo Reis, Ricardo Sampaio, Richard Mooney, Richard Vinesett, Richardson Leão, Rick Doblin, Rita Mattar, Robert Desimone, Robert Stickgold, Roberto Cavalcanti, Roberto Etchenique, Roberto Lent, Roberto Viana, Robson Nunes, Rodolfo Llinás, Rodrigo Cavalcanti, Rodrigo McNiven, Rodrigo Neves Romcy Pereira, Rodrigo Portugal, Rodrigo Quiroga, Rogério Lopes de Souza, Rogerio Mesquita, Rogério Mesquita, Rogério Panizzutti, Rogério Rondon, Ronaldo Bressane, Ronaldo Cérebro, Roque Tadeu Gui, Roseli de Deus Lopes, Rossella Fabbri, Rowan Abbensetts, Rui Costa, Rute Barreira, Rute Oliveira, Rute Pinheiro, S. Rasika, Samuel Goldenberg, Sancho Oliveira Corá, Sandro de Souza, Sara Mednick, Sebastián Lipina, Selma Jeronimo, Sergei Suárez Soares, Sergio Alves Gomes Ribeiro, Sergio Cezar, Sérgio Guerra, Sérgio Mascarenhas, Sergio Neuenschwander, Sérgio Rezende, Sergio Ricardo, Sérgio Ruschi, Shih-Chieh Lin, Sidney Simon, Sidney Strauss, Silene Lima, Silvana Benítez, Silvia Bunge, Silvia Centeno, Silvia Thomé, Silvio de Albuquerque Mota, Simone Leal, Simone Lima, Sofia Roitman Ribeiro, Solange Sato Simões, Sonia Barreira Nunes, Sonoko Ogawa, Stanislas Dehaene, Susan Fitzpatrick, Susan Sara, Sylvia Lima de Sousa Medeiros, Sylvia Pinheiro, Tainá Rossi, Takeshi Miura, Tales Tollendal Alvarenga, Tarciso Velho, Tatiana Ferreira, Tatiana Leite, Tatiana Lima Ferreira, Tersio Greguol, Thiago Cabral, Thiago Centeno Cecchi, Thiago Maya, Thiago Ribeiro, Timothy Gardner, Tomas Ossandon, Torsten Wiesel, Tristán Bekinshtein, Ulisses Riedel, Valdir Pessoa, Valeska Amaral, Valfrânio Queiroz, Valquíria Michalczechen, Valter Fernandes, Vanderlan da Silva Bolzani, Vanja Dakic, Vera Graúna, Vera Santana, Veronica Nunes, Veronica Palma, Vicente Ferreira Pastinha, Victor Albuquerque, Victor Nussenzweig, Victor Leonardi, Victor Tollendal Pacheco, Victoria Andino-Pavlovsky, Vikas Goyal, Vilma Alves Gomes Ribeiro, Vincent Brown, Vinícius Rosa Cota, Virgínia Alonso, Vítor Lopes dos Santos, Vylneide Lima, Waldenor Cruz, Waldo Vieira, Wandenkolk Manoel de Oliveira, Wanderley de Souza, Wilfredo Blanco, Wilfredo Garcia, William Fishbein, Wilson Savino, Ximene Evangelista, Yara Barreira, Yasha Emerenciano Barros, Yogi Pacheco Filho, Yuri Suárez Soares, Yves Fregnac, Zachary Mainen, Zeca Marcondes e Zuleica Porto.

Através de todo o sonho, minha companheira Natália: sine qua non.

Notas

1. POR QUE SONHAMOS? [pp. 11-36]

1. Boehnlein, J. K.; Kinzie, J. D., Ben; R. e Fleck, J. "One-Year Follow-Up Study of Posttraumatic Stress Disorder among Survivors of Cambodian Concentration Camps". *American Journal of Psychiatry* 142, pp. 956-9, 1985; Aron, A. "The Collective Nightmare of Central American Refugees". In: Barrett, Deirdre (Org.). *Trauma and Dreams.* Cambridge: Harvard University Press, 1996, pp. 140-7; Menke, E. M. e Wagner, J. D. "The Experience of Homeless Female-Headed Families". *Issues in Mental Health Nursing* 18, pp. 315-30, 1997; Neylan, T. C. e outros. "Sleep Disturbances in the Vietnam Generation: Findings from a Nationally Representative Sample of Male Vietnam Veterans". *American Journal of Psychiatry* 155, pp. 929-33, 1998; Esposito, K.; Benitez, A.; Barza, L. e Mellman, T. "Evaluation of Dream Content in Combat-Related PTSD". *Journal of Traumatic Stress* 12, pp. 681-7, 1999; Wittmann, L.; Schredl, M. e Kramer, M. "Dreaming in Posttraumatic Stress Disorder: A Critical Review of Phenomenology, Psychophysiology and Treatment". *Psychotherapy and Psychosomatics* 76, pp. 25-39, 2007; Davis-Berman, J. "Older Women in the Homeless Shelter: Personal Perspectives and Practice Ideas". *Journal of Women and Aging* 23, pp. 360-74, 2011; Davis-Berman, J. "Older Men in the Homeless Shelter: In-Depth Conversations Lead to Practice Implications". *Journal of Gerontological Social Work* 54, pp. 456-74, 2011; Miller, K. E.; Brownlow, J. A.; Woodward, S. e Gehrman. "P. R. Sleep and Dreaming in Posttraumatic Stress Disorder". *Current Psychiatry Reports* 19, p. 71, 2017.

2. Levi, P. *A trégua.* Trad. de Marco Lucchesi. São Paulo: Companhia das Letras, 2010, pp. 212-3.

3. Goldman, D. "Investing in the Growing Sleep-Health Economy". McKinsey & Company, 2017.

4. Shakespeare, W. *A tempestade*. Trad. de Rafael Rafaelli. Florianópolis: UFSC, 2014.

5. Calderón de la Barca, P. *Life Is a Dream*. Ed. bilíngue. Trad. de S. Appelbaum. Nova York: Dover, 2002.

6. Foster, B. R. "Kings of Assyria and Their Times". In: *Before the Muses: An Anthology of Akkadian Literature*. Bethesda, MD: CDL Press, 2005, p. 308.

7. Brasil, S. B. "Genesis". In: *Antigo Testamento*. v. 10. São Paulo: Edições Vida Nova; Sociedade Bíblica do Brasil, 2003.

8. Clayton, P. *Chronicle of the Pharaohs*. Londres: Thames & Hudson, 1994.

9. Herold, A. F. e Blum, P. C. *The Life of Buddha According to the Legends of Ancient India*. Nova York: A. & C. Boni, 1927.

10. Goldin, P. R. *A Concise Companion to Confucius. Blackwell companions to philosophy*. Hoboken: Wiley, 2017; Choi, M. *Death Rituals and Politics in Northern Song China*. Oxford: Oxford University Press, 2017.

11. Artemidoro. *Artemidorus' Oneiroi critica: Text, Translation, and Commentary*. Harris--McCoy, D. E. (Org.). Oxford: Oxford University Press, 2012.

12. Macróbio, A. A. T. *Commentary on the Dream of Scipio*. Trad. de William Harris Stahl. Nova York: Columbia University Press, 1990.

13. Artemidoro, op. cit.

14. Ibid.

15. Ibid.

16. Macróbio, op. cit.

17. Lincoln, J. S. *The Dream in Native American and other Primitive Cultures*. Hoboken: Dover, 2003; Jedrej, M. C. e outros. *Dreaming, Religion and Society in Africa*. Brill, 1997; Ong, R. K. *The Interpretation of Dreams in Ancient China*. Mestrado em Artes, Vancouver, University of British Columbia, 1981.

18. Gwynne, S. C. *Empire of the Summer Moon: Quanah Parker and the Rise and Fall of the Comanches, the Most Powerful Indian Tribe in American History*. Nova York: Scribner, 2011.

19. Schilz, J. L. D. e Schilz, T. F. *Buffalo Hump and the Penateka Comanches*. El Paso: Texas Western Press, 1989.

20. Azevedo F. A.; Carvalho, L. R.; Grinberg, L. T.; Farfel, J. M.; Ferretti, R. E.; Leite, R. E.; Jacob Filho, W.; Lent, R.; Herculano-Houzel, S. "Equal Numbers of Neuronal and Nonneuronal Cells Make the Human Brain an Isometrically Scaled-Up Primate Brain". *Journal of Comparative Neurology* 513, pp. 532-41, 2009.

21. Freud, S. *Project for a Scientific Psychology*. In: Strachey, James e outros (Orgs.). *The Standard Edition of the Complete Psychological Works of Sigmund Freud*. Londres: Hogarth Press, 1953.

22. Bliss, T. V. e Lomo, T. "Long-Lasting Potentiation of Synaptic Transmission in the Dentate Area of the Anaesthetized Rabbit Following Stimulation of the Perforant Path". *Journal of Physiology* 232, pp. 331-56, 1973.

23. Minsky, M. "Why Freud Was the First Good AI Theorist". In: More, M. e Vita-More, N. (Orgs.). *The Transhumanist Reader: Classical and Contemporary Essays on the Science, Technology, and Philosophy of the Human Future*. Nova Jersey: John Wiley & Sons, 2013.

24. Freud, S. "Além do princípio do prazer"; "Psicologia das massas e análise do eu"; "O eu e

o id". Trad. de Paulo César de Souza. São Paulo: Companhia das Letras (Obras completas, v. 14, 15, 16).

25. Andermann, M. L. e Lowell, B. B. "Toward a Wiring Diagram Understanding of Appetite Control". *Neuron* 95, pp. 757-78, 2017; Han, W. e outros. "A Neural Circuit for Gut-Induced Reward". *Cell* 175, pp. 887-8, 2018; Panksepp, J. *Affective Neuroscience: The Foundations of Human and Animal Emotions.* Oxford: Oxford University Press, 1998.

26. Levine, B. e outros. "The Functional Neuroanatomy of Episodic and Semantic Autobiographical Remembering: A Prospective Functional MRI Study". *Journal of Cognitive Neuroscience* 16, pp. 1633-46, 2004; Quiroga, R. Q. "Concept Cells: The Building Blocks of Declarative Memory Functions". *Nature Reviews Neuroscience* 13, pp. 587-97, 2012; Martinelli, P.; Sperduti, M. e Piolino, P. "Neural Substrates of the Self-Memory System: New Insights from a Meta-Analysis". *Human Brain Mapping* 34, pp. 1515-29, 2013.

27. Goldman-Rakic, P. S. "The Prefrontal Landscape: Implications of Functional Architecture for Understanding Human Mentation and the Central Executive". *Philosophical Transactions of the Royal Society of London B: Biological Sciences* 351, pp. 1445-53, 1996; Barcelo, F., Suwazono, S. e Knight, R. T. "Prefrontal Modulation of Visual Processing in Humans". *Nature Neuroscience* 3, pp. 399-403, 2000.

28. Hoche, A. e outros. *Gegen Psycho-Analyse.* Munique: Verlag der Süddeutsche Monatshefte, 1931.

29. Popper, K. R. *Conjectures and Refutations; The Growth of Scientific Knowledge,* 37. Nova York: Basic Books, 1962.

30. Crews, F. C. (Org.). *Unauthorized Freud: Doubters Confront a Legend.* Nova York: Viking, 1998; Meyer, C. e Borch-Jacobsen, M. *Le Livre noir de la psychanalyse: vivre, penser et aller mieux sans Freud.* Paris: Les Arènes, 2005; Dufresne, T. (Org.). *Against Freud: Critics Talk Back.* Stanford: Stanford University Press, 2007.

31. Morewedge, C. K. e Norton, M. I. "When Dreaming is Believing: the (Motivated) Interpretation of Dreams". *Journal of Personality and Social Psychology* 96, pp. 249-64, 2009.

32. Anderson, M. C. e outros. "Neural Systems Underlying the Suppression of Unwanted Memories". *Science* 303, pp. 232-5, 2004; Depue, B. E.; Curran, T. e Banich, M. T. "Prefrontal Regions Orchestrate Suppression of Emotional Memories via a Two-Phase Process". *Science* 317, pp. 215-9, 2007.

33. Lorenz, K. *The Natural Science of the Human Species: An Introduction to Comparative Behavioral Research (The "Russian Manuscript", 1944-1948).* Cambridge: MIT Press, 1997.

34. Crick, F. e Mitchison, G. "The Function of Dream Sleep". *Nature* 304, pp. 111-4, 1983; Crick, F. Mitchison, G. "REM Sleep and Neural Nets". *Behavioural Brain Research* 69, pp. 147-55, 1995.

35. Wittmann, L.; Schredl, M. e Kramer, M., op. cit.; Miller, K. E.; Brownlow, J. A.; Woodward, S. e Gehrman, P. R., op. cit.; Vanderkolk, B. A. e Fisler, R. "Dissociation and the Fragmentary Nature of Traumatic Memories: Overview and Exploratory Study". *Journal of Trauma Stress* 8, 1995; Wilmer, H. A. "The Healing Nightmare: War Dreams of Vietnam Veterans". In: Barrett, Deirdre (Org.), *Trauma and Dreams.* Cambridge: Harvard University Press, 1996, pp. 85-99; Schreuder, B. J. N., Igreja, V., van Dijk, J. e Kleijn, W. "Intrusive Re-Experiencing of Chronic Strife or War". *Advances in Psychiatric Treatment* 7, pp. 102-8, 2001.

36. Jung, C. G. "General Aspects of Dream Psychology". In: *Collected Works of C. G. Jung: The Structure and Dynamics of the Psyche*, 493. Princeton: Princeton University Press, 1916.

37. Jung, C. G. "The Unconscious". In: *The Collected Works of C. G. Jung*, v. 5. Londres: Routledge e K. Paul, 1966.

2. O SONHO ANCESTRAL [pp. 37-65]

1. Hublin, J. J. e outros. "New Fossils from Jebel Irhoud, Morocco and the Pan-African Origin of Homo sapiens". *Nature* 546, pp. 289-92, 2017; Richter, D. e outros. "The Age of the Hominin Fossils from Jebel Irhoud, Morocco, and the Origins of the Middle Stone Age". *Nature* 546, pp. 293-6, 2017.

2. Pike, A. W. e outros. "U-Series Dating of Paleolithic Art in 11 Caves in Spain". *Science* 336, pp. 1409-13, 2012; Aubert, M. e outros. "Pleistocene Cave Art from Sulawesi, Indonesia". *Nature* 514, pp. 223-7, 2014; Hoffmann, D. L. e outros. "U-Th Dating of Carbonate Crusts Reveals Neandertal Origin of Iberian Cave Art". *Science* 359, pp. 912-5, 2018.

3. Lohse, K. e Frantz, L. A. "Neandertal Admixture in Eurasia Confirmed by Maximum-Likelihood Analysis of Three Genomes". *Genetics* 196, pp. 1241-51, 2014; Sankararaman, S. e outros. "The Genomic Landscape of Neanderthal Ancestry in Present-Day Humans". *Nature* 507, pp. 354-7, 2014; Browning, S. R.; Browning, B. L.; Zhou, Y.; Tucci, S. e Akey, J. M. "Analysis of Human Sequence Data Reveals Two Pulses of Archaic Denisovan Admixture". *Cell* 173, pp. 53-61 e 59, 2018; Slon, V. e outros. "The Genome of the Offspring of a Neanderthal Mother and a Denisovan Father". *Nature* 561, 2018.

4. Sieveking, A. *The Cave Artists: Ancient Peoples and Places*. Londres: Thames and Hudson, 1979, p. 93.

5. Leroi-Gourhan, A. *L'Art des cavernes: atlas des grottes ornées paléolithiques françaises*. Atlas Archéologiques de la France. Paris: Ministère de la culture, Direction du patrimoine, Impr. Nationale, 1984.

6. Bégouën, H. "Un Dessin relevé dans la caverne des Trois-frères, à Montesquieu-Avantès (Ariège)". *Comptes rendus des séances de l'Académie des Inscriptions et Belles-Lettres* 64, pp. 303-10, 1920.

7. Grøn, O. "A Siberian Perspective on the North European Hamburgian Culture: A Study in Applied Hunter-Gatherer Ethnoarchaeology". *Before Farming* 1, 2005.

8. Soffer, O. *Upper Paleolithic of the Central Russian Plain*. Cambridge: Academic Press, 1985.

9. Germonpré, M. e Hämäläinen, R. "Fossil Bear Bones in the Belgian Upper Paleolithic: The Possibility of a Proto Bear-Ceremonialism". *Arctic Anthropology* 44, pp. 1-30, 2007.

10. Hill, E. "Animals as Agents: Hunting Ritual and Relational Ontologies in Prehistoric Alaska and Chukotka". *Cambridge Archaeological Journal* 21, pp. 407-26, 2011.

11. Roebroeks, W. e Villa, P. "On the Earliest Evidence for Habitual Use of Fire in Europe". *Proceedings of the National Academy of Sciences of the USA* 108, pp. 5209-14, 2011; Shimelmitz, R. e outros. "'Fire at Will': The Emergence of Habitual Fire Use 350,000 Years Ago". *Journal of Human Evolution* 77, pp. 196-203, 2014.

12. Lévi-Strauss, C. *Le Cru et le cuit*. Mythologiques, 1. Paris: Plon, 1964.

13. Nietzsche, F. W. *Humano, demasiado humano*. Trad. de Paulo César de Souza. São Paulo: Companhia das Letras, 2005, p. 18.

14. Durkheim, E. *As formas elementares da vida religiosa*. Trad. de Paulo Neves. São Paulo: Martins Fontes, 1996.

15. Vandermeersch, B. *Les Hommes fossiles de Qafzeh, Israël*. Cahiers de paléontologie Paléoanthropologie. Paris: Editions du Centre National de la Recherche Scientifique, 1981; Wunn, I. "Beginning of Religion". *Numen* 47, pp. 417-52, 2000.

16. Cabral, M. P. e Saldanha, J. D. M. "Paisagens megalíticas na costa norte do Amapá". *Revista de Arqueologia da Sociedade de Arqueologia Brasileira* 21, 2008.

17. João Zilhão e outros. "Precise Dating of the Middle-To-Upper Paleolithic Transition in Murcia (Spain) Supports Late Neandertal Persistence in Iberia". *Heliyon* 3, 16 nov. 2017; Hoffmann, D. L. e outros. "U-Th Dating of Carbonate Crusts Reveals Neandertal Origin of Iberian Cave Art". *Science,* pp. 912-5, 23 fev. 2018.

18. Lincoln, J. S. *The Dream in Native American and Other Primitive Cultures*. Hoboken: Dover, 2003.

19. Ibid.; Santos, J. O. *Vagares da alma: elaborações ameríndias acerca do sonhar*. Mestrado, Departamento de Antropologia, Universidade de Brasília, 2010; Shiratori, K. G. *O acontecimento onírico ameríndio: o tempo desarticulado e as veredas dos possíveis*. Mestrado, Museu Nacional, Universidade Federal do Rio de Janeiro, 2013.

20. Fuller, D. Q. e outros. "Convergent Evolution and Parallelism in Plant Domestication Revealed by an Expanding Archaeological Record". *Proceedings of the National Academy of Sciences of the USA* 111, pp. 6147-52, 2014.

21. Larson, G. e outros. "Rethinking Dog Domestication by Integrating Genetics, Archeology, and Biogeography". *Proceedings of the National Academy of Sciences of the USA* 109, pp. 8878-83, 2012; Perri, A. "A Wolf in Dog's Clothing: Initial Dog Domestication and Pleistocene Wolf Variation". *Journal of Archaeological Science* 68, pp. 1-4, 2016.

22. Piperno, D. R. "The Origins of Plant Cultivation and Domestication in the New World Tropics: Patterns, Process, and New Developments". *Current Anthropology.* 52, pp. S453-70, 2011.

23. Schmidt, K. "Göbekli Tepe: A Neolithic Site in Southwestern Anatolia". In: Steadman, S. R. e McMahon, G. (Orgs.) *The Oxford Handbook of Ancient Anatolia*. Oxford: Oxford University Press, 2011, p. 917.

24. Gaspar, M. *Sambaqui: Arquelogia do litoral brasileiro*. Rio de Janeiro: Zahar, 2000; Fish, S. K; De Blasis, P.; Gaspar, M. D. e Fish, P. R. "Eventos incrementais na construção de sambaquis, litoral sul do estado de Santa Catarina". *Revista do Museu de Arqueologia e Etnologia* 10, pp. 69-87, 2000; Klokler, D. M. *Food for Body and Soul: Mortuary Ritual in Shell Mounds* (*Laguna — Brazil*). Dissertação de mestrado em Antropologia, Unversidade do Arizona, 2008.

25. Okumura, M. M. e Eggers, S. "The People of Jabuticabeira ii: Reconstruction of the Way of Life in a Brazilian Shellmound. *Homo* 55, pp. 263-81, 2005.

26. Chávez, A. I. *Pop Wuj: Libro del Tiempo. Poema Mítico Histórico Kíchè*. Biblioteca de Cultura Popular. Buenos Aires: Ediciones del Sol, 1987.

27. Brown, V. *The Reaper's Garden: Death and Power in the World of Atlantic Slavery*. Cambridge: Harvard University Press, 2010.

28. Goodman, F. D.; Henney, J. H. e Pressel, E. *Trance, Healing, and Hallucination; Three Field Studies in Religious Experience*. Hoboken: J. Wiley, 1974; Leite, L. F. S. *Relacionando territórios: O "sonho" como objeto antropológico*. Mestrado em Antropologia Social, Museu Nacional, Universidade Federal do Rio de Janeiro, 2003; Zangari, W. "Experiências anômalas em médiuns de Umbanda: Uma avaliação fenomenológica e ontológica". *Boletim da Academia Paulista de Psicologia* 27, pp. 67-86, 2007; Leite, L. F. Q. A. "Algumas categorias para análise dos sonhos no candomblé". *Prelúdios* 1, pp. 73-99, 2013.

29. Thornton, J. K. "Religião e vida cerimonial no Congo e áreas Umbundo, de 1500 a 1700". In: Heywood, H. (Org.), *Diáspora negra no Brasil*. São Paulo: Contexto, 2008, p. 85.

30. Battell, A. *The Strange Adventures of Andrew Battell of Leigh, in Angola and the Adjoining Regions*. Londres: The Hakluyt Society, 1901.

31. Kingsley, M. H. *West African Studies*. Nova York: Macmillan, 1899.

32. Binet, J. "Drugs and Mysticism: The Bwiti Cult of the Fang". *Diogenes* 86, 1974, pp. 31-54; Fernandez, J. W. *Bwiti: An Ethnography of the Religious Imagination in Africa*. Princeton: Princeton University Press, 1982.

33. Ariès, P. *Western Attitudes Toward Death from the Middle Ages to the Present*. Baltimore: Johns Hopkins University Press, 1974; Metcalf, P. e Huntington, R. *Celebrations of Death: The Anthropology of Mortuary Ritual*. Cambridge: Cambridge University Press, 1991; Parker Pearson, M. *The Archaeology of Death and Burial*. Texas A&M University Anthropology Series. College Station: Texas A&M University Press, 1999; Robben, A. C. G. M. *Death, Mourning, and Burial: A Cross-Cultural Reader*. Malden: Wiley Blackwell, 2018.

34. Anderson, J. R., Gillies, A. e Lock, L. C. "Pan Thanatology". *Current Biology* 20, pp. R349-51, 2010.

35. Biro, D. e outros. "Chimpanzee Mothers at Bossou, Guinea Carry the Mummified Remains of Their Dead Infants". *Current Biology* 20, pp. R351-2, 2010.

36. De Ayala, F. G. P. *El primer nueva corónica y buen gobierno 1615/1616*. v. GkS 2232 4to Quires, Sheets, and Watermarks. Royal Library, 1615; MacCormack, S. *Religion in the Andes: Vision and Imagination in Early Colonial Peru*. Princeton: Princeton University Press, 1993.

37. Chávez, A. I., op. cit.

38. Freud, S. *Psicologia das massas e análise do eu e outros textos*. Trad. de Paulo César de Souza. São Paulo: Companhia das Letras, 2011. (Obras completas, v. 15).

39. Turville-Petre, G. *Nine Norse Studies*. Text series: Viking Society for Northern Research, v. 5. Londres: Viking Society for Northern Research, University College London, 1972.

40. Kelchner, G. D. *Dreams in Old Norse Literature and Their Affinities in Folklore: With an Appendix Containing the Icelandic Texts and Translations*. Norwood: Norwood Editions, 1978.

41. Sturluson, S. *Halfdan the Black Saga*. In: *Heimskringla or The Chronicle of the Kings of Norway*, Londres: Longman, Brown, Green and Longmans, 1844.

42. Jones, G. *A History of the Vikings*. Oxford: Oxford University Press, 2001.

43. Ong, R. K. *The Interpretation of Dreams in Ancient China*. Mestrado em Artes, Vancouver, University of British Columbia, 1981.

44. Edgar, I. *The Dream in Islam: From Qur'anic Tradition to Jihadist Inspiration*. Nova York: Berghahn, 2011, p. 178; Edgar, I. R. e Henig, D. "Istikhara: The Guidance and Practice of Islamic Dream Incubation Through Ethnographic Comparison". *History and Anthropology* 21, pp. 251-62, 2010.

45. Kramer, S. N. *The Sumerians: Their History, Culture, and Character*. Chicago: The University of Chicago Press, 1963.

46. Eranimos, B. e Funkhouser, A. "The Concept of Dreams and Dreaming: A Hindu Perspective". *The International Journal of Indian Psychology* 4, pp. 108-16, 2017.

47. Foster, B. R. *The Epic of Gilgamesh*. Nova York: W. W. Norton & Company, 2018.

48. Homero. *Ilíada*. Trad. de Frederico Lourenço. São Paulo: Penguin & Companhia das Letras, 2013.

49. Kriwaczek, P. *Babylon: Mesopotamia and the Birth of Civilization*. Nova York: Thomas Dunne/St. Martin's, 2012.

50. Enheduanna e Meador, B. D. S. *Inanna, Lady of Largest Heart: Poems of the Sumerian High Priestess Enheduanna*. Austin: University of Texas Press, 2000.

51. Anônimo. *Gudea and His Dynasty*. v. 3:1 The Royal Inscriptions of Mesopotamia, Early Periods. Toronto: University of Toronto Press, pp. 71-2, 1997.

52. Kramer, S. N., op. cit.

53. Bar, S. *A Letter that Has Not Been Read: Dreams in the Hebrew Bible*. New Century Edition of the Works of Emanuel Swedenborg. Cincinnatti: Hebrew Union College Press, 2001.

54. Herodotus, *Histories*. Mensch, P. e Romm, J. S. (Orgs.) Indianapolis: Hackett Publishing, 2014.

55. Artemidoro, op. cit.

56. Roebuck, C. *Corinth: The Asklepieion and Lerna*. v. xiv. Princeton: American School of Classical Studies at Athens, 1951; Aleshire, S. B. *The Athenian Asclepeion: Their People, Their Dedications, and Their Inventories*. Amsterdam: J. C. Gieben, 1989.

57. Oberhelman, S. M. (Org.). *Dreams, Healing, and Medicine in Greece: From Antiquity to the Present*. Farnham: Ashgate, 2013.

58. Rouse, W. *Greek Votive Offerings: An Essay in the History of Greek Religion*. Cambridge: Cambridge University Press, 1902; Oberhelman, S. M. "Anatomical Votive Reliefs as Evidence for Specialization at Healing Sanctuaries in the Ancient Mediterranean World". *Athens Journal of Health* 1, pp. 47-62, 2014.

59. Suetonius, *Life of Augustus* (*Vita divi Augusti*). Wardle, D. (Org.). Oxford: Oxford University Press, 2014.

60. Suetonius, *The Twelve Caesars*. Graves, R. e Grant, M. (Orgs.). Londres: Penguin, 2003.

3. DOS DEUSES VIVOS À PSICANÁLISE [pp. 66-82]

1. Drews, R. *The End of The Bronze Age: Changes in Warfare and the Catastrophe ca. 1200 B.C.* Princeton: Princeton University Press, 1993; DeMenocal, P. B. "Cultural Responses to Climate Change during the Late Holocene". *Science* 292, pp. 667-73, 2001; Diamond, J. M. *Collapse: How Societies Choose to Fail or Succeed*. Londres: Penguin Books, 2011.

2. Diuk, C. G., Slezak; D. F.; Raskovsky, I.; Sigman, M. e Cecchi, G. A. "A Quantitative Philology of Introspection". *Frontiers in Integrative Neuroscience* 6, p. 80, 2012.

3. Herold, A. F. e Blum, P. C. *The Life of Buddha According to the Legends of Ancient India*. Nova York: A. & C. Boni, 1927.

4. Ibid.

5. Ong, R. K. *The Interpretation of Dreams in Ancient China*. Mestrado em Artes, Vancouver, University of British Columbia, 1981.

6. Soothill, W. E. *The Three Religions of China; Lectures Delivered at Oxford*. Nova York: Hyperion, 1973.

7. Platão. *Theaetetus* 158, *Laws* 461. In: *Complete Works*. Londres: Hackett Publishing, 1997.

8. Aristóteles. *On Sleep and Dreams*. Org. de D. Gallop. Liverpool: Liverpool University Press, 1996.

9. R. Ellis (Org.). *The Gospels of Saint Matthew, Saint Mark, Saint Luke* e *Saint John, Together with the Acts of the Apostles, According to the Authorized King James Version, with Reproductions of Religious Paintings in the Samuel H. Kress Collection*. Nova York: Samuel H. Kress Foundation, 1959.

10. Ibid.

11. Ibid.

12. Edgar, I. R. e Henig, D. "Istikhara: The Guidance and Practice of Islamic Dream Incubation through Ethnographic Comparison". *History and Anthropology* 21, pp. 251-62, 2010.

13. Edgar, I. *The Dream in Islam: From Qur'anic Tradition to Jihadist Inspiration*, 178. Nova York: Berghahn Books, 2011; Naim, C. M. "'Prophecies' in South Asian Muslim Political Discourse: The Poems of Shah Ni'matullah Wali". *Economic and Political Weekly* xlvi, pp. 49-58, 2011.

14. Agostinho. *Confissões de Santo Agostinho*. Trad. de Lorenzo Mammì São Paulo: Penguin & Companhia das Letras, 2017, p. 279.

15. Verdon, J. *Night in the Middle Ages*. Notre Dame: University of Notre Dame Press, 2002; Ekirch, A. R. *At Day's Close: Night in Times Past*. Nova York: W. W. Norton, 2005.

16. Vogel, C. *Le Pécheur et la pénitence dans l'Église ancienne, textes choisis*. Paris: Éditions du Cerf, 1966.

17. Aquino, T. *The Summa theologica*. Shapcote, L. e Sullivan, D. J. (Orgs.) Great Books of the Western World, Encyclopædia Britannica, Inc., 1990.

18. Passavanti, J. e Auzzas, G. *Lo Specchio della Vera Penitenzia*. Scrittori Italiani e Testi Antichi. Florença: Accademia della Crusca, 2014.

19. Speroni, C. "Dante's Prophetic Morning-Dreams". *Studies in Philology* 45, pp. 50-9, 1948.

20. Kraut, O. *Ninety-Five Theses*. Nova York: Pioneer, 1975.

21. Wylie, J. A. *The History of Protestantism*. Alberta: Inheritance, 2018.

22. Descartes, R. *Discourse on Method; And, Meditations on First Philosophy*. Trad. de Cress, D. A. R. Indianapolis: Hackett, 1998.

23. Freud, S. *A interpretação dos sonhos*. Trad. de Paulo César de Souza. São Paulo: Companhia das Letras, 2019. (Obras completas, v. 4).

24. Bar, S. *A Letter that Has Not Been Read: Dreams in the Hebrew Bible*, v. 25. New Century Edition of the Works of Emanuel Swedenborg. Cincinnatti: Hebrew Union College Press, 2001.

4. SONHOS ÚNICOS E TÍPICOS [pp. 83-103]

1. Webb, W. B. e Agnew, H. W. "Are We Chronically Sleep Deprived?". *Bulletin of the Psychonomic Society* 6, pp. 47-8, 1975.

2. Domhoff, G. W. e Schneider, A. "Studying Dream Content Using the Archive and Search Engine on DreamBank.net". *Consciousness and Cognition* 17, pp. 1238-47, 2008.

3. Foulkes, D. *Dreaming: A Cognitive-Psychological Analysis.* Nova Jersey: Lawrence Erlbaum Associates, 1985; Domhoff, G. *Finding Meaning in Dreams: A Quantitative Approach.* Nova York: Plenum Press, 1996.

4. McNamara, P. "Counterfactual thought in Dreams". *Dreaming* 10, pp. 232-45, 2000; McNamara, P.; Andresen, J.; Arrowood, J. e Messer, G. "Counterfactual Cognitive Operations in Dreams". *Dreaming* 12, pp. 121-33, 2002.

5. Kahneman, D. "Varieties of Counterfactual Thinking" e Davis, C. G. e Lehman, D.R. "Counterfactual Thinking and Coping with Traumatic Life Events". In: *What Might Have Been: The social Psychology of Counterfactual Thinking.* J. M. Olson N. J. Roese (Org.) Nova Jersey: Lawrence Erlbaum Associates, 1995, pp. 375-96.

6. Nwoye, A. "The Psychology and Content of Dreaming in Africa". *Journal of Black Psychology* 43, pp. 3-26, 2015.

7. Perry, D. F.; DiPietro, J. e Costigan, K. "Are Women Carrying 'Basketballs' Really Having Boys? Testing Pregnancy Folklore". *Birth Defects Research B: Developmental and Reproductive Toxicology* 26, pp. 172-7, 1999.

8. Dement, W. C. e Vaughan, C. *The Promise of Sleep: A Pioneer in Sleep Medicine Explores the Vital Connection Between Health, Happiness, and a Good Night's Sleep.* Nova York: Dell, 1999.

9. Boas, F. *Contributions to the Ethnology of the Kwakiutl*, v. 3. Columbia University Contributions to Anthropology, 1925.

5. PRIMEIRAS IMAGENS [pp. 104-18]

1. O'Grady, W. e Cho, S. W. "First Language Acquisition". In: *Contemporary Linguistics: An Introduction.* Boston: Bedford St. Martin's, 2001, pp. 326-62.

2. Machado, A. "Parábolas". In: Gullar, Ferreira (Org. e trad.). *O prazer do poema: Uma antologia pessoal.* Rio de Janeiro: Edições de Janeiro, 2014. pp. 303-4.

3. Freud, S. "Três ensaios de uma teoria da sexualidade" e "Conferências introdutórias à psicanálise". Trad. de Paulo César de Souza. São Paulo: Companhia das Letras (Obras completas, v. 6, 13); Klein, M. *The Psychoanalysis of Children; Authorized Translation by Alix Strachey.* Nova York: Grove Press, 1960; King, P.; Steiner, R. e British Psycho-Analytical Society. *The Freud-Klein Controversies, 1941-45.* Londres: Tavistock/Routledge, 1991.

4. Foulkes, D. *Children's Dreams: Longitudinal Studies.* Nova York: Wiley, 1982.

5. Hall, C. e Domhoff, B. "A Ubiquitous Sex Difference in Dreams". *Journal of Abnormal and Social Psychology* 66, pp. 278-80, 1963; Hall, C. S. e outros. "The Dreams of College Men and Women in 1959 and 1980: A Comparison of Dream Contents and Sex Differences". *Sleep* 5, pp. 188-94, 1982.

6. Lortie-Lussier, M.; Schwab, C. e De Koninck, J. "Working Mothers *Versus* Homemakers: Do Dreams Reflect the Changing Roles of Women?" *Sex Roles* 12, pp. 1009-21, 1985; Mathes, J. e Michael Schredl, M. "Gender Differences in Dream Content: Are They Related to Personality?". *International Journal of Dream Research* 6, pp. 104-9, 2013.

7. Sandor, P.; Szakadat, S. e Bodizs, R. "Ontogeny of Dreaming: A Review of Empirical Studies". *Sleep Medicine Reviews* 18, pp. 435-49, 2014; Sandor, P.; Szakadat, S.; Kertesz, K. e Bodizs, R. "Content Analysis of 4 to 8 Year-Old Children's Dream Reports". *Frontiers in Psychology* 6, p. 534, 2015.

8. Valli, K. e Revonsuo, A. "The Threat Simulation Theory in Light of Recent Empirical Evidence: A Review". *American Journal of Psychology* 122, pp. 17-38, 2009.

9. Umlauf, M. G.; Bolland, A. C.; Bolland, K. A.; Tomek, S. e Bolland, J. M. "The Effects of Age, Gender, Hopelessness, and Exposure to Violence on Sleep Disorder Symptoms and Daytime Sleepiness among Adolescents in Impoverished Neighborhoods". *Journal of Youth Adolescence* 44, pp. 518-42, 2015.

10. Hale, L.; Berger, L. M.; LeBourgeois, M. K. e Brooks-Gunn, J. "Social and Demographic Predictors of Preschoolers' Bedtime Routines". *Journal of Developmental and Behavior Pediatrics* 30, pp. 394-402, 2009.

11. Hyyppa, M. T.; Kronholm, E. e Alanen, E. "Quality of Sleep during Economic Recession in Finland: A Longitudinal Cohort Study". *Social Science and Medicine* 45, pp. 731-8, 1997.

12. Bliwise, D. L. "Historical Change in the Report of Daytime Fatigue". *Sleep* 19, pp. 462-4, 1996; Broman, J. E.; Lundh, L. G. e Hetta, J. "Insufficient Sleep in the General Population". *Neurophysiology Clinic* 26, pp. 30-9, 1996; Mitler, M. M.; Miller, J. C.; Lipsitz, J. J.; Walsh, J. K. e Wylie, C. D. "The Sleep of Long-Haul Truck Drivers". *The New England Journal of Medicine* 337, pp. 755-61, 1997.

13. Stranges, S.; Tigbe, W.; Gomez-Olive, F. X.; Thorogood, M. e Kandala, N. B. "Sleep Problems: An Emerging Global Epidemic? Findings from the INDEPTH WHO-SAGE Study among more than 40,000 Older Adults from 8 Countries across Africa and Asia". *Sleep* 35, pp. 1173-81, 2012.

14. Teixeira, L. R.; Fischer, F. M.; de Andrade, M. M.; Louzada, F. M. e Nagai, R. "Sleep Patterns of Day-Working, Evening High-Schooled Adolescents of Sao Paulo, Brazil". *Chronobiology International* 21, pp. 239-52, 2004.

15. Medeiros, A. L. D.; Mendes, D. B. F.; Lima, P. F. e Araujo, J. F. "The Relationships between Sleep-Wake Cycle and Academic Performance in Medical Students". *Biological Rhythm Research* 32, pp. 263-70, 2001.

16. Hartmann, M. E. e Prichard, J. R. "Calculating the Contribution of Sleep Problems to Undergraduates' Academic Success". *Sleep Health* 4, pp. 463-71, 2018.

17. Leung, A. K. e Robson, W. L. Nightmares. *Journal of the National Medical Association* 85, pp. 233-5, 1993; Gauchat, A.; Seguin, J. R. e Zadra, A. "Prevalence and Correlates of Disturbed Dreaming in Children". *Pathologie Biologie (Paris)* 62, pp. 311-8, 2014.

18. Borjigin, J. e outros. "Surge of Neurophysiological Coherence and Connectivity in the Dying Brain". *Proceedings of the National Academy of Sciences of the USA* 110, pp. 14 432-7, 2013.

6. A EVOLUÇÃO DO SONHAR [pp. 119-34]

1. Dodd, M. S. e outros. "Evidence for Early Life in Earth's Oldest Hydrothermal Vent Precipitates". *Nature* 543, pp. 60-4, 2017.

2. Mitchell, D. R. "Evolution of Cilia". *Cold Spring Harbor Perspectives in Biology* 9, 2017.

3. Wijnen, H. e Young, M. W. "Interplay of Circadian Clocks and Metabolic Rhythms". *Annual Review of Genetics* 40, pp. 409-48, 2006.

4. Nath, R. D. e outros. "The Jellyfish Cassiopea Exhibits a Sleep-like State". *Current Biology* 27, pp. 2983-90.

5. Tosches, M. A.; Bucher, D.; Vopalensky, P. e Arendt, D. "Melatonin Signaling Controls Circadian Swimming Behavior in Marine Zooplankton". *Cell* 159, pp. 46-57, 2014.

6. Czeisler, C. A. e outros. "Stability, Precision, and Near-24-Hour Period of the Human Circadian Pacemaker". *Science* 284, pp. 2177-81, 1999.

7. Hublin, J. J. e outros. "New Fossils from Jebel Irhoud, Morocco and the Pan-African Origin of *Homo sapiens*". *Nature* 546, pp. 289-92, 2017; Richter, D. e outros. "The Age of the Hominin Fossils from Jebel Irhoud, Morocco, and the Origins of the Middle Stone Age". *Nature* 546, pp. 293-6, 2017.

8. Kaiser, W. e Steiner-Kaiser, J. "Neuronal Correlates of Sleep, Wakefulness and Arousal in a Diurnal Insect". *Nature* 301, pp. 707-9, 1983; Hartse, K. M. *Sleep in Insects and Nonmammalian Vertebrates*. Principles and Practice of Sleep Medicine. Filadélfia: W. B. Saunder, 1989; Tobler, I. I. e Neuner-Jehle, M. "24-H Variation of Vigilance in the Cockroach Blaberus Giganteus". *Journal of Sleep Research* 1, pp. 231-9, 1992; Sauer, S.; Herrmann, E. e Kaiser, W. "Sleep Deprivation in Honey Bees". *Journal of Sleep Research* 13, pp. 145-52, 2004.

9. Hendricks, J. C. e outros. "Rest in Drosophila is a Sleep-Like State". *Neuron* 25, pp. 129-38, 2000; Shaw, P. J.; Cirelli, C.; Greenspan, R. J. e Tononi, G. "Correlates of Sleep and Waking in Drosophila Melanogaster". *Science* 287, pp. 1834-7, 2000.

10. Siegel, J. M. "Do All Animals Sleep?" *Trends in Neuroscience* 31, pp. 208-13, 2008.

11. Tobler, I. e Borbely, A. A. "Effect of Rest Deprivation on Motor Activity of Fish". *Journal of Comparative Physiology A* 157, pp. 817-22, 1985; Zhdanova, I. V.; Wang, S. Y.; Leclair, O. U. e Danilova, N. P. "Melatonin Promotes Sleep-Like State in Zebrafish". *Brain Research* 903, pp. 263-8, 2001; Yokogawa, T. e outros. "Characterization of Sleep in Zebrafish and Insomnia in Hypocretin Receptor Mutants". *PLoS Biology* 5, p. e277, 2007; Arnason, B. B.; Thornorsteinsson, H. e Karlsson, K. A. E. "Absence of Rapid Eye Movements during Sleep in Adult Zebrafish". *Behavioural Brain Research* 291, pp. 189-94, 2015.

12. Hobson, J. A. "Electrographic Correlates of Behavior in the Frog with Special Reference to Sleep". *Electroencephalography Clinical Neurophysiology* 22, pp. 113-21, 1967; Hobson, J. A.; Goin, O. B. e Goin, C. J. "Electrographic Correlates of Behaviour in Tree Frogs". *Nature* 220, pp. 386-7, 1968.

13. Crompton, A. W., Taylor, C. R. e Jagger, J. A. "Evolution of Homeothermy in Mammals". *Nature* 272, pp. 333-6, 1978.

14. Shein-Idelson, M.; Ondracek, J. M.; Liaw, H. P.; Reiter, S. e Laurent, G. "Slow Waves, Sharp Waves, Ripples, and REM in Sleeping Dragons". *Science* 352, pp. 590-5, 2016.

15. Nicol, S. C.; Andersen, N. A.; Phillips, N. H. e Berger, R. J. "The Echidna Manifests Typical Characteristics of Rapid Eye Movement Sleep". *Neuroscience Letters* 283, pp. 49-52, 2000.

16. Siegel, J. M. e outros. "Sleep in the Platypus". *Neuroscience* 91, pp. 391-400, 1999.

17. Lesku, J. A. e outros. "Ostriches Sleep like Platypuses". *PLoS One* 6, e23203, 2011.

18. Martinez, R. N. e outros. "A Basal Dinosaur from the Dawn of the Dinosaur Era in

Southwestern Pangeae". *Science* 331, pp. 206-10, 2011; Nesbitt, S. J.; Barrett, P. M.; Werning, S., Sidor, C. A. e Charig, A. J. "The Oldest Dinosaur? A Middle Triassic Dinosauriform from Tanzania". *Biology Letters* 9, 2013.

19. Xu, X. e Norell, M. A. "A New Troodontid Dinosaur from China with Avian-Like Sleeping Posture". *Nature* 431, pp. 838-41, 2004; Gao, C.; Morschhauser, E. M.; Varricchio, D. J., Liu, J. e Zhao, B. "A Second Soundly Sleeping Dragon: New Anatomical Details of the Chinese Troodontid Mei long with Implications for Phylogeny and Taphonomy". *PLoS One* 7, 2012.

20. Tiriac, A.; Sokoloff, G. e Blumberg, M. S. "Myoclonic Twitching and Sleep-Dependent Plasticity in the Developing Sensorimotor System". *Current Sleep Medicine Reports* 1, pp. 74-9, 2015; Blumberg, M. S. e outros. "Development of Twitching in Sleeping Infant Mice depends on Sensory Experience". *Current Biology* 25, pp. 656-62, 2015.

21. Renne, P. R. e outros. "Time Scales of Critical Events around the Cretaceous-Paleogene Boundary". *Science* 339, pp. 684-7, 2013.

22. Pope, K. O.; Baines, K. H.; Ocampo, A. C. e Ivanov, B. A. "Impact Winter and the Cretaceous/Tertiary Extinctions: Results of a Chicxulub Asteroid Impact Model". *Earth and Planetary Science Letters* 128, pp. 719-25, 1994; Vellekoop, J. e outros. "Rapid Short-Term Cooling Following the Chicxulub Impact at the Cretaceous-Paleogene Boundary". *Proceedings of the National Academy of Sciences of the USA* 111, pp. 7537-41, 2014.

23. Maor, R.; Dayan, T.; Ferguson-Gow, H. e Jones, K. E. "Temporal Niche Expansion in Mammals from a Nocturnal Ancestor after Dinosaur Extinction". *Nature Ecology and Evolution* 1, pp. 1889-95, 2017.

24. Nicol, S. C.; Andersen, N. A.; Phillips, N. H. e Berger, R. J., op. cit.

25. Piantadosi, S. T. e Kidd, C. "Extraordinary Intelligence and the Care of Infants". *Proceedings of the National Academy of Sciences of the USA* 113, pp. 6874-9, 2016.

26. Mitani, Y. e outros. "Three-Dimensional Resting Behaviour of Northern Elephant Seals: Drifting Like a Falling Leaf". *Biology Letters* 6, pp. 163-6, 2010.

27. Houghton, J. D. R.; Doyle, T. K.; Davenport, J.; Cedras, A.; Myers, A. E.; Liebsch, N.; Metcalfe, J. D. e Mortimer, J. A. "Measuring the State of Consciousness in a Free-Living Diving Sea Turtle". *Journal of Experimental Marine Biology and Ecology* 356, pp. 115-20, 2008.

28. Oleksenko, A. I.; Mukhametov, L. M.; Polyakova, I. G.; Supin, A. Y. e Kovalzon, V. M. "Unihemispheric Sleep Deprivation in Bottlenose Dolphins". *Journal of Sleep Research* 1, pp. 40-4, 1992; Lyamin, O. I. e outros. "Unihemispheric slow Wave Sleep and the State of the Eyes in a White Whale". *Behavioural Brain Research* 129, pp. 125-9, 2002; Lyamin, O.; Pryaslova, J.; Lance, V. e Siegel, J. "Animal Behaviour: Continuous Activity in Cetaceans after Birth". *Nature* 435, p. 1177, 2005; Mukhametov, L. M. "Sleep in Marine Mammals". *Experimental Brain Research* 8, pp. 227-38, 2007.

29. Mascetti, G. G. "Unihemispheric Sleep and Asymmetrical Sleep: Behavioral, Neurophysiological, and Functional Perspectives". *Nature and Science of Sleep* 8, pp. 221-38, 2016.

30. Rattenborg, N. C. e outros. "Migratory Sleeplessness in the White-Crowned Sparrow (*Zonotrichia leucophrys gambelii*)". *PLoS Biology* 2, e212, 2004.

31. Rattenborg, N. C. e outros. "Evidence that Birds Sleep in Mid-Flight". *Nature Communications* 7, p. 12468, 2016.

32. Rattenborg, N. C.; Lima, S. L. e Amlaner, C. J. "Half-Awake to the Risk of Predation".

Nature 397, pp. 397-8, 1999; Rattenborg, N. C.; Lima, S. L. e Amlaner, C. J. "Facultative Control of Avian Unihemispheric Sleep under the Risk of Predation". *Behavioural Brain Research* 105, pp. 163-72, 1999.

33. Gravett, N. e outros. "Inactivity/Sleep in Two Wild Free-Roaming African Elephant Matriarchs: Does Large Body Size Make Elephants the Shortest Mammalian Sleepers?". *PLOS One* 12, e0171903, 2017.

34. Noser, R.; Gygax, L. e Tobler, I. "Sleep and Social Status in Captive Gelada Baboons (*Theropithecus gelada*)". *Behavioural Brain Research* 147, pp. 9-15, 2003.

35. Samson, D. R. e outros. "Segmented Sleep in a Nonelectric, Small-Scale Agricultural Society in Madagascar". *American Journal of Human Biology* 29, 2017.

36. Yetish, G. e outros. "Natural Sleep and its Seasonal Variations in Three Pre-Industrial Societies". *Current Biology* 25, pp. 2862-8, 2015.

37. Samson, D. R.; Crittenden, A. N.; Mabulla, I. A.; Mabulla, A. Z. P. e Nunn, C. L. "Chronotype Variation Drives Night-Time Sentinel-Like Behaviour in Hunter-Gatherers". *Proceedings of the Royal Society: Biological Sciences* 284, 2017.

38. Zhivotovsky, L. A.; Rosenberg, N. A. e Feldman, M. W. "Features of Evolution and Expansion of Modern Humans, Inferred from Genomewide Microsatellite Markers". *The American Journal of Human Genetics* 72, pp. 1171-86, 2003.

39. De la Iglesia, H. O. e outros. "Ancestral Sleep". *Current Biology* 26, pp. R271-2, 2016.

7. A BIOQUÍMICA ONÍRICA [pp. 135-51]

1. Aserinsky, E. e Kleitman, N. "Regularly Occurring Periods of Eye Motility, and Concomitant Phenomena, during Sleep". *Science* 118, pp. 273-4, 1953.

2. Dement, W. e Kleitman, N. "Cyclic Variations in EEG during Sleep and Their Relation to Eye Movements, Body Motility, and Dreaming". *Electroencephalography and Clinical Neurophysiology* 9, 1957, pp. 673-90; Dement, W. e Kleitman, N. "The Relation of Eye Movements during Sleep to Dream Activity: An Objective Method for the Study of Dreaming". *Journal of Experimental Psychology* 53, 1957, pp. 339-46.

3. Dement, W. e Kleitman, N. "The Relation of Eye Movements during Sleep to Dream Activity: An Objective Method for the Study of Dreaming". *Journal of Experimental Psychology* 53, pp. 339-46, 1957; Jouvet, M. e Jouvet, D. "A Study of the Neurophysiological Mechanisms of Dreaming". *Electroencephalography and Clinical Neurophysiology*, suplemento 24:133+, 1963.

4. Roth, M., Shaw; J. e Green, J. "The Form Voltage Distribution and Physiological Significance of the κ-Complex". *Electroencephalography and Clinical Neurophysiology* 8, pp. 385-402, 1956; Steriade, M. e Amzica, F. "Slow Sleep Oscillation, Rhythmic K-Complexes, and Their Paroxysmal Developments". *Journal of Sleep Research* 7 (1), pp. 30-5, 1998; Siapas, A. G. e Wilson, M. A. "Coordinated Interactions between Hippocampal Ripples and Cortical Spindles during Slow-Wave Sleep". *Neuron* 21, pp. 1123-8, 1998; Logothetis, N. K. e outros. "Hippocampal-Cortical Interaction during Periods of Subcortical Silence". *Nature* 491, pp. 547-53, 2012.

5. Foulkes, W. D. "Dream Reports from Different Stages of Sleep". *Journal of Abnormal Psychology* 65, pp. 14-25, 1962.

6. Abel, G. G.; Murphy, W. D.; Becker, J. V. e Bitar, A. "Women's Vaginal Responses during REM Sleep". *Journal of Sex and Marital Therapy* 5, pp. 5-14, 1979; Rogers, G. S.; Van de Castle, R. L.; Evans, W. S. e Critelli, J. W. "Vaginal Pulse Amplitude Response Patterns during Erotic Conditions and Sleep". *Archives of Sexual Behaviour* 14, pp. 327-42, 1985.

7. Fisher, C.; Gorss, J. e Zuch, J. "Cycle of Penile Erection Synchronous with Dreaming (REM) Sleep". Preliminary Report. *Archives of General Psychiatry* 12, pp. 29-45, 1965.

8. Wehr, T. A. "A Brain-Warming Function for REM Sleep". *Neuroscience & Biobehavioral Reviews* 16, pp. 379-97, 1992.

9. Xie, L. e outros. "Sleep Drives Metabolite Clearance from the Adult Brain". *Science* 342, pp. 373-7, 2013.

10. Lee, H. e outros. "The Effect of Body Posture on Brain Glymphatic Transport". *Journal of Neuroscience* 35, pp. 11034-44, 2015.

11. Urrila, A. S. e outros. "Sleep Habits, Academic Performance, and the Adolescent Brain Structure". *Scientific Reports* 7, p. 41 678, 2017.

12. Weinmann, R. L. "Levodopa and Hallucination". *Journal of the American Medical Association* 221, p. 1054, 1972; Kamakura, K. e outros. "Therapeutic Factors Causing Hallucination in Parkinson's Disease Patients, Especially those Given Selegiline". *Parkinsonism & Related Disorders* 10, pp. 235-42, 2004.

13. Taheri, M. e Arabameri, E. "The Effect of Sleep Deprivation on Choice Reaction Time and Anaerobic Power of College Student Athletes". *Asian Journal of Sports Medicine* 3, pp. 15-20, 2012; Tokizawa, K. e outros. "Effects of Partial Sleep Restriction and Subsequent Daytime Napping on Prolonged Exertional Heat Strain". *Occupational and Environmental Medicine* 72, pp. 521-8, 2015; Sufrinko, A.; Johnson, E. W. e Henry, L. C. "The Influence of Sleep Duration and Sleep-Related Symptoms on Baseline Neurocognitive Performance among Male and Female High School Athletes". *Neuropsychology* 30, pp. 484-91, 2016; Ben Cheikh, R.; Latiri, I.; Dogui, M. e Ben Saad, H. "Effects of One-Night Sleep Deprivation on Selective Attention and Isometric Force in Adolescent Karate Athletes". *The Journal of Sports Medicine and Physical Fitness* 57, pp. 752-9, 2017.

14. Leproult, R. e Van Cauter, E. "Effect of 1 Week of Sleep Restriction on Testosterone Levels in Young Healthy Men". *Journal of the American Medical Association* 305, pp. 2173-4, 2011.

15. Cajochen, C.; Khalsa, S. B.; Wyatt, J. K.; Czeisler, C. A. e Dijk, D. J. "EEG and Ocular Correlates of Circadian Melatonin Phase and Human Performance Decrements during Sleep Loss". *American Journal of Physiology* 277, pp. R640-9, 1999.

16. Sorrells, S. F. e outros. "Human Hippocampal Neurogenesis Drops Sharply in Children to Undetectable Levels in Adults". *Nature* 555, pp. 377-81, 2018.

17. Liston, C; e outros. "Circadian Glucocorticoid Oscillations Promote Learning-Dependent Synapse Formation and Maintenance". *Nature Neuroscience* 16, pp. 698-705, 2013.

18. Pavlides, C., Nivon, L. G. e McEwen, B. S. "Effects of Chronic Stress on Hippocampal Long-Term Potentiation". *Hippocampus* 12, pp. 245-57, 2002.

19. Legendre, R. e Piéron, H. "De la Propriété hypnotoxique des humeurs développée au cours d'une veille prolongée". *Comptes Rendus de la Société de Biologie de Paris* 70, pp. 210-2, 1912.

20. Krueger, J. M.; Pappenheimer, J. R. e Karnovsky, M. L. "Sleep-Promoting Effects of Mu-

ramyl Peptides". *Proceedings of the National Academy of Sciences of the USA* 79, pp. 6102-6, 1982; Shoham, S. e Krueger, J. M. "Muramyl Dipeptide-Induced Sleep and Fever: Effects of Ambient Temperature and Time of Injections". *American Journal of Physiology* 255, pp. R157-65, 1988; Krueger, J. M. e Opp, M. R. "Sleep and Microbes". *International Review of Neurobiology* 131, pp. 207-25, 2016.

21. MacCulloch, J. A. "Fasting (Introductory and Non-Christian)" e Foucart, G. "Dreams and Sleep: Egyptian". In: Hastings, J. (Org.). *Encyclopedia of Religion and Ethics*, v. 5. Nova York: Charles Scribner's Sons, 1912; Lincoln, J. S. *The Dream in Native American and Other Primitive Cultures*. Hoboken: Dover, 2003.

22. Nielsen, T. e Powell, R. A. "Dreams of the Rarebit Fiend: Food and Diet as Instigators of Bizarre and Disturbing Dreams". *Frontiers in Psychology* 6, p. 47, 2015.

23. Pertwee, R. G. *Handbook of Cannabis*. Oxford: Oxford University Press, 2014.

24. Nichols, D. E. "Psychedelics". *Pharmacological Reviews* 68, pp. 264-355, 2016.

25. Soares Maia, J. G. e Rodrigues, W. A. "*Virola theiodora* como alucinógena e tóxica". *Acta Amazonica* 4, pp. 21-3, 1974.

26. Berardi, A.; Schelling, G. e Campolongo, P. "The Endocannabinoid System and Post Traumatic Stress Disorder (PTSD): From preclinical Findings to Innovative Therapeutic Approaches in Clinical Settings". *Pharmacological Research* 111, pp. 668-78, 2016.

27. Tagliazucchi, E. e outros. "Increased Global Functional Connectivity Correlates with LSD-Induced Ego Dissolution". *Current Biology* 26, pp. 1043-50, 2016; Kraehenmann, R. "Dreams and Psychedelics: Neurophenomenological Comparison and Therapeutic Implications". *Current Neuropharmacology* 15, pp. 1032-42, 2017; Kraehenmann, R. e outros. "Dreamlike Effects of LSD on Waking Imagery in Humans Depend on Serotonin 2A Receptor Activation". *Psychopharmacology (Berlim)* 234, pp. 2031-46, 2017; Sanz, C.; Zamberlan, F.; Erowid, E.; Erowid, F. e Tagliazucchi, E. "The Experience Elicited by Hallucinogens Presents the Highest Similarity to Dreaming within a Large Database of Psychoactive Substance Reports". *Frontiers in Neuroscience* 12, p. 7, 2018.

28. Nichols, D. E., op. cit.

29. Riba, J. e outros. "Topographic Pharmaco-EEG Mapping of the Effects of the South American Psychoactive Beverage Ayahuasca in Healthy Volunteers". *British Journal of Clinical Pharmacology* 53, pp. 613-28, 2002.

30. Kosslyn, S. M. e outros. "The Role of Area 17 in Visual Imagery: Convergent Evidence from PET and rTMS". *Science* 284, pp. 167-70, 1999.

31. De Araujo, D. B. e outros. "Seeing with the Eyes Shut: Neural Basis of Enhanced Imagery Following Ayahuasca Ingestion". *Human Brain Mapping* 33, pp. 2550-60, 2012.

32. Carhart-Harris, R. L. e outros. "Neural Correlates of the LSD Experience Revealed by Multimodal Neuroimaging". *Proceedings of the National Academy of Sciences of the USA* 113, pp. 4853-8, 2016.

33. Viol, A.; Palhano-Fontes, F.; Onias, H.; de Araújo, D. B. e Viswanathan, G. M. "Shannon Entropy of Brain Functional Complex Networks under the Influence of the Psychedelic Ayahuasca". *Scientific Reports* 7, p. 7388, 2017.

34. Tagliazucchi, E.; Carhart-Harris, R.; Leech, R.; Nutt, D. e Chialvo, D. R. "Enhanced Repertoire of Brain Dynamical States during the Psychedelic Experience". *Human Brain Mapping*

35, pp. 5442-56, 2014; Lebedev, A. V. e outros. "LSD-Induced Entropic Brain Activity Predicts Subsequent Personality Change". *Human Brain Mapping* 37, pp. 3203-13, 2016; Schartner, M. M.; Carhart-Harris, R. L.; Barrett, A. B.; Seth, A. K. e Muthukumaraswamy, S. D. "Increased Spontaneous MEG Signal Diversity for Psychoactive Doses of Ketamine, LSD and Psilocybin". *Scientific Reports* 7, p. 46 421, 2017.

35. Luz, P. "O uso ameríndio do caapi" e Keifenheim, B. "Nixi pae como participação sensível no princípio de transformação da criação primordial entre os índios kaxinawa no Leste do Peru". In: Labate, B. C. e Araujo, W. S. (Orgs.). *O uso ritual da ayahuasca*. Campinas: Mercado de Letras, 2002, pp. 37-68 e 97-127.

8. LOUCURA É SONHO QUE SE SONHA SÓ [pp. 152-65]

1. Okorome Mume, C. "Nightmare in Schizophrenic and Depressed Patients". *The European Journal of Psychiatry* 23, pp. 177-83, 2009; Michels, F. e outros. "Nightmare Frequency in Schizophrenic Patients, Healthy Relatives of Schizophrenic Patients, Patients at High Risk States for Psychosis, and Healthy Controls". *International Journal of Dream Research* 7, pp. 9-13, 2014.

2. Skancke, J. C., Holsen, I. e Schredl, M. "Continuity between Waking Life and Dreams of Psychiatric Patients: Are View and Discussion of the Implications for Dream Research". *International Journal of Dream Research* 7, pp. 39-53, 2014.

3. Dzirasa, K. e outros. "Dopaminergic Control of Sleep-Wake States". *Journal of Neuroscience* 26, pp. 10 577-89, 2006.

4. Lacan, J. *Anxiety*. In: *The Seminar of Jacques Lacan*, livro X. Trad. de A. R. Price. Cambridge: Polity, 2016.

5. Beckett, S. *Esperando Godot*. Trad. de Fabio de Souza Andrade. São Paulo: Companhia das Letras, 2017.

6. Jung, C. G. *Symbols of Transformation*. In: The Collected Works of C. G. Jung v. 5. Londres: Routledge e K. Paul, 1966.

7. Freud, S. *Totem e tabu: Contribuição à história do movimento psicanalítico e outros textos*. Trad. de Paulo César de Souza. São Paulo: Companhia das Letras, 2012. (Obras completas, vol. 11).

8. Ibid., p. 141.

9. Freud, S. *Conferências introdutórias à psicanálise*. Trad. de Paulo César de Souza. São Paulo: Companhia das Letras, 2014. (Obras completas, v. 13).

10. Freud, S. *Inibição, sintoma e angústia: O futuro de uma ilusão e outros textos*. Trad. de Paulo César de Souza. São Paulo: Companhia das Letras, 2014, p. 296. (Obras completas, v. 17).

11. Klein, M. "Criminal Tendencies in Normal Children". *British Journal of Medical Psychology* 74, 1927; Klein, M. *Narrative of a Child Analysis; The Conduct of the Psychoanalysis of Children as Seen in the Treatment of a Ten Year Old Boy*. Nova York: Basic Books, 1961.

12. Klein, M. *The Psychoanalysis of Children; Authorized Translation by Alix Strachey*. Nova York: Grove Press, 1960.

13. Kramer, M. "Dream Differences in Psychiatric Patients". In: Pandi-Perumal, S. R. e Kramer, M. (Orgs.). *Sleep and Mental Illness*, 2010, pp. 375-83.

14. Mota, N. B. e outros. "Speech Graphs Provide a Quantitative Measure of thought Disor-

der in Psychosis". *PLoS One* 7, p. e34928, 2012; Mota, N. B.; Furtado, R., Maia; P. P.; Copelli, M. e Ribeiro, S. "Graph Analysis of Dream Reports is Especially Informative about Psychosis". *Scientific Reports* 4, p. 3691, 2014; Mota, N. B.; Copelli, M. e Ribeiro, S. "Thought Disorder Measured as Random Speech Structure Classifies Negative Symptoms and Schizophrenia Diagnosis 6 Months in Advance". *Npj Schizophrenia* 3, pp. 1-10, 2017.

15. Mota, N. B.; Pinheiro, S. e outros. "The ontogeny of discourse structure mimics the development of literature". Disponível em: <arXiv:1612.09268 [q-bio.NC]>.

9. DORMIR E LEMBRAR [pp. 166-80]

1. Jenkins, J. B. e Dallenbach, K. M. "Oblivescence during Sleep and Waking". *The American Journal of Psychology* 35, pp. 605-12, 1924.

2. Pearlman, C. A. "Effect of Rapid Eye Movement (Dreaming) Sleep Deprivation on Retention of Avoidance Learning in Rats". *Reports of the US Navy Submarine Medical Center* 563, pp. 1-4, 1969; Leconte, P. e Bloch, V. "Effect of Paradoxical Sleep Deprivation on the Acquisition and Retention of Conditioning in Rats". *Journal de Physiologie (Paris)* 62 (2), p. 290, 1970; Stern, W. C. "Acquisition Impairments Following Rapid Eye Movement Sleep Deprivation in Rats". *Physiology & Behavior* 7, pp. 345-52, 1971.

3. Smith, C. e Butler, S. "Paradoxical Sleep at Selective Times Following Training is Necessary for Learning". *Physiology* e *Behavior* 29, pp. 469-73, 1982; Smith, C. e Kelly, G. "Paradoxical Sleep Deprivation Applied Two Days after End of Training Retards Learning". *Physiology & Behavior* 43, pp. 213-6, 1988; Smith, C. e Rose, G. M. "Evidence for a Paradoxical Sleep Window for Place Learning in the Morris Water Maze". *Physiology & Behavior* 59, pp. 93-7, 1996; Smith, C. e Rose, G. M. "Posttraining Paradoxical Sleep in Rats is Increased after Spatial Learning in the Morris Water Maze". *Behavioral Neuroscience* 111, pp. 1197-204, 1997.

4. Stickgold, R.; Malia, A.; Maguire, D.; Roddenberry, D. e O'Connor, M. "Replaying the Game: Hypnagogic Images in Normals and Amnesics". *Science* 290, pp. 350-3, 2000.

5. Stickgold, R.; James, L. e Hobson, J. A. "Visual Discrimination Learning Requires Sleep after Training". *Nature Neuroscience* 3, pp. 1237-8, 2000.

6. Mednick, S. C. e outros. "The Restorative Effect of Naps on Perceptual Deterioration". *Nature Neuroscience* 5, pp. 677-81, 2002.

7. Mednick, S.; Nakayama, K. e Stickgold, R. "Sleep-Dependent Learning: A Nap is as Good as a Night". *Nature Neuroscience* 6, pp. 697-8, 2003.

8. Yoo, S. S.; Hu, P. T.; Gujar, N.; Jolesz, F. A. e Walker, M. P. "A Deficit in the Ability to Form New Human Memories without Sleep". *Nature Neuroscience* 10, pp. 385-92, 2007.

9. Plihal, W. e Born, J. "Effects of Early and Late Nocturnal Sleep on Declarative and Procedural Memory". *Journal of Cognitive Neuroscience* 9, pp. 534-47, 1997; Plihal, W. e Born, J. "Effects of Early and Late Nocturnal Sleep on Priming and Spatial Memory". *Psychophysiology* 36, pp. 571-82, 1999.

10. Batterink, L. J.; Westerberg, C. E. e Paller, K. A. "Vocabulary Learning Benefits from REM after Slow-Wave Sleep". *Neurobiology of Learning and Memory* 144, 2017.

11. Lemos, N.; Weissheimer, J. e Ribeiro, S. "Naps in School Can Enhance the Duration of Declarative Memories Learned by Adolescents". *Frontiers in Systems Neuroscience* 8, p. 103, 2014.

12. Cabral, T. e outros. "Post-Class Naps Boost Declarative Learning in a Naturalistic School Setting". *NPJ Science of Learning* 3, p. 14, 2018.

13. Beck, C. "Students Allowed to Nap at School With Sleep Pods". *NBC News*, 6 mar. de 2017, disponível em: <https://www.nbcnews.com/health/kids-health/students-allowed-nap--school-sleep-pods-n729881>; Danzy, S. "High Schools Are Allowing Sleep-deprived Students to Take Midday Naps", *People*, 22 fev. de 2017, disponível em: <https://people.howstuffworks.com/high-schools-are-allowing-sleepdeprived-students-take-midday-naps.htm>; Willis, D. "N. M. schools Roll Out High-Tech Sleep Pods for Student", *USA Today*, 1º mar. 2017, disponível em: <https://www.usatoday.com/story/tech/nation-now/2017/03/01/nm-schools-roll-out-high--tech-sleep-pods-students/98619548/>, 2017; Borges, N. "Tempo integral: a experiência das escolas de Santa Cruz", GAZ, 15 jun. 2018, disponível em: <http://www.gaz.com.br/conteudos/educacao/2018/06/15/122501-tempo_integral_a_experiencia_das_escolas_de_santa_cruz.html.php>, 2018; Pin, G. "Quitar la Siesta al Niño cuando Llega al Colegio, ¡Un Grave Error!", Serpadres, 2018, disponível em: <https://www.serpadres.es/3-6-anos/educacion-desarrollo/articulo/quitar-la-siesta-al-nino-cuando-llega-al-colegio-un-grave-error>.

14. Hummer, D. L. e Lee, T. M. "Daily Timing of the Adolescent Sleep Phase: Insights from a Cross-Species Comparison". *Neuroscience & Biobehavioral Reviews* 70, pp. 171-81, 2016.

15. Dunster, G. P. e outros. "Sleepmore in Seattle: Later School Start Times are Associated with more Sleep and Better Performance in High School Students". *Science Advances* 4, 2018.

10. A REVERBERAÇÃO DE MEMÓRIAS [pp. 181-205]

1. Penfield, W. "Some Mechanisms of Consciousness Discovered during Electrical Stimulation of the Brain". *Proceeding of the National Academy of Sciences USA* 44, pp. 51-66, 1958.

2. Hebb, D. *The Organization of Behavior*. Hoboken: Wiley, 1949.

3. Pavlides, C. e Winson, J. "Influences of Hippocampal Place Cell Firing in the Awake State on the Activity of These Cells during Subsequent Sleep Episodes". *Journal of Neuroscience* 9, pp. 2907-18, 1989.

4. Ribeiro, S. e outros. "Long-Lasting Novelty-Induced Neuronal Reverberation during Slow-Wave Sleep in Multiple Forebrain Areas". *PLoS Biology* 2, E24, 2004; O'Neill, J.; Senior, T. e Csicsvari, J. "Place-Selective Firing of CA1 Pyramidal Cells during Sharp Wave/Ripple Network Patterns in Exploratory Behavior". *Neuron* 49, pp. 143-55, 2006.

5. Niemtschek, F. *Leben des K. K. Kapellmeisters Wolfgang Gottlieb Mozart, nach Originalquellen beschrieben*. Praga: Herrlischen Buchhandlung, 1798.

6. Lomo, T. "Potentiation of Monosynaptic EPSPs in Cortical Cells by Single and Repetitive Afferent Volleys". *Journal of Physiology* 194, pp. 84-5P, 1968; Bliss, T. V. e Lomo, T. "Long-Lasting Potentiation of Synaptic Transmission in the Dentate Area of the Anaesthetized Rabbit Following Stimulation of the Perforant Path". *Journal of Physiology* 232, pp. 331-56, 1973.

7. Whitlock, J. R.; Heynen, A. J.; Shuler, M. G. e Bear, M. F. "Learning Induces Long-Term Potentiation in the Hippocampus". *Science* 313, pp. 1093-7, 2006.

8. Pavlides, C.; Greenstein, Y. J.; Grudman, M. e Winson, J. "Long-Term Potentiation in the Dentate Gyrus is Induced Preferentially on the Positive Phase of Theta-Rhythm". *Brain Research* 439, pp. 383-7, 1988.

9. Holscher, C., Anwyl, R. e Rowan, M. J. "Stimulation on the Positive Phase of Hippocampal Theta Rhythm Induces Long-Term Potentiation that Can Be Depotentiated by Stimulation on the Negative Phase in Area CA1 in Vivo". *Journal of Neuroscience* 17, pp. 6470-7, 1997; Hyman, J. M.; Wyble, B. P.; Goyal, V.; Rossi, C. A. e Hasselmo, M. E. "Stimulation in Hippocampal Region CA1 in Behaving Rats Yields Long-Term Potentiation when Delivered to the Peak of Theta and Long-Term Depression when Delivered to the Trough". *Journal of Neuroscience* 23, pp. 11725-31, 2003; Huerta, P. T. e Lisman, J. E. "Bidirectional Synaptic Plasticity Induced by a Single Burst During Cholinergic Theta Oscillation in CA1 in Vitro". *Neuron* 15, pp. 1053-63, 1995.

10. Lisman, J. E. e Jensen, O. "The Theta-Gamma Neural Code". *Neuron* 77, pp. 1002-16, 2013; Lopes-Dos-Santos, V. e outros. "Parsing Hippocampal Theta Oscillations by Nested Spectral Components during Spatial Exploration and Memory-Guided Behavior". *Neuron*, pp. 950-2, 2018.

11. Heller, H. C. e Glotzbach, S. F. "Thermoregulation during Sleep and Hibernation". *International Review of Physiology* 15, pp. 147-88, 1977.

12. Poe, G. R.; Nitz, D. A., McNaughton, B. L. e Barnes, C. A. "Experience-Dependent Phase--Reversal of Hippocampal Neuron Firing during REM Sleep". *Brain Research* 855, pp. 176-80, 2000.

13. Maquet, P. e outros. "Experience-Dependent Changes in Cerebral Activation during Human REM Sleep". *Nature Neuroscience* 3, pp. 831-6, 2000; Peigneux, P. e outros. "Learned Material Content and Acquisition Level Modulate Cerebral Reactivation during Posttraining Rapid--Eye-Movements Sleep". *Neuroimage* 20, pp. 125-34, 2003.

14. Huber, R.; Ghilardi, M. F.; Massimini, M. e Tononi, G. "Local Sleep and Learning". *Nature* 430, pp. 78-81, 2004.

15. Boyce, R.; Glasgow, S. D.; Williams, S. e Adamantidis, A. "Causal Evidence for the Role of REM Sleep Theta Rhythm in Contextual Memory Consolidation". *Science* 352, pp. 812-6, 2016.

16. Marshall, L.; Helgadottir, H.; Molle, M. e Born, J. "Boosting Slow Oscillations during Sleep Potentiates Memory". *Nature* 444, pp. 610-3, 2006.

17. Ngo, H. V.; Martinetz, T.; Born, J. e Molle, M. "Auditory Closed-Loop Stimulation of the Sleep Slow Oscillation Enhances Memory". *Neuron* 78, pp. 545-53, 2013.

18. Seibt, J. e outros. "Cortical Dendritic Activity Correlates with Spindle-Rich Oscillations during Sleep in Rodents". *Nature Communications* 8, p. 684, 2017.

19. Rasch, B.; Buchel, C.; Gais, S. e Born, J. "Odor Cues During Slow-Wave Sleep Prompt Declarative Memory Consolidation". *Science* 315, pp. 1426-9, 2007.

20. Bilkei-Gorzo, A. e outros. "A Chronic Low Dose of Delta-9-tetrahydrocannabinol (THC) Restores Cognitive Function in Old Mice". *Nature Medicine* 23, pp. 782-7, 2017.

21. Guerreiro, A. *Ancestrais e suas sombras: uma etnografia da chefia kalapao e seu ritual mortuário*. Campinas: Unicamp, 2015.

11. GENES E MEMES [pp. 206-23]

1. Pompeiano, M.; Cirelli, C. e Tononi, G. "Effects of Sleep Deprivation on Fos-Like Immunoreactivity in the Rat Brain". *Archives Italiennes de Biologie* 130, pp. 325-35, 1992; Cirelli, C.;

Pompeiano, M. e Tononi, G. "Fos-Like Immunoreactivity in the Rat Brain in Spontaneous Wakefulness and Sleep". *Archives Italiennes de Biologie* 131, pp. 327-30, 1993; Pompeiano, M., Cirelli; C. e Tononi, G. "Immediate-Early Genes in Spontaneous Wakefulness and Sleep: Expression of C-Fos and NGFI-A mRNA and Protein". *Journal of Sleep Research* 3, pp. 80-96, 1994.

2. Pearlman, C. A. "Effect of Rapid Eye Movement (Dreaming) Sleep Deprivation on Retention of Avoidance Learning in Rats". *Reports of the US Navy Submarine Medical Center* 563, pp. 1-4, 1969; Leconte, P. e Bloch, V. "Effect of Paradoxical Sleep Deprivation on the Acquisition and Retention of Conditioning in Rats". *Journal de Physiologie (Paris)* 62 (2), p. 290, 1970; Stern, W. C. "Acquisition Impairments Following Rapid Eye Movement Sleep Deprivation in Rats". *Physiology & Behavior* 7, pp. 345-52, 1971.

3. Giuditta, A. e outros. "The Sequential Hypothesis of the Function of Sleep". *Behavioural Brain Research* 69, pp. 157-66, 1995.

4. Tononi, G. e Cirelli, C. Modulation of Brain Gene Expression during Sleep and Wakefulness: A Review of Recent Findings. *Neuropsychopharmacology* 25, pp. S28-35, 2001.

5. Vyazovskiy, V. V. e outros. "Cortical Firing and Sleep Homeostasis". *Neuron* 63, pp. 865-78, 2009; Liu, Z. W.; Faraguna, U.; Cirelli, C.; Tononi, G. e Gao, X. B. "Direct Evidence for Wake--Related Increases and Sleep-Related Decreases in Synaptic Strength in Rodent Cortex". *Journal of Neuroscience* 30, pp. 8671-5, 2010.

6. Bushey, D.; Tononi, G. e Cirelli, C. "Sleep and Synaptic Homeostasis: Structural Evidence in *Drosophila*". *Science* 332, pp. 1576-81, 2011.

7. Turrigiano, G. G.; Leslie, K. R.; Desai, N. S.; Rutherford, L. C. e Nelson, S. B. "Activity-Dependent Scaling of Quantal Amplitude in Neocortical Neurons". *Nature* 391, pp. 892-6, 1998.

8. Tononi, G. e Cirelli, C. "Sleep and Synaptic Homeostasis: A Hypothesis". *Brain Research Bulletin* 62, pp. 143-50, 2003.

9. Ribeiro, S. e Nicolelis, M. A. "Reverberation, Storage, and Postsynaptic Propagation of Memories during Sleep". *Learning & Memory* 11, pp. 686-96, 2004; Ribeiro, S.; Pereira, C. M.; Faber, J.; Blanco, W. e Nicolelis, M. A. L. "Downscale or Emboss Synapses during Sleep?" *Frontiers in Neuroscience* 3, 2009; Ribeiro, S. "Sleep and Plasticity". *Pflugers Archiv* 463, pp. 111-20, 2012.

10. Frank, M. G.; Issa, N. P. e Stryker, M. P. "Sleep Enhances Plasticity in the Developing Visual Cortex". *Neuron* 30, pp. 275-87, 2001; Ulloor, J. e Datta, S. "Spatio-temporal Activation of Cyclic AMP Response Element-Binding Protein, Activity-Regulated Cytoskeletal-Associated Protein and Brain-Derived Nerve Growth Factor: A Mechanism for Pontine-Wave Generator Activation-Dependent Two-Way Active-Avoidance Memory Processing in the Rat". *Journal of Neurochemistry* 95, pp. 418-28, 2005; Ganguly-Fitzgerald, I.; Donlea, J. e Shaw, P. J. "Waking Experience Affects Sleep Need in *Drosophila*". *Science* 313, pp. 1775-81, 2006; Donlea, J. M.; Thimgan, M. S.; Suzuki, Y.; Gottschalk, L. e Shaw, P. J. "Inducing Sleep by remote Control Facilitates Memory Consolidation in *Drosophila*". *Science* 332, pp. 1571-6, 2011; Calais, J. B.; Ojopi, E. B.; Morya, E.; Sameshima, K. e Ribeiro, S. "Experience-Dependent Upregulation of Multiple Plasticity Factors in the Hippocampus during early REM Sleep". *Neurobiology of Learning and Memory,* 2015; Vecsey, C. G. e outros. "Sleep Deprivation Impairs CAMP Signalling in the Hippocampus". *Nature* 461, pp. 1122-5, 2009; Ravassard, P. e outros. "REM Sleep-Dependent Bidirectional Regulation of Hippocampal-Based Emotional Memory and LTP". *Cerebral Cortex* 26, pp. 1488-500, 2016.

11. Tononi, G. e Cirelli, C. "Sleep and the Price of Plasticity: from Synaptic and Cellular Homeostasis to Memory Consolidation and Integration". *Neuron* 81, pp. 12-34, 2014.

12. Yang, G. e outros. "Sleep Promotes Branch-Specific Formation of Dendritic Spines after Learning". *Science* 344, pp. 1173-8, 2014.

13. Li, W.; Ma, L.; Yang, G. e Gan, W. B. "REM Sleep Selectively Prunes and Maintains New Synapses in Development and Learning". *Nature Neuroscience* 20, pp. 427-37, 2017.

14. Ibid.

12. DORMIR PARA CRIAR [pp. 224-53]

1. Draper, T. W.-M. *The Bemis History and Genealogy: Being an Account, in Greater Part of the Descendants of Joseph Bemis, of Watertown, Mass.* São Francisco: Stanley-Taylor Co. Print., 1900, p. 160.

2. Essinger, J. *Jacquard's Web: How a Hand-Loom Led to the Birth of the Information Age.* Oxford: Oxford University Press, 2007; Tedre, M. *The Science of Computing: Shaping a Discipline.* Boca Raton: CRC Press, 2014.

3. Lalande, J. J. L. F. *Voyage en Italie, contenant l'histoire & les anecdotes les plus singulieres de l'Italie, & sa description; les usages, le gouvernement, le commerce, la littérature, les arts, l'histoire naturelle, & les antiquités.* Veuve Desaint, 1786, pp. 293-4.

4. Turner, S. *A Hard Day's Write: the Stories behind every Beatles Song.* Nova York: HarperPerennial, 1999.

5. Macróbio, A. A. T. *Commentary on the Dream of Scipio.* Trad. de William Harris Stahl. Nova York: Columbia University Press, 1990.

6. Peden, A. M. "Macrobius and Mediaeval Dream Literature". *Medium Ævum* 54, 1985, pp. 59-73.

7. Kabir, A. J. *Paradise, Death and Doomsday in Anglo-Saxon Literature.* Cambridge: Cambridge University Press, 2001.

8. Pessoa, F. *Livro do desassossego: Composto por Bernardo Soares, ajudante de guarda-livros na cidade de Lisboa.* São Paulo: Companhia das Letras, 2006, p. 130.

9. Pessoa, F. *Poesia completa de Álvaro de Campos.* São Paulo: Companhia das Letras, 2007, p. 287.

10. Agualusa, J. E., apud Ribeiro, S. *Limiar: Uma década entre o cérebro e a mente.* São Paulo: Vieira Lent, 2015.

11. Trótski, L. *Trotsky's Diary in Exile, 1935.* Cambridge: Harvard University Press, 1976.

12. Orwell, G. "Meu país à direita ou à esquerda", em *Dentro da baleia e outros ensaios.* Trad. de José Antonio Arantes. São Paulo: Companhia das Letras, 2005, pp. 149-50.

13. Kekulé, A. "Sur la constitution des substances aromatiques". *Bulletin de la Société Chimique de Paris* 3, pp. 98-110, 1865.

14. Hornung, E. *The Ancient Egyptian Books of the Afterlife.* Nova York: Cornell University Press, 1999.

15. Rudofsky, S. F. e Wotiz, J. H. "Psychologists and the Dream Accounts of August Kekulé". *Ambix* 35, pp. 31-8, 1988.

16. Ramsay, O. B. e Rocke, A. J. "Kekulé's Dreams: Separating the Fiction from the Fact". *Chemistry in Britain* 20, pp. 1093-4, 1984.

17. Loewi, O. *From the Workshop of Discoveries*. Lawrence: University of Kansas Press, 1953.

18. Wallace, A. R. *My Life: A Record of Events and Opinions*. Nova York: AMS Press, 1974.

19. Benton, J. "Descartes' *Olympica*". *Philosophy and Literature* 2, pp. 163-6, 1980.

20. Leibniz, G., *Philosophical Papers and Letters*, v. 1. Dordrecht: Springer Netherlands, 1989, pp. 177-8.

21. Poincaré, H. "Mathematical Creation". In: *The Foundations of Science: Science and Hypothesis, the Value of Science, Science and Method*. Amazon Digital Services, 2018.

22. Hadamard, J. *The Psychology of Invention in the Mathematical Field*. Mineola: Dover, 1954.

23. Dehaene, S. e Cohen, L. "The Unique Role of the Visual Word Form Area in Reading". *Trends in Cognitive Science* 15, pp. 254-62, 2011.

24. Tholey, P. "Consciousness and Abilities of Dream Characters Observed during Lucid Dreaming". *Perceptual and Motor Skills* 68, pp. 567-78, 1989; Stumbrys, T. e Daniels, M. "An Exploratory Study of Creative Problem Solving in Lucid Dreams: Preliminary Findings and Methodological Considerations". *International Journal of Dream Research* 3, pp. 121-9, 2010; Stumbrys, T., Erlacher, D. e Schmidt, S. "Lucid Dream Mathematics: An Explorative Online Study of Arithmetic Abilities of Dream Characters". *International Journal of Dream Research* 4, pp. 35-40, 2011.

25. Berndt, B. C. e Rankin, R. A. (Orgs.). *Ramanujan: Essays and Surveys*. American Mathematical Society, 2001.

26. Hardy, G. H. "Obituary, S. Ramanujan". *Nature* 105, pp. 494-5, 1920.

27. Ramanujan, S. *Ramanujan: Letters and Reminiscences*, v. I. Memorial Number. Muthialpet High School, 1968; Hardy, G. H. *Ramanujan: Twelve Lectures on Subjects Suggested by his Life and Work*. Cambridge: AMS Chelsea Pub. Co., 1940.

28. Russell, B. *Human Knowledge, its Scope and Limits*. Nova York: Simon & Schuster, 1948.

29. Antunes, A. *Como é que chama o nome disso: Antologia*. São Paulo: Publifolha, 2006.

30. Wagner, U.; Gais, S.; Haider, H.; Verleger, R. e Born, J. "Sleep inspires insight". *Nature* 427, pp. 352-5, 2004.

31. Walker, M. P.; Liston, C.; Hobson, J. A. e Stickgold, R. "Cognitive Flexibility Across the Sleep-Wake Cycle: REM-sleep Enhancement of Anagram Problem Solving". *Brain Research Cognitive Brain Research* 14, pp. 317-24, 2002.

32. Cai, D. J.; Mednick, S. A.; Harrison, E. M.; Kanady, J. C. e Mednick, S. C. "REM, not Incubation, Improves Creativity by Priming Associative Networks". *Proceedings of the National Academy of Sciences of the USA* 106, pp. 10 130-4, 2009.

33. Deregnaucourt, S.; Mitra, P. P.; Feher, O.; Pytte, C. e Tchernichovski, O. "How Sleep Affects the Developmental Learning of Bird Song". *Nature* 433, pp. 710-6, 2005.

34. Liberti, W. A., 3rd e outros. "Unstable Neurons Underlie a Stable Learned Behavior". *Nature Neuroscience* 19, pp. 1665-71, 2016.

35. Wamsley, E. J.; Perry, K.; Djonlagic, I.; Reaven, L. B. e Stickgold, R. "Cognitive Replay of Visuomotor Learning at Sleep Onset: Temporal Dynamics and Relationship to Task Performance". *Sleep* 33, pp. 59-68, 2010.

36. Singer, D. W. *Giordano Bruno: His Life and Thought. With Annotated Translation of His Work On the Infinite Universe and Worlds*. Nova York: Schuman, 1950.

37. Druyan, A. e Soter, S. In: Braga, B. (Org.). *Cosmos: A Spacetime Odissey*. Santa Fe: Netflix, 2014. Infelizmente não consegui encontrar a fonte original dessa citação, o que permite empregar uma frase lapidar também atribuída sem provas a Giordano: "Se não é verdade, é muito bem contado".

38. Singer, D. W., op. cit.; Bruno, G. *On the Infinite, the Universe and the Worlds: Five Cosmological Dialogues*, v. 2. Scotts Valley: CreateSpace Independent Publishing Platform, 2014.

39. Ahmad, I. A. "The Impact of the Qur'anic Conception of Astronomical Phenomena on Islamic Civilization". *Vistas in Astronomy* 39, pp. 395-403, 1995.

40. Kepler, J. "Carta de Johannes Kepler a Galileo Galilei, 1610". *Johannes Kepler Gesammelte Werke*, v. 4. Bonn: Deutsche Forschungsgemeinschaft, 2009, pp. 287-310.

41. Hebb, D. O. "The Effects of Early and Late Brain Injury upon Test Scores, and the Nature of Normal Adult Intelligence". *Proceedings of the American Philosophical Society* 85, pp. 275-92, 1942.

42. Scoville, W. B. e Milner, B. "Loss of Recent Memory after Bilateral Hippocampal Lesions". *Journal of Neurology, Neurosurgery and Psychiatry* 20, pp. 11-21, 1957.

43. Ribeiro, S. e outros. "Induction of Hippocampal Long-Term Potentiation during Waking Leads to Increased Extrahippocampal Zif-268 Expression during Ensuing Rapid-Eye-Movement Sleep". *Journal of Neuroscience* 22, pp. 10914-23, 2002.

44. Ribeiro, S. e outros. "Novel Experience Induces Persistent Sleep-Dependent Plasticity in the Cortex but not in the Hippocampus". *Frontiers in Neuroscience* 1, pp. 43-55, 2007.

13. SONO REM NÃO É SONHO [pp. 254-72]

1. Solms, M. *The Neuropsychology of Dreaming: A Clinico-Anatomical Study*. Nova Jersey: Lawrence Erlbaum Associates, 1997; Solms, M. "Dreaming and REM Sleep Are Controlled by Different Brain Mechanisms". *Behavioral and Brain Sciences* 23, pp. 843-50, 2000.

2. Adey, W. R., Bors, E. e Porter, R. W. "EEG Sleep Patterns after High Cervical Lesions in Man". *Archives of Neurology* 19, pp. 377-83, 1968; Chase, T. N., Moretti, L. e Prensky, A. L. "Clinical and Electroencephalographic Manifestations of Vascular Lesions of the Pons". *Neurology* 18, pp. 357-68, 1968; Cummings, J. L. e Greenberg, R. "Sleep Patterns in the 'Locked-In' Syndrome". *Electroencephalograpy and Clinical Neurophysiology* 43, pp. 270-1, 1977; Lavie, P.; Pratt, H.; Scharf, B.; Peled, R. e Brown, J. "Localized Pontine Lesion: Nearly Total Absence of REM sleep". *Neurology* 34, pp. 118-20, 1984.

3. Kaplan-Solms, K. e Solms, M. *Clinical Studies in Neuro-Psychoanalysis: Introduction to a Depth Neuropsychology*. Madison: International Universities Press, 2000.

4. Charcot, J.-M. "Un Cas de suppression brusque et isolée de la vision mentale des signes et des objets, (formes et couleurs)". *Le Progrès Médical* 11, 1883.

5. Bischof, M. e Bassetti, C. L. "Total Dream Loss: A Distinct Neuropsychological Dysfunction after Bilateral PCA Stroke". *Annals of Neurology* 56, pp. 583-6, 2004.

6. Lee, H. W.; Hong, S. B.; Seo, D. W.; Tae, W. S. e Hong, S. C. "Mapping of Functional Orga-

nization in Human Visual Cortex: Electrical Cortical Stimulation". *Neurology* 54, pp. 849-54, 2000; Kimmig, H. e outros. "fMRI Evidence for Sensorimotor Transformations in Human Cortex during Smooth Pursuit Eye Movements". *Neuropsychologia* 46, pp. 2203-13, 2008; Fattori, P.; Pitzalis, S. e Galletti, C. "The Cortical Visual Area v6 in Macaque and Human Brains". *Journal of Physiology Paris* 103, pp. 88-97, 2009; Handjaras, G. e outros. "How Concepts Are Encoded in the Human Brain: A Modality Independent, Category-Based Cortical Organization of Semantic Knowledge". *Neuroimage* 135, pp. 232-42, 2016.

7. Tsai, H. C. e outros. "Phasic Firing in Dopaminergic Neurons is Sufficient for Behavioral Conditioning". *Science* 324, pp. 1080-4, 2009; Luo, A. H.; Tahsili-Fahadan, P.; Wise, R. A.; Lupica, C. R. e Aston-Jones, G. "Linking Context with Reward: A Functional Circuit from Hippocampal CA3 to Ventral Tegmental Area". *Science* 333, pp. 353-7; Cohen, J. Y.; Haesler, S.; Vong, L.; Lowell, B. B. e Uchida, N. "Neuron-Type-Specific Signals for Reward and Punishment in the Ventral Tegmental Area". *Nature* 482, pp. 85-8, 2012.

8. Fujisawa, S. e Buzsaki, G. "A 4 HZ Oscillation Adaptively Synchronizes Prefrontal, VTA, and Hippocampal Activities". *Neuron* 72, pp. 153-65, 2011; Gomperts, S. N.; Kloosterman, F. e Wilson, M. A. "VTA Neurons Coordinate with the Hippocampal Reactivation of Spatial Experience". *eLife* 4, e05360, 2015.

9. Valdés, J. L.; McNaughton, B. L. e Fellous, J. M. "Offline Reactivation of Experience-Dependent Neuronal Firing Patterns in the Rat Ventral Tegmental Area". *Journal of Neurophysiology* 114, pp. 1183-95, 2015.

10. Feld, G. B.; Besedovsky, L.; Kaida, K.; Münte, T. F. e Born, J. "Dopamine D2-Like Receptor Activation Wipes Out Preferential Consolidation of High Over Low Reward Memories during Human Sleep". *Journal of Cognitive Neuroscience* 26, pp. 2310-20, 2014.

11. Hong, C. C. e outros. "fMRI Evidence for Multisensory Recruitment Associated with Rapid Eye Movements during Sleep". *Human Brain Mapping* 30, pp. 1705-22, 2009.

12. Wu, C. W. e outros. "Variations in Connectivity in the Sensorimotor and Default-Mode Networks during the First Nocturnal Sleep Cycle". *Brain Connect* 2, pp. 177-90, 2012; Chow, H. M. e outros. "Rhythmic Alternating Patterns of Brain Activity Distinguish Rapid Eye Movement Sleep from other States of Consciousness". *Proceeding of the National Academy of Sciences USA* 110, pp. 10 300-5, 2012; Fox, K. C.; Nijeboer, S.; Solomonova, E.; Domhoff, G. W. e Christoff, K. "Dreaming as Mind Wandering: Evidence from Functional Neuroimaging and First-Person Content Reports". *Frontiers in Human Neuroscience* 30, 2013.

13. Solms, M., op. cit, 1997; Zellner, M. R. "Dreaming and the Default Mode Network: Some Psychoanalytic Notes". *Contemporary Psychoanalysis* 49, pp. 226-32, 2013.

14. Raichle, M. E. e outros. "A Default Mode of Brain Function". *Proceedings of the National Academy of Sciences of the USA* 98, pp. 676-82, 2001.

15. Wu, C. W. e outros, op. cit., 2012; Eichenlaub, J. B. e outros. "Resting Brain Activity Varies with Dream Recall Frequency between Subjects". *Neuropsychopharmacology* 39, pp. 1594-602, 2014.

16. Koike, T.; Kan, S.; Misaki, M. e Miyauchi, S. "Connectivity Pattern Changes in Default-Mode Network with Deep Non-REM and REM Sleep". *Neuroscience Research* 69, pp. 322-30, 2011.

17. Fox, K. C.; Nijeboer, S.; Solomonova, E.; Domhoff, G. W. e Christoff, K. "Dreaming as

Mind Wandering: Evidence from Functional Neuroimaging and First-Person Content Reports. *Frontiers in Human Neuroscience* 7, 2013.

18. Judge, W. Q. *The Baghavad Gita: With Notes on the Bhagavad-Gita*. Theosophy Trust Books, 2017.

19. Palhano-Fontes, F. e outros. "The Psychedelic State Induced by Ayahuasca Modulates the Activity and Connectivity of the Default Mode Network". *PLoS One* 10, e0118143, 2015.

20. Carhart-Harris, R. L. e outros. "Neural Correlates of the Psychedelic State as Determined by fMRI Studies with Psilocybin". *Proceedings of the National Academy of Sciences of the USA* 109, pp. 2138-43, 2012.

21. Carhart-Harris, R. L. e outros. "Neural Correlates of the LSD Experience Revealed by Multimodal Neuroimaging". *Proceedings of the National Academy of Sciences of the USA* 113, pp. 4853-8, 2016.

22. Speth, J. e outros. "Decreased Mental Time Travel to the Past Correlates with Default--Mode Network Disintegration under Lysergic Acid Diethylamide". *Journal of Psychopharmacology* 30, pp. 344-53, 2016.

23. Brefczynski-Lewis, J. A.; Lutz, A.; Schaefer, H. S.; Levinson, D. B. e Davidson, R. J. "Neural Correlates of Attentional Expertise in Long-Term Meditation Practitioners". *Proceedings of the National Academy of Sciences of the USA* 104, pp. 11 483-8, 2007; Brewer, J. A. e outros. "Meditation Experience is Associated with Differences in Default Mode Network Activity and Connectivity". *Proceedings of the National Academy of Sciences of the USA* 108, pp. 20 254-9, 2011; Sood, A. e Jones, D. T. "On Mind Wandering, Attention, Brain Networks, and Meditation". *Explore (NY)* 9, pp. 136-41, 2013.

24. James, W. *The Varieties of Religious Experience: A Study in Human Nature*. Scotts Valley: CreateSpace Independent Publishing Platform, 2009; Watts, A. "Psychedelics and Religious Experience". *California Law Review* 56, pp. 74-85, 1968; Riba, J. e outros. "Increased Frontal and Paralimbic Activation Following Ayahuasca, the Pan-Amazonian Inebriant". *Psychopharmacology (Berlim)* 186, pp. 93-8, 2006.

25. Rinpoche, Y. M. e Swanson, E. *The Joy of Living: Unlocking the Secret and Science of Happiness*. Nova York: Three Rivers, 2008.

26. Brewer, J. A. e outros, op. cit.

27. Carhart-Harris, R. L. e outros, op. cit., 2012.

28. Hasenkamp, W.; Wilson-Mendenhall, C. D.; Duncan, E. e Barsalou, L. W. "Mind Wandering and Attention during Focused Meditation: A Fine-Grained Temporal Analysis of Fluctuating Cognitive States". *Neuroimage* 59, pp. 750-60, 2012.

29. Colace, C. "Drug Dreams in Cocaine Addiction". *Drug and Alcohol Review* 25, p. 177, 2006; Colace, C. "Are the Wish-Fulfillment Dreams of Children the Royal Road for Looking at the Functions of Dreams?" *Neuropsychoanalysis* 15, pp. 161-75, 2013.

30. Tulving, E. "Memory and Consciousness". *Canadian Psychology/ Psychologie Canadienne* 26(1), pp. 1-12, 1985.

31. Wamsley, E. J.; Tucker, M.; Payne, J. D.; Benavides, J. A. e Stickgold, R. "Dreaming of a Learning Task Is Associated with Enhanced Sleep-Dependent Memory Consolidation". *Current Biology* 20, pp. 850-5, 2010.

32. Pritzker, B. M. A. *Native American Encyclopedia: History, Culture, and Peoples*. Oxford: Oxford University Press, 2000.

33. Neihardt, J. G. *Black Elk Speaks*. Lincoln: University of Nebraska Press, 2014, p. 369; Neihardt, J. G. *The Sixth Grandfather: Black Elk's Teachings Given to John G. Neihardt*. Lincoln: University of Nebraska Press, 1985.

34. Plutarco. *Lives from Plutarch*. Trad. de J. W. McFarland. Nova York: Random House, 1967.

14. DESEJOS, EMOÇÕES E PESADELOS [pp. 273-93]

1. Boehnlein, J. K.; Kinzie, J. D.; Ben, R. e Fleck, J. "One-Year Follow-Up Study of Posttraumatic Stress Disorder among Survivors of Cambodian Concentration Camps". *American Journal of Psychiatry* 142, pp. 956-9, 1985; Aron, A. "The Collective Nightmare of Central American Refugees". In: Barrett, Deirdre (Org.). *Trauma and Dreams*. Cambridge: Harvard University Press, 1996, p. 140-7.; Menke, E. M. e Wagner, J. D. "The Experience of Homeless Female-Headed Families". *Issues in Mental Health Nursing* 18, pp. 315-30, 1997; Neylan, T. C. e outros. "Sleep Disturbances in the Vietnam Generation: Findings from a Nationally Representative Sample of Male Vietnam Veterans". *American Journal of Psychiatry* 155, pp. 929-33, 1998; Esposito, K.; Benitez, A.; Barza, L. e Mellman, T. "Evaluation of Dream Content in Combat-Related PTSD". *Journal of Traumatic Stress* 12, pp. 681-7, 1999; Wittmann, L.; Schredl, M. e Kramer, M. "Dreaming in Posttraumatic Stress Disorder: A Critical Review of Phenomenology, Psychophysiology and Treatment". *Psychotherapy and Psychosomatics* 76, pp. 25-39, 2007; Davis-Berman, J. "Older Women in the Homeless Shelter: Personal Perspectives and Practice Ideas". *Journal of Women & Aging* 23, pp. 360-74, 2011; Miller, K. E.; Brownlow, J. A.; Woodward, S. e Gehrman, P. R. "Sleep and Dreaming in Posttraumatic Stress Disorder". *Current Psychiatry Reports* 19, p. 71, 2017.

2. Maor, R.; Dayan, T.; Ferguson-Gow, H. e Jones, K. E. "Temporal Niche Expansion in Mammals from a Nocturnal Ancestor after Dinosaur Extinction". *Nature Ecology and Evolution* 1, pp. 1889-95, 2017.

3. Revonsuo, A. "The Reinterpretation of Dreams: An Evolutionary Hypothesis of the Function of Dreaming". *Behavioral and Brain Sciences* 23, pp. 877-901, 2000; Valli, K. e outros. "The Threat Simulation Theory of the Evolutionary Function of Dreaming: Evidence from Dreams of Traumatized Children". *Consciousness and Cognition* 14, pp. 188-218, 2005.

4. Marmar, C. R. e outros. "Course of Posttraumatic Stress Disorder 40 Years After the Vietnam War: Findings From the National Vietnam Veterans Longitudinal Study". *JAMA Psychiatry* 72, pp. 875-81, 2015.

5. Ross, R. J. e outros. "Rapid Eye Movement Sleep Disturbance in Posttraumatic Stress Disorder". *Biological Psychiatry* 35, pp. 195-202, 1994; Ross, R. J. e outros. "Rapid Eye Movement Sleep Changes during the Adaptation Night in Combat Veterans with Posttraumatic Stress Disorder". *Biological Psychiatry* 45, pp. 938-41, 1999.

6. Brown, R. E.; Basheer, R.; McKenna, J. T.; Strecker, R. E. e McCarley, R. W. "Control of Sleep and Wakefulness". *Physiological Reviews* 92, pp. 1087-187, 2012.

7. Froissart, J. *Chroniques: Livre III (du voyage en Béarn à la campagne de Gascogne) et Livre IV (années 1389-1400)*. Paris: Le Livre de Poche, 2004, pp. 189-95.

8. Neylan, T. C. e outros, op. cit.; Esposito, K.; Benitez, A.; Barza, L. e Mellman, T., op. cit.; Schreuder, B. J.; van Egmond, M.; Kleijn, W. C. e Visser, A. T. "Daily Reports of Posttraumatic

Nightmares and Anxiety Dreams in Dutch War Victims". *Journal of Anxiety Disorders* 12, pp. 511-24, 1998.

9. Meerloo, J. A. "Persecution Trauma and the Reconditioning of Emotional Life: A Brief Survey". *American Journal of Psychiatry* 125, pp. 1187-91, 1969; Mollica, R. F.; Wyshak, G. e Lavelle, J. "The Psychosocial Impact of War Trauma and Torture on Southeast Asian Refugees". *American Journal of Psychiatry* 144, pp. 1567-72, 1987; Peters, U. H. "Psychological Sequelae of Persecution. The Survivor Syndrome". *Fortschritte der Neurologie-Psychiatrie* 57, pp. 169-91, 1989; Peters, U. H. "The Stasi Persecution Syndrome". *Fortschritte der Neurologie-Psychiatrie* 59, pp. 251-65, 1991; Roesler, T. A.; Savin, D. e Grosz, C. "Family Therapy of Extrafamilial Sexual Abuse". *Journal of the American Academy of Child and Adolescent Psychiatry* 32, pp. 967-70, 1993; Steine, I. M. e outros. "Cumulative Childhood Maltreatment and its Dose-Response Relation with Adult Symptomatology: Findings in a Sample of Adult Survivors of Sexual Abuse". *Child Abuse & Neglect* 65, pp. 99-111, 2017.

10. Anônimo. "The Dream of Dumuzid". In: *The Electronic Text Corpus of Sumerian Literature (ETCSL)*, v. 1.4.3. Oxford: University of Oxford Press.

11. Kopenawa, D. e Albert, B. *A queda do céu: Palavras de um xamã yanomami.* São Paulo: Companhia das Letras, 2015.

12. Desseilles, M.; Dang-Vu, T. T.; Sterpenich, V. e Schwartz, S. "Cognitive and Emotional Processes during Dreaming: A Neuroimaging View". *Consciousness and Cognition* 20, pp. 998-1008, 2011.

13. Brown, D. *Bury My Heart at Wounded Knee: An Indian History of the American West.* Nova York: Fall River Press, 2014.

14. Drury, B. e Clavin, T. *The Heart of Everything That Is: The Untold Story of Red Cloud, An American Legend.* Nova York: Simon & Schuster, 2013.

15. Brown, D. *The Fetterman Massacre: Formerly Fort Phil Kearny, an American Saga.* Lincoln: University of Nebraska Press, 1984.

16. Smith, S. D. *Give Me Eighty Men: Women and the Myth of the Fetterman Fight.* Lincoln: University of Nebraska Press, 2010.

17. Carrington, F. C. *My Army Life and the Fort Phil. Kearney Massacre: With an Account of the Celebration of "Wyoming Opened".* Books for Libraries, 1971.

18. Drury, B. e Clavin, T., op. cit.

19. Hyde, G. E. *Life of George Bent: Written from His Letters.* Norman: University of Oklahoma Press, 1968; Kenny, M. "Roman Nose, Cheyenne: A Brief Biography". *Wí azo Ša Review* 5, pp. 9-30, 1989.

20. Vermeij, G. J. "Unsuccessful Predation and Evolution". *The American Naturalist* 120, pp. 701-20, 1982; Schaller, G. B. *The Deer and the Tiger: A Study of Wildlife in India.* Chicago: The University of Chicago Press, 1984; Hayward, W. e outros. "Prey Preferences of the Leopard (*Panthera pardus*)". *Journal of Zoology* 270, pp. 298-313, 2006.

21. Aron, A., op. cit.

22. Pinker, S. *Os anjos bons da nossa natureza: Por que a violência diminuiu.* São Paulo: Companhia das Letras, 2017.

23. Flanagan, O. "Deconstructing Dreams: The Spandrels of Sleep". *Journal of Philosophy* 92, pp. 5-27, 1995.

24. Gay, P. *Freud: Uma vida para o nosso tempo.* São Paulo: Companhia das Letras, 2012.

15. O ORÁCULO PROBABILÍSTICO [pp. 294-324]

1. Brown, D. *Bury my Heart at Wounded Knee: An Indian History of the American West*. Nova York: Fall River, 2014.

2. Ibid.

3. Utley, R. M. *The Last Days of the Sioux Nation*. The Lamar Series in Western History. New Haven: Yale University Press, 2004.

4. Morehead, W. K. "The Death of Sitting Bull, and a Tragedy at Wounded Knee". *The American Indian in the United States Period: 1850-1914*. Nova York: Andover, 1914, pp. 123-32.

5. Políbio, *The Histories*, v. x. Waterfield, R. e McGing, B. C. (Orgs.). Oxford: Oxford University Press, 2010.

6. Plutarco, *Lives from Plutarch*. Trad. de McFarland, J. W. Nova York: Random House, 1967.

7. Suetônio, *The Twelve Caesars*. Graves, R. e Grant, M. (Orgs.). Londres: Penguin, 2003.

8. Rattenborg, N. C.; Lima, S. L. e Amlaner, C. J. "Facultative Control of Avian Unihemispheric Sleep under the Risk of Predation". *Behavioral and Brain Research* 105, 163-72, 1999; Rattenborg, N. C.; Lima, S. L. e Amlaner, C. J. "Half-Awake to the Risk of Predation". *Nature* 397, pp. 397-8, 1999.

9. Semendeferi, K.; Armstrong, E.; Schleicher, A.; Zilles, K. e Van Hoesen, G. W. "Prefrontal Cortex in Humans and Apes: A Comparative Study of Area 10". *American Journal of Physical Anthropology* 114, pp. 224-41, 2001.

10. Koechlin, E. e Hyafil, A. "Anterior Prefrontal Function and the Limits of Human Decision-Making". *Science* 318, pp. 594-8, 2007.

11. Swanson, L. W.; Hahn, J. D. e Sporns, O. "Organizing Principles for the Cerebral Cortex Network of Commissural and Association Connections". *Proceedings of the National Academy of Sciences of the USA* 114, pp. E9692-701, 2017.

12. Edelman, G. *Neural Darwinism: The Theory of Neuronal Group Selection*. Nova York: Basic Books, 1987.

13. Edelman, G. *Bright Air, Brilliant Fire: On the Matter of the Mind*. Nova York: Basic Books, 1992.

14. Dehaene, S. e outros. "Cerebral Mechanisms of Word Masking and Unconscious Repetition Priming". *Nature Neuroscience* 4, pp. 752-8, 2001; Sergent, C.; Baillet, S. e Dehaene, S. "Timing of the Brain Events Underlying Access to Consciousness during the Attentional Blink". *Nature Neuroscience* 8, pp. 1391-400, 2005.

15. Del Cul, A.; Dehaene, S. e Leboyer, M. "Preserved Subliminal Processing and Impaired Conscious Access in Schizophrenia". *Archives of General Psychiatry* 63, pp. 1313-23, 2006.

16. Baars, B. J. "How Does a Serial, Integrated and Very Limited Stream of Consciousness Emerge from a Nervous System that is Mostly Unconscious, Distributed, Parallel and of Enormous Capacity?" *Ciba Foundation Symposium* 174, pp. 282-90, 1993.

17. Dehaene, S.; Sergent, C. e Changeux, J. P. "A Neuronal Network Model Linking Subjective Reports and Objective Physiological Data during Conscious Perception". *Proceedings of the National Academy of Sciences of the USA* 100, pp. 8520-5, 2003.

18. Dehaene, S.; Sergent, C. e Changeux, J. P., op. cit., 2003; Dehaene, S.; Kerszberg, M. e Changeux, J. P. "A Neuronal Model of a Global Workspace in Effortful Cognitive Tasks". *Procee-*

dings of the National Academy of Sciences of the USA 95, pp. 14529-34, 1998; Dehaene, S. e Changeux, J. P. "Ongoing Spontaneous Activity Controls Access to Consciousness: A Neuronal Model for Inattentional Blindness". *PLOS Biology* 3, p. e141, 2005; Dehaene, S.; Changeux, J. P.; Naccache, L.; Sackur, J. e Sergent, C. "Conscious, Preconscious, and Subliminal Processing: A Testable Taxonomy". *Trends in Cognitive Sciences* 10, pp. 204-11, 2006.

19. Hong, C. C. e outros. "fMRI Evidence for Multisensory Recruitment Associated with Rapid Eye Movements during Sleep". *Human Brain Mapping* 30, pp. 1705-22, 2009.

20. Freud, S. *A interpretação dos sonhos*; "Formulações sobre os dois princípios do funcionamento psíquico"; "História do movimento psicanalítico"; "Luto e melancolia"; "O eu e o id". Trad. de Paulo César de Souza. São Paulo: Companhia das Letras. (Obras completas v. 4, 10, 11, 12, 16).

21. Darwin, C. *A origem das espécies*. São Paulo: Penguin & Companhia das Letras, no prelo.

22. Darwin, C. *A expressão das emoções no homem e nos animais*. São Paulo: Companhia das Letras, 2009.

23. Hobaiter, C.; Byrne, R. W. e Zuberbühler, K. Wild Chimpanzees' Use of Single and Combined Vocal and Gestural Signals. *Behavioral Ecololgy and Sociobiology* 71, 2017.

24. Savage-Rumbaugh, S., McDonald, K.; Sevcik, R. A.; Hopkins, W. D. e Rubert, E. "Spontaneous Symbol Acquisition and Communicative Use by Pygmy Chimpanzees (*Pan paniscus*)". *Journal of Experimental Psychology: General* 115, pp. 211-35, 1986; Gillespie-Lynch, K.; Greenfield, P. M.; Lyn, H. e Savage-Rumbaugh, S. "Gestural and Symbolic Development among Apes and Humans: Support for a Multimodal Theory of Language Evolution." *Frontiers in Psychology* 5, 2014.

25. Seidenberg, M. S. e Petitto, L. A. "Communication, Symbolic Communication, and Language in Child and Chimpanzee: Comment on Savage-Rumbaugh, McDonald, Sevcik, Hopkins, and Rupert (1986)". *Journal of Experimental Psychology: General* 116, pp. 279-87, 1987.

26. Peirce, C. S. *The Essential Peirce: Selected Philosophical Writings*. Bloomington: Indiana University Press, 1998.

27. Seyfarth, R. M.; Cheney, D. L. e Marler, P. "Monkey Responses to Three Different Alarm Calls: Evidence of Predator Classification and Semantic Communication". *Science* 210, pp. 801-3, 1980.

28. Zuberbühler, K. "Local Variation in Semantic Knowledge in Wild Diana Monkey Groups". *Animal Behavior* 59, pp. 917-27, 2000; Zuberbühler, K. "Predator-Specific Alarm Calls in Campbell's Monkeys, *Cercopithecus Campbelli*". *Behavioral Ecology and Sociobiology* 50, pp. 414-22, 2001; Schel, A. M.; Townsend, S. W.; Machanda, Z.; Zuberbuhler, K. e Slocombe, K. E. "Chimpanzee Alarm Call Production Meets Key Criteria for Intentionality". *PLoS One* 8, p. e76674, 2013; Beynon, P. e Rasa, O. A. E. "Do Dwarf Mongooses Have a Language? Warning Vocalisations Transmit Complex Information". *Suid-Afrikaanse Tydskr vir Wet* 85, pp. 447-50, 1989; Slobodchikoff, C. N.; Kiriazis, J.; Fischer, C. e Creef, E. "Semantic Information Distinguishing Individual Predators in the Alarm Calls of Gunnison's Prairie Dogs". *Animal Behavior* 42, pp. 713-9, 1991; Greene, E. e Meagher, T. "Red squirrels, *Tamiasciurus Hudsonicus*, Produce Predator-Class Specific Alarm Calls". *Animal Behavior* 55, pp. 511-8, 1998; Evans, C. e Evans, L. "Chicken Food Calls Are Functionally Referential". *Animal Behavioral* 58, pp. 307-19, 1999; Manser, M. B. "The Acoustic Structure of Suricates' Alarm Calls Varies with Predator Type and

the Level of Response Urgency". *Proceedings of the Royal Society B: Biological Sciences* 268, pp. 2315-24, 2001; Herman, L. M.; Matus, D.; Herman, E. Y. K.; Ivancic, M. e Pack, A. A. "The Bottlenosed Dolphin's (*Tursiops truncatus*) Understanding of Gestures as Symbolic Representations of Body Parts". *Animal Learning & Behavior* 29, pp. 250-64, 2001.

29. Queiroz, J. e Ribeiro, S. *The Biological Substrate of Icons, Indexes and Symbols in Animal Communication*. The Peirce Seminar Papers. Nova York: Berghahn Books, 2002, pp. 69-78; Ribeiro, S.; Loula, A. C.; Araujo, I.; Gudwin, R. R. e Queiroz, J. "Symbols Are not Uniquely Human". *Biosystems* 90, pp. 263-72, 2007.

30. Peirce, C. S., op. cit.

31. Engesser, S.; Ridley, A. R. e Townsend, S. W. "Meaningful Call Combinations and Compositional Processing in the Southern Pied Babbler". *Proceedings of the National Academy of Sciences of the USA* 113, pp. 5976-81, 2016; Arnold, K. e Zuberbuhler, K. "Language Evolution: Semantic Combinations in Primate Calls". *Nature* 441, 2006, p. 303; Coye, C., Ouattara, K.; Zuberbuhler, K. e Lemasson, A. "Suffixation Influences Receivers' Behaviour in Non-Human Primates". *Proceedings of the Royal Society B: Biological Sciences* 282, p. 20150265, 2015; Ouattara, K.; Lemasson, A. e Zuberbuhler, K. "Campbell's Monkeys Concatenate Vocalizations into Context-Specific Call Sequences". *Proceedings of the National Academy of Sciences of the USA* 106, 2009, pp. 22 026-31; Ouattara, K.; Lemasson, A. e Zuberbuhler, K. "Campbell's Monkeys Use Affixation to Alter Call Meaning". *PLoS One* 4, p. e7808, 2009; Fedurek, P.; Zuberbuhler, K. e Dahl, C. D. Sequential Information in a Great Ape Utterance. *Scientific Reports* 6, p. 38 226, 2016.

32. Povinelli, D. J. e Preuss, T. M. "Theory of Mind: Evolutionary History of a Cognitive Specialization". *Trends in Neuroscience* 18, pp. 418-24, 1995; Koster-Hale, J. e Saxe, R. "Theory of Mind: A Neural Prediction Problem". *Neuron* 79, pp. 836-48, 2013; Meunier, H. "Do Monkeys Have a Theory of Mind? How to Answer the Question?" *Neuroscience & Biobehavioral Review* 82, pp. 110-23, 2017.

33. Waller, S. J. "Sound and Rock Art". *Nature* 363, p. 501, 1993; Waller, S. J., "The Divine Echo Twin Depicted at Echoing Rock Art Sites: Acoustic Testing to Substantiate Interpretations. In: Quinlan, A. e McConnell, A. (Orgs.). *American Indian Rock Art*, v. 32, pp. 63-74, 2006.

34. Quiroga, R. Q.; Reddy, L.; Kreiman, G.; Koch, C. e Fried, I. "Invariant Visual Representation by Single Neurons in the Human Brain". *Nature* 435, pp. 1102-7, 2005.

35. Id., ibid.; Quiroga, R. Q. "Concept Cells: The Building Blocks of Declarative Memory Functions". *Nature Reviews Neuroscience* 13, pp. 587-97, 2012.

36. Ariès, P. *Western Attitudes Toward Death from the Middle Ages to the Present*. Baltimore: Johns Hopkins University Press, 1974; Metcalf, P. e Huntington, R. *Celebrations of Death: The Anthropology of Mortuary Ritual*. Cambridge: Cambridge University Press, 1991; Pearson, M. P. *The Archaeology of Death and Burial*. College Station: Texas A&M University Press, 2000; Conklin, B. A. *Consuming Grief: Compassionate Cannibalism in an Amazonian Society*. Austin: University of Texas Press, 2001; Robben, A. C. G. M. *Death, Mourning, and Burial: A Cross-Cultural Reader*. Londres: Wiley-Blackwell, 2005; Brown, V. *The Reaper's Garden: Death and Power in the World of Atlantic Slavery*. Cambridge: Harvard University Press, 2010.

37. King, B. J. *How Animals Grieve*. Chicago: The University of Chicago Press, 2013.

38. Anderson, J. R.; Gillies, A. e Lock, L. C. "Pan Thanatology". *Current Biology* 20, pp. R349-51, 2010.

39. Fashing, P. J. e outros. "Death among Geladas (*Theropithecus gelada*): A Broader Perspective on Mummified Infants and Primate Thanatology". *American Journal of Primatology* 73, pp. 405-9, 2011.

40. Viveiros de Castro, E. "A floresta de cristal: notas sobre a ontologia dos espíritos amazônicos". *Cadernos de Campo* 14/15, 2006.

41. Durkheim, E. *As formas elementares da vida religiosa*. Trad. de Paulo Neves. São Paulo: Martins Fontes, 1996; Costa, L. e Fausto, C. In: Callan, H. (Org.). *The International Encyclopedia of Anthropology*. Nova York: JohnWiley & Sons, 2018.

42. Rival, L. M. *Trekking Through History: The Huaorani of Amazonian Ecuador*. Nova York: Columbia University Press, 2002.

43. Descola, P. e Lloyd, J. *Beyond Nature and Culture*. Chicago: The University of Chicago Press, 2013; Costa, L. e Fausto, C. "The Return of the Animists: Recent Studies of Amazonian Ontologies". *Religion and Society: Advances in Research* 1, pp. 89-109, 2010.

44. Tylor, E. B. *Primitive Culture*. Londres: John Murray, 1871.

45. Viveiros de Castro, E. "Cosmological Deixis and Amerindian Perspectivism". *Journal of the Royal Anthropological Institute* 4, pp. 469-88, 1998.

46. Lévi-Strauss, C. *La Pensée sauvage*. Paris: Plon, 1962.

47. Viveiros de Castro, E. B. "Perspectivismo e multiculturalismo na América indígena". In: *A inconstância da alma selvagem e outros ensaios de antropologia*. São Paulo: Cosac & Naify, 2002.

48. Viveiros de Castro, E. B. "Os pronomes cosmológicos e o perspectivismo ameríndio". *Mana: Estudos de Antropologia Social* 2, pp. 115-43, 1996.

49. Kopenawa, D. e Albert, B. *A queda do céu: Palavras de um xamã yanomami*. São Paulo: Companhia das Letras, 2015, p. 206.

50. Lima, T. S. "O dois e seu múltiplo: reflexões sobre o perspectivismo em uma cosmologia tupi". *Mana: Estudos de Antropologia Social* 2, pp. 21-47, 1996.

51. Lima, T. S. *Um peixe olhou para mim. O povo yudjá e a perspectiva*. São Paulo: Unesp, 2005.

52. Boas, F. *Contributions to the Ethnology of the Kwakiutl*, v. 3. Nova York: Columbia University contributions to anthropology, 1925; Feest, C. F. "Dream of One of Twins: On Kwakiutl Dream Culture". *Studien zur Kulturkunde* 119, pp. 138-53, 2001.

53. Gonçalves, M. A. *O mundo inacabado: Ação e criação em uma cosmologia amazônica*. Rio de Janeiro: UFRJ, 2001.

16. SAUDADE E CULTURA [pp. 325-35]

1. McNamara, P. *The Neuroscience of Religious Experience*. Cambridge: Cambridge University Press, 2009.

2. Petersen, A. K.; Sælid, G. I.; Martin, L. H.; Jensen, J. S. e Sørensen, J. *Evolution, Cognition, and the History of Religion: A New Synthesis*. Supplements to Method & Theory in the Study of Religion, v. 13. Leiden: Brill, 2018.

3. Bouckaert, R. e outros. "Mapping the Origins and Expansion of the Indo-European Language Family". *Science* 337, pp. 957-60, 2012.

4. Mota, I. "Jogo do bicho é ilegal, mas mobiliza a paixão do povo". *O Liberal*, Belém, 6 ago. 2017.

5. Jung, C. G. *The Red Book*. Trad. de Shamdasani, S. Nova York: W.W. Norton & Co., 2009.

6. Jung, C. G. In: *Psychology Audiobooks*. Kino, 1990.

7. Riches, C. "Man Strangled His Wife After Nightmare", *Express*, Londres, 13 jul. 2010.

8. Morewedge, C. K. e Norton, M. I. "When Dreaming is Believing: The (Motivated) Interpretation of Dreams". *Journal of Personality and Social Psychology* 96, pp. 249-64, 2009.

9. Perrin, M. (Org.). *Antropología y experiencias del sueño*. Quito: MLAL/Abya-Yala, 1990.

10. Hartmann, E. "Making Connections in a Safe Place: Is Dreaming Psychotherapy?" *Dreaming* 5, pp. 213-28, 1995.

11. Rothbaum, B. O.; Meadows, E. A.; Resick, P. e Foy, D. W. "Cognitive-behavioral therapy". In: Keane T. M.; Foa E. B.; Friedman M. J. (Orgs.). *Effective Treatments for PTSD: Practice Guidelines from the International Society for Traumatic Stress Studies*. Nova York: Guilford, 2000, pp. 320-5.

12. Kane, J. M. e outros. "Comprehensive Versus Usual Community Care for First-Episode Psychosis: 2-Year Outcomes from the NIHM RAISE Early Treatment Program". *American Journal of Psychiatry* 173, pp. 362-72, 2016.

13. Fuentes, J. e outros. "Enhanced Therapeutic Alliance Modulates Pain Intensity and Muscle Pain Sensitivity in Patients with Chronic Low Back Pain: An Experimental Controlled Study". *Physical Therapy* 94, pp. 477-89, 2014.

14. Nader, K.; Schafe, G. E. e Le Doux, J. E. "Fear Memories Require Protein Synthesis in the Amygdala for Reconsolidation after Retrieval". *Nature* 406, pp. 722-6, 2000.

15. Sara, S. J. "Retrieval and Reconsolidation: Toward a Neurobiology of Remembering". *Learning & Memory* 7, pp. 73-84, 2000; Graff, J. e outros. "Epigenetic Priming of Memory Updating during Reconsolidation to Attenuate Remote Fear Memories". *Cell* 156, pp. 261-76, 2014.

16. Solms, M. "Reconsolidation: Turning Consciousness into Memory". *Behavioral and Brain Sciences* 38, p. e24, 2015.

17. SONHAR TEM FUTURO? [pp. 336-50]

1. Maury, A. *Le Sommeil et les rêves*. Paris: Didier, 1865.

2. Malcolm, N. "Dreaming and Skepticism". *The Philosophical Review* 65, pp. 14-37, 1956.

3. Dennett, D. C. "Are Dreams Experiences?". *The Philosophical Review* 85, pp. 151-71, 1976.

4. Mitchell, T. M. e outros. "Predicting Human Brain Activity Associated with the Meanings of Nouns". *Science* 320, pp. 1191-5, 2008; Kay, K. N.; Naselaris, T.; Prenger, R. J. e Gallant, J. L. "Identifying Natural Images from Human Brain Activity". *Nature* 452, pp. 352-5, 2008; Naselaris, T.; Prenger, R. J.; Kay, K. N.; Oliver, M. e Gallant, J. L. "Bayesian Reconstruction of Natural Images from Human Brain Activity". *Neuron* 63, pp. 902-15, 2009; Huth, A. G.; de Heer, W. A.; Griffiths, T. L.; Theunissen, F. E. e Gallant, J. L. Natural Speech Reveals the Semantic Maps that Tile Human Cerebral Cortex. *Nature* 532, pp. 453-8, 2016.

5. Çukur, T.; Nishimoto, S.; Huth, A. G. e Gallant, J. L. "Attention during Natural Vision Warps Semantic Representation across the Human Brain". *Nature Neuroscience* 16, pp. 763-70, 2016.

6. Horikawa, T.; Tamaki, M.; Miyawaki, Y. e Kamitani, Y. "Neural Decoding of Visual Imagery during Sleep". *Science* 340, 2013.

7. Siclari, F. e outros. "The Neural Correlates of Dreaming". *Nature Neuroscience* 20, pp. 872-8, 2017.

8. Tagliazucchi, E. e outros. "Increased Global Functional Connectivity Correlates with LSD- -Induced Ego Dissolution". *Current Biology* 26, pp. 1043-50, 2016; Kraehenmann, R. "Dreams and Psychedelics: Neurophenomenological Comparison and Therapeutic Implications". *Current Neuropharmacology* 15, pp. 1032-42, 2017; Kraehenmann, R. e outros. "Dreamlike Effects of LSD on Waking Imagery in Humans depend on Serotonin 2A Receptor Activation". *Psychopharmacology (Berlim)* 234, pp. 2031-46, 2017; Sanz, C.; Zamberlan F.; Erowid E.; Erowid, F. e Tagliazucchi, E. "The Experience Elicited by Hallucinogens Presents the Highest Similarity to Dreaming within a Large Database of Psychoactive Substance Reports". *Frontiers in Neuroscience* 12, p. 7, 2018.

9. Kraehenmann, R. e outros. "LSD Increases Primary Process Thinking via Serotonin 2A Receptor Activation". *Frontiers in Pharmacology* 8, p. 814, 2017; Preller, K. H. e outros. "Changes in Global and Thalamic Brain Connectivity in LSD-Induced Altered States of Consciousness Are Attributable to the 5-HT2A Receptor". *Elife* 7, 2018.

10. Cipriani, A. e outros. "Comparative Efficacy and Acceptability of 21 Antidepressant Drugs for the Acute Treatment of Adults with Major Depressive Disorder: A Systematic Review and Network Meta-Analysis". *The Lancet* 391, pp. 1357-66, 2018.

11. El-Mallakh, R. S.; Gao, Y. e Jeannie Roberts, R. "Tardive Dysphoria: The Role of Long Term Antidepressant Use In Inducing Chronic Depression". *Medical Hypotheses* 76, pp. 769-73, 2011; El-Mallakh, R. S.; Gao, Y., Briscoe, B. T. e Roberts, R. J. "Antidepressant-Induced Tardive Dysphoria". *Psychotherapy and Psychosomatics* 80, pp. 57-9, 2011.

12. Kirsch, I. *The Emperor's New Drugs: Exploding the Antidepressant Myth*. Nova York: Basic Books, 2010.

13. Griffiths, R. R. e outros. "Psilocybin Produces Substantial and Sustained Decreases in Depression and Anxiety in Patients with Life-Threatening Cancer: A Randomized Double-Blind Trial". *Journal of Psychopharmacology* 30, pp. 1181-97, 2016; Carhart-Harris, R. L. e outros. "Psilocybin with Psychological Support for Treatment-Resistant Depression: an Open-Label Feasibility Study". *The Lancet Psychiatry* 3, pp. 619-27, 2016; Ross, S. e outros. "Rapid and Sustained Symptom Reduction Following Psilocybin Treatment for Anxiety and Depression in Patients with Life-Threatening Cancer: A Randomized Controlled Trial". *Journal of Psychopharmacology* 30, pp. 1165-80, 2016; Carhart-Harris, R. L. e outros. "Psilocybin with Psychological Support for Treatment-Resistant Depression: Six-Month Follow-Up". *Psychopharmacology (Berlim)* 235, pp. 399-408, 2018.

14. Lyons, T. e Carhart-Harris, R. L. "Increased Nature Relatedness and Decreased Authoritarian Political Views after Psilocybin for Treatment-Resistant Depression". *Journal of Psychopharmacology* 32, pp. 811-9, 2018.

15. Roseman, L.; Demetriou, L.; Wall, M. B.; Nutt, D. J. e Carhart-Harris, R. L. "Increased Amygdala Responses to Emotional Faces after Psilocybin for Treatment-Resistant Depression". *Neuropharmacology*, 2017; Stroud, J. B. e outros. "Psilocybin with Psychological Support Improves Emotional Face Recognition in Treatment-Resistant Depression". *Psychopharmacology (Berlim)* 235, pp. 459-66, 2018.

16. Roseman, L.; Nutt, D. J. e Carhart-Harris, R. L. "Quality of Acute Psychedelic Experience Predicts Therapeutic Efficacy of Psilocybin for Treatment-Resistant Depression". *Frontiers in Pharmacology* 8, p. 974, 2017.

17. Bouso, J. C.; Doblin, R.; Farré, M.; Alcázar, M. A. e Gómez-Jarabo, G. "MDMA-Assisted Psychotherapy Using Low Doses in a Small Sample of Women with Chronic Posttraumatic Stress Disorder". *Journal of Psychoactive Drugs* 40, pp. 225-36, 2008; Mithoefer, M. C.; Grob, C. S. e Brewerton, T. D. "Novel Psychopharmacological Therapies for Psychiatric Disorders: Psilocybin and MDMA". *The Lancet Psychiatry* 3, pp. 481-8, 2016; Wagner, M. T. e outros. "Therapeutic Effect of increased Openness: Investigating Mechanism of Action in MDMA-Assisted Psychotherapy". *Journal of Psychopharmacology*, 2017; Mithoefer, M. C. e outros. "3,4-Methylenedioxymethamphetamine (MDMA)-Assisted Psychotherapy for Post-Traumatic Stress Disorder in Military Veterans, Firefighters, and Police Officers: A Randomised, Double-Blind, Dose-Response, Phase 2 Clinical Trial". *The Lancet Psychiatry* 5, pp. 486-97, 2018.

18. Nutt, D. J.; King, L. A.; Phillips, L. D. e Independent Scientific Committee on Drugs. "Drug Harms in the UK: A Multicriteria Decision Analysis". *The Lancet* 376, pp. 1558-65, 2010.

19. Mithoefer, M. C. e outros., op, cit., 2018.

20. Osório, L. e outros. "Antidepressant Effects of a Single Dose of Ayahuasca in Patients with Recurrent Depression: A Preliminary Report". *Revista Brasileira de Psiquiatria* 37, pp. 13-20, 2015; Sanches, R. F. e outros. "Antidepressant Effects of a Single Dose of Ayahuasca in Patients With Recurrent Depression: A SPECT Study". *Journal of Clinical Psychopharmacology* 36, pp. 77-81, 2016.

21. Palhano-Fontes, F. e outros. "Rapid Antidepressant Effects of the Psychedelic Ayahuasca in Treatment-Resistant Depression: A Randomized Placebo-Controlled Trial". *Psychological Medicine*, pp. 1-9, 2018.

22. Palhano-Fontes, F. *Os efeitos antidepressivos da ayahuasca, suas bases neurais e relação com a experiência psicodélica.* Tese de doutorado. Natal: Universidade Federal do Rio Grande do Norte, 2017.

23. Dakic, V. e outros. "Harmine Stimulates Proliferation of Human Neural Progenitors". *PeerJ* 4, e2727, 2016; Dakic, V. e outros. "Short Term Changes in the Proteome of Human Cerebral Organoids Induced by 5-Methoxy-N,N-Dimethyltryptamine", *BioRxiv*, 2017.

24. Lima da Cruz, R. V.; Moulin, T. C.; Petiz, L. L. e Leao, R. N. "A Single Dose of 5-MEO-DMT Stimulates Cell Proliferation, Neuronal Survivability, Morphological and Functional Changes in Adult Mice Ventral Dentate Gyrus". *Frontiers in Molecular Neuroscience* 11, p. 312, 2018.

25. Ly, C. e outros. "Psychedelics Promote Structural and Functional Neural Plasticity". *Cell Reports* 23, pp. 3170-82, 2018.

26. Labigalini, E., Jr., Rodrigues, L. R. e Da Silveira, D. X. "Therapeutic Use of Cannabis by Crack Addicts in Brazil". *Journal of Psychoactive Drugs* 31, pp. 451-5, 1999; Thomas, G., Lucas, P., Capler, N. R., Tupper, K. W. e Martin, G. "Ayahuasca-Assisted Therapy for Addiction: Results from a Preliminary Observational Study in Canada". *Current Drug Abuse Reviews* 6, pp. 30-42, 2013; Labate, B. C. e Cavnar, C. (Orgs.). *The Therapeutic Use of Ayahuasca.* Nova York: Springer, 2014.

27. Insel, T. R. e Summergrad, P. "Plenary Panel: Future of Psychedelic Psychiatry", disponível em: <http://psychedelicscience.org/plenary-future-of-psychedelic-psychiatry-panel>, 2017.

28. Goldman-Rakic, P. S. "The Prefrontal Landscape: Implications of Functional Architecture for Understanding Human Mentation and the Central Executive". *Philosophical Transactions of the Royal Society of London: Series B, Biological Sciences* 351, pp. 1445-53, 1996; Panksepp, J. *Affective Neuroscience: The Foundations of Human and Animal Emotions*. Oxford: Oxford University Press, 1998; Barcelo, F.; Suwazono, S. e Knight, R. T. "Prefrontal Modulation of Visual Processing in Humans". *Natire Neuroscience* 3, pp. 399-403, 2000; Levine, B. e outros. "The Functional Neuroanatomy of Episodic and Semantic Autobiographical Remembering: A Prospective Functional MRI Study". *Journal of Cognitive Neuroscience* 16, pp. 1633-46, 2004; Quiroga, R. Q. "Concept Cells: The Building Blocks of Declarative Memory Functions". *Nature Review of Neuroscience* 13, pp. 587-97, 2012; Martinelli, P.; Sperduti, M. e Piolino, P. "Neural Substrates of the Self-Memory System: New Insights from a Meta-Analysis". *Human Brain Mapping* 34, pp. 1515-29, 2013; Andermann, M. L. e Lowell, B. B. "Toward a Wiring Diagram Understanding of Appetite Control". *Neuron* 95, pp. 757-78, 2017; Han, W. e outros. "A Neural Circuit for Gut-Induced Reward". *Cell* 175, pp. 887-8, 2018.

29. Minsky, M. "Why Freud Was the First Good AI Theorist". In: More, M. e Vita-More, N. (Orgs.). *The Transhumanist Reader: Classical and Contemporary Essays on the Science, Technology, and Philosophy of the Human Future*, Chichester: John Wiley-Blackwell, 2013, pp. 167-76.

30. Abbass, A. A.; Hancock, J. T.; Henderson, J. e Kisely, S. "Short-Term Psychodynamic Psychotherapies for Common Mental Disorders". *Cochrane Database of Systematic Reviews* 4, CD0046, 2006; Panksepp, J.; Wright, J. S.; Döbrössy, M. D.; Schlaepfer, T. E. e Coenen, V. A. "Affective Neuroscience Strategies for Understanding and Treating Depression: From Preclinical Models to Three Novel Therapeutics". *Clinical Psychological Science* 2, pp. 472-94, 2014.

31. Stickgold, R.; Malia, A.; Maguire, D.; Roddenberry, D. e O'Connor, M. "Replaying the Game: Hypnagogic Images in Normals and Amnesics". *Science* 290, pp. 350-3, 2000; Wamsley, E. J.; Perry, K.; Djonlagic, I.; Reaven, L. B. e Stickgold, R. "Cognitive Replay of Visuomotor Learning at Sleep Onset: Temporal Dynamics and Relationship to Task Performance". *Sleep* 33, pp. 59-68, 2010; Wamsley, E. J.; Tucker, M.; Payne, J. D.; Benavides, J. A. e Stickgold, R. "Dreaming of a Learning Task Is Associated with Enhanced Sleep-Dependent Memory Consolidation". *Current Biology* 20, pp. 850-5, 2010.

32. Anderson, M. C. e outros. "Neural Systems Underlying the Suppression of Unwanted Memories". *Science* 303, pp. 232-5, 2004; Depue, B. E.; Curran, T. e Banich, M. T. "Prefrontal Regions Orchestrate Suppression of Emotional Memories Via a Two-Phase Process". *Science* 317, pp. 215-9, 2007.

33. Solms, M. "Dreaming and REM Sleep Are Controlled by Different Brain Mechanisms". *Behavioral and Brain Science* 23, pp. 843-50, discussão 904-1121, 2000; Perogamvros, L. e Schwartz, S. "The Roles of the Reward System in Sleep and Dreaming". *Neuroscience Biobehavioral Review* 36, pp. 1934-51, 2012.

34. Mota, N. B. e outros. "Speech Graphs Provide a Quantitative Measure of Thought Disorder in Psychosis". *PLoS One* 7, p. e34928, 2012; Mota, N. B.; Furtado, R.; Maia, P. P.; Copelli, M. e Ribeiro, S. "Graph Analysis of Dream Reports Is Especially Informative about Psychosis". *Science Reports* 4, p. 3691, 2014; Mota, N. B.; Copelli; M. e Ribeiro, S. "Thought Disorder Measured as Random Speech Structure Classifies Negative Symptoms and Schizophrenia Diagnosis 6 Months in Advance". *NPJ Schizophrenia* 3, pp. 1-10, 2017.

35. Reinisch, J. *The Kinsey Institute New Report on Sex: What You Must Know to be Sexually Literate*. Nova York: St. Martin's, 1991; Ryan, G. "Childhood Sexuality: a Decade of Study. Part I: Research and Curriculum Development". *Child Abuse & Neglect* 24, pp. 33-48, 2000; Friedrich, W. N. e outros. "Child Sexual Behavior Inventory: Normative, Psychiatric, and Sexual Abuse Comparisons". *Child Maltreatment* 6, pp. 37-49, 2001.

36. McGowan, P. O. e outros. "Epigenetic Regulation of the Glucocorticoid Receptor in Human Brain Associates with Childhood Abuse". *Nature Neuroscience* 12, pp. 342-8, 2009; Zhang, T. Y.; Labonte, B.; Wen, X. L.; Turecki, G. e Meaney, M. J. "Epigenetic Mechanisms for the Early Environmental Regulation of Hippocampal Glucocorticoid Receptor Gene Expression in Rodents and Humans". *Neuropsychopharmacology* 38, pp. 111-23, 2013; Pena, C. J. e outros. "Early Life Stress Confers Lifelong Stress Susceptibility in Mice Via Ventral Tegmental Area OTX2". *Science* 356, pp. 1185-8, 2017.

37. Huxley, A. *As portas da percepção e céu e inferno*. São Paulo: Biblioteca Azul, 2015.

38. Jung, C. G. "Memories, Dreams, Reflections". In: *The Collected Works of C. G. Jung*. Londres: Routledge & K. Paul, 1966.

39. Drury, B. e Clavin, T. *The Heart of Everything That Is: The Untold Story of Red Cloud, An American Legend*. Nova York: Simon & Schuster, 2013.

18. SONHO E DESTINO [pp. 351-79]

1. Borges, J. L. "O sonho", em *Poesia*. Trad. de Josely Vianna Baptista. São Paulo: Companhia das Letras, 2009.

2. Jung, C. G. "General Aspects of Dream Psychology". In: *Collected Works of C.G. Jung: The Structure and Dynamics of the Psyche*. Princeton: Princeton University Press, 1916 p. 493.

3. Pessoa, F. *Livro do desassossego: Composto por Bernardo Soares, ajudante de guarda-livros na cidade de Lisboa*. São Paulo: Companhia das Letras, 2006, p. 116.

4. Staden, H. *Primeiros registros escritos e ilustrados sobre o Brasil e seus habitantes*. São Paulo: Terceiro Nome, 1999.

5. Wallace, A. F. C. e D'Agostino, A. "Dreams and the Wishes of the Soul a Type of Psychoanalytic Theory among the Seventeenth Century Iroquois". *American Anthropologist* 60, pp. 234-48, 1958.

6. Descola, P. *In the Society of Nature: A Native Ecology in Amazonia*. Cambridge: Cambridge University Press, 1994; Descola, P. *As lanças do crepúsculo: Relações jívaro na Alta Amazônia*. São Paulo: Cosac & Naify, 2006.

7. Brown, M. "Ropes of Sand: Order and Imagery in Aguaruna Dreams". In: Tedlock, B. (Org.). *Dreaming: Anthropological and Psychological Interpretations*. Santa Fé: School of American Research Press, 1992, pp. 154-70.

8. Gonçalves, M. A. *O mundo inacabado: Ação e criação em uma cosmologia amazônica*. Rio de Janeiro: UFRJ, 2001.

9. Ibid.

10. Barcelos Neto, A. *A arte dos sonhos: Uma iconografia ameríndia*. Lisboa: Assírio & Alvim, 2002; Barcelos Neto, A. *Apapaatai: Rituais de máscaras do Alto Xingu*. São Paulo: Edusp/Fapesp, 2008.

11. Kracke, W. "He Who Dreams. The Nocturnal Source of Transforming Power in Kagwahiv Shamanism". In: Jean Mattison Langdon, E. e Baer, Gerhard (Orgs.). *Portals of Power: Shamanism in South America*. Albuquerque: University of New Mexico Press, 1992, pp. 127-48.

12. Basso, E. B. *The Kalapalo Indians of Central Brazil*. Nova York: Holt, 1973; Basso, E. B. *A Musical View of the Universe: Kalapalo Myth and Ritual Performances*. Filadélfia: University of Pennsylvania Press, 1985; Basso, E. "The Implications of a Progressive Theory of Dreaming". In: Tedlock, Barbara (Org.). *Dreaming: Anthropological and Psychological Interpretations*. Cambridge: Cambridge University Press, 1987, pp. 86-104.

13. Gregor, T. "'Far, Far Away My Shadow Wandered…': The Dream Symbolism and Dream Theories of the Mehinaku Indians of Brazil". *American Ethnologist* 8, pp. 709-20, 1981; Gregor, T. *O branco dos meus sonhos*. Anuário Antropológico, v. 82. Rio de Janeiro: Tempo Brasileiro, 1984.

14. Siasi/Sesai. *Quadro geral dos povos indígenas no Brasil*, 2014. Disponível em: <https://pib.socioambiental.org/pt/Quadro_Geral_dos_Povos>.

15. Xavante, J. N.; Giaccaria, B. e Heide, A. *Jerônimo Xavante sonha: Contos e sonhos*. Campo Grande: Casa da Cultura, 1975; *Etenhiririapá: Cantos da tradição xavante*. CD. Warner Music Brasil: Quilombo Music, Rio de Janeiro, 1994; Eid, A. S. F. *A'uwê anda pelo sonho: A espiritualidade indígena e os perigos da modernidade*. São Paulo: Instituto de Estudos Superiores do Dharma, 1998; Graham, L. R. *Performing Dreams: Discourses of Immortality among the Xavante of Central Brazil*. Tucson: Fenestra Books, 2003.

16. Eid, A. S. F., op. cit.

17. Giaccaria, B. e Heide, A. *Xavante: Auwê Uptabi: Povo autêntico*. São Paulo: Dom Bosco, 1972.

18. Jecupé, K. W. *A terra dos mil povos: História indígena brasileira contada por um índio*. São Paulo: Peirópolis, 1998.

19. Neel, J. V.; Salzano, F. M.; Junqueira, P. C.; Keiter, F. e Maybury-Lewis, D. "Studies on the Xavante Indians of the Brazilian Mato Grosso". *American Journal of Human Genetics* 16, 1964, pp. 52-140; Silva, A. L. "Dois séculos e meio de história xavante". In: Carneiro da Cunha, Manuela (Org.). *História dos índios no Brasil*. São Paulo: Companhia das Letras, 1992, pp. 357-78; Monteiro, J. M. *Tupis, tapuias e historiadores: Estudos de história indígena e do indigenismo*. Tese de livre-docência. Campinas: Unicamp, 2001.

20. Welch, J. R.; Santos, R. V.; Flowers, N. M. e Coimbra Junior, C. E. A. *Na primeira margem do rio: território e ecologia do povo xavante de Wedezé*. Brasília: Funai, 2013.

21. Tserewahoú, D. *Wai'á rini: O poder do sonho*. In: *Indigenous Video Makers*, 2001.

22. Aldunate, C. "Mapuche: Gente de la Tierra". In: Schiappacasse, V.; Hidalgo, J.; Niemeyer, H.; Aldunate, C. e Mege, P. (Orgs.). *Culturas de Chile etnografía: Sociedades indígenas contemporáneas y su ideología*. Santiago: Andrés Bello, 1996, pp. 111-34.

23. Montecino, S. *Palabra dicha: estudios sobre género, identidades, mestizaje*. Santiago: Universidad de Chile, Facultad de Ciencias Sociales, 1997.

24. Bengoa, J. *Historia del pueblo mapuche* (*siglos XIX y XX*). Neuquén: Sur, 1987; Foerster, R. e Montecino, S. *Organizaciones, líderes y contiendas mapuches: 1900-1970*. Santiago: Centro de Estudios de la Mujer, 1988.

25. Foerster, R. *Martín Painemal Huenchual: Vida de un dirigente mapuche*. Santiago: Academia de Humanismo Cristiano, 1983.

26. Shiratori, K. G. *O acontecimento onírico ameríndio: O tempo desarticulado e as veredas dos possíveis*. Dissertação de mestrado. Rio de Janeiro: Museu Nacional, Universidade Federal do Rio de Janeiro, 2013.

27. Villas Bôas, O. e Villas-Bôas, C. *Xingu: Os índios, seus mitos*. Rio de Janeiro: Zahar, 1974. pp. 125-8.

28. Assunção, A. "500 anos de desencontros". *IstoÉ*, São Paulo, n. 1555, 21 jul. 1999.

29. Brody, H. *Maps and Dreams*. Madeira Park: Douglas & McIntyre, 1981.

30. Dean, C. *The Australian Aboriginal "Dreamtime": Its History, Cosmogenesis Cosmology and Ontology*. Victoria: Gamahucher, 1996.

31. Elkin, A. P. "Elements of Australian Aboriginal Philosophy". *Oceania* 9, 1969, pp. 85-98; Stanner, W. E. H. "Religion, Totemism and Symbolism". In: Charlesworth, M. (Org.). *Religion in Aboriginal Australia*. Queensland: University of Queensland Press, 1989.

32. Rinpoche, T. T. "Ancient Tibetan Dream Wisdom", Tarab Institute International, 2013 Disponível em: <http://www.tarab-institute.org/articles/ancient-tibetan-dream-wisdom>.

33. Lee, B. *Bruce Lee Striking Thoughts: Bruce Lee's Wisdom for Daily Living*. Clarendon: Tuttle, 2015.

34. Benson, H. e outros. "Body Temperature Changes during the Practice of G Tum-Mo Yoga". *Nature* 295, pp. 234-6, 1982; Daubenmier, J.; Sze, J.; Kerr, C. E.; Kemeny, M. E. e Mehling, W. "Follow Your Breath: Respiratory Interoceptive Accuracy in Experienced Meditators". *Psychophysiology* 50, pp. 777-89, 2013; Bornemann, B. e Singer, T. "Taking Time to Feel Our Body: Steady Increases in Heartbeat Perception Accuracy and Decreases in Alexithymia over 9 Months of Contemplative Mental Training". *Psychophysiology* 54, pp. 469-82, 2017.

35. Sparrow, G. S. *Lucid Dreaming: Dawning of the Clear Light*. Virginia Beach: A.R.E. Press, 1982; Garfield, P. *Pathway to Ecstasy: The Way of the Dream Mandala*. Nova Jersey: Prentice Hall, 1990.

36. D'Hervey de Saint-Denys, L. *Les Rêves et les moyens de les diriger; Observations pratiques*. Paris: Librairie d'Amyot, 1867.

37. Van Eeden, F. A Study of Dreams. *Proceedings of the Society for Psychical Research* 26, pp. 431-61, 1913.

38. Hearne, K. M. T. *Lucid Dreams: An Electro-Physiological and Psychological Study*. Tese de doutorado, Liverpool: University of Liverpool, 1978.

39. LaBerge, S. *Lucid Dreaming: An Exploratory Study of Consciousness during Sleep*. Tese de doutorado, Palo Alto: Stanford University, 1980.

40. La Berge, S. P.; Nagel, L. E.; Dement, W. C. e Zarcone, V. P. J. "Lucid Dreaming Verified by Volitional Communication during REM Sleep". *Perceptual and Motor Skills* 52, pp. 727-32, 1981; LaBerge, S.; Owens, J.; Nagel, L. e Dement, W. C. "This Is Dream: Induction of Lucid Dreams by Verbal Suggestion during REM Sleep". *Journal of Sleep Research* 10, 1981; LaBerge, S. "Lucid Dreaming as a Learnable Skill: A Case Study". *Perceptual and Motor Skills* 51, pp. 1039-42, 1980; LaBerge, S.; Levitan, L.; Rich, R. e Dement, W. C. "Induction of Lucid Dreaming by Light Stimulation during REM Sleep". *Journal of Sleep Research* 17, p. 104, 1988; LaBerge, S. e Dement, W. C. "Voluntary Control of Respiration during REM Sleep". *Journal of Sleep Research* 11, 1982; LaBerge, S.; Levitan, L. e Dement, W. C. "Lucid Dreaming: Phy-

siological Correlates of Consciousness during REM Sleep". *Journal of Mind and Behavior* 7, pp. 251-8, 1986; Brylowski, A., Levitan, L. e LaBerge, S. "H-Reflex Suppression and Autonomic Activation during Lucid REM Sleep: A Case Study". *Sleep* 12, pp. 374-8, 1898.

41. Stepansky, R. e outros. "Austrian Dream Behavior: Results of a Representative Population Survey". *Dreaming* 8, pp. 23-30, 1998; Schredl, M. e Erlacher, D. "Lucid Dreaming Frequency and Personality". *Personality and Individual Differences* 37, 2004; Yu, C. K. C. "Dream Intensity Inventory and Chinese People's Dream Experience Frequencies". *Dreaming* 18, pp. 94-111, 2008; Schredl, M. e Erlacher, D. "Frequency of Lucid Dreaming in a Representative German Sample". *Perceptual and Motor Skills* 112, pp. 104-8, 2011; Mota-Rolim, S. A. e outros. "Dream Characteristics in a Brazilian Sample: An Online Survey Focusing on Lucid Dreaming". *Frontiers in Human Neuroscience* 7, p. 836, 2013.

42. LaBerge, S.; LaMarca, K. e Baird, B. "Pre-Sleep Treatment with Galantamine Stimulates Lucid Dreaming: A Double-Blind, Placebo-Controlled, Crossover Study". *PLoS One* 13, p. e0201246, 2018; Dresler, M. e outros. "Volitional Components of Consciousness Vary across Wakefulness, Dreaming and Lucid Dreaming". *Frontiers in Psychology* 4, p. 987, 2014.

43. Voss, U.; Holzmann, R.; Tuin, I. e Hobson, J. A. "Lucid Dreaming: A State of Consciousness with Features of both Waking and Non-Lucid Dreaming". *Sleep* 32, pp. 1191-200, 2009.

44. Dresler, M. e outros. "Neural Correlates of Dream Lucidity Obtained from Contrasting Lucid versus Non-Lucid REM Sleep: A Combined EEG/fMRI Case Study. *Sleep* 35, pp. 1017-20, 2012.

45. Dresler, M. e outros. "Dreamed Movement Elicits Activation in the Sensorimotor Cortex". *Current Biology* 21, pp. 1833-7, 2011.

46. Stumbrys, T.; Erlacher, D. e Schredl, M. "Testing the Involvement of the Prefrontal Cortex in Lucid Dreaming: A TDCS Study". *Consciousness and Cognition* 22, pp. 1214-22, 2013.

47. Voss, U. e outros. "Induction of Self Awareness in Dreams through Frontal Low Current Stimulation of Gamma Activity". *Nature Neuroscience* 17, pp. 810-2, 2014.

48. Brown, D. *Bury My Heart at Wounded Knee: An Indian History of the American West.* Nova York: Fall River Press, 2014.

49. Erlacher, E.; Stumbrys, T. e Schredl, M. "Frequency of Lucid Dreams and Lucid Dream Practice in German Athletes". *Imagination, Cognition and Personality* 31, pp. 237-46, 2012; Erlacher, D. e Schredl, M. "Practicing a Motor Task in a Lucid Dream Enhances Subsequent Performance: A Pilot Study". *The Sport Psychologist* 24, pp. 157-67, 2010; Schädlich, M.; Erlacher, D. e Schredl, M. "Improvement of Darts Performance Following Lucid Dream Practice depends on the Number of Distractions while Rehearsing within the Dream: A Sleep Laboratory Pilot Study". *Journal of Sports Sciences* 35, pp. 2365-72, 2017.

50. Erlacher, D.; Schädlich, M.; Stumbrys, T. e Schredl, M. "Time for Actions in Lucid Dreams: Effects of Task Modality, Length, and Complexity". *Frontiers in Psychology* 4, p. 1013, 2013; LaBerge, S.; Baird, B. e Zimbardo, P. G. "Smooth Tracking of Visual Targets Distinguishes Lucid REM Sleep Dreaming and Waking Perception from Imagination". *Nature Communications* 9, p. 3298, 2018.

51. Tholey, P. "Consciousness and Abilities of Dream Characters Observed during Lucid Dreaming". *Perceptual and Motor Skills* 68, pp. 567-78, 2018; Stumbrys, T. e Daniels, M. "An Ex-

ploratory Study of Creative Problem Solving in Lucid Dreams: Preliminary Findings and Methodological Considerations". *International Journal of Dream Research* 3, pp. 121-9, 2010; Stumbrys, T.; Erlacher, D. e Schmidt, S. "Lucid Dream Mathematics: An Explorative Online Study of Arithmetic Abilities of Dream Characters". *International Journal of Dream Research* 4, pp. 35-40, 2011.

52. LaBerge, S. "Lucid Dreaming and the Yoga of the Dream State: A Psychophysiological Perspective". In: Wallace, B.A. (Org.). *Buddhism and Science: Breaking New Ground.* Nova York: Columbia University Press, 2003, pp. 233-58.

53. Zadra, A. L. e Pihl, R. O. "Lucid Dreaming as a Treatment for Recurrent Nightmares". *Psychotherapy and Psychosomatics* 66, pp. 50-5, 1997; Zappaterra, M.; Jim, L. e Pangarkar, S. "Chronic Pain Resolution after a Lucid Dream: A Case for Neural Plasticity?". *Medical Hypotheses* 82, pp. 286-90, 2014; Mota, N. B.; Resende, A.; Mota-Rolim, S. A.; Copelli, M. e Ribeiro, S. "Psychosis and the Control of Lucid Dreaming". *Frontiers in Psychology* 7, p. 294, 2016.

54. Sigman, M. *The Secret Life of the Mind: How Your Brain Thinks, Feels, and Decides.* Boston: Little, Brown and Company, 2017, p. 288.

55. IPCC. "Global Warming of 1,5°C". Relatório IPCC, 2018. Disponível em: <https://www.ipcc.ch/sr15/>; Nerem, R. S. e outros. "Climate-Change-Driven Accelerated Sea-Level Rise Detected in the Altimeter Era". *Proceedings of the National Academy of Sciences of the USA* 115, pp. 2022-5, 2018.

56. Kopenawa, D. e Albert, B. *A queda do céu: Palavras de um xamã yanomami.* São Paulo: Companhia das Letras, 2015.

57. Obradovich, N.; Migliorini, R.; Mednick, S. C. e Fowler, J. H. "Nighttime Temperature and Human Sleep Loss in a Changing Climate". *Sciences Advances* 3, p. e1601555, 2017.

Créditos das imagens

CADERNO

p. 1: Travel Pix/ Alamy/ Fotoarena.

p. 2 (acima): Alamy/ Fotoarena.

p. 2 (abaixo): mdsharma/ Shutterstock.

p. 3: TheBiblePeople/ Alamy/ Fotoarena.

p. 4: Adaptado de Ribeiro, S.; Goyal, V.; Mello, C. V. e Pavlides, C. "Brain Gene Expression During REM Sleep Depends on Prior Waking Experience". *Learning & Memory* 6, pp. 500-8, 1999.

p. 5 (acima): Albrecht Dürer [1471-1528], *Dream face*, junho 15250, aquarela, 300 × 425 mm. Viena, Graphische Sammlung Albertina. Album/ akg-images/ Fotoarena.

p. 5 (abaixo): Marc Chagall [1887-1985], *O sonho de Jacó*, 1960-6. Óleo sobre tela, 195 × 278 cm. Nice, Musée National Marc Chagall. © Chagall, Marc/ AUTVIS, Brasil, 2019. Album/ akg--images/ Fotoarena.

p. 6: Salvador Dalí, *Sueño causado por el vuelo de una abeja alrededor de una granada un segundo antes del despertar*, 1944, óleo sobre tela, 51 × 41 cm. Madri, Museo Nacional Thyssen--Bornemisza. © Salvador Dalí, Fundación Gala-Salvador Dalí/ AUTVIS, Brasil, 2019. Album/ Joseph Martin/ Fotoarena.

p. 7: Granger/ Fotoarena.

p. 8: Reproduzido de Quiroga, R. Q. "Concept Cells: The Building Blocks of Declarative Memory Functions". *Nature Reviews Neuroscience* 13, pp. 587-97, 2012.

AO LONGO

Ilustrações, gráficos e infográficos adaptados por Luiz Iria.

p. 40 (acima): Publicado em *The Cave Artists*, de Ann Sieveking. Londres: Thames And Hudson, 1979.

p. 40 (abaixo): Granger, NYC/ Alamy/ Fotoarena.

p. 56: O sonho da rainha Ragnhild (1899), ilustração de Erik Werenskiold.

p. 71: Adaptado de Diuk C.G. e outros. "A Quantitative Philology of Introspection". *Frontiers in Integrative Neuroscience* 6, p. 80, 2012.

pp. 106, 122, 137: Adaptado de de Bear, M. F. e outros. *Neuroscience: Exploring the Brain.* Filadélfia: Lippincott Williams & Wilkins, 2007.

p. 159: Adaptado de Hartmann, E. *The Biology of Dreaming.* Boston State Hospital monograph series. Boston: C. C. Thomas, 1967.

p. 164: Adaptado de Mota, N. B. e outros. "Graph Analysis of Dream Reports is Especially Informative about Psychosis". *Scientific Reports* 4, p. 3691, 2014. Xilogravura de Vera Tollendal Ribeiro.

p. 188: Adaptado de Winson, J. "The Meaning of Dreams". *Scientific American* 263, p. 86-96, 1990; com permissão de Patricia J. Wynne.

p. 191: Adaptado de Pavlides, C. e Winson, J. "Influences of Hippocampal Place Cell Firing in the Awake State on The Activity of These Cells During Subsequent Sleep Episodes". *Journal of Neuroscience* 9, pp. 2907-18, 1989.

p. 192: Adaptado de Wilson, M. A. e McNaughton, B. L. "Reactivation of Hippocampal Ensemble Memories During Sleep". *Science* 265, pp. 676-9, 1994.

p. 197: Adaptado de Hyman, J. M. e outros. "Stimulation in Hippocampal Region CA1 in Behaving Rats Yields Long-Term Potentiation when Delivered to the Peak of Theta and Long-Term Depression when Delivered to the Trough". *Journal of Neuroscience* 23, pp. 11725-31, 2003.

p. 340: Reproduzido de Horikawa, T. e outros. "Neural Decoding of Visual Imagery During Sleep". *Science* 340, 2013.

Índice remissivo

Números de páginas em *itálico* referem-se a ilustrações

1984 (Orwell), 231
2-araquidonoil-glicerol (endocanabinoide), 146
5-HT2$_A$ (receptor), 147
5-MEO-DMT (substância psicodélica), 145-7, 344

abelhas, 123, 298
aborígenes australianos, 43, 362-3, 367, 374
Abraão (patriarca hebreu), 59, 61, 162
Academia de Platão, 69
Acádia, 58-9, 63, 341
acetilcolina, 139-40, 182, 218, 234, 370
Acheuliana, tecnologia, 315
achuars, índios, 353
Ácia (patrícia romana), 64
acidentes vasculares cerebrais, 144
actímetros, 132-3
Adamantidis, Antoine, 201
Addis, Donna, 265
adenosina, 142

adolescência, 21, 85, 101, 105, 114, 117, 143, 153, 370
adolescentes, sonhos dos, 114-5
adrenalina, 204
afasias, 28
Afeganistão, 342
afetos, 18, 87, 89-90, 99, 112-3, 291, 325, 333, 335
África, 24, 45, 51-3, 77, 86, 132-3, 228
África do Sul, 116, 256-7
Afrodite (deusa grega), 350
Afro-Eurásia, 68, 326, 328
Agamêmnon (personagem mitológica), 58, 62
agnosia visual, 258
Agostinho, Santo, 75-6, 368, 374
agricultura, 46-8, 53, 291-2, 322
Agualusa, José Eduardo, 230-1
águas-vivas, 120
Ahmad, Syed, 75
Alá (divindade islâmica), 74

alarmes vocais de macacos, 311-2

Alasca, 130-1

alcaloides, 145

Alce Negro (índio), 270

Alcheringa (plano espiritual aborígene), 363-4, 381

álcool, 116, 142, 344

Alemanha, 41, 77, 155, 178

Alexandre Magno (rei macedônico), 62, 271, 304, 329

Alexandria (Egito), 69, 272

alfa, ondas, 138; *ver também* ondas cerebrais

alfabética, escrita, 69

algas, 120

álgebra, 237

algoritmos, 338, 378

Allende, Salvador, 361

alma, ideia de, 43, 51

Almeida, Crimeia Alice Schmidt de, 288

Al-Razi, Fakhr al-Din, 246

Altamira, cavernas de (Espanha), 39

Alto Xingu *ver* Parque do Xingu (MT)

alucinações oníricas, 73, 135, 139, 237

alucinações psicóticas, 150, 152-3, 155

Alzheimer, mal de, 141, 144

Amapá, 44

Amazonas, rio, 50, 148

Amazônia, 148, 150-1, 291, 322, 330, 337, 377

Amenemhet I (faraó), 55

América Central, 50, 53

América do Norte, 50, 323

América do Sul, 50, 356, 366

Américas, colonização das, 77, 269, 296, 360

ameríndias, culturas, 25, 322-3, 361; *ver também* índios/indígenas

amígdala cerebral, 32, 158, 204, 262, 279-80, 334

amnésia, 146, 173, 249-50, 265

anaeróbios, seres, 120

ananda (sânscrito), 146

anandamida, 146

Anatólia, 48, 328

ancestrais falecidos, sonhos com, 161

Andersen, Per, 195, 199

Andes, 53

anel benzênico, 233

anfetaminas, 142

anfíbios, 123-6

animais, sono dos, 120, 123-30

animismo, 322-3, 364

anjos, 74, 77, 229

ansiedade, 12, 16, 87, 93, 98, 116-7, 141, 169, 212, 273, 278, 342

Antártica, 125

antidepressivos, 171, 341, 343, 346

antifreudianos, 34, 255, 259, 261, 293

Antiguidade, 21, 23, 49, 53, 63, 73, 76, 82, 100, 133, 145, 155-6, 162-3, 229, 238, 246, 290, 300, 329

antipsicóticas, drogas, 157, 159

antropologia, 35, 322

Antunes, Arnaldo, 241

Anúbis (deus egípcio), 322

apaches, índios, 268-9

aparelho mental, 28

aparições oníricas *ver* visões oníricas

apneia noturna, 141

Apoena (cacique), 358-9, 381

Apolo (deus grego), 63-4

aprendizado, 34, 105, 117, 130, 143, 166-72, 174-5, 177, 179, 183, 195-6, 200-2, 204, 210, 213, 215, 217, 220, 222, 242, 253, 259, 299, 311, 335, 338, 345, 365, 373

Aquiles (personagem mitológica), 69, 327-8, 349

aquisição de habilidades, sonhos e, 245, 266-7

árabes, 156

Araguaia, guerrilha do, 288

Araguaia, rio, 356

arapahos, índios, 268, 283, 296

Araújo, Dráulio de, 149, 263, 343

Argélia, 75

Argentina, 101, 245, 360

arikaras, índios, 301

Arikaree, rio, 287

aristé, cultura (norte do Brasil), 44

Aristóteles, 73, 77, 368

Artabano (ministro persa), 62

Arte da memória, A (Giordano Bruno), 246

Artemidoro, 23-4, 329

artes plásticas, sonhos e, 226-8

Ártico, 39, 337

Aruanda (dimensão espiritual umbandista), 101-2, 324, 381

asabikeshiinh (coletor de sonhos na cultura indígena), 25

Asclépio (deus grego), 24, 63, 375

Aserinsky, Eugene, 135-6, 138

Ásia, 24, 38-9, 61-2, 77, 86, 133, 235, 323

Ásia Central, 326

Ásia Menor, 23, 74, 295, 328

Asimov, Isaac, 338

ássanas hindus, 367

Assíria, 21, 57, 62, 68, 81, 328

associação livre, 33, 333

Associação Multidisciplinar de Estudos Psicodélicos (MAPS), 343, 345

Associated Professional Sleep Societies (APSS), 174

asteroide que extinguiu os dinossauros, 51, 127-8

Astíages (rei dos medas), 61-2

Atacama, deserto do, 53

Atenas, 62, 68

atividade cerebral, 109, 138, 149-50, 199-200, 319, 338; *ver também* cérebro

atividade elétrica, 34, 97, 130-2, 180, 182-3, 202-5, 208, 218-9, 221, 254, 271, 278, 290, 309; *ver também* íons, fluxo de; neurônios

atividade onírica, 26, 33, 99, 112, 138, 153, 213, 231, 248, 324, 366

atletas, sono de, 142-3

Atos dos Apóstolos, 74

ATV (área tegmental ventral), 258-9, *260*

audição, 258

áugures, 57, 81

Augusto, Otávio (imperador romano), 64-5

Auschwitz, campo de extermínio de, 18-9

Ausônio, 236

Austrália, 126, 363

Australopithecus afarensis (hominídeo), 37

autoconsciência, 107

autonomia dos sonhos, 75

autossugestão, 17, 373

aves, 123-6, 128-32, 171, 181, 213, 221, 243, 305, 307, 353; *ver também* pássaros

Avesta (escrituras sagradas do zoroastrismo), 69

avestruz, 126

axônios, *27*, 144, 202, 258, *260*, 309

ayahuasca ("cipó dos espíritos", chá enteógeno), 145, 148-51, 263, 322, 337, 343-4, 354

BA 10 (área cortical), 306

Baars, Bernard, 309

Babilônia, 21-2, 49, 57, 59, 62, 68, 163, 328, 350

babuínos, 133, 321

bactérias, 46, 119-20, 144, 172, 256

Bahia, 51, 57

Baird, Benjamin, 370, 372

baleias, 131

Bananal, ilha do (TO), 357

Bangladesh, 116

Banich, Marie Therese, 32

baratas, 123

barbitúricos, 142

Barbosa, Genésio Pimentel, 357

Barcelona, 149

Barnes, Carol, 199

Barquinha (culto xamânico), 150; *ver também* ayahuasca ("cipó dos espíritos", chá enteógeno)

bases neurais da psicologia, 185

Batalha de Filipos, 64

Batalha de Little Bighorn (EUA, 1876), 297, 302

Batalha do rio Washita (EUA, 1868), 301

Bates, Norman, 162

Béarn, Pierre de, 276

bebê humano, fragilidade do, 108

bebês, sonhos dos, 106-7

Beckett, Samuel, 160

Beethoven, Ludwig van, 225

behaviorismo, 186

Bélgica, 41, 200

Belo Monte, hidrelétrica de (PA), 291

beneditinos, monges, 76-7, 367

benzeno, molécula do, 233

benzodiazepínicos, 142

Berger, Hans, 347

beta-amiloide, proteína, 141

Bhagavad Gita (poema hindu), 263

Bíblia, 23, 41, 59, 61, 162

Biblioteca de Alexandria, 69

"Biblioteca de Babel, A" (Borges), 99

Big Bang, 379

Bighorn, montanhas, 281, 285

biologia, 35, 140, 155, 181, 209, 218-9, 236

bioquímica onírica, 135-51

bípedes, primatas e hominídeos, 307, 322

bipolares, pacientes, 163, *164*

birhor, cultura, 39

Black Hills (EUA), 296, 301-2

Blade Runner (filme), 350

Blanco, Wilfredo, 249

Bleuler, Eugen, 33, 156-7

Bliss, Timothy, 195-6

Boas, Franz, 102, 324

Boêmia, 78, 80

Bolívia, 133

bomba atômica, 128

bon (religião tibetana), 57

Bonferroni, Carlo, 176

Borges, Jorge Luis, 99, 207, 351

Born, Jan, 177-8, 201, 241, 259

Bosch, Hieronymus, 155

bradicardia, 234

Brady, Tom, 143

bramanismo, 70, 73

Brasil, 44, 51, 151, 210, 219, 235, 278, 329, 336, 357, 378

Brasília, 359

Breuil, Henri, *40*

Brexit, 378

Bright Air, Brilliant Fire (Edelman), 310

Brody, Hugh, 362

Brown, Dee, 297

Bruno, Giordano, 80, 246-8, 366, 375

"bruxas", perseguição de, 155

Buda, 23, 57, 70-3, 366

budismo, 57, 73, 145, 367

búfalos, 25, 268, 297, 306

Buffalo Bill (aventureiro americano), 302

Bufo alvarius (sapo do deserto), 145, 336

Buñuel, Luís, 228

bwiti (culto africano dos ancestrais), 52, 145

byeri (estátuas africanas de madeira), 52

Byron, Lord, 229

C. S. (paciente esquizofrênico), 152-3

caçadores-coletores, 39, 44, 46, 99-100, 102, 133, 161, 290, 322, 352, 377

cactos alucinógenos, 145

cadeia alimentar, 120, 128, 306, 316

cães, 46, 144

cafeína, 124, 142

cálcio, íons de, *122*, 146, 201

Calderón de la Barca, Pedro, 20

Califado Otomano, 75

Califórnia, 130-1, 345

California Institute of Technology, 186

Callaway, J. C., 148

calor corpóreo, 128

Calpúrnia (esposa de Júlio César), 64, 329

calvinismo, 81

Campo de' Fiori (Roma), 247

campos espaciais de neurônios, 190, *191*; *ver também* neurônios

Campos, Álvaro de (heterônimo de Fernando Pessoa), 230

camundongos, 158, 170, 189, 201, 221-2, 344

Canaã, 61

canabinoides, 145-6, 205

Canadá, 39, 50, 102, 125, 145, 172, 268, 302, 353, 362, 376

canais iônicos, *122*, 146

canários, canto de, 212, 216
"Canção de Skirnir, A" (poema nórdico), 55
candomblé, 51
canídeos, 305-6
Cão andaluz, Um (filme), 228
cão-da-pradaria (roedor), 312
capitalismo, 81, 224
capoeira, 101, 160, 166, 202
Caravaggio, 347
Carbonífero, período, 126
carbono, 233
Carhart-Harris, Robin, 263
Carlos v (sacro imperador romano), 79-80
carnívoros, 120, 124
Carolina do Norte, 251
Caron, Marc, 158
Carrington, Henry, 281-5
Cartago, 228, 303
Cartwright, Rosalind, 89
Casas dos Mortos (templos africanos), 51
Catal Huyuk, sítio arqueológico de (Turquia), 48
cataplexia, 141-2
"catraca cultural", conceito de, 38, 46, 54, 59, 316, 347, 379
Cauchy, Augustin-Louis, 237
Cavalo Louco (guerreiro indígena), 270-1, 281, 283-7, 296-8, 302, 371, 381; *ver também* Entre-as-Árvores (menino indígena)
cavernas, 38-9, 41-5, 50, 53, 122, 318, 321, 326
CBD (canabidiol), 145-6
Cecchi, Guillermo, 69
Celle (Alemanha), 177-8
celta, cultura, 39, 50
célula neuronal *ver* neurônios
cenotes (cavernas mexicanas), 50
centopeia, 175
Centro de pesquisa Thomas J. Watson (IBM), 69
Centro Médico da Universidade Rush, 89
Cercopithecus aethiops (macacos-verdes), 310-2
cerebelo, 173, 202
cérebro, *27*, 29, 33-4, 40, 67, 97, 100, 105, 114, 118, 120, 123, 130-1, 138-9, 141-2, 144-8,

150, 157, 165, 167, 172-3, 177, 182-3, 189, 194, 196-7, 201-5, 207-10, 212, 215-6, 219, 221, 243, 248, 251, 258-9, 262-3, 295, 299, 306, 308-9, 318, 334, 337, 339, 342, 348, 367, 373, 375, 379; *ver também* neurônios; sinapses
cerritos (montes funerários), 50
Cervantes, Miguel de, 229
César, Júlio, 64-5, 70, 271-2, 304, 329, 340
cetáceos, 128, 131, 171
ceticismo onírico, 338
Chagall, Marc, 227
Changeux, Jean-Pierre, 308-9
Charcot, Jean-Martin, 28, 258
Charcot-Wilbrand, síndrome de, 258
Cheney, Dorothy, 312
cheyennes, índios, 268-9, 281, 283, 286-7, 296-7, 301-2
chi kung chinês, 367
Chicago, 174
Chico Science & Nação Zumbi (banda), 244
Chile, 360-1
China, 44, 57, 73, 126
chinchorro (povo sulamericano), 53
chimpanzés, 52, 306, 310, 312, 321, 325
Chivington, John, 301
chrematismos (grego), 24
Chu-ku-tien (China), 44
cianobactérias, 120
Cícero, Marco Túlio, 24, 228, 247
ciclo completo de sono humano, *137*, 138
ciclo dia-noite *ver* ritmos circadianos
ciência dos sonhos, 84
ciganos, 249
cilindros sumérios de argila, 60
Cipião Africano (general africano), 228, 303-4
Cipião Emiliano (patrício romano), 228, 247
circuitaria subcortical, 262
circuitos neuronais, 180-2, 253; *ver também* neurônios; sinapses
circuitos reverberantes, noção de, 182-3; *ver também* reverberação de memórias
circulação sanguínea, 141

Cirelli, Chiara, 210, 217-9, 220, 222

Ciro, o Grande (imperador persa), 59, 61-2

City College (Nova York), 215

Cleópatra, 272

cloro, íons de, *122*

Cnossos, 68, 328

Cobra, Nuno, 143

cocaína, 142, 344

cocares indígenas, 270, 286-7

cochilo *ver* sonecas, efeitos de

código binário, 225

Codreanu, Florin, 330

coelhos, 187, 189, 195

cognição, sono e *ver* papel cognitivo do sono

cogumelos alucinógenos, 145

Coleridge, Samuel Taylor, 230

Colômbia, 332

Colombo, Cristóvão, 215, 303

Colorado, 25, 287

comanches, índios, 25-6, 268-9, 303

Comissão de Familiares de Mortos e Desaparecidos Políticos, 288

complexo de Édipo, 31

complexos K (ondas cerebrais), *137*, 139; *ver também* ondas lentas, sono de

comportamentos aprendidos, transmissão intergeracional de, 42

computadores, 28, 38, 54, 87, 123, 173, 177, 225, 308, 350, 352, 371, 376

comunicação nervosa, natureza química da, 234

comunicação onírica com os deuses, 63

concepção psicanalítica dos sonhos, 31; *ver também* Freud, Sigmund; psicanálise

condensação (conceito freudiano), 14, 36, 97, 111, 248, 255

confissão individual (Igreja Católica), 77

Confúcio, 23, 57

consciência humana, 34-5, 42, 54, 82, 103, 161, 306, 321-3, 329

consciência primária, 307-10, 341, 375

consciência secundária, 308, 310

consciência, definição de, 308-9

Constâncio (imperador romano), 295

Constantino (imperador romano), 295, 300-1, 303, 340

construto fisiológico, sonho como, 267

conteúdo manifesto e conteúdo latente de sonhos, 318

Copelli, Mauro, 162

Copérnico, Nicolau, 246

coral, recifes de, 124

Corão, 23, 59

Corcova de Búfalo (chefe indígena), 25-6

córtex cerebral, 34, 127, 150, 181, 204-5, 217, 248, 250, 253, 261-2, 279, 306, 309, 317, 338

córtex cingulado anterior, 280

córtex frontal, *260*

córtex motor, 202, 221

córtex occipital, 370

córtex parietal, 266, 371

córtex parietal lateral, 266

córtex pré-frontal, 29, 32, 157, 259, 263, 266, 320, 349, 370-1

córtex pré-frontal dorsolateral cortical, 158

córtex retrosplenial, 266

córtex temporal, 184, 266, 371

córtex temporal lateral, 266

córtex visual, 149, 261, 340

corticalização de memórias, 251

cortisol, 143, 170, 178, 248

Cosmos: uma odisseia do espaço-tempo (série de TV), 246

Costa, Rui, 158

Coutinho, Eduardo, 289

Couto, Mia, 245

crack (droga), 344

crees, índios, 269

Crescente Fértil, 46

Creta, ilha de, 50, 68

Cretáceo, período, 126, 128

crianças, sonhos das, 109-18, 153-4, 274; *ver também* infância

criatividade científica, sonhos e, 233-6, 240

"criaturas da mente", 318-9, 348, 354, 368

Crick, Francis, 34, 172, 205, 293

cristianismo, 51-2, 61, 69, 74-6, 78, 80, 145, 148, 295, 300, 303, 360, 367-8

Cristo *ver* Jesus Cristo

Crook, George, 297

crows, índios, 269, 283, 296, 298, 301

Cuba, 51

culto dos mortos, 47-8, 50, 53, 57, 66, 326

cultura humana, 45, 52, 273, 318, 322

cuneiformes, caracteres/textos, 21, 53, 58-60, 276

cúneo, 370

cura, sonhos de, 63

Curdistão, 115

"curva do esquecimento", 167; *ver também* esquecimento

Custer, general, 297-8, 301-2

D'Hervey de Saint-Denys, Léon, marquês, 337, 368

dadaísmo, 228

Dakic, Vanja, 344

Dakota (EUA), 285

dakotas, índios, 269

Dalí, Salvador, 227-8

Dallenbach, Karl, 167, 168

Dança do Sol (ritual xamânico), 297, 366

dane-zaas, índios, 362

Dante Alighieri, 78, 229

Danúbio, rio, 81, 236

Dario (imperador persa), 62

Darwin, Charles, 31, 55, 236, 310

"darwinismo neural", 308

Dawkins, Richard, 208

Dean (menino de quatro anos), 110, 112

decodificação neural, 339, *340*, 341, 348

déficits de memória, 146, 170, 213, 266, 279

déficits de sono, 116

Dehaene, Stanislas, 308-9

deificação de ancestrais falecidos, 289-90, 326

deificação de governantes romanos, 64-5

delírio, química do, 145-6

delta, ondas, *137*, 139; *ver também* ondas lentas, sono de

delta-9-tetrahidrocanabinol *ver* THC

Dement, William, 99, 136, 138, 170, 369

demônios, 63, 76-8, 229, 277

dendritos, *27*, 202

Dennett, Daniel, 338

depressão, 15, 92, 116, 141, 143, 145, 342-3

depressão sináptica, 195-6, *197*, 199, 200, 203; *ver também* sinapses

Descartes, René, 81, 236-7

descrédito dos sonhos, 80-1

desejos, 17, 19, 28-9, 33, 73, 75, 82, 87, 99-100, 117-8, 161, 226, 261, 264, 267, 271, 279, 288-9, 292-3, 331, 333, 347, 352-4

desenvolvimento embrionário, 105

desintoxicação do cérebro, sono e, 141

deslocamento (conceito freudiano), 14, 29, 36, 248, 255

desmaios dos xavantes (ritual), 359, 366; *ver também* xavantes, índios

despertar(es), 14, 17-8, 36, 52, 63, 74, 90, 103, 107, 109-10, 112, 116-7, 127, 129, 135-6, 138, 140, 143, 180, 211, 229-30, 233, 235, 243, 267, 280, 289, 305, 307, 320-1, 330, 338-9, *340*, 355, 362, 364, 366-9, 373, 376

destino, sonhos e, 351-79

Deus de Chifres *ver* Senhor das Feras (entidade arcaica)

deuses, 14, 21, 23, 39, 43, 47, 51-2, 54-5, 57-60, 62-4, 67-9, 72, 148, 151, 155, 196, 240, 252, 303-4, 318, 322, 324, 326-9, 337, 348-50, 368

devaneios, 194, 263-4, 267, 316

diálogo mental interno, 160

diário de sonhos, 17

diáspora negra, 51

Diazepam (benzodiazepínico), 142

dietilamida do ácido lisérgico *ver* LSD

digestão, 81, 145, 217

Digges, Thomas, 246

dilúvio, mito do, 53-4

dinossauros, 51, 126-8, 274

439

Diocleciano (imperador romano), 295

Dioniso (deus grego), 50

direitos civis, 20

Discurso sobre o método para bem conduzir a razão na busca da verdade nas ciências (Descartes), 237

Disney, Walt, 15, 322

disparos neuronais, 27-8, 186, *191*, 198, 200, 254; *ver também* neurônios

ditadura militar (1964-85), 288, 358

Divina comédia, A (Dante Alighieri), 78, 229

divinação onírica, 22, 57-8, 61, 63, 73, 75, 78, 150, 155, 294, 317-8, 327, 329, 355; *ver também* profecias/sonhos proféticos; visões oníricas

divisão do sono duas partes (hábito medieval), 76, 133

DMN (*default mode network*, rede de modo padrão), 263-4, 308

DMT (dimetiltriptaminas), 147-8

DNA, 34, 209

Doblin, Rick, 343

doenças do sono, 141-2

dolmens, 50

Dom Quixote (Cervantes), 229

domesticação de espécies, 46-7

Domhoff, William, 84

dominicanos, frades, 77-8, 246

dopamina, 105, 139-40, 142, 148, 152, 157-9, 171, 218, 258-61

dor de cabeça, 144

dormir cedo, regime de, 143

draumskrok (ilusão onírica na cultura nórdica), 55

DreamBank (banco de dados), 84, 86

Dreamboard (plataforma online), 84

dreamers (imigrantes hispânicos), 21

dreamtime, 363

Dresler, Martin, 370

Drexler, Jorge, 7

drogas aditivas, consumo de, 264, 344

drogas Z (Zolpidem), 142

Drosophila melanogaster (mosca-das-frutas), 120

dukha, cultura, 39

Dumuzid, o Pastor (rei lendário da Suméria), 276-8, 377

duplo, noção de um ("alma"), 43

duração média do sono, 83

Dürer, Albrecht, 226-7

Durham (Carolina do Norte), 251-2

Durkheim, Émile, 43

Dzirasa, Kafui, 158

Ebbinghaus, Hermann, 167

eco, 52, 81, 175

ecologia, 273

ecstasy *ver* MDMA (princípio ativo do ecstasy)

Edda poética (coletânea nórdica), 55

Edelman, Gerald, 307-8, 310

Éfeso, 23

Egito, 21, 49-50, 54-5, 57, 61-3, 66, 68, 74, 145, 163, 233, 325, 328

egkoimesis (grego), 63

ego (conceito freudiano), 28-31, 231, 248, 310, 346, 349

egungun, ritos (ilha de Itaparica), 57

Einstein, Albert, 238, 347

El Salvador, 21

elaboração secundária, 22, 107, 340-1

elefante branco, simbolismo do, 23

elefantes, 132, 321

elefantes marinhos, 130-1

elementos químicos, classificação dos, 234

eletroencefalografia (EEG), 132, *137*, 149, 200, 343, 370

eletrofisiologia, 182; *ver também* atividade elétrica; íons, fluxo de; neurônios

embalsamento, 52

emoções, 16-7, 31-3, 84, 87-8, 90, 96, 100, 107, 109, 112-3, 115, 118, 140, 145, 157, 169, 204, 244, 264, 268, 271, 273, 279-80, 299, 308, 310, 314, 333, 335-6, 342-3, 347, 349, 352

endocanabinoides, 145, 146

Eneias (personagem mitológica), 58, 64

Eneida (Virgílio), 58

energia solar, 120

En-Hedu-Ana (sacerdotisa acádia), 59, 349

enhypnion (grego), 24

Eninnu (deus sumério), 60

Enki (deus sumério), 54

Enkidu (personagem mitológica), 58

enredos oníricos, 12-4, 16, 41, 86, 93-4, 98, 102, 104, 107, 109-10, 114, 136, 153, 212, 255, 264, 271, 275, 291-4, 307, 331, 368, 370, 374

"entalhamento de memórias", 220

enteógenas, drogas/substâncias, 150-1, 337; *ver também* psicodélicas, substâncias

enterros rituais, 45; *ver também* sepulturas

Entre-as-Árvores (menino indígena), 269-70; *ver também* Cavalo Louco (guerreiro indígena)

enzimas, 146, 148

Épico de Tukulti-Ninurta (poema assírio), 21-2

epidemias vitimando indígenas, 25, 378

epifânicos, sonhos, 47, 371

epilepsia, 141, 144, 184, 250, 319

Epopeia de Gilgamesh (poema sumério), 22, 58

Equador, 353, 377

equidna, 126, 129, 171, 175

Era Axial, 68, 165, 263, 326, 329, 364

era glacial, última, 45-6

ereções penianas, 139

ergot (fungo alucinógeno), 145

Erlacher, Daniel, 371

Ernesto (filho de Sidarta Ribeiro), 381

Eros (deus grego), 290, 299

erotismo onírico, 75-7, 290

Escandinávia, 57, 85

esclerose múltipla, 144

escola, sono na, 179-80; *ver também* sonecas, efeitos de

escorpiões, 48, 123

escrita, invenção da, 39, 54, 67

"esferas celestes", 228, 247

Esfinge de Gizé, 22, 322

espaço neuronal global, hipótese do, 309

Espanha, 39, 45, 77, 155

espasmos musculares, 139

Espelho da verdadeira penitência, O (Passavanti), 78

Esperando Godot (Beckett), 160

Espírito Santo, 74, 337

espíritos ancestrais, 57, 148

esportes, sono e, 142-3

esquecimento, 32, 35, 107, 167, 179, 199-200, 219, 230, 249, 253, 268, 292, 365

esqui virtual, 244

esquilos, 312

esquizofrenia, 33, 152-3, 156, 158, *159*, 162-3, *164*

estados alterados de consciência, 94, 151, 337, 366; *ver também* consciência humana

estados mentais, 139, 306, 314, 316, 337; *ver também* mente, a

Estados nacionais europeus, formação dos, 80

Estados Unidos, 19-20, 25-6, 30, 83, 103, 116, 167-8, 177, 180-1, 199, 218-9, 225, 269, 281, 285, 287, 296, 302, 345, 353, 366, 376, 378

Estela dos Sonhos (escultura egípcia), 22

estelas de pedra, 67

estimulação elétrica, 183, 201, 234, 251, 253, 333

estímulos sensoriais, 123-4, 140, 193, 201, 267

estresse agudo, 169, 204, 275

estresse pós-traumático, síndrome de, 141, 147, 274-5, 333, 342-3; *ver também* traumas

Etiópia, 37

etologia, 32, 346

etruscos, 50

eu consciente, transição para o, 69

Eufrates, rio, 53

Euler, Leonhard, 237

Eurásia, 39, 68, 326, 328

Europa, 30, 38-9, 49-50, 62, 79, 133, 155-7, 167, 236, 246, 330

Evangelhos, 74, 310

evolução das espécies, teoria da, 235-6, 273, 306-7

Exército Vermelho, 232

existência do sonho, negação da, 338

explosão cambriana, 123

êxtases místicos dos xamãs, 43; *ver também* xamanismo

ex-votos, 63

Ezequiel, profeta, 41

Faixa de Gaza (Palestina), 115, 274

fala *ver* linguagem verbal

fang (povo africano), 52

fantasias, 33, 76, 78, 157, 161-2, 229, 330, 348

faraó, sonhos do, 61

fases da lua, 46, 317

fauna mental, 321-2, 349

Federação Araucana (índios mapuche), 360

Feilding, Amanda, condessa, 263

feitiçaria, 77

felinos, 305-6

fenda sináptica, *106*

ferramentas, uso de, 315-6

fertilidade, símbolos de, 41, 47-8, 58

feto, cérebro do, 105

Fetterman, William Judd, 282, 284-5

ficção científica, 173, 229-30, 248, 338

Filipinas, 53

filosofia, 43, 58, 209

Finlândia, 115-6, 274

fisiologia, 26, 32, 120, 190, 234, 307

Flanagan, Owen, 293

flora intestinal, 144

floresta amazônica, 150-1, 291, 337

fluxo de consciência, 228, 289

fogo, simbolismo do, 41-2

Força Aérea (eua), 199

Fórmula 1, 143

Fort Tryon, parque (Nova York), 214

fortalecimento e enfraquecimento de sinapses, 195-6, *197*, 200-1, 210, 218-23, 249, 289; *ver também* sinapses

Forte Laramie (eua), 269

Forte Phil Kearny (eua), 282

Fórum romano, 65

fótons, 121, 222

fotossíntese, 120, 128

Foucault, Michel, 155-6

Foulkes, David, 109-12, 114-5, 138

fragatas (aves marinhas), 132

França, 39, 77, 155, 168, 219, 237

Francisco, papa, 303

Frankenstein (Shelley), 229

Frederico iii (príncipe da Saxônia), 79-80, 111, 340

Freud, Sigmund, 17, 24, 26-34, 55, 73, 81-2, 102-3, 110, 156-7, 160-1, 167, 190, 193, 198, 213, 238, 246, 256, 261, 293, 299, 310, 335, 341, 346-7

função onírica, 33, 374

funções psicobiológicas do sono, 119, 141, 143

Fundação Beckley (eua), 345

fungos, 46, 145-6, 256, 345

fusos corticais, *137*, 179

futebol americano, 143

gaba (neurotransmissor), 218

Gabão, 52

Gabrieli, John D., 32

Gainetdinov, Raul, 158

Gais, Steffen, 241

galantamina, 370

Galápagos, ilhas, 132

galáxias, 247

Galeno, 368

Galério (imperador romano), 295

Gália, 304

Galileia (Israel), 74, 274

Galileu Galilei, 247-8

galinhas, 46, 312

Gallant, Jack, 338

Galois, Évariste, 237

Gan, Wenbiao, 221-3

Gana, 116

Ganesh (deus hindu), 322

Ganges, rio, 58

Gardner, Timothy, 243

garimpeiros, 356, 378

gatos, 136, 141-2, 187, 189, 220

Gauss, Carl Friedrich, 237

genes imediatos, 209-10, 212, 216-8, 220-1, 251

gênese ocular no embrião, 121

Gênesis, Livro de, 69, 162

genomas, semelhança entre bibliotecas e, 208

geocentrismo, 229, 246-7

geometria analítica, 81, 237

gestação, sonhos durante a, 85, 92-7

Gestinanna (personagem mitológica), 276-8

Girsu (Iraque), 60

Giuditta, Antonio, 217

Glaber, Raoul, 77

glândula pineal, 120

glicogênio, 142

glutamato, 105, 157, 218

gnose cristã, 368

Göbekli Tepe, construções de (Turquia), 48

Gödel, Kurt, 237

Goiás, 356

golfinhos, 131, 171, 175, 312, 315, 321

Golgi, Camillo, 26

Gonçalves, Marco Antonio, 354

Gopa (esposa de Siddhartha Gautama), 71

gorilas, 321

gozoso, sonho, 16, 17, 291

Grabois, André, 288

gramíneas e grãos comestíveis, descoberta de, 46-7

Grande Espírito (divindade xamânica), 302

Grande Feiticeiro (figura zoomórfica), *40*

"Grande Lei de Paz" (confederação iroquesa), 376

Grant, Ulisses, 296

Grattan, John, 269

Grécia, 21, 23, 58, 62-3, 145, 214, 272

greco-romanos, análise semântica de textos, 69, *71*

grelina, 144

Grof, Stanislav, 367

Grummond, Frances, 282-3, 285

Grummond, George, 282, 284-5

Guajira, deserto da, 332

guaranis, índios, 303

Guatemala, 21

Gudea (rei sumério), 60

Guerra Civil Americana (1861-65), 282, 297

Guerra de Troia, 58, 165, 328; *ver também* Troia

Guerra Fria, 168

Guerras Greco-Persas, 62

Guerras Púnicas, 303

Guerreiro, Antonio, 332

gustação, 160, 262

Hacilar, sítio arqueológico de (Turquia), 48

Hadamard, Jacques, 238

Hades (deus grego), 327

Haendel, Georg Friedrich, 225

Haiti, 51

Halfdan, o Negro (rei viking), 55

Hall, Calvin, 84

Hall, Jeffrey, 120

Hamlet (Shakespeare), 97

Harã (Turquia), 61

Harald "Belo Cabelo" (primeiro rei da Noruega), 57

Hardy, Godfrey, 239-40

Hartmann, Ernest, 158, 332

Hawking, Stephen, 347

Hearne, Keith, 369-70

Hebb, Donald, 183, 185-6, 190-1, 193, 195, 199, 202, 207, 249

hebreus, 53, 59, 61, 377

Hécuba (personagem mitológica), 58

Heitor (personagem mitológica), 58, 327

Helena de Troia (personagem mitológica), 58

heliocentrismo, 246

Héracles/Hércules (personagem mitológica), 62, 304

herbívoros, 46, 120, 125, 315

heresias, perseguição de, 77-8, 155, 247

Herodes (rei de Israel), 74, 162

Heródoto, 61-2

Hesíodo, 14

hidrogênio, 233

Himalaia, 72, 366

hinduísmo, 70, 145, 239-40, 322, 336, 366-7

hipnagógico, sono, 173, 339

Hipnos (deus grego do sono), 14

hipnose, 28

hipocampo cerebral, 29, 32, 143, 170, 173, 181-2, 187, *188*, 189-92, 195, 197, 199, 201, 203-4, 215-7, 249-53, 259, 262, 265-6, 280, 318-20, 344, 367

Hipogeu de Hal Saflieni (ilha de Malta), 50

Hispânia, 304

histeria, 28

Hitchcock, Alfred, 162

Hitler, Adolf, 330

Hobson, Allan, 140, 173, 370

homeostase sináptica, 218-20, 222; *ver também* sinapses

Homero, 58, 62, 70; *ver também Ilíada; Odisseia*

hominídeos, 21, 38, 133, 266, 306, 314, 317, 322

Homo erectus, 44

Homo neanderthalensis, 38, 45

Homo sapiens, 38, 44-5, 320

Homo sapiens denisova, 38

Honduras, 21

horama (grego), 24

hormônio do crescimento, 143

hormônio indutor de sono *ver* melatonina

Hórus (deus egípcio), 54

Hospital da usp (Ribeirão Preto), 149

Hospital Salpêtrière (Paris), 28

Howe, Elias, 224-5

huaoranis, índios, 322

Human Brain Mapping (revista), 263

humor, alterações de, 117, 144-5, 157, 275

Hunahpu (personagem mitológica), 51

Hunter College cuny (Nova York), 242

Hus, João, 78

Huxley, Aldous, 347, 348

hvc (região cerebral de aves canoras), 243

Hyla septentrionalis (rã arborícola), 124

"I Have a Dream" (discurso de Martin Luther King), 20

ibaloi (povo filipino), 53

iboga (raiz psicodélica), 52, 145

ibogaína, 145

id (conceito freudiano), 28-30, 310, 346

Idade da Pedra, 37, 41

Idade do Bronze, 22, 50, 66, 68, 161, 163, 165, 326-9, 364

Idade do Ferro, 161, 328

Idade Média, 24, 63, 75-6, 133, 155-6, 229, 275, 325, 366

Igreja Católica, 75, 77-8, 155, 227, 247, 303, 325

Igreja Universal do Reino de Deus, 19, 336

Igrejas protestantes, 81

Ilíada (Homero), 22, 58, 69, 165, 327

imageamento cerebral, 265, 338, *340*, 341; *ver também* ressonância magnética funcional

imagens mentais, 33, 62, 266, 338, 348

imagens oníricas, 98, 139, 173-4, 228, 245, 262, 267, 300, 365

imaginação visual com os olhos fechados, 149, 372

imaginar o futuro, capacidade de, 265-6, 315, 317

imago (conceito junguiano), 97, 348

Império Assírio, 57

Império Áustro-Húngaro, 30

Império Bizantino, 24, 63

Império Macedônio, 68

Império Máuria, 68

Império Persa, 62, 68, 86

Império Romano, 24, 295, 301, 303-4; *ver também* Roma

"impregnação química", 157

Inanna (deusa suméria), 58-9, 276-7, 349-50

"Inanna, Senhora do Maior Coração" (poema sumério), 59

"inconsciente coletivo", 31, 103, 350, 363

inconsciente, o, 28, 31-2, 36, 81-2, 99, 184, 203, 228, 289, 299, 331, 335, 338, 347, 370, 373-4

incubação onírica, 58, 63

incubatio (latim), 63

íncubos (demônios), 76

Índia, 39, 49, 57, 62, 70, 116, 240, 327, 329

indiana, matemática, 240

Índico, oceano, 131

índios/indígenas, 25, 102, 148, 205, 269, 281-5, 287, 291, 296, 298, 301-3, 324, 332, 336, 353-5, 357, 360-2, 376

Indonésia, 116, 235

indulgências católicas, 78-9

indústria da saúde do sono, 20

infância, 21, 30, 33, 85, 107-8, 115, 117, 130, 162, 179, 184, 206, 216, 249-50, 264, 278, 347, 381; *ver também* crianças, sonhos das

infanticídios, 74, 162

inflamação neural, 143

Inglaterra, 225, 232, 239, 295, 325, 378

inibidoras do sono, substâncias, 142

Inquisição (Santo Ofício), 77, 155, 247, 366

Insel, Thomas, 345

insetos, 123, 125, 315

insight-sono, relação, 241

insomnium (latim), 24

insônia, 19-20, 116-7, 252

Institute of Psychoanalysis (Londres), 256

Instituto D'Or, 344

Instituto de Pesquisa Biomédica Sant Pau (Barcelona), 149

Instituto do Cérebro (Universidade Federal do Rio Grande do Norte), 343

Instituto Federal Suíço de Tecnologia, 131

Instituto Max Planck de Ornitologia (Alemanha), 131

Instituto Max Planck de Psiquiatria (Alemanha), 370

Instituto Nacional de Saúde Mental dos Estados Unidos (NIMH), 345

Instituto Neurológico de Montreal, 183

Instruções de Shuruppak (texto sumério), 53-4

inteligência artificial, 28

intensos e vívidos, sonhos, 28, 77, 107, 125, 135, 145, 211, 229; *ver também* sonho lúcido

internalização de objetos, mundo mental e, 162

internet, 54, 163, 168, 216, 313, 373, 376, 382

Interpretação dos sonhos, A (Freud), 82, 213, 246, 256

Interpretação dos sonhos, A (Giordano Bruno), 246

interpretação onírica, 15, 17-8, 23-4, 32-3, 57, 60-2, 70, 74, 77-8, 80-2, 240, 271, 359

introspecção, 34, 36, 69-70, *71*, 264, 293, 341, 367

intrusão do sono REM, esquizofrenia e, 158, *159*; *ver também* esquizofrenia; sono REM

invertebrados, 123-4, 198

ioga nidra, 366-7

íons, fluxo de, 105, 121, *122*, 146; *ver também* neurônios; sinapses

Iraque, 53, 60, 342

Irlanda, 327

iroqueses, índios, 353, 376

Isaac (patriarca hebreu), 162

Ishimori, Kuniomi, 144

Ishtar (deusa mesopotâmica), 58, 350

islã, 58, 61, 63, 74-5, 145, 366

Israel, 48, 59, 74

istikhára (árabe), 75

Itália, 23, 58, 210, 237, 295, 304

Itaparica, ilha de (Bahia), 57

Ito, Masao, 195-6

Jabuticabeira II, sítio arqueológico (Santa Catarina), 50

Jacó (patriarca hebreu), 61, 227

Jacobi, Carl Gustav, 237

JAMA *Psychiatry* (periódico), 275

Jamaica, 51

Jarvis, Erich, 251

Jaspers, Karl, 68

Javé (deus hebreu), 61

Jaynes, Julian, 54-5, 69, 161
Jecupé, Kaká Werá, 356, 362
jejum, revelações oníricas e, 145, 366
Jenkins, John, 167-8
Jericó (Israel), 48
Jerusalém, 59
jesuítas, 353
Jesus Cristo, 57, 74, 295
jívaros, índios, 337, 353-4
Jó (personagem bíblico), 63
João, Evangelho de, 310
jogo da memória, 179, 202
Jogo de cena (documentário), 289
jogo do bicho, sonhos e, 329-30
Johannesburgo (África do Sul), 256
José (hebreu, vizir do Egito), 61
José (pai de Jesus), 74
Journal of Biological Chemistry, 172
Jouvet, Michel, 136, 138, 142, 168-9, 172
Joyce, James, 230
judaico-cristãos, análise semântica de textos, 69, 71
judaísmo, 61, 82, 145
judeus, exílio babilônico dos, 59
Júlia (filha de Júlio César), 271
Jung, Carl Gustav, 17, 32, 35, 42, 97, 102-3, 167, 238, 330, 333, 341, 346-8, 352-3, 363
Júpiter (deus romano), 64, 329
jurunas, índios, 291, 324, 361-2

K. C. (paciente amnésico), 265
kalapalos, índios, 205, 332, 354
Kamitani, Yukiyasu, 339
Kansas, 25
karajás, índios, 357
Kashtiliash IV (rei babilônio), 21-2
kaxinawás, índios, 151
Kekulé, August, 233, 340
Kepler, Johannes, 247-8, 347
Kerman (Pérsia), 75
King, Martin Luther, 20
King, Stephen, 153
King's College (Londres), 150

Kingsley, Mary, 52
kiowas, índios, 269
Klein, Melanie, 161
Kleitman, Nathaniel, 135-6, 138
Kopenawa, Davi, 278, 324, 377
Kosslyn, Stephen, 149
Kraepelin, Emil, 33, 156-7
Kubla Khan (Coleridge), 230
Kubra, Najm al-Din, 75
kwakiutls, índios, 102, 324

Labate, Beatriz, 151
LaBerge, Stephen, 369-70, 372
Lacan, Jacques, 160
lagartos, 125, 128
lakotas, índios, 268-9, 271, 281, 283, 285, 287, 296-7, 301-3, 349, 377, 382
Lakshmi Namagiri (deusa hindu), 239
Lamarck, Jean-Baptiste de, 235
lâmpada elétrica, invenção e disseminação da, 83, 133
Lancet Psychiatry, The (revista), 342
Lascaux, cavernas de (França), 39
Lashley, Karl, 183
Laurent, Auguste, 233
Lavau (França), 50
L-dopa, 142
Leão X, papa, 79
Leão, Richardson, 344
LeDoux, Joseph, 334
Lee, Bruce, 367
Legendre, René, 144
Lei de Dotações Indígenas (EUA), 302
Leibniz, Gottfried, 237
Lemos, Nathália, 179
Lênin, Vladimir Ilitch, 231-2
leões, 39, 48, 50, 60, 306, 311, 314
Leonardo da Vinci, 177
leptina, 142, 144
lesões cerebrais, 30, 141, 185, 256, 258, 265
leveduras, 144
Levi, Primo, 18-9
Líbano, 62

"Liberdade" (Cecília Meireles), 8
libertador/transformador, sonho, 97
libido, 102, 108, 110, 259
Lima, Rafael, 344
límbicas, regiões, 257
linguagem psicótica, 162-3, *164*
linguagem verbal, 310, 313-4, 335, 354
línguas indo-europeias e afro-asiáticas, 329
línguas proto-indo-europeias, 326
Linklater, Richard, 118
Linnville (Texas), 26
líquor cerebral, 141, 144
literatura, sonhos e, 228-33
Little Bighorn, rio, 269, 296, 298, 301
livre associação, 33, 333
Livro do Desassossego (Pessoa), 8, 352
Livro dos mortos (texto egípcio), 22, 54, 68
lobo frontal, 306
lobo temporal, 185, 319
lobos (animais), 45, 306
locus ceruleus, 203
Loewi, Otto, 234
Lømo, Terje, 195-6
Londres, 30, 150
Lophophora williamsii (cacto peiote), 145
Lorente de Nó, Rafael, 181-3, 185-7, 202, 214
Lorenz, Konrad, 32, 346
Los Angeles, 198
loucura, 68, 73, 151, 155-6, 370
Louie, Kenway, 192
LSD (dietilamida do ácido lisérgico), 145, 147, 150, 263, 344
lucidez onírica *ver* sonho lúcido
lucumi cubano, 51
Lucy (fóssil de *Australopithecus afarensis*), 37
lugar, neurônios de, 190; *ver também* neurônios
Luján (Argentina), 101
Lutero, Martinho, 78-80, 227
luto dos chipanzés, 52, 321, 325
luto, sonhos de, 288-90
luz artificial *versus* ritmos circadianos, 83
luz do sol, 120
Lyon (França), 136

macacos, 179, 187
macacos-prego, 315
macacos-verdes, 310-2
Macedônia, 74, 214, 272
Machado, Antonio, 104
Mackenzie, Ranald, 301
maconha, 116, 145-7, 344
Macróbio, Ambrósio Teodósio, 17, 23, 24, 229
Madeira, rio, 354
magia, 25, 41, 44, 49, 52, 54, 73, 98, 246, 286-7, 324, 355, 373
Mahabharata (epopeia hindu), 69
Maia, João Paulo, 344
maia, mitologia, 51, 53
Malcolm, Norman, 337
Malta, ilha de, 50
Malthus, Thomas, 235
mamíferos, 123-6, 128-30, 132, 138, 171, 181, *188*, 194, 198, 266, 273-4, 299, 305-8, 316
mamutes, 39, 41-2, 44, 46
Mandana (princesa dos medas), 61, 86
mandarim (pássaro australiano), 194-5, 242, 244
mangustos anões, 312
manicômios, 155-6
Maomé, profeta, 74
mapuches, índios, 303, 331, 360, 361, 368, 375, 377
mapudungun, língua, 360
Maquet, Pierre, 200
máquina de costura, invenção da, 224-5
Marcha para o Oeste (Brasil central), 357
Marduk (deus babilônio), 21-2, 61, 63
Maria, Virgem, 74, 237
Marr, David, 173
Martelo das bruxas, O (manual de perseguição de heresias), 155
Marx, Karl, 31, 231
masai, cultura, 39
massa muscular, 143
Massachusetts Institute of Technology, 192
Massacre de Grattan (EUA, 1854), 269
Massacre de Sand Creek (EUA, 1864), 301

mastabas ("casas da eternidade", Egito antigo), 49

matemática indiana, 240

matemáticos, ausência de descobertas oníricas entre, 237-40

Mateus, Evangelho de, 74

Mato Grosso, 356

Matrix (filme), 371

Maury, Louis Alfred, 337

Maxêncio (imperador romano), 295

Maximiano (imperador romano), 295

Maya (mitologia budista), 23

McCarley, Robert, 140, 173

McCartney, Paul, 226

McClintock, Barbara, 255-6, 349

McNamara, Patrick, 84

McNaughton, Bruce, 191-2, 199

MDMA (princípio ativo do ecstasy), 342-3

Medeia (personagem mitológica), 162

medicina, 21, 26, 32, 35, 43, 63, 116, 120, 156-7, 163, 190, 234, 307, 333

meditação, 72, 264, 333, 366

Mediterrâneo, 45, 63, 75

Mednick, Sara, 176-7, 242

megálitos tumulares, 50

Megido, 68, 328

mehinakus, índios, 355

Meireles, Cecília, 8

Meireles, Francisco, 357

melatonina, 120-1, 142, 243

Mello, Claudio, 212, 216, 251

membrana celular, 28, 105, 121, *122*, 146, 208, 218; *ver também* neurônios; sinapses

memes (memórias colonizadoras), 206, 208, 222, 224, 229, 307, 314, 317-8, 320-1, 325, 327, 329-30, 348, 350, 352, 363, 378

memórias antigas, 198, 208, 244-5, 249-50

memórias ativas, 207, 221

memórias declarativas, 178-9, 189, 202, 249-50, 262

memórias episódicas, 150, 202-3, 265

memórias latentes, 30, 207, 221

memória-sono, relação, 176-80, 210, 217, 223, 249, 255, 259; *ver também* papel cognitivo do sono

Mendeléiev, Dmitri, 234-5, 292

mendigo louco, figura do, 156

Mênfis, necrópole de (Egito), 53

meninos e meninas, sonhos de, 112-4

menires, 44, 50

mente, a, 17, 28, 31, 33-9, 100, 104, 118, 145, 150, 166, 185, 186, 205, 235, 264, 274, 333, 339, 352, 372, 375, 379

mercantilismo, 80

mescalina, 145

Mesopotâmia, 21, 53, 58-9, 66

mesopotâmica, mitologia, 59

metafísica, 31, 43, 255, 367, 379

metalurgia, 49, 316

metilfenidato, 142

método científico, 237

método da dúvida sistemática, 81

México, 21, 49-50, 127, 232, 268, 278, 376

Meynert, Theodor, 26

Micenas, 68, 328

Michoacán (México), 278

microbiota, 144, 145

microscopia eletrônica, 222

migração de animais, 130-1, 315

migração de memórias durante o sono, 252-3

milam (ioga tibetana dos sonhos), 364-7

milho, genoma do, 256

Miller, Neil, 187, 215

mineração, 49, 301

Minotauro de Creta (personagem mitológico), 322

Minsky, Marvin, 28, 348

"miração" (efeito da ayahuasca), 148-9; *ver também* ayahuasca ("cipó dos espíritos", chá enteógeno)

Mississippi, rio, 268

Missouri (EUA), 263

Missouri, rio, 268, 285

misticismo, 26, 43, 347, 368, 373

Mitchell, Tom, 338

Mitchison, Graeme, 34, 293

Mithoefer, Ann, 343
Mithoefer, Michael, 343
mitologia, 86
mitos cosmogônicos, 41, 321
Moçambique, 246
moche (povo peruano), 53
modelos farmacológicos do sonho, 263
Molaison, Henry Gustav, 250
moluscos, 46, 128, 315
monges beneditinos, 76, 367
monges tibetanos, 264, 364, 367, 373
Mongólia, 39
monotemáticos, sonhos, 85
monotremados, 126
Montana (EUA), 286, 296
Montanhas Rochosas, 268, 285
montes funerários, 50
Morfeu (personagem mitológica), 14, 212
morte de parentes próximos, sonhos com, 91
Mortes, rio das, 356-7
moscas, 123, 179, 220
Moser, Edvard, 190
Moser, May-Britt, 190
Mota, Natália, 163
Mousteriana, tecnologia, 315
movimentos oculares durante o sono, 135, 139, 369, 372; *ver também* sono REM
"Movimiento" (Drexler), 7
Mozart, Wolfgang Amadeus, 194, 347
mudanças climáticas, 377
multicelulares, seres, 120
mumificação de ancestrais, 53
mundurukus, índios, 291, 303
Munique (Alemanha), 370
muramil, 144
Museu Nacional (Rio de Janeiro), 322, 354
músicos, sonhos de, 225, 226

N,N-DMT (substância psicodélica), 145-8, 344
N1 (estado de sono), 138-9, 177, 339
N2 (estado de sono), 138-9, 177
N3 (estado de sono), 138-9
Nabônides (rei babilônio), 60

Nabucodonosor II (imperador babilônio), 49, 59
Naccache, Lionel, 308-9
Nader, Karim, 334
Nakayama, Ken, 177
nakotas, índios, 269
Namíbia, 133, 256
Nanna (deus mesopotâmico), 59
Nanshe (deusa suméria), 60
narcisismo, 161
narcolepsia, 141-2
Nariz Romano (guerreiro indígena), 286-7, 297
Natália (esposa de Sidarta Ribeiro), 85
natufiana, cultura, 48
Nature (revista), 242
natureza biológica do sonho, 73
Nausica (personagem mitológica), 327
navajos, índios, 268
Nave dos loucos (pintura de Bosch), 155
nazismo, 18, 30, 232, 330
Nebraska (eua), 285
negação (conceito freudiano), 29, 92
Nêmesis (deusa grega), 272
neocórtex, 173
Neolítico, 46-8, 50, 66, 150, 161, 326
neopentecostais, igrejas, 336
neoplatonismo, 75, 77
nervo vago, 234
Neuhaus, Francis, 172
neuroanatomia, 26, 182
neurobiologia, 17, 32, 158, 186, 195
neurociência, 28, 31, 33, 172-3, 178, 185, 195, 198, 213, 263, 340
neurofisiologia, 35, 186, 198
neurogênese, 143, 344
neurologia, 30, 156, 279
neurônios, *27*, 29, 34, 105, *106*, 121, 127, 130, 136, 143-4, 146, 180-2, 185, 190, *191*, 192, 194-6, 199-202, 215-6, 219, 221, 242-3, 254, 258-9, 308-9, 319, 344
neuropsicologia, 31, 215
neuroses, 156

449

neurotransmissores, *106*, 136, 139-40, 142, 145, 148, 171, 182, 367

New York Times, The (jornal), 219, 222, 285

Newton, Isaac, 347

nichos ecológicos, 124-5, 128, 130, 189, 274

Nicolelis, Miguel, 158

Nidaba (deusa suméria), 60

Nietzsche, Friedrich, 43

Nilo, rio, 50, 53, 61, 67

Nimrod (personagem bíblico), 21

Nindub (deus sumério), 60

Ninurta (deus sumério), 22, 60

Nix (deusa grega da noite), 14

Nixon, Richard, 342

Nobel, prêmio, 20, 26, 32, 34, 120, 186, 190, 196, 234, 238, 241, 256, 307

Noé (personagem bíblico), 21, 53, 58, 377

noradrenalina, 139-40, 148, 157, 171, 203-4, 218, 267

nórdica, cultura, 41, 55

Noruega, 55-7, 85, 195

Nottebohm, Fernando, 211-4

Nova Era, religiosidades da, 368

Nova Escócia (Canadá), 125

Nova Guiné, 39, 126

Nova York, 181, 186, 210-5, 221, 334

Novo México, 25

Novo Testamento, 227

Núbia (atual Sudão), 50

núcleo accumbens, 157-8, *260*

núcleo supraquiasmático, 121

Nutrição para jovens pintores (tratado de Dürer), 227

Nutt, David, 150, 263

Nuvem Vermelha (guerreiro indígena), 269-70, 281-5, 296, 302

O'Keefe, John, 190, 199

Oakland (Califórnia), 345

Obama, Barack, 21

obesidade, 144

Oceania, 133

Ocidente, 62, 363, 367

Odisseia (Homero), 22, 69, 165, 230, 244, 327

oglalas, índios, 284, 296-7

Ohio, rio, 268

ojibwa, cultura, 39

ojibwe, língua, 25

Oklahoma, 25

olaria, 49

Oldowan, tecnologia, 315

olfato, 124, 131, 160, 201, 262, 311

olhos, primeiras estruturas semelhantes a, 121

ondas cerebrais, 125, 132, 135-6, *137*, 139, 144, 149, 187, 198, 201, 369-70

ondas lentas, sono de, 33-4, 107-9, 112, 125-7, *137*, 138, 140-1, 143-4, 146, 149, 168, 177-8, 182, 190, 192-3, 200-1, 217-23, 242, 248, 252, 263, 299, 307

Oneirokritika (Artemidoro), 23

oneiromancia, 58; *ver também* divinação onírica; profecias/sonhos proféticos

oneiros (grego), 24

Oneiros (personagens mitológicas), 14

onomatopeias, 313

oráculo da noite, gênese do, 307

oráculos, 21, 26, 35, 57-8, 62, 271, 279, 294, 300-1, 303, 305, 307, 317-8, 328-30, 352; *ver também* divinação onírica; profecias/ sonhos proféticos

oraculum (latim), 24

Ordem de São Bento, 77

orexina, 142

organismos unicelulares, primeiros, 119

Organização do comportamento, A (Hebb), 185

Oriente, 62, 295, 367

origem do mundo, mitos sobre, 41, 321

Orinoco, rio, 148

ornitorrinco, 126, 129

Orwell, George, 231-2

Osíris (deus egípcio), 54

Ouroboros (símbolo alquímico), 233

Ovídio, 14

pacientes psiquiátricos, 156, 163

Pacífico, oceano, 102, 130

Pacto de Não Agressão Nazi-Soviético (1939), 232

paganismo, 75, 155

Paha Sapa, montanhas (EUA), 281, 285, 301-2

"pai da horda primitiva", 55

Painel Intergovernamental para Mudanças Climáticas da ONU, 377

Painemal, Martín, 361

países subdesenvolvidos, 116

pajés, 353, 355, 373; *ver também* xamanismo

paladar *ver* gustação

Palas Atena (deusa grega), 327

Paleolítico, 38-9, 41, 43, 45-6, 48, 55, 66, 102, 161, 266, 292, 314-6, 326, 328, 349

Palhano, Fernanda, 263-4, 343

Paller, Ken, 178

Palo Duro, ataque ao cânion (EUA, 1874), 301

Pangea, 124

Panguilef, Manuel Aburto, 360-1

papel cognitivo do sono, 170, 172, 176, 179-80, 200; *ver também* memória-sono, relação

Papua Nova Guiné, 325

Paquistão, 75

Pará, 330

paranoia, 153

pardais-de-coroa-branca, 131

parintintins, índios, 354

Paris, 28

Páris (personagem mitológica), 58

Parkinson, doença de, 142

Parque do Xingu (MT), 205, 324, 332, 354-5, 358

partículas subatômicas, 235

partitura, memória como, 192-3

passado autobiográfico, 205

passagem para a morte, sonhos na, 118

pássaros, 39, 60, 72, 132, 194-5, 211, 213, 242-4, 307, 313, 348, 361; *ver também* aves

Passavanti, Jacopo, 78

Patagônia, 360, 377

Pátroclo (personagem mitológica), 327

Paulo, apóstolo, 74, 79

Pavlides, Constantine, 190, 192, 196, 199-200, 214-6, 251

pawnees, índios, 269

Payne, Jessica, 280

"pecado" durante o sonho, 75, 77

pedra lascada, tecnologia de, 315-6

Pegado, Felipe, 179

Peigneux, Philippe, 200

peiote (cacto alucinógeno), 145

Peirce, Charles Sanders, 311, 313

peixes, 46, 123-5, 128, 254, 362

penatekass, índios, 25

Penélope (personagem mitológica), 244, 327

Penfield, Wilder, 183-5

pensamentos conscientes e inconscientes, diferença entre, 309

peptídeos, 144

Pequeno Feiticeiro (figura zoomórfica), *40*

pernas inquietas, síndrome das, 141

perseguição, sonho de, 16

Pérsia, 57, 61

personagens oníricos, 111, 158

personalidade humana, 348

perspectivismo, 322-3

Peru, 49, 53, 151, 354

pesadelos, 11-3, 15-8, 24-5, 34, 64, 71, 89, 94, 97-8, 109, 115, 117, 141, 147, 153, 158, 162, 184, 236, 247, 257, 271, 273-6, 278, 280-1, 283, 285, 290-2, 298-9, 302, 330, 360, 375, 377-8, 381

Pessoa, Fernando, 8, 230, 352

pewma (sonho mapuche), 360

pewmafes (intérpretes mapuche de sonhos), 360, 375

phantasma (grego), 24

Philemon (figura onírica), 348

Piéron, Henri, 144

Pilatos, Pôncio, 74

pinturas rupestres *ver* rupestres, ícones/pinturas

pirahãs, índios, 324, 354

pirâmides, 49-51, 66

Pireneus, 39, 276

Pirineus, *40*
placebos, 259, 333, 342-4
Planalto Central, 356
plâncton, 128
plantas, 46, 52, 96, 120, 125, 128, 142, 145-8, 151, 256, 321, 345, 354, 364
plasticidade neural, 108, 205, 341, 344
Platão, 69, 73
Pleistoceno, 41, 316
Plihal, Werner, 178
Plutarco, 271, 304-5
PNAS (revista), 263
Poe, Gina, 198-9
Poema do justo sofredor (narrativa acádia), 63
poesia, sonhos e, 230
Poincaré, Henri, 237-8
Políbio, 303
polissonografia, 89, 109, 158, *159*, 178, 344
Pompeu Magno (general e cônsul romano), 271, 272
Popol Vuh (livro maia), 53
Popper, Karl, 31, 261
Porto Rico, 186
Portugal, 77
potássio, íons de, *122*
Povo do Castor (indígenas canadenses), 337, 362
power naps ("supersonecas"), 143, 177
pranaiama, 367
Prata, rio da, 50
pré-adolescência, sonhos na, 113
pré-cúneo, 266, 371
predadores, 41, 48, 124-5, 128-9, 131, 189, 291-2, 306, 311-4, 321, 363
pré-históricos, sonhos, 38-9
premonitórios, sonhos, 24-5, 57, 62, 64, 281, 296, 301-3, 330, 361; *ver também* divinação onírica; profecias/sonhos proféticos
Príamo (personagem mitológica), 58
primatas, 42, 128-9, 305-6, 312-3, 320
primeira autoria da literatura, 59
Primeira Guerra Mundial, 330
primeiro e segundo sonos (hábito medieval), 76, 133

princípio do prazer, 28
privação de sono, 124, 131, 141-4, 168-70, 172, 175, 177, 213, 229, 336
probabilidades, teoria das, 176
probabilísticos, sonhos como oráculos, 279, 294-324
problemas do sono, 116
processamento neuronal, 118, 309; *ver também* neurônios; sinapses
processos mentais, 28, 57, 313
profecias/sonhos proféticos, 14, 24-6, 60-1, 64, 78, 155, 229, 278, 303, 327; *ver também* divinação onírica
Projeto para uma psicologia científica (Freud), 27-8
prole, sonhos com a, 92
prospecção do inconsciente, sonhos como, 299-300; *ver também* inconsciente, o
prosperidade protestante, 81
protozoários, 144
provas, sonhos de, 292
psicanálise, 17, 26, 28, 30-2, 66, 81-2, 161, 163, 167, 178, 228, 255, 261, 267, 279, 331-3, 353, 373-4
psicodélicas, substâncias, 52, 145-8, 150, 264, 341-6
psicofarmacologia, 30, 157-8
psicologia profunda, 17, 97, 346
psicose, 33, 141, 144, 147, 150, 155-62
Psicose (filme), 162
psicoterapeutas, 331-2
psicoterapia, 12, 15, 156, 290, 332-5, 342-3, 346
psilocibina, 145, 150, 263, 342-3
Psilocybe cubensis (cogumelo), 145, 342
psiquiatria, 32, 147, 155-6, 341, 343, 345-6
Psychedelic Science (congresso californiano), 345
Psychotria viridis (planta utilizada na ayahuasca), 145
Ptolomeu XIII (rei egípcio), 272
puberdade, 42, 180
pulsões de vida e morte, 299

qualidade do sono, 115-7, 142
quéchua, língua, 148
Queda do céu, A (Kopenawa), 377
Quênia, 116
Quian Quiroga, Rodrigo, 319
química do delírio, 145-6

Rabelais, François, 81
racionalismo, 81, 224
racionalização, 29
Ragnhild (rainha viking), 55-7, 85-6
Raichle, Marcus, 263
Ramanujan, Srinivasa, 239-40
Ramón y Cajal, Santiago, 26, 181
rapés amazônicos, 145
raposas, 302
Rasch, Björn, 201
ratos, 69, 84, 118, 168, 170, 179, 187, 189-90, 192-3, 199-200, 214, 216-7, 220, 251, 334
rã-touro-americana, 124
Rattenborg, Niels, 131-2
rebote compensatório de sono, 77, 123-4, 169
receptor dopaminérgico do tipo 2, 157, 159
recifes de coral, 124
recompensa e punição, sistema cerebral de, 259, 261, 264
reconsolidação de memórias, 334
rede de modo padrão *ver* DMN (*default mode network*)
Reforma Protestante, 78-80, 227
regiões corticais, 141, 252-3; *ver também* córtex
Rehen, Stevens, 344
relatos oníricos, 22, 33, 42, 44, 61, 63-4, 84, 86, 89, 103, 109-10, 112-3, 115, 139, 162-3, 225, 244, 266, 303-4, 318, 360
relaxamento, 129, 136, 140, 160, 237-8, 333
religião, 21, 43, 45, 48, 52, 57, 118, 145, 148-9, 161, 227, 300, 326, 329, 336, 364
"religião das cavernas", 45
relíquias católicas, 325
relógios moleculares, 120
REM ("rapid eye movement") *ver* sono REM

Renascença, 156
Rennó-Costa, César, 249
repetitivos, sonhos, 35
replay de memórias, 194
representações zoomórficas *ver* zoomorfismo
repressão (conceito freudiano), 29, 31, 75, 255, 289, 340
reprogramação inconsciente de memórias, 266-7
répteis, 123-30, 171, 181, 221, 305, 307
República romana, 64, 272, 304
República, A (Platão), 69
respiração holotrópica, 367
ressonância magnética funcional, 32, 149, 200, 263, 338-9, 341, 343, 370
"restos diurnos", 33, 73, 82, 174, 190, *191*, 218
retina, 121, 147, 150
reverberação de memórias, 167, 181-205, 307
reverberação neuronal, 193, 202, 210
Revolução dos bichos, A (Orwell), 231
Revolução Industrial, 224, 293
Revolução Russa, 231
Revonsuo, Antti, 115, 274, 299
Riba, Jordi, 149
Ribeirão Preto (SP), 358
Rinpoche, Yongey Mingyur, 264
risperidona, 152-3
Ritalina (metilfenidato), 142
ritmos circadianos, 83, 119-20, 123
Rivotril (benzodiazepínico), 142
RNA, 209
robôs, 20, 350, 378-9, 382
Roda do Sonho (ritual indígena), 362
Rolim, Sérgio Mota, 343
Roma, 23, 57-8, 63-4, 68, 79-80, 145, 228, 247, 271-2, 295, 301, 329
romantismo, 229
rompimentos amorosos, 89-91
Roncador, serra do (MT), 356-7
Roncador-Xingu, expedição (anos 1940), 357
Rondon, Cândido, 357
Rosbash, Michael, 120
roteiros clássicos de sonhos, 16

Royal London Hospital, 256
Royal Society of London, 239
Rubicão, rio, 271, 304
rupestres, ícones/pinturas, 39, 45, 314
Russell, Bertrand, 240-1
Rússia, 41

sacrifícios de animais, 40, 48, 51-2
sacrifícios humanos, 50, 53
Sacro Império Romano, 79
Sagan, Carl, 347
sagas nórdicas, 55
Sagitário (signo do zodíaco), 322
Salomão (rei de Israel), 61
Salvia divinorum (planta psicodélica), 145
salvinorina, 145
sambaquis (montes funerários), 50
San Antonio (Texas), 25
San Diego, 198
Santa Catarina, 50
santo-daime, 149; ver também ayahuasca ("cipó dos espíritos", chá enteógeno)
Santo Ofício ver Inquisição
sapos, 305
Sargão da Acádia (imperador mesopotâmico), 59
satyros (grego), 62
saudade dos mortos, explosão cultural e, 325
Schacter, Daniel, 265
Schmidt, Klaus, 48
Schneider, Adam, 84
Schredl, Michael, 371
Science (revista), 32, 136, 174, 189, 221, 339
Scientific American (revista), 172
Seattle (EUA), 180
Segunda Guerra Mundial, 30, 168, 232, 346
seio materno, 108, 162
seleção artificial, 45, 47
seleção natural, 236
semiótica, 311-3
semita, cultura, 41, 59
Senado romano, 64-5, 304
Senhor das Feras (entidade arcaica), 39-40, 322, 349

Senhor do Fogo (divindade antiga), 49
Senna, Ayrton, 143
sentidos/modalidades sensoriais, 105, 108, 193, 262-3, 318
sepulturas, 44, 48-52, 68, 92
Serápis (deus greco-egípcio), 63
seres humanos, 123, 143, 166, 172, 200-1, 231, 241, 244, 310, 319, 321
Sergio (filho de Sidarta Ribeiro), 85, 381
seringueiros, 291
serotonérgicos, psicodélicos, 341
serotonina, 139-40, 144-8, 152, 153, 157, 171, 218, 342
Serviço de Proteção aos Índios (SPI), 357
sesta, 177, 179; ver também sonecas, efeitos de
"sétima geração", princípio indígena da, 376
Sex Pistols (banda), 378
sexo tântrico, 367
sexualidade, 30, 42, 347
Seychelles, ilhas, 130-1
Seyfarth, Robert, 312
Shakespeare, William, 20, 97, 229
Shelley, Mary, 229
Shesha (serpente mitológica hindu), 70
Shuruppak (cidade suméria), 53
Sibéria, 38, 41
Siddhartha Gautama ver Buda
Siegel, Jerome, 170, 174-6
Sigman, Mariano, 69, 375
significados específicos dos sonhos para os sonhadores, 255, 261-2, 268, 271
silos, construção de, 53, 61
símbolos, 13-4, 21, 24, 41-2, 48, 62, 81, 85-6, 97, 134, 148, 150, 240-1, 271, 290, 300, 311-3, 326, 332, 335, 357, 376-7
símios, 129, 306, 315, 320
simulação onírica de ameaças, teoria da, 299
Sin (deus babilônio), 61
Sinaá (deus jaguar dos jurunas), 361-2
sinapses, 27, 105, 106, 108, 143, 159, 195-6, 204-5, 208-9, 218-23, 253-4, 308
sinaptogênese, 344
sincretismo religioso, 51-2, 148, 360

sincronia neuronal, 191-2, 249; *ver também* neurônios

siouxs, índios, 268-9, 282, 285, 297-8, 371

Síria, 62

siringe (órgão vocal de aves canoras), 243

sistema nervoso, 26, 28, 120-1, 123, 130, 135, 144, 186, 203-4, 207, 212, 217, 222, 280, 305-6, 308

sistema solar, 246, 375

sistema visual, 125, 150

sítios arqueológicos, 39, 44, 48, 50

situações limite, sonhos de, 102

Skalochori (Grécia), 214

Smith, Carlyle, 172, 174, 176

Soares, Bernardo (heterônimo de Fernando Pessoa), 230

sobrevivência, sonhos ligados à, 33, 274, 291

Sociedade dos sonhadores involuntários, A (Agualusa), 231

sociedades agrárias, 47; *ver também* agricultura

sociologia, 43

sódio, íons de, *122*, 146

sofrimento psíquico, 29, 154, 342, 345

Solms, Mark, 256-9, 261, 335

Somnium (Kepler), 248

somnium (latim), 19, 24, 75

sonambulismo, 141, 144

Sonata nº 2, op. 1 — "O trilo do diabo" (Tartini), 225

sonecas, efeitos de, 141, 176-7, 179, 212

"sonhar acordado", 37, 67

Sonho causado pelo voo de uma abelha ao redor de uma romã um segundo antes de despertar (pintura de Dalí), 228

Sonho da rainha Ragnhild, O (pintura de Werenskiold), *56*

Sonho de Cipião (Cícero), 24, 228, 247

Sonho de Dumuzid, O (poema sumério), 276, 291

Sonho de uma noite de verão (Shakespeare), 229

sonho lúcido, 35, 154, 338, 365-76, 379

sonho prototípico, pesadelo como, 275

sonho-psicose, relação, 157

sonhos de índios/sonhos xamânicos, 353-64; *ver também* índios/indígenas; xamanismo

Sonhos e os meios para dirigi-los, Os (D'Hervey de Saint-Denys), 368

"sonhos grandes", 43, 85, 102-3, 362

sonhos típicos, 86, 262, 273, 293

sono NREM, 139, 193

sono REM, 33, 77, 89, 99, 106-10, 112-3, 124-7, 129-31, 136, 138-44, 146-9, 157-8, *159*, 168-9, 171-2, 174-5, 177-8, 182, 187, 189-90, 192-3, 198, 200-2, 216-23, 242, 248-9, 252-3, 255-9, *260*, 261-2, 267, 271, 275, 279-80, 299, 305-7, 309, 320, 336, 339, 367-73, 375

sono-insight, relação, 241

sonolência excessiva, 142, 213; *ver também* narcolepsia

sonolência, substâncias que promovem, 142

sono-memória, relação, 176-80, 210, 217, 223, 255, 259; *ver também* papel cognitivo do sono

Sonora, deserto de, 145

sono-vigília, ciclo, 108, 135-6, *137*, 209, 216-7, 249; *ver também* vigília

Spencer, Rebecca, 179

Sperry, Roger, 186

Staden, Hans, 353

Stálin, Ióssif, 231-2

Stickgold, Robert, 172-7, 242, 244, 266

Stonehenge amazônica (cultura aristé), 44

Stumbrys, Tadas, 371

subcorticais, estruturas/regiões, 157-8, 204, *260*

sublimação de desejos, 29

submersos, sono de animais, 131

substância cinzenta, 141

substâncias inibidoras *versus* indutoras do sono, 142, 144

súcubos (demônios), 76

Sudão, 50

Sudeste Asiático, 235

Suetônio, 63, 304

sufismo, 75, 366

Suma teológica (Tomás de Aquino), 77

Suméria, 22, 53-4, 57-60, 163, 276, 350, 377

Sungir, sítio arqueológico de (Rússia), 44

sunitas, muçulmanos, 75

superego (conceito freudiano), 28-30, 160, 346

superstições, 326

supressão (conceito freudiano), 29, 32, 289

suricatos, 312

surrealismo, 228

surto psicótico, 30, 156, 158

tabaco, 344, 354

tabela periódica, 234-5, 292

Tabu-utul-Bel (personagem mitológica), 63

Talmude, 82

Tamerlão, 75

Tânatos (deus grego da morte), 14, 290, 299

tântrico, sexo, 367

Tanzânia, 39, 116, 133

Tapajós, rio, 291

tapuias, índios, 356

tartarugas marinhas, 130

Tartini, Giuseppe, 225

tato, 160, 258, 262, 342

Tchernichovski, Ofer, 242

tecelagens, 225

Telêmaco (personagem mitológica), 327

temáticas de sonhos, 85

tempo de sono, redução do, 116

"teoria de ativação e síntese", 173

teoria freudiana, 29, 33; *ver também* Freud, Sigmund; psicanálise

terceira idade, plasticidade neural na, 205

termorregulação durante o sono REM, 139, 198

terras indígenas, demarcação de, 359

terror noturno, 141

testável, teoria psicanalítica como, 261

testosterona, 143

teta, ondas/ritmo, 138-9, 187, *188*, 189, 192, 196, *197*, 198-201, 203; *ver também* ondas lentas, sono de

Tetris (videogame), 173, 238, 244

Texas, 25-6

textos arcaicos, análise semântica de, 69, *71*

texugo, 302, 364

THC (delta-9-tetrahidrocanabinol), 145-6

Thor (deus nórdico), 41

Tibete, 57, 364

Tibre, rio, 295

tigres, 306

Tirésias (personagem mitológica), 327

Tiro (porto fenício), 62

Tolkien, J.R.R., 345

Tolman, Edward, 84

Tomás de Aquino, São, 77-8

Tomasello, Michael, 38

Tononi, Giulio, 210, 217-20, 222, 339

tônus muscular, 142, 168-9, 369

Torá, 59

torpor, 125

Torre de Babel, mito da, 21, 378

Torres, Ana Raquel, 179

totêmicos, animais, 39, 45, 297, 318, 363

totemismo, 322

Touro Branco (xamã), 286

Touro Sentado (chefe indígena), 296-8, 300-3

trabalho onírico, 151, 360

tragédias gregas, 88

transferência (conceito freudiano), 255, 333

transgênicos, camundongos, 158

transmigração das almas, 51

transmissão química de informação entre os sistemas nervoso e muscular, 233-4

transtornos do sono na infância, 117; *ver também* crianças, sonhos das

Tratado de Laramie (EUA, 1851), 301

Tratado de sonhos (Passavanti), 78

trato gastrointestinal, receptores da serotonina no, 148

Traum (alemão), 35

traumas, 30, 34-5, 97, 154, 204, 275-6, 278, 290, 333, 342; *ver também* estresse pós--traumático, síndrome de traumáticos, sonhos, 83, 85

triangulação onírica, 86

Triássico, período, 125-6

Troia, 50, 55, 58, 68, 165, 328

Trois Frères, Les (caverna francesa), 39, *40*

tromboses, 258

Trótski, Liev, 231-2

Trump, Donald, 21, 378

Tserewahú, Divino, 359

Tukulti-Ninurta (rei assírio), 22

Tulving, Endel, 265

túmulos *ver* sepulturas

tupinambás, índios, 353

Turquia, 23, 48, 59, 61

Turrigiano, Gina, 218-9

Tutmés IV (faraó), 22

Twitter, 347, 378

Tyson, Neil deGrasse, 246

Tzintzuntzan (México), 278

Uaiçá (personagem mitológio juruna), 361-2

uber-símbolos (símbolos compartilhados por culturas diferentes), 42

Ucrânia, 41

Ugarit, 68, 328

Ulisses (personagem mitológica), 58, 69, 230, 244, 327-8, 351

Ulysses (Joyce), 230

umbanda, 51, 324

umbundo, cultura, 51, 350

União do Vegetal (culto xamânico), 149; *ver também* ayahuasca ("cipó dos espíritos", chá enteógeno)

uni-hemisférico, sono, 131-2

Universidade Aix-Marseille (França), 179

Universidade Atlântica da Flórida, 170

Universidade Brandeis (EUA), 120

Universidade Carnegie Mellon (EUA), 330, 338

Universidade Case Western Reserve (EUA), 84

Universidade Claude Bernard (França), 136

Universidade Columbia (EUA), 186

Universidade Cornell (EUA), 167

Universidade da Califórnia em Berkeley, 84, 177, 280, 338

Universidade da Califórnia em Davis, 344

Universidade da Califórnia em Los Angeles, 133, 170, 199

Universidade da Califórnia em Riverside, 176

Universidade da Califórnia em Santa Cruz, 84

Universidade da Pensilvânia, 312

Universidade de Berna (Suíça), 201

Universidade de Boston, 84, 243

Universidade de Buenos Aires, 69

Universidade de Cambridge, 239

Universidade de Chicago, 135, 183

Universidade de Harvard, 149, 183, 330

Universidade de Leicester (Inglaterra), 319

Universidade de Liège (Bélgica), 200

Universidade de Maastricht (Holanda), 149

Universidade de Massachusetts Amherst, 179

Universidade de Michigan, 118

Universidade de Nápoles Federico II, 217

Universidade de Notre Dame (EUA), 280

Universidade de Nova York, 220-1, 334

Universidade de Oslo, 195

Universidade de Pisa (Itália), 210

Universidade de Princeton, 54, 69

Universidade de São Paulo em Ribeirão Preto, 149

Universidade de Skövde (Suécia), 274

Universidade de Toronto, 265

Universidade de Trent (Canadá), 172

Universidade de Turku (Finlândia), 115, 274

Universidade de Ulm (Alemanha), 178

Universidade de Wisconsin-Madison, 172, 218

Universidade de Witwatersrand (Johannesburgo), 256

Universidade de Zurique, 132, 147

Universidade do Arizona, 191, 199

Universidade Duke (EUA), 158, 251, 293

Universidade Estadual de Campinas, 332

Universidade Federal de Pernambuco, 162-3

Universidade Federal do Rio de Janeiro, 322, 344, 354

Universidade Federal do Rio Grande do Norte, 149-50, 179, 343

Universidade Harvard, 140, 172-3, 265

Universidade Livre de Bruxelas, 200
Universidade McGill (Canadá), 201, 334
Universidade Northwestern (EUA), 172, 178
Universidade Rockefeller (EUA), 120, 181, 187, 210
Universidade Rush (EUA), 89
Universidade Stanford, 198, 369, 372
Universidade Tufts (EUA), 158, 338
Universidade Washington (Missouri), 263
University College London, 256
Universo, 59, 70, 228-9, 246-8, 336, 379
Upanixades (textos védicos), 58
Upper East Side (Nova York), 187
Ur (Iraque), 49, 59, 61
Urso Conquistador (chefe indígena), 269
ursos, 39, 41, 276, 302
urubus, 324
Uruk (cidade suméria), 58
Ur-Zababa (rei de Kish), 59

vagina, aporte de sangue na, 139
Valli, Katja, 115, 274, 299
Van Eeden, Frederik, 368-9
vanguardas artísticas, sonhos e, 228
Vargas, Getúlio, 357
"vaso invertido", método do, 168-70
védica, filosofia e literatura, 58, 263
Velho Oeste (EUA), 302
Vendedor de passados, O (Agualusa), 231
Veneza, 247
Venezuela, 278, 332
Vênus (deusa romana), 41, 59, 64, 272, 350
verbalização, consciência e, 310
vertebrados, 121, 123-7, 129, 221, 307, 310
Vertes, Robert, 170, 174-6
Veteran's Hospital (EUA), 199
Via Láctea, 228, 247
viajantes psicóticos, bandos de, 155
Victoria (Texas), 25
vida após a morte, 44-5, 49-50, 55, 118
vida e a morte, luta entre a, 100-2
Vida é sonho, A (Calderón de la Barca), 20
Vida no céu, A (Agualusa), 231

vida planetária, evolução da, 119
Vietnã, 116, 275, 342
vigília, 11, 13, 16-9, 24, 32, 37, 41-3, 55, 66-7, 69, 73, 75-7, 81-4, 98, 100, 110-1, 114-5, 122, 127, 132-3, *137*, 138, 141, 144, 146-7, 151-3, 157-60, 163, *164*, 165, 167, 171, 174, 182, *188*, 189-90, *191*, 192-4, 200, 203, 210, 217, 219-20, 237-9, 248, 251-2, 259, 262-3, 266-7, 292, 305-7, 314, 317, 320, 331-2, 334, 337-8, 347, 349, 351, 354-5, 364-6, 368-72, 375-6
vikings, 55-7, 85
Villas-Bôas, Cláudio, 358
Villas-Bôas, Orlando, 358
Viol, Aline, 150
Virgílio, 58
Virola theiodora (planta utilizada nos rapés amazônicos), 145
vírus, 144, 243
visão (sentido), 125, 150, 160, 258, 262, 370
Vishnu (deus hindu), 70, 239, 336
visio (latim), 24
visões oníricas, 24, 79-80, 216, 229, 235, 237, 246, 269, 272, 330, 355; *ver também* divinação onírica
visum (latim), 24
Viswanathan, Gandhi, 150
Viveiros de Castro, Eduardo Viveiros de Castro, 322-3
vívidos, sonhos *ver* intensos e vívidos, sonhos; sonho lúcido
vodu haitiano, 51
Vollenweider, Franz, 147
voo onírico, 246, 375
voo, sono de pássaros durante o, 131-2; *ver também* uni-hemisférico, sono
Voss, Ursula, 370-1

Wagner, Ulrich, 241
Wai'á rini (ritual xavante), 359
Waking Life (filme), 118
Wali, Ni'matullah, xá, 75
Walker, Matthew, 177, 242, 280

Wallace, Alfred Russel, 235-6
Washington, D.C., 285, 302
Washita, rio, 301
waujás, índios, 354
wayuus, índios, 332
Weissheimer, Janaina, 179
Werenskiold, Erik, *56*
West, síndrome de, 141
Wiener, Norbert, 238
Wilbrand, Hermann, 258
Wilson, Matthew, 191
Winson, Jonathan, 17, 186-7, 189-90, 192, 196, 199-200, 214-5, 294, 307
Winson, Judith, 186
Wittenberg, castelo de (Alemanha), 79

xamanismo, 39, 43-5, 150, 267, 278, 286, 318, 322-4, 332, 336, 341, 353, 355, 361, 377, 379
xavantes, índios, 331, 355-9, 366, 373, 377
Xbalanké (personagem mitológica), 51
xerentes, índios, 357
Xerxes (imperador persa), 62
Xibalbá (inframundo na mitologia maia), 51

Xingu, rio, 291; *ver também* Parque do Xingu (MT)

yanomamis, índios, 278, 325, 382
"Yesterday" (canção), 226
Young, Michael, 120
Yucatán, península de, 50, 127
yudjás, índios, 324

Zeus (deus grego), 58, 214
Zhou, duque de (China), 58
Zhuang (mestre chinês), 73
zigurates, 21, 49, 66
Zimbardo, Philip, 372
Ziqiqu (coletânea de sonhos premonitórios assírios), 57, 81
Ziusudra (personagem mitológica), 53-4, 58, 377
zodíaco, 322
Zolpidem (droga Z), 142
zonas erógenas, 110
zoomorfismo, 39, *40*, 74, 321-2
zoroastristas, magos, 61-2
Zurique (Suíça), 132, 147, 330

1ª EDIÇÃO [2019] 12 reimpressões

ESTA OBRA FOI COMPOSTA EM MINION PELO ACQUA ESTÚDIO E
IMPRESSA PELA LIS GRÁFICA EM OFSETE SOBRE PAPEL PÓLEN DA
SUZANO S.A. PARA A EDITORA SCHWARCZ EM NOVEMBRO DE 2024

A marca FSC® é a garantia de que a madeira utilizada na fabricação do papel deste livro provém de florestas que foram gerenciadas de maneira ambientalmente correta, socialmente justa e economicamente viável, além de outras fontes de origem controlada.